职业教育"十四五"规划系列教材　农业·食品类

作物生产技术

樊　燕　杜华平　钟光驰　**主编**

U0278640

华中科技大学出版社
中国·武汉

图书在版编目(CIP)数据

作物生产技术/樊燕,杜华平,钟光驰主编. —武汉:华中科技大学出版社,2023.9
ISBN 978-7-5680-9784-0

Ⅰ.①作… Ⅱ.①樊… ②杜… ③钟… Ⅲ.①作物-栽培技术-教材 Ⅳ.①S31

中国国家版本馆 CIP 数据核字(2023)第 133951 号

作物生产技术   樊　燕　杜华平　钟光驰　主编
Zuowu Shengchan Jishu

策划编辑：胡天金
责任编辑：陈　骏
封面设计：旗语书装
责任校对：刘　竣
责任监印：朱　玢
出版发行：华中科技大学出版社(中国·武汉)　　电话：(027)81321913
　　　　　武汉市东湖新技术开发区华工科技园　　邮编：430223
录　　排：华中科技大学惠友文印中心
印　　刷：武汉市洪林印务有限公司
开　　本：889mm×1194mm　1/16
印　　张：21.75
字　　数：690 千字
版　　次：2023 年 9 月第 1 版第 1 次印刷
定　　价：69.80 元

本书编写委员会

主　审：陈光涛　　刘永文

主　编：樊　燕　　杜华平　　钟光驰

副主编：胡　彦　　田晓庆　　曹　剑　　雷兴华

参　编：邹世平　　吴国超　　章明海　　张　敏

　　　　罗　谦　　张　露　　亢　华　　尹叶华

　　　　李　华

前　言

　　作物生产技术是面向我国中等职业学校种植类相关专业学生的教材,也可作为农业广播电视学校培训教材和农村基层干部、专业户以及农村青年农民的学习参考书。

　　为使学生具备从事农业生产和经营所必备的作物生产基本知识和基本技能,使学生基本具备专业综合能力和职业适应能力,本书围绕我国农业产业需求,按照"项目为导向,能力为本位,理论与生产实践相结合"的教学目标,本着"贴近地方产业、贴近生产过程、贴近职教特色"三个原则组织教学内容,既注重学科体系的系统性和完整性,又体现区域特色差异,重点突出,深浅适度,兼具科学性、实用性和针对性,以尽可能满足我国农业中职学校培养现代农业技术技能型人才的需求。

　　本书的编写特点是依据地方产业需求,以理论知识为基础,以生产环节为模块,以工作任务为导向,理顺了作物生产知识体系的横向结构与纵向层次,兼顾技能训练,又包含农业生产前沿的拓展阅读,是一本生产实践性较强的实用性教材。

　　本书共分为3篇11个项目。第一篇为作物生产基础知识。包含2个学习项目,系统地介绍了作物的起源与分布、作物的分类、作物的种植制度、作物生产环节等共性知识与技术。第二篇为粮油作物生产技术。包含6个生产项目,分别介绍了水稻、玉米、马铃薯、荞麦、大豆和油菜种主要粮油作物的栽培技术。第三篇为特色作物生产技术。包含3个生产项目,主要介绍了柑橘、辣椒和榨菜优质原料三种特色果蔬的栽培技术。每个生产项目都编写了典型任务训练,用于指导学生进行生产实践,巩固学习效果,提升专业技能。为激发学生的学习兴趣,培养学生"三农"情怀,增进学生对作物产业发展现状、农业科技应用、先进生产技术或生产方法的了解,本书在各项目后增加知识拓展部分的内容,提高了可读性。

　　本书由樊燕、杜华平、钟光驰担任主编,胡彦、田晓庆、曹剑、雷兴华担任副主编。编写分工如下:第一篇项目一、项目二由田晓庆和胡彦编写,第二篇的项目一由田晓庆和尹叶华编写,第二篇的项目二由吴国超和杜华平编写,项目三由钟光驰编写,项目四由雷兴华和邹世平编写,项目五由章明海编写,项目六由张敏编写,第三篇的项目一由樊燕和亢华编写,项目二由罗谦编写,项目三由张露和李华编写。重庆市农业学校陈光涛高级园艺师和重庆市农业机械化学校刘永文研究员担任本书的主审。本书在编写过程中得到了重庆市职业教育行业指导委员会的悉心指导和重庆乡村振兴现代农业职业教育集团各院校、企业和科研成员单位的大力支持,还得到四川、贵州等地相关职业院校老师的帮助,在此一并表示感谢。限于编者水平,书中错误和不足之处在所难免,敬请广大读者批评指正。

编　者

2023 年 7 月

目　　录

第三篇　特色作物生产技术

第一篇　作物生产基础知识

项目一　认识作物生产

　　农业是指利用动植物的生长发育规律，通过人工培育来获得产品的产业。农业的劳动对象是有生命的动植物，获得的产品是动植物本身。农业是支撑国民经济建设与发展的基础产业。

　　农业属于第一产业，广义农业包括种植业、林业、畜牧业、渔业、副业等五种产业形式；狭义农业是指种植业，包括生产粮食作物、经济作物、饲料作物和绿肥等的生产活动。

　　农业具有强烈的地域性、季节性和周期性特点。地域性：农业生产的对象是动植物，需要热量、光照、水、地形、土壤等自然条件，不同生物生长发育的自然条件不同，世界各地的自然条件、经济技术条件和国家政策差别很大，因此，农业生产具有明显的地域性。季节性：农业生产的一切活动都与季节有关，必须按季节顺序安排，季节性很明显。周期性：动植物的生长大都有着一定的规律，并且受自然因素（尤其是气候因素）的影响，随季节而变化，具有一定的周期。

　　作物生产技术是介绍作物生长发育规律、产量构成因素及其与外界环境条件的关系，探讨作物生产达到高产、优质、高效益、低成本的理论和技术体系的一门应用技术。主要涉及各种作物的形态特征和生物学特性、生长发育规律及其与外界环境条件的关系、各项农业技术措施和作物产量形成的关系及田间管理技术等。

任务一 作物的起源和分布

◇ **学习目标**

1. 了解作物的起源。
2. 了解作物的分布情况。

◇ **自主学习任务引导**

1. 扫描右侧二维码,观看微课视频。
2. 查阅资料,了解作物生产的特点以及作物生产技术的发展趋势。

◇ **知识链接**

一、作物的起源

作物是指对人类有价值并有目的地种植、栽培、收获的植物。从这个意义上说,作物就是栽培植物。狭义的作物概念指粮食作物、经济作物和园艺作物等;广义的作物概念泛指粮食、经济、园艺、牧草、绿肥、林木、药材、花草等一切人类栽培的植物。

(一)栽培作物的起源和意义

为了生存,古人类主要通过采集野生植物和渔猎来获取食物。当未食完的植物器官被遗弃或被埋在其临时住地附近后,古人类发现其能不断繁衍,于是开始注意并将果实、种子、块根、块茎等收集起来集中种植,就近获取食物。随着人口的增加,人类对食物的需求量越来越大,人们开始有意识地选取那些果形大、生产多、成熟后脱落损失少、易保存的植物进行小规模集中栽培。

人类长期种植野生植物,对野生植物的生长习性有了进一步的了解,并不断改进栽培技术,创造适合植物生长发育的条件,同时进行选择和培育。自然选择和人工选择使野生植物逐步成为有经济价值的栽培作物,而栽培作物与野生植物相比,优点突出:供人类利用的器官变得巨大,并能迅速生长;产品有用成分含量大大提高;成熟期一致,生长整齐;传播手段退化,种子休眠性减弱;自我保护机能减弱等。野生种变为栽培种的动力首先是有机体的变异能力,其次才是人工选择有利的变异类型。

通过研究作物的起源,人类可以了解众多植物的遗传资源并建立基因库,利用有用的基因改造现有的作物并选择新品种为人类所利用;同时通过了解作物起源地的地理条件,达到人为控制作物生长的目的;还可以进一步研究人类的农耕文化,如不少语言体系中将"文化"和"栽培"视为同义词,英文的"culture"兼有文化和栽培的含义。

研究表明,人类通过栽培作物,形成了四大类农耕文化:中东地区兴起的地中海农耕文化,非洲兴起的农耕文化,以东南亚、马来半岛为中心的农耕文化以及中美洲、南美洲兴起的新大陆农耕文化。至今发现,地球上大致有 50 万种植物,其中被人类利用的约有 5000 种,被人类栽培种植的约 1500 种,大面积种植的约 200 种。中国种植的作物约有 600 种,其中粮食作物 30 多种,经济作物 70 多种,蔬菜 110 多种,牧草约 50

种,花卉 130 余种,药用作物 50 余种。

(二)栽培作物的地理起源中心

最早研究作物地理起源中心问题的学者是瑞士植物学家康多尔,他在 1883 年出版的《栽培植物的起源》一书中,对 477 种栽培植物的起源地进行了划分。其后在 20 世纪 20—30 年代,苏联植物学家瓦维洛夫等,借助植物形态分类、杂交验证、细胞学和免疫学等手段,对他们在世界六大洲 60 多个国家采集到的 30 多万份作物品种材料进行了详细比较研究,于 1926 年完成《栽培植物的起源中心》。其后为了更准确地确定作物起源和最初形态建成中心,他还补充查明遗传上相近的野生和栽培种的多样性地理分布中心,把遗传变异最为丰富的地方作为该物种的起源中心,最后以考古学、历史和语言学的资料,对植物地理的划分加以修正,认为全世界栽培植物有 8 大起源中心,并于 1935 年出版了《育种的植物地理学基础》一书,该书的一些基本理论至今仍有着重要的指导作用。1968 年,茹科夫斯基提出"大基因中心"观念,他将瓦维洛夫确立的 8 个起源中心扩大到 12 个。1975 年,瑞典的泽文和茹科夫斯基共同编写了《栽培植物及其变异中心检索》,重新修订了茹科夫斯基提出的 12 个基因中心,扩大了地理基因起源中心概念,现简介如下。

(1)中国-日本起源中心。

中国起源中心是主要的、初生的,由它发展出了次生的日本起源中心。中国的中部和西部山区及其毗邻地是世界最大的农业发源地和栽培植物的起源中心。中国起源中心的特点是栽培植物的数量极大,包括了热带、亚热带和温带的代表作物。在栽培植物种和属的数量上,中国超过其他起源中心,中国是黍、稷、粟、大麦、荞麦、大豆等作物的初生基因中心,是小麦和高粱等的次生中心。该学说确认了中国是栽培稻的起源中心之一,纠正了瓦维洛夫认为水稻仅仅起源于印度的说法。

(2)印度支那-印度尼西亚起源中心。

它是爪哇稻和芋的初生基因中心。

(3)澳大利亚起源中心。

除美洲外,这里也是烟草的初生基因中心之一,并有稻属的野生种。

(4)印度斯坦起源中心。

起源的作物有稻、甘蔗、绿豆等,还有许多热带果树。

(5)中亚细亚起源中心。

起源的作物有小麦、豌豆等。

(6)近东起源中心。

起源的作物有栽培小麦、黑麦等。

(7)地中海起源中心。

它是许多作物的次生起源地,很多作物在此区被驯化,如燕麦、甜菜、亚麻、三叶草、羽扇豆等属的种。

(8)非洲起源中心。

起源的作物有高粱、棉、稻等属的种。此中心对世界作物影响很大,许多作物起源于非洲。

(9)欧洲-西伯利亚起源中心。

起源的作物有二年生的糖用块根和饲用甜菜、苜蓿、三叶草等。

(10)南美洲起源中心。

起源的作物有马铃薯、花生、木薯、烟草、棉、苋菜等。

(11)中美洲-墨西哥起源中心。

起源的作物有甘薯、玉米、陆地棉等。

(12)北美洲起源中心。

该中心驯化的作物有向日葵、羽扇豆等。

不论作物起源于哪个中心,其地理位置均有两个特点:一是多在热带、亚热带或温带地区;二是起源地多是山地。

（三）作物的传播

各种作物均有传播后代的方式，有的借自然力传播，如风力传播、水流传播等；有的自力传播，如果实成熟后炸裂将种子弹出，或以地下茎或匍匐枝向四周伸展等，但这种传播距离极为有限，数量也较少；有的则依靠动物的活动，如动物运输植物至异地，或动物吃植物后的迁移活动，将未消化的植物种子、果实等随粪便排到异地。作物传播更多地则依靠人类的活动，如人们引种及其他活动，包括民族迁移、贸易、战争、传教、探险、外交等活动，使作物迅速传播。

栽培作物的传播于史前时期即已开始。据考证，通过人类活动传播某种作物的途径有陆路、海路或海路和陆路相结合。如小麦发源于近东，新石器时代民族大迁移将小麦向西传播到欧洲，以后进一步远传到非洲北部。15 世纪末，小麦从西班牙经海路传入印度群岛，18 世纪英国移民将小麦引入澳大利亚。

起源于中国的栽培稻，以云南高地为中心呈放射状分布，沿着大河川的河谷及河谷之间的小路向东、向南、向西传播。约公元前 200 年向东传到日本，在公元前 1000 年向南传至菲律宾。

玉米的传播路径则由美洲传到西班牙，再扩展到欧洲其他地方和非洲，16 世纪 30 年代又由陆路从土耳其、伊朗和阿富汗传入东亚，另外又经非洲好望角传到马达加斯加岛、印度和东南亚各国。玉米传入我国的途径：可能由西班牙到麦加，再经中西亚传入我国西北部和内陆，也可能由麦加传入印度和我国云南、贵州、四川等地，再向北、向东传入各省。

甘薯 16 世纪由美洲传入西班牙，17 世纪在西班牙扩大种植。16 世纪西班牙人将甘薯传播到马尼拉、马鲁古群岛和印度尼西亚等地。明朝首次从吕宋经海路传到中国的福建，后又由陆路经越南传到广东。

有些作物通过传播、交流，在新的地区比原产地生长得更好，发展得更快。如大豆原产于中国，现在种植面积最大的是北美洲；花生原产于南美洲，现在种植面积最大的是印度和中国；马铃薯原产于南美洲，现在已成为欧洲、中国重要的粮食作物之一。

二、作物的分布

（一）作物的环境

作物的分布是指作物通过扩散并在不同地理区域种植后的空间配置情况。作物的分布与作物的生物学特性、气候土壤条件、社会经济条件、生产技术水平、人们的习惯和社会需求等因素有关，但主要受自然生态环境的制约。作物在不同的环境生长，由于受到不同环境的影响，其形态结构和生理生化特性会改变，那些最能适应的变异有机体被保留，由此形成新的类型和品种，产生生活型和生态型的变异。不同作物在相同的环境条件下生长，形成具有相似特征的结构和生物学特性，称为生活型，如水生作物、陆生作物等。同一作物不同品种长期生长在不同的环境条件或人工选择条件中，形成不同的生态型，包括气候生态型、水分生态型、土壤生态型等。例如大豆是短日照作物，由于长期分布在不同纬度的地区，形成一些对日照反应不同的类型。在日照长的北方地区形成了短日性弱的品种，而在日照短的南方地区形成了短日性强的品种。

（二）作物的分布地区

全世界种植作物的种类繁多，遍及全球。粮食作物中以谷物的种植面积最大，分布最广，占世界粮食作物总面积的 2/3 以上；中国的谷类作物占农作物种植总面积的 2/3 以上。谷物中小麦、水稻和玉米种植面积最大，为世界三大作物，其次是大豆和薯类。经济作物中，棉花和油菜种植面积最大，其次为甘蔗和甜菜，烟草和苎麻及黄麻类纤维最少。中国各作物种植面积依序为水稻、小麦、玉米、薯类、大豆、油菜、花生、棉花、烟草、甘蔗、甜菜和麻类。

小麦喜冷凉湿润气候，营养丰富，品质好，适宜制作各种食品，深受人们的喜爱。全世界小麦种植区域主要分布于亚洲、北美洲和欧洲，占世界小麦种植面积的 86.9%，其中印度、中国、俄罗斯和美国占世界小麦种植面积的 45.8%。中国小麦种植分南方冬麦区、北方冬麦区和北方春麦区，按面积大小顺序为华东、华南、华北、西北、西南和东北片区。分布最多的省是河南和山东，河北、江苏、安徽、四川、陕西、甘肃和湖北也有较大面积分布。

　　水稻是高温短日照作物,营养丰富,粗加工简单,适口性好,为世界上第二大粮食作物。由于水稻受积温、降雨和灌溉的影响,目前主要分布于亚洲,尤其是东南亚国家,该地区水稻种植面积占全世界的90%;其中印度的种植面积最大,其次为中国,再次为印度尼西亚、孟加拉国和泰国。上述5个地区水稻种植面积占全世界水稻种植面积的70%左右,其次为非洲和南美洲,欧洲和大洋洲种植较少。中国南方主要种植籼稻,北方主要种植粳稻,其中华东、华南最多,占全国种植面积的74.9%,其次为西南地区,华北和西北最少。种植面积较大的省(自治区)有湖南、江西、广东、江苏、广西、湖北、四川、安徽和浙江。

　　玉米是高产的农作物,又是营养丰富的优质饲料作物。玉米主要分布于亚洲和北美洲,占世界玉米种植面积的59.4%,其次为非洲,再次为欧洲和南美洲,大洋洲分布最少。美国玉米种植面积最大,其次为中国,再次为巴西。上述3国玉米种植面积占全世界的46.5%。中国玉米主要分布于自东北、黄淮海平原至西南的一条狭长形地带上,主产区为华北和东北地区,华北和东北玉米种植面积占全国的47.2%,主要分布于山东、河北、黑龙江、吉林、河南、辽宁和内蒙古。

　　薯类作物包括甘薯和马铃薯。薯类作物的块根、块茎内含有丰富的淀粉及维生素,是部分地区的主食和主要饲料作物,也是重要的工业原料。甘薯喜温,主要分布于亚洲和非洲;马铃薯喜凉,主要分布于亚洲、欧洲和美洲。中国是薯类的最大生产国,其次为尼日利亚和俄罗斯。上述3个国家的种植面积占全世界薯类种植面积的39.5%。中国甘薯主要分布于南方,马铃薯主要分布于东北、西北和西南地区,其中四川种植面积最大,占全国薯类种植面积的12.4%,此外分布较多的省(自治区、直辖市)有重庆、贵州、河南、内蒙古、安徽和山东。

　　大豆是人类主要的植物蛋白来源,其营养丰富,用途广泛。大豆起源于中国,但在美洲有较大发展。北美洲种植面积最大,其次为南美洲,再次为亚洲,大洋洲分布极少,仅美洲大豆的种植面积就占全世界大豆种植面积的74.1%。其中,美国种植面积最大,占世界种植面积的42%,其次为巴西、中国和阿根廷,上述4个国家大豆种植面积占全世界大豆种植面积的82.5%。中国大豆主要分布于东北和华东地区,占全国种植面积的65.6%。西南和西北地区种植较少。其中以黑龙江为最多,占全国总面积的27.0%左右,其次为内蒙古、河南、山东、安徽和河北。

　　棉花是重要的工业原料,主要分布于亚洲,占世界棉花种植面积的60.6%;其次为北美洲和非洲,再次为南美洲、欧洲和大洋洲。棉花种植面积最大的国家为印度,其次为美国,再次为中国和菲律宾。上述4个国家的棉花种植面积占全世界种植面积的63.6%。中国棉花种植区域主要分布于华东、华南和西北地区,占全国棉花种植面积的88.3%。其中以新疆和河南分布最多,其次为山东、湖北、安徽、河北、江苏和湖南。

　　油菜喜冷凉,是四大油料作物之一,是人类食用油的主要来源。油菜主要分布于气候冷凉的国家和地区,亚洲分布最多,占世界总种植面积的55.1%,其次为北美洲和欧洲,南美洲和非洲分布最少。中国油菜种植面积最大,其次为印度和加拿大。上述3个国家油菜种植面积占全世界油菜面积的70.7%。中国油菜主要分布于华东和华南地区,占全国面积的67.1%,其次为西南地区,东北与华北油菜种植面积较少。中国油菜主要分布在湖北、安徽、湖南、四川、江西、江苏和贵州,其中湖北最多。

　　甘蔗主要分布于亚洲和南美洲,印度和巴西最多,其次为中国。中国华南地区甘蔗种植面积最大,占甘蔗种植面积的68.1%,其次为西南地区,华北、东北和西北地区几乎无甘蔗种植。广西甘蔗种植面积最大,其次为云南和广东,其他省市较少种植。

　　甜菜主要分布于欧洲,占世界种植面积的69.1%,其次为亚洲。甜菜主要分布于俄罗斯、乌克兰,其次为美国、土耳其、德国和法国。中国甜菜仅在华北、东北和西北地区种植,其中黑龙江种植最多,其次为新疆和内蒙古,其他省市均较少。

　　烟叶是嗜好类作物,主要分布于亚洲,占全世界种植面积的65.7%,除大洋洲极少种植外,欧洲、北美洲、南美洲和非洲的种植面积差不多。其中以中国的烟叶种植面积为最大,占全世界烟草种植面积的30.9%,其次为印度、巴西和土耳其。中国烟草种植主要分布于西南地区,占全国烟草种植总面积的50.1%,其次为华南地区,华北地区种植最少,其中以云南为最多,其次为贵州和河南。此外四川、重庆、湖南、湖北、黑龙江、山东、福建也有种植烟草。

中国麻类作物主要为苎麻。麻类种植以华南地区为最多,其次为东北地区,再其次为西南和华东地区,华北和西北地区种植较少,其中以黑龙江生产面积最大(主要是亚麻),其次为四川、湖南和湖北(以苎麻为主),河南为黄红麻的主产区。

各种作物的分布是受多种因素制约的,随着经济的发展、农业科技的进步、政治因素的影响、市场因素的影响,作物的分布也会随之发生变化。

◇ **知识拓展**

我国种植业分区

一、种植业地域分异

我国地域辽阔、地形地貌复杂。在地理上呈现出纬度地带性、经度地带性和垂直地带性三大特点,这些特点会引起温度、降水、光照等的巨大变化。因其温度的变化,形成了 12 个温度带,即寒温带、中温带、暖温带、北亚热带、中亚热带、南亚热带、热带、干旱中温带、干旱暖温带、高原寒带、高原亚寒带和高原温带;因其降水量的差异,自东南沿海至西北内陆形成了湿润、半湿润易旱、半干旱和干旱四个湿度带。温度、降水和光照三者的综合作用,使种植业形成了东部季风区、西北干旱区和青藏高原区三大自然区域,不同的自然区域分布着不同的作物。

二、我国种植业分区

为了充分合理地利用我国农业资源,因地制宜,发挥各地区优势,针对各个地区的条件和特点作出种植业区划,分为 10 个一级区:①东北大豆、春麦、玉米、甜菜区;②北部高原小杂粮、甜菜区;③黄淮海棉、麦、油、烟、果区;④长江中下游稻、棉、油、桑、茶区;⑤南方丘陵双季稻、茶、柑橘区;⑥华南双季稻、甘蔗、热带作物区;⑦川陕盆地稻、玉米、薯类、桑、柑橘区;⑧云贵高原稻、玉米、烟草区;⑨西北绿洲麦、棉、甜菜、葡萄区;⑩青藏高原青稞、小麦、油菜区。

◇ **典型任务训练**

市 场 调 查

以你的家乡为调查对象,了解当地 3～5 种主要作物的种植面积、总产和单产情况,并结合当地的地理、气候、作物生产水平等做简要叙述。

任务二　作物的分类

◇ **学习目标**

掌握作物的分类方法。

◇ **自主学习任务引导**

1.扫描右侧二维码,观看微课视频。
2.查阅资料,了解作物的主要种类。

◇ **知识链接**

广义的作物包括粮、棉、油、麻、烟、糖、茶、桑、果、菜、药、杂（草坪、花卉、瓜类、饲料作物等）等；狭义的作物主要指大田大面积栽培的农作物，一般称大田作物或庄稼。人类长期的培育和选择进一步丰富了作物品种，仅目前我国就收集保存的作物品种资源材料有 20 多万份。为了便于比较、研究和利用，有必要对不同的作物进行分类。有关大面积栽培的作物常见的分类方法如下。

一、植物学分类

按植物的科、属、种对植物分类，一般用双名法对植物进行命名，称为学名。例如小麦属禾本科，其学名为 *Triticum aestivum* L.，第一个字为属名，第二个字为种名，第三个字为命名者的姓氏缩写。这种命名方式对了解和认识作物的植物学特征的异同以及研究其器官发育有重要意义。常见作物的种名、学名、英文名对照表见表 1-1-1。

表 1-1-1　常见作物的种名、学名、英文名对照表

种名	学名	英文名	主要用途
	禾本科 Gramineae		
稻	*Oryza sativa* L.	Rice	食用
小麦	*Triticum aestivum* L.	Wheat	食用
大麦	*Hordeum vulgare* L.	Barley	食用、饲用
黑麦	*Secale cereale* L.	Rye	食用
燕麦	*Avena sativa* L.	Oat	食用
玉米	*Zea mays* L.	Corn（Maize）	食用、饲用
高粱	*Sorghum bicolor*（L.）Moench	Sorghum	食用、饲用
黍（稷）	*Panicum miliaceum* L.	Proso millet	食用
粟	*Setaria italica* L.	Foxtail millet	食用
薏苡	*Coix lacryma jobi* L.	Job's tears	食用
甘蔗	*Saccharum officinarum* L.	Sugar-cane	榨糖
	蓼科 Polygonaceae		
荞麦	*Fagopyrum esculentum* Moench	Buckwheat	食用
	豆科 Leguminosae		
大豆	*Glycine max*（L.）Merr.	Soybean	种子油用、食用
花生	*Arachis hypogaea* L.	Peanut	种子油用、食用
蚕豆	*Vicia faba* L.	Broadbean	种子食用
豌豆	*Pisum sativum* L.	Garden pea	种子食用
豇豆	*Vigna unguiculata* L.	Cowpea	种子食用
饭豆	*Phaseolus calcaratus* Roxb.	Rice bean	种子食用
绿豆	*Vigna radiata* L.	Mung bean	种子食用
紫云英	*Astragalus sinicus* L.	Chinese milk vetch	全株绿肥、饲料
苜蓿	*Medicago sativa* L.	Alfalfa	全株绿肥、饲料
田菁	*Sesbania cannabina*（Retz.）Pers.	Sesbania	全株绿肥
黄香草木樨	*Melilotus officinalis*（L.）Pall.	Yellow sweet clover	茎叶绿肥

种名	学名	英文名	主要用途
薯蓣科 Dioscoreaceae			
甘薯	*Dioscorea esculenta*（Lour.）Burkill	Sweet potato	块根食用
山药	*Dioscorea batatas* T.	Chinese yam	块根食用
天南星科 Araceae			
芋	*Colocasia esculenta*（L.）Schott.	Taro	球茎食用
茄科 Solanaceae			
马铃薯	*Solanum tuberosum* L.	Potato	块茎食用
烟草	*Nicotiana tabacum* L.	Tobacco	叶、制烟
锦葵科 Malvaceae			
棉花	*Gossypium herbaceum* Linn.	Cotton	种子纤维、纺织用
红麻	*Hibiscus cannabinus* L.	Kenaf	韧皮纤维用
苘麻	*Abutilon theophrasti* Medicus	Piemarker	韧皮纤维用
椴树科 Tiliaceae			
黄麻	*Corchorus capsularis* L.	Jute	韧皮纤维用
荨麻科 Urticaceae			
苎麻	*Boehmeria nivea*（L.）Gaudich.	Ramie	韧皮纤维用
大麻科 Cannabaceae			
大麻	*Cannabis sativa* L.	Hemp	韧皮纤维用
亚麻科 Linaceae			
亚麻	*Linum usitatissimum* L.	Common flax	韧皮纤维用
龙舌兰亚科 Agaraceae			
剑麻	*Agave sisalina* Perr. ex Engelm.	Sisal	叶、纤维用
芭蕉科 Musaceae			
蕉麻	*Musa textilis* Née	Manila hemp	叶、纤维用
十字花科 Cruciferae			
油菜	*Brassica napus* L.	Rape	种子油用
胡麻科 Pedaliaceae			
芝麻	*Sesamum indicum* L.	Sesame	种子油用、食用
菊科 Compositae			
向日葵	*Helianthus annus* L.	Sunflower	种子油用
菊芋	*Helianthus Tuberosus* L.	Jerusalem artichoke	块茎食用
大戟科 Euphorbiaceae			
木薯	*Manihot esculenta* Crantz	Cassava	块茎食用
藜亚科 Chenopodiceae			
甜菜	*Beta vulgaris* L.	Sugar beet	块根糖用

二、根据作物的生物学特性分类

（一）按作物感温特性分类

作物按感温特性可分为喜温作物和耐寒作物。喜温作物在全生育期需要的积温较高,生长发育的最低温度为 10 ℃ 左右,最适温度为 20～25 ℃,最高温度为 30～35 ℃,如水稻、玉米、高粱、甘薯、棉花、烟草、甘蔗、花生、粟等。耐寒作物全生育期需要的积温较低,生长发育最低温度为 1～3 ℃,最适温度为 12～18 ℃,最高温度为 26～30 ℃,如小麦、大麦、马铃薯、黑麦、油菜、蚕豆等。

（二）按作物对光周期反应特性分类

作物按对光周期反应特性可分为长日照作物、中日照作物、短日照作物和定日照作物。适宜在日照时长变长时开花的作物称长日照作物,如麦类作物、油菜等。适宜在日照时长变短时开花的作物称短日照作物,如水稻、大豆、甘薯、棉花、烟草等。开花与日照时长没有关系的作物称中日照作物,如荞麦、豌豆等。定日照作物要求植物有一定时间的日照时长才能完成其生育周期,如甘蔗的某些品种只有在 12 h 45 min 的日照时长条件下才能开花,长于或短于这个日照时长都不开花。

（三）按作物对二氧化碳同化途径分类

作物按对二氧化碳同化途径可分为 C_3 作物、C_4 作物和 CAM(景天酸代谢)作物(图 1-1-1)。C_3 作物光合作用最先形成的中间产物是带三个碳原子的磷酸甘油酸,其光合作用的 CO_2 补偿点高,有较强的光呼吸作用,如水稻、麦类、大豆、棉花等。C_4 作物光合作用最先形成的中间产物是带四个碳原子的草酰乙酸,其光合作用的 CO_2 补偿点低,光呼吸作用低,在强光高温下的光合作用能力比 C_3 作物高,如玉米、高粱、甘蔗等。CAM 作物中,除凤梨科外,仅有龙舌兰麻、菠萝麻等少数纤维作物,但花卉植物很多。

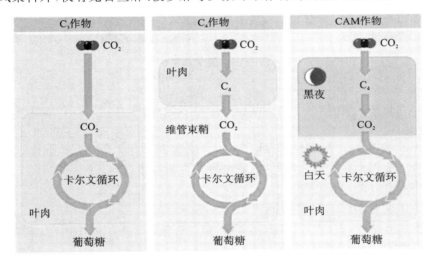

图 1-1-1　C_3 作物、C_4 作物和 CAM 作物的光合作用

三、根据作物用途和植物学系统相结合分类

1. 粮食作物

(1)禾谷类作物。属禾本科,主要作物有稻、小麦、大麦、燕麦、黑麦、玉米、高粱、粟、黍(稷)、薏苡等(图1-1-2)。蓼科的荞麦因其籽实可供食用,习惯上也列入此类。一般将稻谷、小麦以外的禾谷类作物称为粗粮。

(2)豆类作物或菽谷类作物。属豆科,主要作物有大豆、蚕豆、豌豆、绿豆、红小豆(赤豆)、饭豆等(图1-1-3)。大豆以外的豆类作物又称杂豆类作物。

(3)薯类作物或根茎类作物。植物学上的科属不一,主要有甘薯、马铃薯、木薯、豆薯、山药(薯蓣)、菊芋、芋、蕉藕等(图1-1-4)。

图 1-1-2　禾谷类作物

图 1-1-3　豆类作物

图 1-1-4　薯类作物

2. 经济作物

（1）纤维作物。包括粒用纤维、韧皮纤维和叶用纤维三大类，主要有棉花、黄麻、红麻、苎麻、亚麻、大麻、蕉麻、龙舌兰麻、苘麻等。

（2）油料作物。主要作物有油菜、花生、芝麻、向日葵、胡麻、苏子、红花、油茶、油棕、油椰、甘蓝等食用油料作物和蓖麻、油桐等工业用油料作物。此外，大豆也可列为油料作物。

（3）糖料作物。主要有甘蔗、甜菜等。

（4）嗜好类作物。主要有烟草、茶叶、咖啡、可可等。

（5）其他作物。主要有桑、橡胶、香料作物（如薄荷、留兰香等）、编织原料作物（如席草、芦苇）等。

常见经济作物如图 1-1-5 所示。

图 1-1-5　常见经济作物

3. 饲料及绿肥作物

饲料及绿肥作物有苜蓿、苕子、紫云英、草木樨、水葫芦、水浮莲、红萍、绿萍、三叶草、田菁等（图 1-1-6）。

图 1-1-6　饲料作物

4.药用作物

药用作物有三七、天麻、人参、黄连、贝母、枸杞、白术、白芍、甘草、半夏、红花、百合、何首乌、五味子、茯苓、灵芝等(图 1-1-7)。

图 1-1-7　药用作物

有些作物可以有多种用途,例如玉米可食用,又可作优质饲料;马铃薯可作为粮食,又是蔬菜和加工的原料;大豆可食用,又可榨油;亚麻既是纤维,种子又是油料;红花的种子是油料,其花是药材。因此上述分类不是绝对的,同一作物根据需要可划分为不同类型。

此外,作物按播种季节可分为春播(夏播)作物和秋播(冬播)作物,按收获季节可分为夏熟作物和秋熟作物,按播种密度和田间管理可分为密植作物和中耕作物等。

◇ **知识拓展**

作物生产技术概述

1.作物定义

(1)广义:由野生植物经过人类不断地选择、驯化、利用、演化而来的具有经济价值,被人们所栽培的一切植物。

(2)狭义:田间大面积栽培的农作物。

2.栽培制度

栽培制度是各种作物在农田上的部署和相互结合方式的总称,其内容包括一个地区或生产单位的作物布局、复种、间作、套作、轮作。

3.种植模式

(1)间作:两种或两种以上生育季节相近的作物,在同一块田地上同时或同季节成行间隔种植。

(2)混作:两种或两种以上生育季节相近的作物,按一定比例混合撒播或同行混播在同一田地上。

(3)套作:在前作物的生育后期,在其行间播种或移栽后作物的种植方式。

(4)轮作：在同一块田地上有顺序地轮作不同类型作物或轮换不同复种形式的种植方式。

(5)连作：连续在同一块田地上重复种植同一作物或采用同一复种方式，前者为连作，后者为复种连作。

4.间混套作的技术措施

(1)选择适宜的作物和品种搭配。

(2)建立合理的密度和田间结构。

(3)采用相应的栽培技术。

5.提高作物产量的方法

(1)通过栽培技术措施的改进，提高作物的光能利用率。

(2)通过育种来改良作物品种的光合效率。

◇ 典型任务训练

大田作物的田间识别

1.目的和要求

(1)认识和熟悉主要大田作物在田间生长期间的形态特征。

(2)学会利用形态学特征认识和区分各种大田作物及其代表性类型和代表性品种。

(3)观察和了解不同栽培处理措施对大田作物生长发育及产量性状田间表现的影响。

2.先期准备

根据教学需要，设计和建立主要农作物不同生态类型及典型品种的种植区，并按相应生长要求进行管理。

3.内容和方法

(1)时间安排。

实习分2次进行：第一次在6月上旬末或中旬初，主要识别夏收作物（麦类作物、油菜、亚麻、甜菜、蚕豆、豌豆等）的成株和近成熟时的形态表现以及春播作物（黍类作物、甘薯、豆类作物、花生、麻类作物、棉花等）的苗期形态；第二次在8月底到9月初，主要认识春播作物的成株及近成熟时的形态特征。

(2)主要内容。

①谷类作物。

禾谷类作物可以分为麦类作物和黍类作物。

麦类作物。6月份花序(穗)已完全长出或接近成熟时，观察其在田间生长的情况。

黍类作物。6月份观察幼苗的生长情况，秋季观察成株的生长情况，注意两次观察相互印证。

②豆科作物。

花生。6月份观察幼苗的生长情况，9月份观察成株的生长情况。

大豆。6月份观察幼苗的生长情况，9月份观察成株的生长情况。

蚕豆和豌豆。6月份观察成株的生长情况。

绿豆、小豆、豇豆、扁豆、菜豆等食用豆类作物。6月份观察幼苗的生长情况，9月份观察成株的生长情况。

③甘薯和马铃薯。6月份观察甘薯幼苗和马铃薯成株的生长情况，9月份观察甘薯和马铃薯成株的生长情况。

④棉花。6月份观察苗期性状，9月份观察成株及开花、裂铃、吐絮等田间表现。

⑤麻类作物。6月份观察亚麻成株和其他麻类作物幼苗的生长情况，9月份观察除亚麻之外的麻类作物成株的生长情况。

⑥芝麻。6月份观察幼苗的生长情况，9月份观察成株的生长情况。

⑦油菜。6月份观察成株的生长情况，注意区分芥菜型、白菜型和甘蓝型的差异。

⑧牧草类。在两次观察中，根据田间牧草作物的种植情况，了解不同牧草种、栽培管理措施的影响等。

⑨药用作物。根据田间种植情况、时间和教师介绍的背景知识，认识主要药用作物。

⑩适当注意观察各类作物的主要伴生杂草、病虫害的田间发生情况。

项目二　了解作物生产环节

任务一　作物种植制度

◇ **学习目标**

1. 掌握种植制度、作物布局、种植体制、种植模式和立体农业的概念。
2. 了解间、套作的技术要点。
3. 了解本地区主要的种植方式，能开展种植制度的调查。

◇ **自主学习任务引导**

1. 扫描右侧二维码，观看微课视频。
2. 查阅资料，了解作物种植制度基础知识。

◇ **知识链接**

一、种植制度的建立原则

（一）种植制度的含义

种植制度指一个地区或生产单位的作物组成、配置、熟制与种植方式的总称。包括在耕地上种什么作物，各种多少，种在哪里，即作物的布局；作物在耕地上一年种几茬，以及哪一个生长季节或哪一年不种，即复种或休闲；种植作物时采用什么样的种植方式，即单作、间作、混作和套作；不同生长季节或不同年份作物的种植顺序如何安排，即轮作或连作。

（二）种植制度的建立原则

1. 合理利用农业资源，提高光能利用率

（1）农业资源的类型。

农业资源分为两个基本类型，即自然资源和社会资源。自然资源包括气候资源（如太阳能、温度、大气等）、水资源（如自然降水、地表水、地下水等）、土地资源、生物资源（如动植物、微生物等）；社会资源包括劳畜力、农机具、农用物资、资金、交通、电力和技术等。此外，农业资源按贮藏性能可分为贮藏性资源（如种子

（苗）、肥料、农药、农膜、燃油、机具等）和流失性资源（如太阳光、热辐射、劳畜力等）。

（2）农业资源的基本特性与合理利用。

a.资源的有限性与经济利用。无论自然资源或是社会资源，在一定时限或一定地域内均有数量上的上限，即使降水、光、热等气候资源也不例外。因此，合理的种植制度应充分利用资源且经济有效，使有限的资源发挥出最大的生产潜力。当有多种可以选择的措施时，尽可能采取耗资较少的措施，或采用开发当地数量充裕资源的措施，以发挥资源的生产优势。

b.自然资源的可更新性与合理利用。农业中的生物种群通过生长、发育、繁殖进行自我更新，土壤中的有机肥、矿质营养等资源也借助生物循环得以长期使用。气候资源属于流失性资源，年际变化大，但仍可年年持续供应，属可更新资源。人、畜力也属可更新资源。然而，农业资源的可更新性不是必然的，只有在合理利用和资源可供开发的潜力范围内，才能保持生物、土地、气候等资源的可更新性，否则农业资源的可更新性就会丧失。因此，种植制度一定要合理利用农业资源，协调好农、林、牧、渔之间的关系，不宜农耕的土地应退耕还林、还牧，以增强自然资源的自我更新能力，为农业生产建立良好的生态环境。

c.社会资源的可贮藏性与有效利用。农业生产的化肥、农药、机具、塑料制品、化石燃料，以及附属于工业原料的生产资料等社会资源，不能循环往复使用，是不可更新资源，但却具有贮藏性能。大量使用这类资源，不仅会增加农业生产成本，而且还会加剧资源的消耗。这类资源应做到有效利用。

（3）提高光能利用率的途径。

作物对太阳能的转化效率很低，一般只有 $0.1\% \sim 1.0\%$，与理论值 5% 存在着巨大差距。在南方地区，采用麦—稻—稻三熟制，年产量 15000 kg/hm²，光能利用率也只有 2.8%，若光能利用率达 5%，四川攀枝花市的水稻年产量可达 42000 kg/hm²，小麦年产量可达 30000 kg/hm²，可见提高光能利用率对提高作物产量有巨大潜力。

提高光能利用率的主要途径有：①适当延长作物的光合时间，如选用生育期较长的品种，复种和合理的肥水管理等；②扩大光叶面积指数，如合理间、套种植，合理密植等；③提高作物的光合能力，如选用高光效的作物或品种，合理密植和合理肥水管理等；④减少光合产物的无效消耗，如适期播种，防止作物病、虫、草、鼠害等；⑤促进光合产物的运转和分配，提高收获指数等。

2. 用地养地相结合，提高土地利用率

（1）用地养地的概念。

用地是利用土地种植农作物、生产农产品的过程。养地是培养地力，不断保持、恢复和提高土壤肥力，使土壤具有良好的肥力条件，减少不利于作物生长的有害因素。用地养地相结合指在用地过程中积极地培养和提高地力，使用地与养地水平相协调、不断提高用养水平，使之处于动态平衡状态。

（2）提高土地利用率的途径。

用地与养地相结合是建立合理耕作制度的基本原则。用地过程中地力的损耗主要有以下原因：①作物产品输出带走土壤营养物质；②土壤耕作促进土壤中有机质的消耗；③土壤侵蚀。作物自身的养地机制和人类的农事活动，可以达到培肥地力的目的。提高土地利用率的途径有：①增加投入，提高土地综合生产能力；②提高单位播种面积产量；③实行多熟种植，提高复种指数；④因地种植，合理作物布局；⑤保护耕地，维持土地的持续生产能力。

3. 协调社会需要，提高经济效益

种植制度是全面组织作物生产的宏观战略措施。种植制度合理与否，不仅影响到作物生产自身的效益，而且对整个农业生产甚至区域经济产生影响。因此，在制定种植制度时，应综合分析社会各方对农产品的需求状况，确立与资源相适宜的种植业生产方案，尽可能实现作物生产的全面、持续增产增效，同时为养殖业等后续生产发展奠定基础。种植制度要按照资源的类型及分布，本着"宜农则农，宜林则林，宜牧则牧"的原则，使农田、森林、草地、水面占有比例得当，以发挥当地的资源优势，满足各方面的需要；合理配置作物、实行合理轮作、间作、套种以及复种等，避免农作物单一种植，减少作物生产风险，提高经济效益。

（三）作物布局

1. 作物布局的概念

作物布局是指一个地区或生产单位的作物组成与配置的总称。作物组成包括作物种类、品种、面积与比例等；作物配置指作物在区域或田土上的分布。作物布局应以满足社会需要为目的，以农业资源为基础，以社会经济技术为条件，对本地区或生产单位在一定时间内种什么、种多少和种在哪里作出时间和空间上的生产部署。作物布局范畴有大有小，大的可以是全国、全省、全市、全县，小的可以是一个生产单位或一家一户；时间上有长有短，长的可以是 5 年、10 年、20 年等，短的可以是一年或一个生长季节。在一年多熟制地区，作物布局既包括各季作物的平面布局，又有连接上、下季的熟制布局。因此，作物布局是种植制度的主要内容和基础。作物组成确定后，才可以选择适宜的种植方式，即复种、间套作、轮连作等的安排。因而不同的种植方式会受到作物布局的制约，作物布局又要受到间套作、复种和轮连作等种植方式的影响。

2. 作物布局的地位

作物布局是一个地区或生产单位的作物种植计划或规划，是一项复杂的、综合性较强的、影响全局的生产技术设计，因而在农业生产上占据十分重要的地位。

（1）作物布局是农业生产布局的中心环节。

农业生产布局指农、林、牧、副、渔各部门生产在结构和地域上的分布，作物布局必须在整体的农业生产布局的指导下进行。我国种植业在农业生产中占有较大比例，作物布局是农业生产布局的中心环节。因此作物布局关系到增产增收、资源合理利用、农村建设、农林牧结合、多种经营、环境保护等农业发展的战略部署。

（2）作物布局是农业区划和规划的主要依据。

综合农业区划是以各种单项区划和专业区划为基础。农作物种植区划则是各种单项区划与专业区划的主体，并以作物布局为前提。作物布局是制定农业发展规划、土地利用规划、农业基本建设规划等各种农业规划的依据。

（3）作物布局是种植业方案的体现。

一个合理的作物布局方案应该综合气候、土壤等自然环境因素，以及各种社会因素，合理利用土地与其他自然与社会资源，以最少的投入获得最大的经济、社会与生态效益。

3. 作物布局的作用

合理的作物布局应根据社会需要，将作物安排在最适的生态条件和生产条件下进行生产，以充分发挥农作物的生产优势，促进农、林、牧、渔等的持续发展，因而它具有如下作用：①充分利用自然资源和社会资源；②有利于解决各类作物争地、争光温水肥、争季节、争劳畜力及机械的矛盾；③有利于复种、间套作和轮连作的合理安排；④有利于充分发挥作物的生产潜力，提高生产效益；⑤有利于恢复、保持和提高地力，维持农田生态平衡，促进作物生产向持续高产、优质和高效的方向发展；⑥有利于促进林、牧、渔、副业及其他生产部门的发展。

4. 作物布局的原则

（1）作物生态适应性是基础。

作物的生态适应性指作物的生物学特性及其对生态条件的要求与某地实际环境条件相适应的程度，即作物与环境相适应的程度。作物生态适应性好，说明种植某作物可能获得较高产量和效益；作物生态适应性差，说明种植产生效益的可能性小。生态适应性较好的作物分布较广，种植的面积可能较大；生态适应性较差的作物分布较窄，种植的面积可能较小。生态条件较好的地区，适宜种植的作物种类多，作物布局的调整余地大，选择途径多；生态条件较差的地区，适宜种植的作物种类少，作物布局的调整余地小，选择途径少。在制定作物布局时，要以生态适应性为基础，发挥当地资源优势，克服资源劣势，扬长避短。

（2）社会需求是导向。

作物生产的目的是生产社会需要的产品，作物布局也要服从和服务于这一根本目的。社会需求包括两个方面,一是自给性生产需要,即直接用于生产者吃穿用烧等的产品;二是商品生产需要,即市场经济需要。社会需求状况和发展的变化,制约作物布局的类型,引导作物布局的发展方向。满足自给性生产需要的作物布局称为自给性作物布局,满足市场经济需要的作物布局称为商品性作物布局。我国正处在由传统农业向现代农业转变的时期,作物生产的商品性特征越来越明显,市场对作物布局的制约和导向作用也愈加突出。

（3）社会经济和科学技术是重要条件。

社会经济和科学技术可以改善作物的生产条件（如水利、肥料、劳力和农机具等）,为作物生长发育创造良好的环境,解决能不能种植某一作物的问题。同时,社会经济和科学技术也为作物的全面高产、优质高效、持续发展提供保障,解决能否种好的问题。因此,在进行作物布局调整时,必须考虑当地的社会经济和科学技术状况。

作物的生态适应性、社会需求、社会经济与科学技术对作物布局的影响各不相同,同时彼此间又相互联系、相互影响。在自然状态下不能种植某作物的地区和季节,社会经济和科学技术的投入可使种植该种作物成为可能。社会对某种产品需求迫切性的增加,也会促进社会经济向该方面增加人力、物力、财力和科技的投入,从而促进该作物种植面积扩大、产品数量增加和质量改善。

5. 作物布局的内容与步骤

（1）明确产品的需要。

产品的需要包括自给性与商品性需要两大部分。明确产品的需要应了解市场价格、对外贸易、交通、加工、贮藏以及农村政策等方面的内容。

（2）调查环境条件。

调查环境条件包括自然条件、社会经济条件及科学技术条件,主要有:①热量条件。大于 0 ℃积温,大于 10 ℃积温,年平均温度,最冷月平均温度,最热月平均温度,冬季最低温度,无霜期;②水分条件。年降水量与变化率,各月降水量,干燥度,空气相对湿度,地表径流量,地下水储量,地下水位深度,水源,水质;③光照条件。全年与各月辐射量,年日照时数;④地貌。海拔高度,大地形（山地、丘陵、河谷、盆地、平原、高原）,小地形（平地、洼地、岗坡地）,坡度,坡向;⑤土地条件。土地总面积,土地利用状况（农田、林地、草地、荒地等）,耕地面积,水田、水浇地与旱地面积,人地比;⑥土壤条件。土壤类型,土层厚度、平坦度、质地,土壤 pH 值,土壤有机质含量、氮磷钾养分含量,土壤水分状况,土地整理与水土流失状况;⑦肥料条件。肥料种类,数量,亩施肥水平,养分平衡;⑧能源条件。燃油、电、煤、生物能源;⑨机械。拖拉机,排灌机具等;⑩植被。乔木、灌木、草;⑪作物种类。作物的面积、产量、生产力、品种、栽培技术;⑫现有种植制度,人口劳力;⑬畜牧业种类和数量;⑭灾害（旱、涝、病、虫）;⑮收入状况。产值收入,每人每年纯收入,农林牧副渔各业产值与收入,粮食与多种经营收入;⑯市场。国家收购,自由市场,外贸市场,及其地理位置和交通;⑰价格。各种农产品收购价格与市场价格,各种生产资料价格;⑱政策。收购政策,奖励政策,商品流通政策,外贸政策等;⑲科学技术水平和文化水平。

（3）农作物生态适应性的确定。

研究作物生态适应性的方法有:作物生物学特性与环境因素的平行分析法,地理播种法,地区间的产量与产量变异系数比较法,产量、生长发育与生态因子的相关分析法,生产力分析法等。通过研究作物生态适应性,可以区分出各种作物生态适应性的程度。

（4）作物生态区、种植适宜区的划分与适生地的选择。

在确定作物生态适应性的基础上,可以划分作物的生态区,从光、热、水、土等自然生态角度区分作物的生态最适宜区、适宜区、次适宜区与不适宜区。作物的生态区划是作物布局的内容之一,一方面它提供了自然规律方面的可能范围;另一方面,为了生产应用的目的,单纯从自然角度划分或选择适生地是不够的,必须在社会经济和科学技术条件相结合的基础上,进一步确定作物的生态经济区划或适宜种植的地区。这就要在光、热、水、土的基础上考虑水利、肥料、劳力、交通、工业等条件。

作物的种植适宜区可划分为四级：①最适宜区。光、热、水、土以及水利、劳力等条件都很适宜，作物稳产高产、品质好、投资省而经济效益高；②适宜区。作物生态条件存在少量缺陷，但人为地采取某些措施（如灌溉、排水、改土、施肥）后容易弥补，作物生长较好，产量变异系数小。投资增大时，经济效益仍较好，但略低于最适宜区；③次适宜区。作物生态条件有较大缺陷，产量不够稳定，但通过人为措施可以弥补（如盐碱地植棉）；或者投资较大，产量较低，但综合经济效益仍是有利的；④不适宜区。生态条件有很多缺陷，技术措施复杂且难以改造，投资消费巨大。虽勉强可种，但产量、经济上或生态上得不偿失。

（5）作物生产基地和商品生产基地的确定。

确定了适宜区和适生地，再结合历史生产状况和远景生产任务，大体上可以选出某种作物的集中产地，进一步选择商品生产基地。商品生产基地的要求是：有较大的生产规模，土地集中连片；生产技术条件较好，生态经济分区上属最适宜区或适宜区；生产水平较高；资源条件好，有较大发展潜力，包括目前经济落后但发展有潜力的地区；作物产品的商品率较高。

（6）作物组成的确定。

在单一的各个作物适宜区与适生地选择的基础上，确定各种作物间的比例数量关系。包括：①种植业在农业中的比重；②粮食作物与经济作物、饲料作物的比例；③春夏收作物与秋收作物的比例；④主导作物和辅助作物的比例；⑤禾谷类与豆类的比例。

（7）综合划分作物种植区划或配置。

在确定作物结构（同时考虑到复种、轮作和种植方式）后，要进一步把它配置到各种类型的土地上，即拟定种植区划，较小规模的种植（如农户）则直接进行作物的配置。为此，按照相似性和差异性的原则，尽可能把相适应、相类似的作物划在一个种植区，制作出作物现状分布图与计划分布图。

（8）可行性鉴定。

对作物结构与配置的初步方案进行可行性鉴定：①是否能满足各方面需要；②自然资源是否得到了合理利用与保护；③经济收入是否合理；④肥料、土壤肥力、水、资金、劳力是否平衡；⑤加工储藏、市场、贸易、交通等方面的可行性；⑥科学技术、文化、教育、农民素质等方面的可行性；⑦是否促进农林牧、农工商综合发展等。

二、种植模式

（一）复种

复种指同一年内在同一块田地上种植或收获两季或两季以上作物的种植方式。复种方法有多种，可在上茬作物收获后，直接播种下茬作物，也可在上茬作物收获前，将下茬作物套种在其株、行间（套作）。此外，还可以用移栽、上茬作物再生等方法实现复种。

根据一年内在同一田块上种植作物的季数，把一年种植二季的作物称为一年两熟，如冬小麦—夏玉米；一年种植三季的作物称为一年三熟，如绿肥（小麦或油菜）—早稻—晚稻；两年内种植三季的作物称为两年三熟，如春玉米→冬小麦—夏甘薯、棉花→小麦/玉米（符号"→"表示年间作物接茬种植，"—"表示年内作物接茬种植，"/"表示套种）。

通常用"复种指数"来表示大面积耕地复种程度的高低，即全年作物收获总面积占耕地面积的百分比。计算公式如下。

$$复种指数 = \frac{全年作物收获总面积}{耕地面积} \times 100\%$$

式中，"全年作物收获总面积"包括绿肥、青饲料作物的收获面积。国际上通用的种植指数含义与复种指数相同。套作是复种的一种方式，需计入复种指数，而间作、混作则不计。一年一熟的复种指数为100%，一年两熟的复种指数为200%，一年三熟的复种指数为300%，两年三熟的复种指数为150%。

（二）单作、间作、混作、套作

1. 单作、间作、混作、套作的概念

（1）单作。单作指在同一块田地上种植一种作物的种植方式，也称为纯种、清种、净种。这种方式作物单一，群体结构单一，全田作物对环境条件要求一致，生育比较一致，利于田间统一种植、管理与机械化作业。作物生长发育过程中，个体之间只存在种内关系。

（2）间作。间作指在同一田地上于同一生长期内，分行或分带相间种植两种或两种以上作物的种植方式。分带指间作作物成多行或占一定幅度的相间种植，形成带状，构成带状间作，如四行棉花间作四行甘薯，二行玉米间作三行大豆等。间作因为成行或成带种植，可以实行分别管理。带状间作便于机械化或半机械化作业，与分行间作相比能够提高劳动生产率。

农作物与多年生木本作物（植物）相间种植，也可称为间作，又称为多层作。木本植物包括林木、果树、桑树、茶树等；农作物包括粮食、经济、园艺、饲料、绿肥作物等。采用以农作物为主的间作，称为农林间作；以林（果）业为主，间作农作物的间作，称为林（果）农间作。

间作与单作不同，间作是不同作物在田间构成的人工复合群体，个体之间既有种内关系又有种间关系。间作时，不论间作的作物有几种，皆不增计复种面积。间作的作物播种期、收获期相同或不同，但作物共生期长，其中至少有一种作物的共生期超过其全生育期的一半。间作是集约利用空间的种植方式。

（3）混作。混作指在同一块田地上，同期混合种植两种或两种以上作物的种植方式，也称为混种。混作和间作都是于同一生长期内由两种或两种以上的作物在田间构成复合群体，是集约利用空间的种植方式，不计复种面积。但混作在田间分布不规则，不便于分别管理，并且要求混种作物的生态适应性一致。

（4）套作。套作指在前季作物生长后期的株行间播种或移栽后季作物的种植方式，也称为套种、串种。如于小麦生长后期每隔3～4行小麦种一行玉米。对比单作，它不仅能在作物共生期间充分利用空间，更重要的是能延长后季作物对生长季节的利用，提高复种指数，提高年总产量。套作主要是一种集约利用时间的种植方式。

套作和间作都有作物共生期，不同的是套作共生期短，每种作物的共生期都不超过其全生育期的一半。

2. 间作、套作的技术要点

（1）选择适宜的作物和品种。首先，作物对大范围环境条件的适应性在共生期间要大体相同。如水稻与花生、甘薯等对水分条件的要求不同，向日葵、田菁与茶、烟等对土壤酸碱度的要求不同，它们之间就不能实行间作、套作。其次，作物形态特征和生长发育特性要相互适应，以利于互补地利用资源。如高度上要高、低搭配，株型上要紧凑、松散对应，叶子要大、小互补，根系要深浅、疏密结合，生育期要长短、前后交错，喜光与耐阴结合。可形象地总结为"一高一矮、一胖一瘦、一圆一尖、一深一浅、一长一短、一早一晚"。最后，作物搭配形成的组合具有高于单作的经济效益。

（2）建立合理的田间配置。合理的田间配置有利于解决作物之间及种内的各种矛盾。田间配置主要包括密度、行比、幅宽、间距、行向等。第一，密度是合理安排田间配置的核心问题。间作、套作的种植密度一般要求高于作物单作的密度，或高于单位面积内各作物分别单作时的密度之和；套作时，各种作物的密度与单作时相同，当上、下茬作物有主次之分时，要保证主要作物的密度与单作时相同，或占有足够的播种面积。第二，安排好行比和幅宽，发挥边行优势。间作作物的行数，要根据计划产量和边际效应来确定。高秆作物不可多于、矮秆作物不可少于边际效应影响行数的2倍。高秆、矮秆作物间作、套作，其高秆作物的行数要少，幅宽要窄，而矮秆作物则要多而宽。第三，间距是相邻作物之间的距离。各种组合的间距，在生产上一般容易过小。在充分利用土地的前提下，以不过多影响其生长发育为原则，应照顾矮秆作物。确定间距时，可根据两种作物行距一半之和进行调整，在肥水和光照条件好时，可适当窄些，反之则可适当宽些。

（3）生长发育调控。在间作、套作情况下，虽然合理安排了田间结构，但它们之间仍然有争光、争肥、争水的矛盾。为了使间作、套作达到高产、高效，在栽培技术上应做到：①适时播种，保证全苗，促苗早发；②适当增施肥料,合理施肥,在共生期间要早间苗,早补苗,早追肥,早除草,早治病虫害;③施用生长调节剂,控制高层作物生长,促进低层作物生长,协调各作物正常生长发育;④及时综合防治病虫害;⑤适时收获。

◇ **知识拓展**

立 体 农 业

立体农业,又称层状农业,是利用光、热、水、肥、气等资源,以及各种农作物在生育过程中的时间差和空间差,在地面地下、水面水下、空中以及前方后方同时或交互进行生产的方式,通过合理组装、粗细配套,组成各种类型的多功能、多层次、多途径的高产优质生产系统,来获得最大经济效益。

1.立体农业的模式

我国的三种立体农业模式:①林禽模式,即在速生林下养鸡、鹅或在果园养鸡等;②基塘农业;③丘上林草丘间塘,缓坡沟谷果鱼粮。

2.立体农业的特点

立体农业的特点集中反映在以下四个方面。①集约,即集约经营土地,充分发挥技术、劳力、物质、资金的整体综合效益;②高效,即充分挖掘土地、光能、水源、热量等自然资源的潜力,同时提高人工辅助的利用率和利用效率;③持续,即减少有害物质的残留,提高农业环境和生态环境的质量,不断提高土地(水体)生产力;④安全,即提高产品和环境安全,利用多物种组合来实现污染土壤的修复和农业发展,建立经济与环境融合观。

3.立体农业的作用

合理的立体农业能多项目、多层次、有效地利用各种自然资源,提高土地的综合生产力,并且有利于生态平衡。

◇ **典型任务训练**

种植制度调查与设计

1.目标

通过调查,使学生掌握种植制度的调查方法,同时通过与农村、农民的接触,提高学生对农业、农村、农民的认识;通过对调查材料的总结,培养学生查阅资料、收集信息和写作的能力。

2.调查内容

(1)自然条件:气候、土壤、地势、地形特点和杂草类型等。

(2)生产条件:耕地面积、劳力、机械、畜力、农田基本建设、水利设施、肥料等。

(3)技术管理及生产水平:栽培技术、病虫害防治技术、作物产量、经济效益等。

(4)作物布局:作物种类、品种、面积、比例、分布等。

(5)复种、轮作换茬、间作和套作的主要类型方式、面积、比例等。

(6)用地养地的经验:当前种植制度存在的问题与改进意见等。

3.调查方法与要求

(1)到家乡所在乡镇、村或农场进行调查。

(2)听取有关报告,进行调查走访、座谈。

(3)通过网络、图书、杂志等查找有关资料。

4.作业

根据调查结果,写一篇调查报告并对当地种植制度提出改进意见,指导当地农业生产。

任务二　了解作物生产环节

1. 了解作物主要生产环节的任务、原理。
2. 掌握土壤耕作、播种、育苗移栽、田间管理以及收获与贮藏技术要点。

◇　自主学习任务引导

1. 扫描右侧二维码,观看微课视频。
2. 查阅资料,了解作物主要生产环节任务的技术要点。
3. 查阅资料,了解作物生产各个环节在栽培中的作用。

◇　知识链接

一、土壤耕作

(一)基本耕作

基本耕作又称为初级耕作,指入土较深、作用较强烈、能显著改变耕层物理性状、后效较长的一类土壤耕作措施。

1. 耕翻

耕翻(图 1-2-1)的主要工具为铧犁,有时也用圆盘犁。这项措施不适于缺水地区。

图 1-2-1　耕翻

（1）耕翻方法。根据犁壁的形状不同,耕翻方法可分为3种:全翻垡、半翻垡和分层翻垡。

（2）耕翻时期。全田耕翻要在前作收获后进行,随各地熟制不同而不同。例如,北方一年一熟地区,每年种一茬春播作物,由于冬春干旱,所以强调秋耕,接纳雨水;种植冬小麦地区,则是夏闲伏耕、播前秋耕;南方耕翻多在秋、冬季进行,有利于干耕晒垡,冬季冻垡,以加速土壤的熟化过程,又不致影响春播适时整地。播种前的耕作宜浅,有利于整地播种。

（3）耕翻深度。耕翻深度因作物根系分布范围和土壤性质的不同而不同。根据深耕所需动力消耗和增产效益,一般认为大田生产的耕翻深度:旱地为 20～25 cm;水田为 15～20 cm。在此耕翻深度范围内,黏壤土土层深厚,土质肥沃,上、下层土壤差异不大时,可适当加深耕翻深度;上、下层土壤差异大时,可适应降低耕翻深度。

2. 深松耕

深松耕以无壁犁、深松铲、凿形铲对耕层进行全田的或间隔的深位松土。耕深可达 25～30 cm,最深为 50 cm。深松耕适用于干旱、半干旱地区和丘陵地区,以及耕层土壤为盐碱土、白浆土的地区。

3. 旋耕

旋耕采用旋耕机进行,旋耕机上安装军刀,旋转过程中起切割、打碎、掺和土壤的作用。旋耕既能松土,又能碎土,土块下多上少。水田、旱田都可用旋耕机,一次旋耕后就可以进行旱田播种或水田放水插秧,省工、省时,成本较低。旋耕机在实际运用中的耕深为 10～12 cm,所以应作为翻耕的补充作业。连续多年旋耕,易导致耕层变浅与理化状况变劣,故旋耕应与翻耕轮换应用。

（二）表土耕作

表土耕作也称土壤辅助耕作,是改善 0～10 cm 的耕作层和表面土壤状况的措施,也是配合耕翻的辅助作业。

1. 耙地

耙地是农田耕翻后,利用各种表层耕作机具平整土地的作业。常用的耙地工具有圆盘耙、钉齿耙、刀耙和水田星形耙等。耙地可以破碎土块、疏松表土、保蓄水分、增高地温,同时具有平整地面、掩埋肥料和根茎及消灭杂草等作用。我国北方常于早春季节进行顶凌耙地,南方稻区则有干耙和水耙之分。干耙在于碎土,水耙在于起浆,同时也有平整田面和促使土肥相融的作用。

2. 耢地

耢地是用耢耙地的一种整地作业。耢又名糖,是用树枝或荆条编于木耙框上的一种无齿耙,是我国北方地区常用的一种整地工具。耕翻或耙地后,耢地可糖碎土块、耢平耙沟、平整地面,兼有镇压、保墒作用。

3. 耖田

耖田是在水田中用耖进行的一种耕作作业。耖是一种类似于长钉齿耙的耖田耙,还有一种平口耖。耖田的目的在于使耕耙后的水田地面平整,并进一步破碎土块和压埋残茬、绿肥,促使土肥相融。耖田耙有干耖和水耖之分,干耖时土壤水分要适宜,水耖时水层不宜过深或过浅。平口耖只适宜于水耖,常在播种前准备秧田和插秧前平整水田时使用。

4. 镇压

镇压是利用镇压器具的冲力和重力对表土或幼苗进行碾压的一种作物栽培措施。镇压分播前镇压、播后镇压和苗期镇压。

播前镇压可压碎残存土块、平整地面、提高土壤紧实度、增加毛细管作用、保蓄耕层含水量。播后镇压可压碎播种时翻出的土块,使种子覆盖均匀。种子与土壤的密接有利于幼苗发根,并可减少地面水分蒸发和风蚀。苗期镇压又称压青苗,可使作物地上部迟缓生长,作物基部节间粗短,作物根系充分发展,从而提高抗倒能力,因苗期镇压多在冬季进行,故还有保温防冻的作用。含水量较大或地下水位较高的地块、盐碱地等不宜镇压。

5. 作畦

为便于灌溉排水和田间管理,播种前一般需要作畦。我国北方干旱,小麦水浇地上应作平畦。畦长10～

50 m,畦宽 2～4 m,一般应为播种机宽度的倍数。南方雨水多,地下水位高,开沟作畦是排水防涝的重要措施。雨水多、土质黏重、排水不良的地区宜采用深沟窄畦,畦宽为 1.3～2 m,反之,可采用浅沟宽畦。

6. 起垄

垄作可以起到防风排水、提高地温、保持水土、防止表土板结、改善土壤通气性、压埋杂草等作用(图 1-2-2)。一般用犁开沟培土起垄,垄宽 50～70 cm。块茎、块根作物需通过起垄栽培。

图 1-2-2　起垄

（三）少耕和免耕

1. 少耕

少耕指在常规耕作基础上尽量减少土壤耕作次数或全田间隔耕种、减少耕作面积的一类耕作方法。少耕有覆盖残茬、蓄水保墒、防水蚀和风蚀作用,但杂草危害严重,应配合杂草防除措施。

2. 免耕

免耕又称零耕、直接播种,指作物播种前不用犁、耙整理土地,直接播种,播后和作物生育期间也不使用农具进行土壤管理的耕作方法(图 1-2-3)。免耕的基本原理:一是利用秸秆覆盖代替土壤耕作;二是以除草剂、杀虫剂等代替土壤耕作的除草、翻埋病菌和害虫的作用。

图 1-2-3　免耕

二、播种与育苗

（一）准备种子

种子是指能够生长出下一代个体的生物组织器官。植物学概念上的种子是指有性繁殖的植物经授粉、受精,由胚珠发育而成的繁殖器官,主要由种皮、胚和胚乳 3 个部分组成。农业生产上凡可用作播种材料的任何植物组织、器官或其营养体的一部分,能作为繁殖后代用的都称为种子。

1.种子清选

播种前应进行种子清选,清除空瘪粒、虫伤病粒、杂草种子及秸秆碎片等杂物,保证种子纯净、饱满、生活力强,使其发芽整齐一致。常用的方法有筛选、粒选、风选和液体比重选等。

2.种子处理

(1)晒种。播种前晒种可以增进种酶的活性、提高胚的生活力、增强种皮的透性、提高发芽势和发芽率。晒种也能起到一定的杀菌作用。

(2)种子包衣。种子包衣是采用机械和人工的方法,按一定的种、药比例,把种衣剂包裹在种子表面并迅速固化成一层药膜的技术。包衣有苗期防病、治虫、促进作物生长,提高产量、节约用种、减少苗期施药等作用。

(3)浸种催芽。浸种催芽是人为地创造种子萌发的最适水分、温度和氧气条件,促使种子提早发芽、发芽整齐、提高成苗率的方法。浸种时间因作物种类和季节而异,浸种后方可进行催芽,催芽温度以 25~35 ℃为宜。

(二)播种

1.播种期

适期播种不仅能保证种子发芽和出苗所需的条件,并且能减轻或避免高温、干旱、阴雨、风霜和病虫害等多种不利因素的影响。播种期的确定要根据品种特性、种植制度、气候条件、病虫草害和自然灾害等几个方面的因素综合考虑。在气候条件中,温度是影响播期的主要因素。

各种作物发芽所需的温度范围不同,麦类的发芽最低温度为 3~4.5 ℃,豌豆为 1~2 ℃,马铃薯、向日葵为 5~7 ℃,大豆、玉米、高粱、谷子为 8~10 ℃,水稻、棉花为 10~12 ℃,花生为 12~15 ℃。当土壤温度达到某一作物发芽的最低温度时,就可播种。春季作物过早播种,常因低温,种子迟迟不发芽、不出苗而引起病菌侵染,从而丧失发芽率或烂种。秋播作物过早播种,常因温度过高,幼苗徒长,冬前生长过旺,易遭冻害;作物过迟播种,常因积温不足,生长不良,或因土壤水分不足,不易保苗,以及冬前积累干物质不足,耐寒力低而不易越冬。

2.播种量

单位面积上播种的种子重量通常以 kg/hm²(或千克/公顷)表示。播种量过少,虽然单株生产力高,但总株数不足,很难高产;播种量过多,不仅幼苗生长细弱,浪费种子,间苗、定苗费工,也不可能高产。播种前应结合种子千粒重、发芽率等确定播种量。播种量计算公式如下:

播种量(kg/hm²)＝每公顷基本苗数/[每千克种子粒数×种子净度(%)×发芽率(%)×田间出苗率(%)]

田间出苗率是指具有发芽能力的种子播到田间后的出苗百分数。田间出苗率是一个经验数据,由于土壤墒情、质地、整地情况、播种质量等因素的影响,田间出苗率会有一定差异。播种质量好的田间出苗率在80%以上;田块整地质量差、颗粒多、土壤墒情差或土壤过湿,可使田间出苗率下降到 60%~70%,甚至更低。因此,播期正常、墒情合适、整地质量较好时,田间出苗率按 80% 计算。

按播种量计算公式计算的播种量,只是理论数据,实际操作时需要增加用种量。因为实际播种时,种子发芽率比室内发芽试验的发芽率低,而且能发芽的种子不一定能出苗,所以实际播种量一般要比理论播种量高 20%~30%。

3.播种深度

播种时种子的入土深度为播种深度,种子上的盖土厚度为覆土深度。播种深度取决于种子大小、顶土力强弱、气候和土壤环境等因素。小麦、玉米、高粱等单子叶作物,顶土能力强,播种可稍深;大豆、棉花、油菜等双子叶作物,子叶大,顶土较难,播种可稍浅。黏质、墒情好的土壤,播种可稍浅。

4.播种方式

播种方式分条播、撒播、点播和精量播种等。

(1)条播。

条播适用于中小粒种子,是按一定行距开沟播种的方式。优点是有利于管理和起苗,节约用种,苗木通风、透光性好,生长健壮。缺点是单位面积上产苗量较撒播低。

条播的行距和播种沟的宽度(播幅),因苗木的生长速度、培育年限、自然条件和管理水平而定。一般行距为 20～25 cm,播幅 2～5 cm。小粒种子多采用宽幅条播,播幅可加宽到 10～15 cm。宽幅条播集中了条播和撒播的优点,既可提高单位面积产量,又能使苗木提早郁闭,从而节省抚育费用,降低育苗成本。

(2)撒播。

撒播适用于极小粒种子,是将种子均匀撒入苗床,然后在床面上覆土、镇压的一种播种方法(图 1-2-4)。优点是利用土地充分、苗木分布均匀、生长整齐、单位面积产苗量高。缺点是用种量大、间苗费工、通风透光差、抚育管理不方便。

图 1-2-4　撒播

(3)点播。

点播适用于大粒种子,是按一定株距挖穴播种,或先按行距开沟后,再在沟内按一定株距播种的方式(图 1-2-5)。点播具有条播的所有优点,尤其在节约用种、出苗均匀、便于管理方面更为突出。缺点是比较费工、单位面积产苗量低。点播时应根据种子特性和培育年限确定株行距,并应注意种子发芽部位,正确放置种子,以保证种子顺利发芽。

图 1-2-5　点播

（4）精量播种。

精量播种是在点播的基础上发展起来的经济用种的播种方法。精量播种将单粒种子按一定距离和深度，准确地把种子播入土内，以获得均匀一致的发芽条件，促进每粒种子发芽，达到苗齐、苗全、苗壮的目的。

（三）育苗移栽

育苗移栽是我国传统的精耕细作栽培方式，育苗移栽可以争取季节，培育壮苗，节约成本，但移栽费工，根系较浅易倒伏。

（1）育苗方式。

常用的育苗方式有湿润育苗、阳畦育苗、营养钵育苗、旱育苗、无土育苗等。

（2）苗床管理。

出苗期，营造高温条件促进迅速出苗；幼苗期（出苗至 3 叶期），一般采取保温、调温措施；成苗期，调节好碳氮比，注意防治病虫害；移栽前，炼苗，施送嫁肥、起身药。苗床期还要注意晴天高温、大风揭膜、大雨冲厢，根据需求管控水分，以水调温、调肥，及时间苗、定苗、拔除杂草。

（3）移栽。

移栽要根据作物种类、适宜苗龄和茬口等确定适宜的移栽时期。一般适宜的移栽叶龄，水稻为 4～6 叶，油菜为 6～7 叶。移栽前要先浇好水，取苗和移栽时不伤根或少伤根，栽后要及时施肥浇水，以促进早活棵和幼苗生长，提高移栽质量，保证移栽密度。

三、作物的田间管理

（一）查苗、补苗

在幼苗出土后要及时进行查苗，如发现有漏播缺苗现象，应立即进行补种或移苗补栽，田间缺苗较多的情况下采用补种，田间缺苗较少或缺苗时间较晚情况下采用移苗补栽。

（二）间苗、定苗

间苗又称疏苗。保护地播种和露地播种的播种量都大大超过了留苗量，会造成幼苗拥挤，为保证幼苗有足够的生长空间和营养面积，应及时拔除一部分幼苗，选留壮苗，使苗间空气流通、日照充足。定苗指去除多余幼苗后，农田中保留的苗数达到要求，农田中农作物幼苗数量基本稳定。适时间苗、定苗，可避免幼苗拥挤，相互遮光，节省土壤水分和养分，有利于培育壮苗。

（三）中耕、培土

中耕指在作物生育期间，在株行间进行锄耕的作业，在旱地作物生产中应用广泛。中耕的目的在于松土、除草或培土。深度在 10 cm 以上的中耕称为深中耕，是防止作物徒长的一项有效措施。

培土又称为壅根，是结合中耕将土培到作物根部四周的作业。培土可以增加茎秆基部的支持力量，还具有促进根系发展、防止倒伏、便利排水、覆盖肥料等作用。对越冬作物培土，可以提高土温和防止根拔。

（四）合理施肥

施肥指将肥料施于土壤中或喷洒在植物上，提供植物所需养分，并保持和提高土壤肥力的农业技术措施。施肥的主要目的是增加作物产量、改善作物品质、培肥地力以及提高经济效益，合理施肥是实现高产、稳产、低成本、环保的一个重要措施。合理施肥的要求：因土施磷、看地定量；根据各类作物需肥要求，合理施用；掌握关键、适期施氮；深施肥料、保肥增效；有机肥与无机肥配合施用。

1.基肥

基肥又称为底肥，指作物播种或定植前、多年生作物在生长季末或生长季初，结合土壤耕作施用的肥料。施基肥的目的在于为作物生长发育创造良好的土壤条件，满足作物对营养的基本要求。基肥主要是有机肥和在土壤中移动性小或肥效发挥较慢的化肥，如磷肥、钾肥和一些微量元素肥料。基肥的施用方法有全层施肥、分层施肥、条施和穴施等。

2．种肥

种肥是在播种或移栽时施用的局部性肥料。种肥可为幼苗生长创造良好的营养条件，一般是施速效性肥料，施用方法有条施、穴施、拌种、浸种、蘸秧根等。因为肥料与种子或秧苗接触较近，若施用不当，种肥可灼伤和毒害幼苗，注意用量不可过大。

3．追肥

追肥是在作物生育期间施用的肥料。追肥以速效肥为主，主要有硫酸铵、尿素等，追肥宜多次施用。根据化学肥料的性质，可采用不同方式进行追肥，常用的有深层追肥、表层追肥和叶面追肥（根外追肥）。施用方法有撒施、条施、穴施和喷施等。

4．测土、配方、施肥

测土、配方、施肥是以土壤养分化验结果和肥料田间试验为基础，根据农作物需肥规律、土壤供肥性能和肥料效应，在合理施用有机肥的基础上，提出氮、磷、钾和中、微量元素等肥料的施用数量、施用时期和施用方法。有针对性地施肥，可使各种养分平衡供应，满足农作物的需求，达到提高农作物产量、改善农产品品质、提高化肥利用率、节约成本、增加收入的目的。

测土、配方、施肥包括三个过程：①对土壤中的有效养分进行测试，了解土壤中养分含量的状况，即测土；②根据种植作物的目标产量、作物的需肥规律及土壤养分状况，计算出需要的各种肥料及用量，即配方；③将所需的各种肥料进行合理安排，确定基肥、种肥和追肥及施用比例和施用技术，即施肥。三者关系为：测土是基础，配方是产前的计划，施肥是生产过程的实践。

（五）灌溉、排水

1．灌溉

合理灌溉是按作物的不同生育阶段的需水要求，拟定灌水定额，然后运用正确的灌溉方法与技术，使灌溉水顺畅地分布到田间。合理灌溉要做到田间土壤湿润均匀、不发生地面流失或深层渗漏、不破坏土壤结构等。常用的灌溉方法有地面灌溉、地下灌溉和喷灌（图 1-2-6）等。

图 1-2-6　喷灌

微灌是一种新型的节水灌溉工程技术，包括滴灌、微喷灌和涌泉灌。如滴灌是利用低压管道系统将水或溶有化肥的水溶液，经过滴头以点滴方式，均匀而缓慢地滴入植物根部附近土壤的一种先进灌溉技术。滴灌有省水、省工、省地、增产的效果。

2．排水

农田排水具有除涝、防渍、防止土壤盐碱化、改良盐碱地、沼泽地等作用。通过调整土壤水分来调整土壤的通气和温湿状况，为作物正常生长、适时播种和田间耕作创造条件。农田排水包括排除地面水、排除土壤中多余的水和降低地下水位。排水常用的方法有明沟排水和暗沟排水等。

（六）防治病虫草害

农作物在生长过程中,常常由于病虫的危害而遭受重大损失。要做好病虫害防治工作,应贯彻预防为主、综合防治的方针,应用农业防治、生物防治、理化防治等方法防治病虫害,把损失控制在最低限度。

杂草是非人工播栽生长的田间植物。杂草与作物争夺水分、养料,恶化了田间光照条件和温度条件,增加了病虫的繁殖与传播途径,影响作物生长,降低作物产量和品质。杂草具有繁殖力高、生活力强和传播性强的特性。防除杂草的方法有农业除草法,如精选种子、轮作换茬、水旱轮作、合理耕作等;机械除草法,如机械中耕除草;化学除草法,如使用土壤处理剂和茎叶处理剂,化学除草具有省工、高效、增产的优点。

四、作物的收获与贮藏

适时收获有利于作物的高产。作物收获不及时,会因气候条件发生改变,如阴雨、低温、干旱、暴晒等造成发芽、霉变、落粒、工艺品质下降等,并影响到后茬作物的播种或移栽。收获过早则会因作物未达到成熟期,使得作物产量下降和品质变劣。因而,作物适时收获特别重要。

作物的成熟可分为生理成熟和工艺成熟。作物的收获期根据作物种类、产品用途、品种特性、休眠期、落粒性、成熟度、天气状况而定。同一作物的收获期也因种植季节、地区、市场价格、贮藏时间等的不同而有所不同。

（一）收获时期

1. 种子、果实的收获期

禾谷类、豆类、花生、油菜、棉花等作物的生理成熟期即为产品成熟期。禾谷类作物穗子各部位种子成熟期基本一致,可在蜡熟期末至完熟期收获。棉花、油菜等由于棉铃或角果部位不同,成熟度不一;棉花在吐絮时分批收获,油菜在全田 $70\%\sim80\%$ 植株的角果呈黄绿色、分枝上部尚有部分角果呈绿色时收获。花生在大部分荚果饱满、中部及下部叶片枯落,上部叶片和茎秆转黄时收获。豆类在茎秆变黄、植株中部叶片脱落、豆荚变黄褐色、籽粒变硬呈品种固有颜色时收获。

2. 块根、块茎的收获期

甘薯、马铃薯、甜菜的收获物为营养器官,地上部茎叶无显著成熟标志,一般以地上部茎叶停止生长并逐渐变黄,地下部贮藏器官基本停止膨大,干物重达最大时为收获适期。同时还应结合产品用途、气候条件来确定收获期。甘薯在温度较高时收获不易安全贮藏;春马铃薯在高温时收获,芽眼易老化,晚疫病易蔓延。

3. 茎、叶的收获期

甘蔗、烟草、麻类等作物的收获物也为营养器官,以工艺成熟为收获适期。甘蔗应在蔗叶变黄时收获,同时结合糖厂开榨时间,按品种特性分期砍收。烟叶是由下往上逐渐成熟的,其成熟特征是叶色由深绿变成黄绿,厚叶起黄斑,叶片茸毛脱落,有光泽,茎叶角度加大,叶尖下垂,主脉乳白、发亮变脆。麻类作物以中部叶片变黄、下部叶脱落为工艺成熟期。

（二）收获方法

作物的收获方法因作物种类而异,主要有以下几种。

1. 刈割法

禾谷类作物多用此法收获,用收割机或人工刈割收获。

2. 摘取法

棉花、绿豆等作物多用此法。棉花是在棉铃吐絮后,用人工或机械采摘。绿豆收获是根据果荚成熟度,分期、分批采摘,集中脱粒。

3. 掘取法

一般块根、块茎作物多采用此法,可用收获机械或人工挖掘收获。

（三）处理与贮藏

1. 种子干燥

禾谷类作物收获后,应立即进行脱粒、晒干或烘干扬净。棉花必须分级、分晒、分轧,以提高品质,增加经济效益。

2. 薯类保鲜

薯类主要以食用为主,鲜薯保鲜要注意以下 3 个环节:①在收、运、贮过程中要尽量避免鲜薯损伤破皮;②在入窖前要严格选择,剔除病、虫、伤薯;③加强贮藏期间的管理,特别注意调节温度、湿度和通风。

3. 产品初加工

甜菜、甘蔗、麻类、烟草等经济作物的产品,在收获后一般需要进行初加工。甜菜收获后,必须切削含糖量低、制糖价值小的块根根头;甘蔗的蔗茎在收获前应先剥去蔗叶,收获后切去根、梢,再打捆;麻类作物在收获后,应先进行剥制和脱胶等加工处理,然后再晒干、分级整理。

◇ **知识拓展**

种 植 制 度

三国时《临海水土异物志》已有"丹邱谷,夏秋再熟"的记载。宋大中祥符年间(公元 1008—1016 年),温岭、黄岩一带有种植间作稻的记载。明清时,双季稻较普遍。1935 年,省稻麦试验场推广临海等县(除山区外)种植双季稻的耕作方法。1943 年,临海、黄岩、温岭等县共种双季间作稻 3.6 万亩,温岭、玉环等县番薯地素有间种、套种豇豆和绿豆的习惯。

1. 水田改制

民国时期,水田多为一年两熟,平原以双季间作稻为主,半山区以麦稻两熟为主,高山背阴田及低洼烂田均为一年一季稻。仙居县水田曾种过麦—早稻—玉米,一年三熟,虽比二熟增产,但因种植面积过少,虫鸟集中为害,损失严重,未能推广。

2. 旱地改作

民国期间,旱地种植制度主要有大(小)麦—番薯、苜蓿留种—番薯、大(小)麦—玉米或大豆、花生,还有大(小)麦—芋艿或莳药等。棉区主要为蚕豆(或大麦)—棉花。高山区旱地均为夏季种一熟,多数为番薯,也有玉米,少数地区在冬春之交种一季马铃薯后再种夏季作物。20 世纪 50 年代至 20 世纪 70 年代中期,沿用传统种植制度。20 世纪 70 年代末,开始在旱地上实行麦—大豆—番薯及麦—玉米—番薯的间套多熟制种植试验,同时总结推广番薯地间作豇豆、绿豆技术,并逐步发展成多种形式的带状间套轮作。

◇ **典型任务训练**

种子田去杂去劣

1. 训练目的

(1)学会识别种子田杂株和劣株。

(2)掌握种子田去杂去劣的时期和方法。

2. 训练场地

小麦、大豆、水稻或其他作物的种子田。

3. 方法步骤

种子田的去杂去劣都是在作物品种形态特征表现最明显的时期分次进行。

(1)大豆种子田去杂去劣。大豆种子田的去杂去劣一般在苗期、花期和成熟期进行,具体依据如下。

苗期:幼茎基部的颜色、幼苗长相、叶形、叶色和叶姿等。

花期:叶形、叶色、花色、茸毛色、株高和感病性等。

成熟期:株高、成熟度、株型、结英习性、茸毛色、英型和熟相等。

(2)水稻种子田去杂去劣。水稻种子田的去杂去劣一般在苗期、抽穗期和成熟期进行,具体依据如下。

苗期:叶鞘色、叶姿和叶色等。

抽穗期：抽穗早晚、株型、叶形、主茎总叶片数和株高等。

成熟期：成熟度、株高、剑叶长短、宽窄和着生角度、穗型、粒型和大小、颖壳和颗尖色、芒的有无和长短、颜色等。

（3）小麦种子田去杂去劣。小麦种子田的去杂去劣一般在苗期、抽穗期和成熟期进行，具体依据如下。

苗期：叶鞘色、叶姿、叶色等。

抽穗期：抽穗早晚、株型、叶形、株高等。

成熟期：成熟度、株高、茎色、穗型、壳色、小穗紧密度、芒的有无与长短等。

依据以上性状，鉴别并拔除异作物、异品种及杂株。拔除的杂株、劣株、异作物植株、杂草等应带出种子田另作处理。

4.训练要求

（1）任选一种作物的种子田，在任一去杂时期，进行去杂去劣，每个学生两条垄，将拔除的杂株、劣株统一放在地头，结束后记下每人拔除的杂株和劣株株数，由指导老师检查其中有无拔错的植株。

（2）简述去杂品种的形态特征。

第二篇　粮油作物生产技术

项目一　水稻生产技术

　　水稻是世界三大粮食作物之一。水稻所结籽实即稻谷,去壳后称为大米或米。世界上水稻种植面积排前 10 名的国家依次是印度、中国、印度尼西亚、孟加拉国、泰国、越南、缅甸、菲律宾、巴西和巴基斯坦。总产量排前 10 名的国家依次是中国、印度、印度尼西亚、孟加拉国、越南、泰国、缅甸、菲律宾、巴西和日本。亚洲是世界水稻生产的主要地区,占世界水稻种植面积的 90%。世界上所产稻米的 95% 为人类食用,世界近一半人口以稻米为食。我国是世界上水稻栽培历史最古老的国家之一,栽培历史已有 1 万多年。我国人民在长期的生产实践中,不仅培育了大量的优良品种,并且积累了丰富的种植经验。目前,我国水稻播种面积居世界第二位,总产量居世界首位。

任务一　认识水稻

◇　学习目标

　　1.了解水稻的起源与分布。
　　2.了解水稻生长发育特性。
　　3.了解水稻种子的形态和构造。
　　4.掌握水稻种子发芽和出苗过程。
　　5.了解水稻的一生。

◇　自主学习任务引导

　　1.扫描右侧二维码,观看微课视频。
　　2.查阅资料,列举我国栽培水稻的主要省份。
　　3.查阅资料,描述影响水稻生长发育的环境条件。

◇　知识链接

一、水稻起源和分布

　　稻(*Oryza sativa* L.)通称水稻,是禾本科一年生水生草本。稻是亚洲热带广泛种植的重要谷物,中国南方为主要产稻区,北方各省均有栽种。种下主要分为2亚种,即籼稻与粳稻。水稻适应性强,种植范围广,从沿海低地到海拔2500 m的高山,均有水稻栽培。

(一)水稻的起源

　　水稻在植物学分类上属禾本科(Gramineae)稻属(Oryza)。栽培稻是野生稻经过长期的自然选择和人工选育演变而来的。世界稻属植物(野生稻)有20～25个,分布于热带和亚热带地区。世界栽培稻种只有两种:普通栽培稻(*O. sativa*)和光稃栽培稻(*O. glaberrima*)。普通栽培稻又称为亚洲栽培稻,分布于世界各地,占栽培稻品种的99%以上。光稃栽培稻又称为非洲栽培稻,全世界栽培面积较小,仅分布于西非,丰产性差,但耐瘠性强。多数学者认为普通栽培稻起源于亚洲的热带地域,包括印度阿萨姆、尼泊尔、缅甸、泰国北部、老挝、越南北部以及中国西南和南部热带地区;非洲栽培稻起源于非洲的尼日尔河三角洲。我国栽培稻种是普通栽培稻种,由普通野生稻演变而来,起源于华南地区的热带和亚热带地区。我国北方的栽培稻由南方传入。

(二)水稻的分布与分类

1.国内水稻种植区划

　　根据水稻种植区域自然生态因素和社会、经济、技术条件,中国稻区可以划分为6个稻作区和16个稻作亚区。南方3个稻作区的水稻播种面积占全国总播种面积的93.6%,稻作区内具有明显的地域性差异,可分为 9 个亚区;北方 3 个稻作区虽然仅占全国播种面积的 6% 左右,但稻作区跨度很大,包括 7 个明显不同的稻作亚区。

(1)华南双季稻稻作区。

本区位于南岭以南,为我国最南部,包括广东、广西、福建、云南 4 省(自治区)的南部和台湾省、海南省、南海诸岛全域。地形以丘陵山地为主,稻田主要分布在沿海平原和山间盆地。稻作常年种植面积约 510 万公顷,占全国稻作总面积的 17%。本区水热资源丰富,稻作生长季 260～365 d,≥10 ℃的积温 5800～9300 ℃,日照时数 1000～1800 h;稻作期降雨量 700～2000 mm,稻作土壤多为红壤和黄壤。种植制度是以双季籼稻为主的一年多熟制,实行与甘蔗、花生、薯类、豆类等作物当年或隔年的水旱轮作。部分地区热带气候特征明显,实行双季稻与甘薯、大豆等旱作物轮作。稻作复种指数较高。

本区分 3 个亚区:闽粤桂台平原丘陵双季稻亚区,滇南河谷盆地单季稻亚区,琼雷台地平原双季稻多熟亚区。

(2)华中双单季稻稻作区。

本区东起东海之滨,西至成都平原西缘,南接南岭山脉,北毗秦岭、淮河,包括江苏、上海、浙江、安徽、湖南、湖北、四川、重庆省(市)的全部或大部分区域,以及陕西、河南两省的南部。稻作常年种植面积约 1830 万公顷,占全国稻作面积的 61%。本区属亚热带温暖湿润季风气候,稻作生长季 210～260 d,≥10 ℃的积温 4500～6500 ℃,日照时数 700～1500 h,稻作期降雨量 700～1600 mm。稻作土壤在平原地区多为冲积土、沉积土和鳝血土,在丘陵山地多为红壤、黄壤和棕壤。本区双、单季稻并存,籼、粳、糯稻均有,杂交籼稻占本区稻作面积的 55% 以上。在 20 世纪 60—80 年代,本区双季稻占全国稻作面积的 45% 以上,其中,浙江、江西、湖南 3 省的双季稻占稻作面积的 80%～90%。20 世纪 90 年代以来,由于农业结构和耕作制度的改革,以及双季早稻米质不佳等原因,本区的双季早稻面积锐减。尽管如此,本区稻米产量的丰歉,对全国粮食形势仍然起着举足轻重的影响。太湖平原、里下河平原、皖中平原、鄱阳湖平原、洞庭湖平原、江汉平原、成都平原历来都是中国著名的稻米产区。耕作制度为双季稻三熟制或单季稻两熟制并存。长江以南多为单季稻三熟制或单季稻两熟制,双季稻面积比重大;长江以北多为单季稻两熟制或两年五熟制,双季稻面积比重较小。四川盆地和陕西南川的冬水田一年只种一季稻。

本区分 3 个亚区:长江中下游平原双单季稻亚区,川陕盆地单季稻两熟亚区,江南丘陵平原双季稻亚区。

(3)西南高原单双季稻稻作区。

本区位于云贵高原和西藏高原,包括湖南、贵州、广西、云南、四川、西藏、青海等省(自治区)的部分或大部分区域,属亚热带高原型湿热季风气候。气候垂直差异明显,地貌、地形复杂。稻田在山间盆地、山原坝地、梯田、垄瘠都有分布,高至海拔 2700 m 以上,低至海拔 160 m 以下,立体农业特点非常显著。稻作常年种植面积约 240 万公顷,占全国稻作总面积的 8%。稻作生长季 180～260 d,≥10 ℃的积温 2900～8000 ℃,日照时数 800～1500 h,稻作生长期降雨量 500～1400 mm。稻作土壤多为红壤、红棕壤、黄壤和黄棕壤等。本区稻作籼粳并存,以单季稻两熟制为主,有一定面积旱稻,水热条件好的地区种植有双季稻或杂交中稻蓄留再生稻。冬水田和冬坑田一年只种一熟中稻。本区病虫害种类多,危害严重。

本区分 3 个亚区:黔东湘西高原山地单双季稻亚区,滇川高原岭谷单季稻两熟亚区,青藏高原河谷单季稻亚区。

(4)华北单季稻稻作区。

本区位于秦岭—淮河以北,长城以南,关中平原以东,包括北京、天津、山东省(市)全部,河北、河南省大部,山西、陕西、江苏和安徽省一部分,属暖温带半湿润季风气候,夏季温度较高,春、秋季温度较低,稻作生长季较短。常年稻作面积约 120 万公顷,占全国稻作总面积的 4%。≥10 ℃积温 4000～5000 ℃,年日照时数 2000～3000 h,年降雨量 580～1000 mm,但季节间分布不均,冬春干旱,夏秋雨量集中。稻作土壤多为黄潮土、盐碱土、棕壤和黑黏土。本区以单季粳稻为主。华北北部平原一年一熟稻、一年一季稻两熟或两年三熟搭配种植;黄淮海平原普遍一年一季稻两熟。灌溉水源主要来自渠井和地下水,雨水少、灌溉水少的旱地种植有旱稻。本区自然灾害较为频繁,水稻生育后期易受低温危害。水源不足、盐碱地面积大,是本区发展水稻的障碍因素。

本区分2个亚区：华北北部平原中早熟亚区，黄淮海平原丘陵中晚熟亚区。

（5）东北早熟单季稻稻作区。

本区位于辽东半岛和长城以北，大兴安岭以东，包括黑龙江及吉林省全部、辽宁省大部和内蒙古自治区的大兴安岭地区、通辽市中部的西巡河灌区，是我国纬度最高的稻作区域，属寒温带—暖温带、湿润—半干旱季风气候，夏季温热湿润，冬季酷寒漫长，无霜期短。年平均气温 2～10 ℃，≥10 ℃积温 2000～3700 ℃，年日照时数 2200～3100 h，年降雨量 350～1100 mm。光照充足，但昼夜温差大，稻作生长期短。土壤多为肥沃、深厚的黑泥土、草甸土、棕壤以及盐碱土。本区地势平坦开阔，土层深厚，土壤肥沃，适于发展稻田机械化。耕作制度为一年一季稻，部分国营农场推行水稻与旱作物或绿肥隔年轮作制。黑龙江省稻区，粳稻品质十分优良，是我国粳稻的主产省之一。冷害是本区稻作的主要问题。

本区分2个亚区：黑吉平原河谷特早熟亚区，辽河沿海平原早熟亚区。

（6）西北干燥区单季稻稻作区。

本区位于大兴安岭以西，长城、祁连山与青藏高原以北，包括新疆维吾尔自治区、宁夏回族自治区全域，甘肃省、内蒙古自治区和山西省的大部分区域，青海省的北部和日月山以东区域，陕西省、河北省的北部和辽宁省的西北部。东部属半湿润—半干旱季风气候，西部属温带—暖温带大陆性干旱气候。本区虽幅员广阔，但常年稻作面积仅 30 万公顷，占全国稻作总面积的 1%。本区光热资源丰富，但干燥少雨，气温变化大，无霜期 160～200 d，年日照时数 2600～3300 h，≥10 ℃积温 3450～3700 ℃，年降雨量仅 150～200 mm。稻田土壤较瘠薄，多为灰漠土、草甸土、粉沙土、灌淤土及盐碱土。稻区主要分布在银川平原和天山南北盆地的边缘地带、伊犁河谷、喀什三角洲、昆仑山北坡。本区出产的稻米品种优良。种植制度为一年一季稻，部分地方有隔年水旱轮作的情况，南疆水肥和劳畜力条件好的地方，有麦稻一年两熟。

本区分3个亚区：北疆盆地早熟亚区，南疆盆地中熟亚区，甘宁晋蒙高原早中熟亚区。

2. 栽培稻种的分类

稻属，禾本科作物中最重要的属之一。稻属植物起源于南半球1亿3千万年前的冈瓦纳古大陆，随古大陆的分裂而广泛分布至热带非洲、南美洲、亚洲和大洋洲。普通栽培稻和非洲栽培稻有共同的祖先，而后在亚洲和非洲独立、平行演化，即多年生野生稻→一年生野生稻→一年生栽培稻。

我国栽培稻由于分布区域辽阔，栽培历史悠久，生态环境多样，在长期自然选择和人工培育下，出现了繁多的适应各稻区和各栽培季节的品种。丁颖曾根据它们的起源、演变和栽培发展过程，把我国栽培稻种分为5级，如图2-1-1所示。

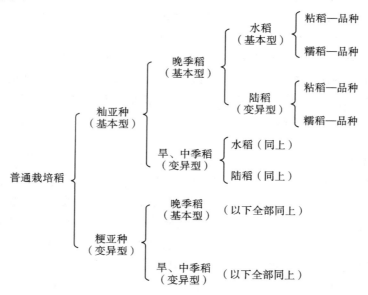

图 2-1-1　我国栽培稻种分级

(1)籼稻和粳稻。

籼稻(图 2-1-2(a))有 20% 左右的直链淀粉,属中黏性。籼稻起源于亚热带,种植于热带和亚热带地区,生长期短,在无霜期长的地方一年可多次成熟。去壳成为籼米后,外观细长、透明度低。有的品种表皮发红,如中国江西出产的红米,煮熟后米饭较干、松。通常用于制作萝卜糕、米粉、炒饭。

粳稻(图 2-1-2(b))的直链淀粉较少,低于 15%。种植于温带和寒带地区,生长期长,一般一年只能成熟一次。去壳成为粳米后,外观圆短、透明(部分品种米粒有局部白粉质)。煮食特性介于糯米与籼米之间。用途为一般食米。

(a)　　　　　　　　　　　　　　　　(b)

图 2-1-2　籼稻和粳稻

(2)早稻、中稻、晚稻。

早稻、中稻、晚稻的根本区别在于对光照反应的不同。早稻、中稻对光照反应不敏感,在全年各个季节种植都能正常成熟,晚稻对短日照很敏感,严格要求在短日照条件下才能抽穗结实。晚稻和野生稻很相似,是由野生稻直接演变形成的基本型,早稻、中稻是由晚稻在不同温光条件下分化形成的变异型。北方稻区的水稻属早稻或中稻。

(3)水稻与陆稻。

水稻种在水田,陆稻种在旱地。水稻、陆稻形态上差异较小,生理上差异较大。水稻、陆稻均有通气组织,但陆稻种子发芽时需水量较少,吸水力强,发芽较快,其茎叶保护组织发达,抗热性强,根系发达,根毛多,对水分减少的适应性强。陆稻可以旱种,也可水种,有些品种既可作陆稻也可作水稻栽培,但陆稻产量一般较低,逐渐为水稻所代替,北方稻区只有少量陆稻栽培。

(4)糯稻。

中国做糕点或酿酒常用糯稻,糯稻(图 2-1-3)黏性强,而非糯稻黏性弱。黏性强弱主要取决于淀粉结构,糯稻以支链淀粉为主,非糯稻则以直链淀粉为主。当淀粉溶解在碘酒溶液中,由于非糯稻吸碘性大,淀粉变成蓝色,而糯稻吸碘性小,淀粉呈棕红色。一般糯稻的耐冷和耐旱性都比非糯稻强。

图 2-1-3　糯稻

二、水稻种子萌发和出苗

(一)种子的形态与构造

从植物学角度来看,水稻谷粒并不是种子,而是具有单粒种子的果实。在果实发育过程中,果皮和包在里面种皮,紧密地连接在一起。这种果实在植物学中叫做颖果,生产上习惯称为种子。

水稻种子由颖壳和米粒两部分组成。米粒结构分为果皮、种皮、糊粉层、胚乳及胚(图 2-1-4)。米粒绝大部分为贮藏养料的胚乳所占据,它是秧苗三叶期以前所需养料的主要来源,其主要成分是淀粉,其次是蛋白质、脂肪及少量半纤维素、矿物质等。胚乳与种皮相接的外围层,是一层排列规则的大细胞,细胞壁较厚,其内部充满细小的糊粉粒(蛋白质颗粒),称为糊粉层。胚是长形,位于米粒的一角,少了它谷粒就不能发芽,它是由卵细胞和精细胞受精后发育而成的。胚的中轴为胚轴,胚轴上端连接着胚芽。胚芽内有茎的生长点,外有圆锥形的胚芽鞘(芽鞘)。种子发芽时胚芽鞘成为鞘叶。胚轴下端连接着胚根。水稻种子的子叶只一片,子叶的一侧着生在胚轴上,另一侧和胚乳相接,其间有一层比较整齐的上皮细胞。种子发芽时,上皮细胞和糊粉层可以分泌一些酶类,把胚乳中的淀粉、蛋白质等分解为可溶性养分,并将这些营养物质吸收转运到正在生长的胚中。种子内贮藏的养分愈丰富,发芽时供给胚生长所需要的养分就愈充足,长出的幼苗也就愈健壮。

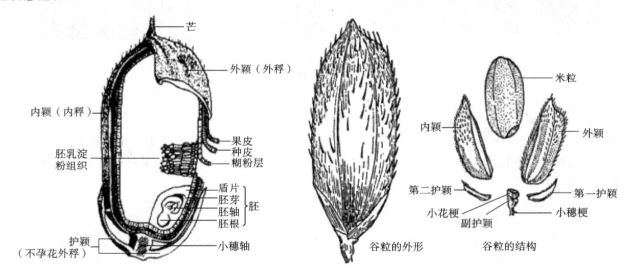

图 2-1-4　种子形态构造

(二)种子的发芽与出苗过程

水稻种子成熟以后,在一定的水分、温度和氧气条件下,就可萌动发芽。种子萌发过程可分为吸胀、萌动、发芽三个阶段。

1. 种子吸水膨胀阶段

由于干燥种子内的细胞原生质呈凝胶状态,且属于亲水胶体,因此当种子放入水中后,就能很快吸胀,直到细胞内部水分达到饱和状态,种子才停止吸水。随着种子吸水量增加,种子内新陈代谢活动逐渐活跃起来,加强了在贮藏期间微弱的物质转化过程和呼吸作用。

2. 种子萌动阶段

由于种子内酶活性提高,呼吸作用不断加强,种子内贮藏物质不断地转化为糖类和氨基酸等可溶性物质,并转运到胚细胞中去。胚细胞利用这些物质,使细胞迅速分裂和伸长。当体积增大到一定程度时,胚就顶破种皮而出。在一般情况下,因为胚根尖端对着种孔,吸水早,生长也最早,胚根首先突破种皮,然后长出胚芽。

3.发芽阶段

种子萌动后,胚继续生长,当胚根长度与谷粒长度相等,胚芽长度达到谷粒长度一半时,就称为发芽(图2-1-5)。水稻种子发芽时,初出的幼根是种根。幼芽最先出现的部分是芽鞘。幼芽(芽鞘)不含叶绿素,待从芽鞘伸出不完全叶时,叶色才转绿,这个过程叫做出苗。种子胚乳中养分的消耗,通常从胚附近开始,以后逐渐扩大。到了三叶期,胚乳中的养分已被消耗完,只剩下一个空壳,此时称为离乳期。这是秧苗由胚乳营养进入独立生活,即从异养转入自养的转折时期。因此适时追施断乳肥对培育壮秧有重要作用。

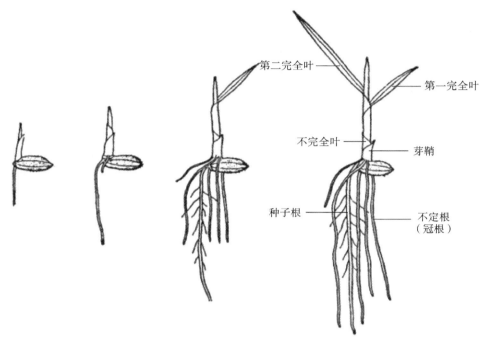

第二完全叶　　第一完全叶
不完全叶　　芽鞘
种子根　　不定根（冠根）

图 2-1-5　种子发芽

(三)种子萌发生长与外界条件的关系

种子质量好,是萌发成苗的内在因素。要使种子正常萌发生长,适宜的水分、适当的温度和足够的氧气是必须满足的条件。

1.水分

风干种子含水量为 $11\%\sim14\%$,是以束缚水形式存在,原生质呈凝胶状态,酶处于钝化状态,只进行微弱的物质转化和呼吸作用,因而谷种发芽一定要吸收足够的水分。催芽之前要进行浸种,让种子均匀地吸收水分,促使细胞原生质由凝胶状态向溶胶状态转变,自由水的增加为酶和可溶性物质提供了溶剂,使物质转化效率提高。同时由于谷种吸水,种皮变软,透性增大,使氧气容易透入,呼吸作用增强,胚乳中的贮藏物质就较快地被分解和转运到胚部,促使胚细胞不断分裂和伸长,并吸水膨胀突破种皮,逐渐生长出幼芽和幼根来。水稻种子,一般吸收相当本身重量 $23\%\sim31\%$ 的水分后开始萌发,这可能是含硫氢基物质形成的条件,含硫氢基物质增强了贮藏蛋白质的水解,最终形成游离氨基酸和释放生理活性物质(如植物激素等),当生理活性物质进入吸胀了的胚,便引起胚的生长。

谷种浸种的吸水过程大致可以分为两个阶段。第一阶段(浸种后 $6\sim12$ h)是物理学的吸胀阶段,亦即急剧吸水阶段。在这个阶段里,几乎吸收了露白所需吸水量的一半以上。第二阶段是生物化学的种胚萌动阶段,亦即缓慢吸水阶段,在这阶段里,吸水慢,而种子内生物化学过程开始活跃,呼吸作用加强。因此,浸种后期,提高浸种水温,加速种子内部的生物化学过程,就能促进种胚萌动。相反,降低水温,就会延缓种子内部的生化过程,推迟种子萌动。如果浸种时间过长,又不换水,会引起物质过分消耗,特别是无氧呼吸所产生的酒精积累会导致谷种中毒,谷种发芽率显著下降。因此,掌握好水稻种子吸水的规律性,对正确浸种、加速种子萌发是十分重要的。

2. 温度

种子萌发过程就是在一系列酶促反应下进行的生理生化过程,而酶的活性与温度又有密切关系,因而温度高低与发芽的快慢及发芽率的高低有密切联系。一般水稻种子在 12 ℃以上才能发芽,最适温度为 28 ℃左右,最高温度为 40 ℃。这与呼吸作用的"三基点"具有一致性,但又有差别,这是因为种子萌发是比呼吸作用更为复杂的生理过程,必须有各个代谢环节的协调配合才能实现。因此谷种发芽温度范围比呼吸作用小,超过了这个范围,呼吸作用虽未停止,但其他生理过程已受到影响,种子也就不能发芽生长。因此早稻要适期早播(主要是露地育秧),但不是越早越好,不然芽种下了田,气温低不能继续生长,而呼吸作用还要进行,这就会消耗掉一些营养物质,不利于培育壮秧。在催芽过程中,要特别注意谷堆温度不能长时间保持在 4 ℃以上,否则会导致发芽受阻,并会引起烧芽,使谷种丧失活力无法生长进而造成损失。

3. 氧气

种子发芽阶段,具有活跃的代谢活动,需要进行旺盛的呼吸作用来提供它所需要的能量和中间产物,这就需要有足够的氧气供应。种子发芽时,其物质转化效率随空气中含氧量的提高而增强。在缺氧条件下,萌发谷芽的转化效率不及在正常空气中萌发谷物转化效率的一半。因此在水稻催芽和育秧中,保证充足的氧气供应是重要的。水稻具有忍受缺氧的能力,其萌发所需氧气比棉花少几百倍,且在嫌气条件下,会进行强烈的发酵作用,因而谷种在水层下仍能靠无氧呼吸而萌发。但是,水稻种子在无氧呼吸条件下,只有胚芽鞘迅速伸长,根和叶则不能生长或生长缓慢。胚芽鞘由于在种胚中已形成,是以细胞引长的方式进行生长,这种生长在有氧和无氧条件下均能进行。在缺氧条件下的胚芽鞘比在有氧条件下伸长近一倍。而胚根是依靠细胞分裂生长的,因而在缺氧条件下,细胞分裂不能进行,胚根就不能生长,这就产生了"湿长芽"的现象。反之,在水分少、氧气供应充足的情况下,则根长得快,芽长得慢,就产生"干长根"的现象。在催芽过程中,谷种破胸后要及时浇水降温,达到以水调温、以水调气、抑根促芽的目的。否则,在温度高、水分少、氧气足的情况下,就会出现根长芽短、弱而不壮的现象。尽管水稻种子对缺氧条件具有特殊的适应性,但也有一定的限度。

由于根系在水层下发育不良或完全不发育,幼芽、幼苗往往会因头重脚轻在钻出水面之前就倒在地上或漂在水面,从而引起烂芽、烂苗。

三、水稻叶、根、茎、蘖的生长

(一)叶的生长

稻叶分为芽鞘(图 2-1-6)、不完全叶和完全叶 3 种形态。发芽时最先出现的是无色薄膜状的芽鞘,从芽鞘中长出的第一片绿叶只有叶鞘,一般称为不完全叶(图 2-1-7)。自第二片绿叶起,叶片、叶鞘清晰可见,习惯上称为完全叶。在栽培上,稻的主茎总叶数是从第一完全叶开始计算的。我国栽培稻的主茎总叶数大多为 11～19 叶。主茎的叶数与茎节数一致,与品种生育期有直接关系。生育期为 95～120 d 的早稻,有 10～13 叶;生育期为 120～150 d 的中稻,有 14～16 叶;生育期 150 d 以上的晚稻,总叶数在 16 叶以上。同一品种栽培于不同条件下,若生育期延长,出叶数往往也增加;生育期缩短,出叶数就减少。稻的完全叶由叶鞘和叶片两部分组成,其交界处还有叶枕、叶耳和叶舌。叶枕为叶片与叶鞘相接的白色带状部分,其形状、质地、植物激素含量与叶片的伸展角度有关。叶舌是叶鞘内侧末端延伸出的舌状膜片,它可以封闭叶鞘与茎秆(或正在出生的心叶)之间的缝隙,有保护作用。叶耳着生于叶枕的两侧,叶耳上有毛。稗草没有叶耳,这是区别稻和稗草的主要特征。但也有极个别无叶耳的水稻品种,称为简稻。从着生部位来看,叶可以分为着生在分蘖节上的近根叶和拔节后着生在茎秆上的抱茎叶 2 种。

相邻两片叶伸出的时间间隔,称为出叶速度。水稻一生中各叶的出叶速度随生育期的进展而变长(图 2-1-8)。幼苗期 2～4 d 出 1 片叶;着生在分蘖节上的叶 4～6 d 出 1 片叶;着生在茎秆节上的叶 7～9 d 出 1 片叶。出叶的快慢因环境条件不同面有很大变化,特别是温度对出叶速度的影响最为明显,在 32 ℃以下,温度越高出叶越快;水分对出叶速度也有影响,土壤干旱时出叶速度变慢;栽培密度对出叶速度的影响表现为稀植时出叶快,而且出叶数增加,单本栽插的往往要比多本栽插的多出 1～2 片叶。

图 2-1-6　芽鞘

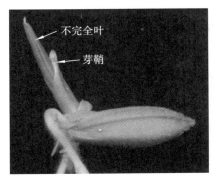

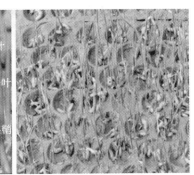

图 2-1-7　水稻叶的生长

图 2-1-8　水稻叶的发育

稻株不同部位叶的长度,具有相对稳定的变化规律。从第 1 叶开始向上,叶长由短变长。至倒数第 2 至第 4 叶又由长到短(图 2-1-9)。叶长在品种间差异较大。在同一地区、同一品种、同一栽培条件下其各品种叶长往往稳定在一定的幅度之内。

图 2-1-9　水稻的叶片

(二)根系生长

水稻的根系属于须根系,由种子根和不定根组成。其中种子根 1 条,当种子萌发时,由胚根直接生长而成,幼苗期起吸收水分及营养物质的作用。不定根从分蘖节上由下而上逐渐发生。从种子根和不定根上长出的支根,为第一次支根;从第一次支根上长出的支根,为第二次支根;依此类推,条件好时最多可发生 5～6

级分支根。不定根和支根组成发达的根系,在整个生育期中起吸收、固定和支持作用。水稻根系在移栽后的生育初期向横、斜下方伸展,在耕作层土壤中呈扁圆形分布。到抽穗期,根的总量达到高峰,根系开始向下发展,其分布由分蘖期的扁椭圆形发展为倒卵形。

稻根生长的最适土温为 30～32 ℃,超过 35 ℃会导致根系生长不良;低于 15 ℃时根系生长较微弱。据研究,粳稻移栽后,日平均温度稳定在 14 ℃以上,稻苗才能顺利发根。籼稻秧苗发根的温度比粳稻更高一些。因此,在生产上要防止移栽过早,以免温度过低而造成秧苗不发。

土壤营养对稻根发生的数量和质量都有明显影响。氮素充足的情况下,不仅会增加总根数,同时能增强根群的氧化能力,使得白根较多;磷素能促进糖类的形成和运转,促进对氮的吸收和利用,增施磷肥,并与氮肥配合施用,增根效果显著。

土壤通气状况对稻根发生也有一定的影响。在浅水勤灌、氧气充足的条件下,支根和白根多;相反,若长期淹水,支根减少,黄根、黑根增多。

(三)茎的生长

1. 茎的生长

稻株的叶、分蘖和不定根都是由茎上长出来的,茎有支持、运输和贮藏的功能。稻茎一般中空,呈圆筒形,着生叶的部位是节,上、下两节之间为节间。稻茎由节和节间两部分组成。稻茎基部的节间不伸长,各节密集,发生根和分蘖的节习惯上称为分蘖节。基上部由若干伸长的节间形成茎秆。稻株主茎的总节数和伸长节间数因品种和栽培条件不同而有较大的变化,一般具有 9～20 个节,4～7 个伸长节间。节间伸长初期是节间基部的分生组织细胞增殖与纵向伸长引起的。节间的伸长先从下部节间开始,顺序向上。但在同一时期有 3 个节间在同时伸长,一般基部节间伸长末期正是第二节间伸长盛期、第三节间伸长初期。基部节间伸长 1～2 cm 时称为拔节。伸长期后,节与节间物质不断充实,硬度增加,单位体积质量达到最大值。抽穗后,茎秆中贮藏的淀粉经水解后向谷粒转移,一般抽穗后 21 d 左右,茎秆的质量下降到最低水平。

2. 茎秆节间性状与抗倒能力

水稻倒伏多发生在成熟阶段,折倒的部位多在倒数第四至第五节间,这是基部两个节间抗折能力弱造成的。基部节间粗短,有利于抗倒。所以一般在节间开始伸长时应控制肥水,抑制细胞过分伸长。分蘖末期和拔节初期排水晒田,可以起到促根、蹲节、防病、抗倒的作用。基部节间由明显伸长到接近固定长度需 7～8 d。若封行过早,基部叶片受光不良,糖类亏缺,基部节间充实不良,抽穗后就有倒伏的可能。影响茎秆抗折强度的主要因素:基部节间长度、伸长节间的强度和硬度以及叶鞘的强度和紧密度等。研究表明,有活力的叶鞘占茎的抗折强度的 30%～60%,由于倒伏一般发生在基部两节间某处,包裹这两节间的叶鞘一定要坚韧。叶鞘的强度随叶片的枯黄而显著降低,所以,在栽培时保持后期下位叶的功能,争取较多的绿叶数,有利于防止倒伏。

(四)分蘖的生长

从分蘖开始发生到停止的时期称为分蘖期。

1. 分蘖发生及条件

分蘖的发生:水稻的分蘖是接近地表基部密集节上的腋芽在适宜条件下萌发起来的侧茎。发生分蘖的节称为分蘖节。分蘖发生所在节位低的叫低位分蘖,发生所在节位高的叫高位分蘖。一般低位分蘖成穗率高,穗型也大。由主茎长出的分蘖称第一次分蘖,由第一次分蘖长出的分蘖称为第二次分蘖,依次类推。生产上常规稻一般以一次分蘖多,二次分蘖少,三、四次分蘖更少。而杂交稻二、三、四次分蘖均有发生。

分蘖发生的条件有内在因素和外界条件两种。

(1)分蘖内在因素。品种不同,分蘖特性差异较大,籼稻品种大于粳稻和糯稻,多穗型品种大于大穗型品种,杂交水稻大于常规稻。

(2)分蘖的外界条件。①气温、水温。分蘖发生的临界气温为 15 ℃,水温 16～17 ℃,最适宜气温为 28～31 ℃,水温 32～34 ℃。②水分。水分过多或过少对分蘖都有抑制作用。③光照强度。植株过繁茂,栽插过密,荫蔽严重会降低有效分蘖率。④肥料。肥料充足时,分蘖快而多,反之,慢而少。⑤插秧深度。浅插对分蘖有利,分蘖早而多,插秧深时分蘖节位高,分蘖迟而少。

2. 分蘖发生规律

水稻主茎出叶和分蘖存在同伸现象,即 n 对 $n-3$ 关系。当主茎第四叶抽出时,主茎第一叶的叶腋内伸出第一分蘖的第一叶。水稻的分蘖与出叶之间虽然存在同伸现象,但受环境条件的影响较大,当环境条件不适时,这种同伸现象就不存在了。因此,生产上可以根据叶蘖同伸现象的表现对分蘖期间田间管理好坏和秧苗生长状况进行诊断,为栽培措施的合理运用提供依据。

3. 有效分蘖和无效分蘖

分蘖的有效和无效,是以能否抽穗结实为标准。一般抽穗后结实粒在 5 粒以上为有效分蘖,反之,为无效分蘖。有效分蘖期的长短因品种而异,一般早熟品种有效分蘖期为 $7\sim12$ d,中熟品种为 $14\sim18$ d,迟熟品种为 20 d 左右。生产上常以全田 10% 植株开始分蘖为分蘖始期,以 50% 的植株分蘖时为分蘖期,80% 植株分蘖时为分蘖盛期。

4. 影响分蘖发生的条件

分蘖发生的早晚和多少,因品种和环境条件而异。直接影响分蘖发生的因素是水温和土温。据中国农业科学院研究报道:水稻分蘖的最低气温为 15 ℃,最低水温为 16 ℃;最适气温为 $30\sim32$ ℃,最适水温为 $32\sim34$ ℃;最高气温为 40 ℃,最高水温为 42 ℃。在田间条件下,当气温低于 20 ℃或高于 37 ℃时,不利于分蘖发生。水稻分蘖的部位一般都在表土下 $2\sim3$ cm 处。长江中下游地区的绿肥茬早稻,在早插情况下,常因当时温度偏低,阻碍分蘖发生而造成僵苗。因此,要采取日浅夜深的灌水方法,提高土温,促进分蘖的发生。

秧苗移栽后,如果阴雨天多,光照不足,光合作用产物少,叶鞘细长,稻苗瘦弱,不利于分蘖的发生。反之,晴天多,光照强,叶鞘短粗,植株健壮,分蘖发生早而多。

在土壤营养丰富的田块,分蘖发生早而快,分蘖期较长。相反,田瘦肥少,土壤营养不足,分蘖发生缓慢,分蘖期也短。氮素明显影响分蘖,而磷、钾对分蘖的影响不明显。但在土壤缺磷或缺钾时,增施磷、钾肥对分蘖有促进作用。

浅插秧苗,其表土温度高,通气性较好,有利于分蘖早生快发。反之,插秧过深,土层温度低、氧气少,分蘖节间伸长,消耗较多养分,分蘖推迟,有效分蘖少。

四、水稻穗的分化发育和开花结实

(一)水稻幼穗分化

水稻植株在完成一定营养生长量的基础上,当满足其发育特性对光照、温度的要求后,茎端生长点在生理和形态上发生质变,由原来分化叶原基等营养器官转入分化幼穗。

1. 水稻幼穗发育各期的主要特征

从幼穗开始分化到抽穗,历时 30 d 左右,整个分化发育过程可分为 8 个时期,即:①第一苞分化期;②第一次枝梗原基分化期;③第二次枝梗及颖花原基分化期;④雌雄蕊形成期;⑤花粉母细胞形成期;⑥花粉母细胞减数分裂期;⑦花粉内容物充实期;⑧花粉完成期。前四个时期属于生殖器官形成阶段,又称为幼穗形成期;后四个时期属于生殖细胞形成期,又称为孕穗期,各时期主要特征见表 2-1-1。

表 2-1-1 水稻幼穗发育各期的主要特征

幼穗发育时期	主要特征
1. 第一苞分化期	出现第一苞原基
2. 第一次枝梗原基分化期	第一次枝梗原基在生长锥基部出现并由下而上依次产生
3. 第二次枝梗及颖花原基分化期	第二次枝梗原基在顶端第一次枝梗基部出现,并由下而上依次出现,肉眼可见幼穗上有大量白毛密布。幼穗长约 1 mm
4. 雌雄蕊形成期	雄蕊分化出花药与花丝;内外颖逐渐包合。幼穗长 $0.5\sim1$ cm

幼穗发育时期	主要特征
5.花粉母细胞形成期	花粉母细胞形成;内外颖长度达护颖长度的1倍左右;颖花长1～3 mm;幼穗长1.5～5 cm
6.花粉母细胞减数分裂期	花粉母细胞减数分裂前期二至四分体形成。颖花长3～5 mm,幼穗长5～10 cm
7.花粉内容物充实期	花粉单胞,外壁形成,萌发孔出现,花药尚未转黄;颖花增长达全长的85％或全长;颖壳尚未变绿,幼穗渐达全长
8.花粉完成期	花粉由二胞至三胞,内含物逐渐充实至完全成熟;花药转呈黄色;颖花在长宽方面均达最大值;颖花变绿

2. 稻穗发育与环境条件

影响稻穗发育的环境条件有光照、温度、氮素和水分等。

(1)光照。幼穗发育时,要求光照充足。如果枝梗原基和颖花原基分化期光照不足,将直接导致枝梗和颖花数减少;若花粉母细胞减数分裂期和花粉内容物充实期光照不足,会引起枝梗和颖花大量退化,并使不孕颖花数增加,使总颖花数减少。所以在幼穗发育过程中,遇上长期阴雨天气或群体生长过旺的情况,均对幼穗发育不利。

(2)温度。稻穗发育最适宜的温度为30 ℃左右,延长枝梗原基和颖花原基分化期,在较低的温度条件下有利于大穗的形成。但温度低于19 ℃和21 ℃时,对粳稻和籼稻幼穗的发育不利,这是由于在花粉母细胞减数分裂期对低温反应最敏感。这期间受冷害后,会使穗下部的枝梗和颖花大量退化,造成穗短粒少,并且导致花粉发育受阻,影响正常受精,形成大量空壳。因此,在长江流域地区,绿肥田早稻要注意防止5月下旬和6月初低温造成的危害;连作晚稻要注意9月上中旬早来的寒露风造成的危害。

(3)氮素。在雌、雄蕊分化前追施氮肥,有增加颖花数的作用,其中在第一苞原基分化期前后施用适量速效氮肥(促花肥)对增加二次枝梗和颖花数的作用最大。但要根据苗情掌握用量。施用不当容易引起上部叶片徒长和下部节间过度伸长,造成后期郁闭和倒伏。在雌、雄蕊形成期后追施氮肥,对增加颖花数已不起作用,但能减少颖花退化。在花粉母细胞形成期,即剑叶露尖后,施用适量氮肥(保花肥),能提高上部叶的光合作用效率,增加茎鞘中光合作用产物的积累,为颖花发育和颖壳增大提供足够的有机养分,从而有效地减少颖花退化并能增大颖壳容积,起保花增粒和增重作用。但氮肥用量不能过多,否则容易造成贪青迟熟,影响产量和后季作物的适时种植。

(4)水分。稻穗发育时期,群体的叶面积大,气温较高,叶面蒸腾量大,是水稻一生中需水量最多的时期。花粉母细胞减数分裂期对水分的反应最为敏感,干旱或受涝都会使颖花大量退化或发生畸形。因此,在花粉母细胞减数分裂期前后,以浅水层灌溉为宜。

(二)水稻开花结实

稻穗分化形成之后,就依次进入抽穗、开花、传粉、授精、灌浆、成熟期,这个过程称为结实期。

1. 抽穗

稻穗从剑叶鞘内抽出1 cm以上时叫作抽穗。当全田有10％抽穗时为始穗期,50％抽穗为出穗期,80％时为齐穗期。一个穗子从露尖到全出5 d左右;一株穗子开始露穗到全株抽出需7～10 d,全田从始穗到齐穗需1～2周。抽穗最适温度为25～35 ℃,超过40 ℃、低于20 ℃都不能正常抽穗,甚至出现包茎的情况。生产上以日平均温度稳定在20 ℃的最终日为粳稻的安全齐穗期;22～23 ℃的最终日为籼稻的安全齐穗期。

2. 开花、传粉和授精

正常情况下,稻穗抽出的当天或次日就开花。一天内早稻上午7时左右开始开花,11—12时盛花;晚稻上午8—9时始花,11时—下午1时盛花,下午以后很少开花。一穗开花早、中稻需5～6 d,晚稻7～8 d,一株中一般主茎先开花,而后是低位蘖、高位蘖开花。水稻是雌雄同花,在谷粒开颖的同时雄花的花药裂开,雄花花药随即散落在雌花的柱头上,使雌花受精。受精过程一般在开花后5～7 h完成。水稻开花的最适温度为30 ℃左右,最低15 ℃,最高为45 ℃。

3. 灌浆结实

水稻开花授粉后 10 d 至半月,籽粒干物质的积累可达 80% 以上。此时水分含量约 86% 左右,米粒中淀粉呈乳白色浆状物,故这一时期称灌浆期。再经 7～8 d,米粒中淀粉增加,米粒硬化,粒色及茎、叶呈黄绿色,这一时期称蜡熟期。经半月左右,谷壳变黄,米粒白而坚硬,完全成熟,这一时期称黄熟期。灌浆期最适宜的温度为 25～30 ℃,一般以 20 ℃ 为影响灌浆速度的最低温度。光照强度大,对灌浆结实有利。水稻从种子发芽到谷粒成熟全生育期中,经过生根、长叶、分蘖、穗分化、孕穗、开花、灌浆到成熟,每一个生育期对外界条件如温度、水分、空气、光照、养分等都有不同的要求。只有掌握它的生长规律,不断提高水稻的栽培技术,才能达到高产、稳产的目的。

幼穗发育的 8 个时期可通过外部形态的差异来判断。从田间剥查经验看,各期的形态可归纳为:"一期看不见,二期白毛现,三期毛丛丛,四期谷粒现,五期颖壳分,六期叶枕平,七期穗见绿,八期即将现。"

五、水稻的一生

(一)水稻的生育阶段

水稻的一生,大体分为营养生长和生殖生长两个阶段。从种子萌发到幼穗分化前,为营养生长阶段,主要是发育营养生长器官,为生殖生长提供充足的物质条件。从幼穗开始分化到稻谷形成,为生殖生长阶段,此期主要是长穗、开花、灌浆、结实、构成产量器官,同时,根据水稻外部生态显著变化的情况,又将其划分为若干个生育时期,这些时期通常包括秧苗期、移植返青期、分蘖期、孕穗拔节期、抽穗开花期、灌浆期、黄熟期等。这两个阶段和这些生育期是互相交叉、紧密联系、相互制约的。

(二)水稻的生育时期

1. 营养生长阶段

水稻营养生长阶段是从种子开始萌动到稻穗开始分化前的这段时期。这一阶段主要是稻株形成营养器官,包括种子发芽和根、茎、叶、蘖的生长。它是稻株体内积累有机物质,为生殖生长奠定物质基础的阶段,具体可分为以下 5 个时期。

(1)幼苗期。从稻种萌动开始至 3 叶期。

(2)分蘖期。4 叶长出开始萌发分蘖直至拔节为止。

(3)返青期。秧苗移栽后,由于根系损伤,有一个地上部生长停滞和萌发新根的过程,约需 7 d 才恢复正常生长,这段时间称返青期,也称缓苗期。

(4)有效分蘖期。一般认为水稻进入拔节期具有 4 片叶的分蘖为有效分蘖。水稻有效分蘖临界叶龄期是指与理论上最高有效分蘖位的分蘖第一叶同伸的母茎叶出叶期,即主茎总叶片数(N)减去地上总伸长节间数(n)的叶龄期。如杂交后 17 片叶,伸长节间数为 5 个,$17-5=12$,即主基第十二片叶出现前为有效分蘖期。

(5)无效分蘖期。水稻进入拔节期前或拔节期后所形成的叶片数不超过 3 叶的分蘖为无效分蘖。一般而言,水稻在有效分蘖临界叶龄期以后(主茎 $N-n$ 叶期后)出现的分蘖为无效分蘖。水稻有效分蘖临界叶龄期大多出现在拔节前后,生产上把分蘖不再增加、全田总茎蘖数最多的时期称为最高分蘖期(或高峰苗期)。

2. 生殖生长阶段

水稻生殖生长阶段是从稻穗开始分化(拔节)到稻谷成熟的一段时期,包括拔节长穗期和开花结实期。

(1)长穗期。从稻穗分化至抽穗为止,一般需要 30 d,生产上也常称拔节长穗期。

(2)开花结实期。从出穗开花到谷粒成熟,可分为开花期和结实期。其中结实期又包括乳熟期、蜡熟期、黄熟期和完熟期。结实期经历的时间,因不同的品种特性和气候条件而有差异,早稻为 25～30 d,晚稻为 35～50 d。气温高,结实成熟期短,气温低,结实成熟期延长。

◇ **知识拓展**

杂 交 水 稻

杂交水稻(hybrid rice)指选用两个在遗传上有一定差异,同时它们的优良性状又能互补的水稻品种进行杂交,生产出的具有杂种优势的第一代杂交种。中国是世界上第一个成功研发和推广杂交水稻的国家。

1. 杂交水稻栽培技术

(1)整地。生产上要严格按照要求精细整地,做到畦面平整无杂草、排灌顺畅、不积水。并按畦宽 4～6 m 开挖一条宽 0.6 m、深 0.1 m 的沟。

(2)适时早播。合理安排播种期是保证水稻直播栽培全苗和安全齐穗的关键措施。

(3)选种。选用高产抗病优质良种,可以提高产量,增加经济效益。做好种子消毒和催芽工作,可减少病虫害的发生。

(4)浸种。一般浸种 12～18 h 后不经催芽直接播种、湿润育秧为佳。

(5)催芽。催芽过程应掌握适宜的温度、适当的水分并适时换气。水稻种子发芽最适宜的温度范围是 30～35 ℃,超过 45 ℃时就会引起"烧芽",80％以上种子破胸后即可播种。

(6)疏播匀播。直播栽培是将种子直接播入大田,一般比正常育苗增加 15％～20％的用种量,播种量常规稻种子为 37.5 kg/hm²,杂交稻种子为 18.75 kg/hm²。播种要均匀,播后要埋芽,可用木板轻踏使谷芽入土,同时做好防鸟鼠害工作。

2. 施肥技术

(1)施足基肥。由于直播栽培的水稻从幼苗开始就直接在大田生长,因此施足基肥对直播栽培获得高产更为重要。

(2)分次追肥。直播稻施肥应遵循"少吃多餐,追肥要勤,每次用量要少"的原则。分 5 次追肥:第 1 次追提苗肥;第 2 次追分蘖肥;第 3 次追拔节肥;第 4 次追穗肥;第 5 次追扬花肥。

(3)钾肥施用技术。根据土壤特性施用钾肥。对缺钾严重的土壤,施用钾肥效果显著。钾肥要与氮、磷配合施用。只有在三要素合理搭配的前提下,增施钾肥才能充分发挥其增产效果。

◇ **典型任务训练**

水稻种子水分检验

1. 目的要求

掌握水稻种子测定方法。

2. 材料及用具

水稻种子、分样直尺、天平、小刷子、镊子或小刮板、称量纸、标签纸、发芽箱、培养皿、数种仪器、吸水纸或发芽纸、标签、烘箱、铝盒、干燥器、坩埚钳等。

3. 内容及操作步骤

(1)取样。

取样时采用分层分点取样,一般水稻样本取 1000 g 为宜。

(2)种子水分检验。

水稻含水量采用高恒温烘干法(130 ℃,1 h 烘干)来测定。籼稻种子含水量不能超过 13.5％,粳稻种子含水量不能超过 14.5％。

①预热烘箱。将烘箱调至 140～145 ℃,进行预热。

②烘干铝盒。将铝盒洗净擦干,盒盖套在盒子底部,放入烘箱内上层,将烘箱温度调至 105 ℃,烘 0.5～1 h,再取出铝盒放入干燥器中,冷却至室温,用感量 0.001 g 的天平称量,记下盒号与盒质量。再烘 0.5 h 至

恒定质量(前后两次质量差不超过 0.005 g),放入干燥器中备用。

③处理试样。将水稻试样用分样器多次混合,使其均匀一致,从中取出试样 30～40 g,除去杂质后,放入电动粉碎机内磨碎。

④称取试样。将磨碎试样充分混合,置于预先烘至恒定质量的铝盒内,用感量 0.001 g 的天平称取 4.5～5.0 g 试样,留作 2 份。

⑤烘干称量。摊平盒内试样,盒盖套在盒底下,放入烘箱上层,迅速关闭烘箱门使箱温在 5～10 min 内回升至 130 ℃。

⑥冷却称量。烘至规定时间后,用坩埚钳或戴上手套,在箱内迅速盖好盒盖,取出铝盒,放入干燥器内。

⑦结果计算。

$$种子含水量 = \frac{试样烘前质量 - 试样烘后质量}{试样烘前质量} \times 100\%$$

⑧注意事项:种子水分的检验以两份试样结果的平均值表示,保留一位小数。若两份试样结果之间差距超过 0.2%,则需重做。

任务二　水稻育秧和移栽

◇ **学习目标**

1.掌握水稻育秧技术。
2.掌握水稻移栽技术。
3.掌握水稻秧苗素质考察技术。

◇ **自主学习任务引导**

1.扫描右侧二维码,观看微课视频。
2.查阅资料,了解水稻的育秧步骤。
3.查阅资料,了解常用的水稻移栽技术。

◇ **知识链接**

一、水稻育秧技术

(一)水稻壮秧的意义与标准

1.培育壮秧的意义

培育壮秧是水稻高产栽培中最重要的基础。稻株各部分器官的建成,都需要经历分化发育的过程。秧苗是否健壮不仅影响到正在分化发育的根、叶、蘖等器官本身的质量,而且还直接影响栽后的发根、返青、分蘖,从而对穗数、粒数和结实率造成影响。因此,从栽培的角度说,壮秧能实现扩行稀植,降低群体起点,同时还能节省大田用肥。从形态和生理来讲,壮秧的分蘖芽和维管束发育好,容易实现足穗、大穗的目标;壮秧有较强的光合作用和呼吸强度,从而体内能积累较多的糖类,使苗体健壮,利于返青活棵;壮秧的碳、氮含量较高,碳氮比适中,发根力较强。因此,培育壮秧对实现水稻高产具有十分重要的意义。

2. 壮秧的标准

(1)形态特征。

①生长健壮,苗体有弹性,叶片宽厚挺健,叶鞘短,假茎粗扁。分蘖秧要带有三个以上分蘖。

②生长整齐旺盛,叶色深绿,苗高适中,无病虫,绿叶多,黄、枯叶少。

③根系发达,根粗、短、白,无黑根。

④秧苗整齐一致,群体间生长旺盛,个体间少差异。

(2)生理特点。

①光合作用能力强,体内贮藏的营养物质多,组织充实,单位长度干物重高。

②碳氮比协调,碳水化合物和氮化合物绝对含量高,既不因含碳高而生长衰老,也不因含氮多而生长嫩弱,小苗碳氮比为 3 左右,一般秧苗碳氮比为 14 左右,带蘖壮秧还可稍高。

③束缚水含量较高,自由水含量相对较低,有利于移栽后的水分平衡,提高抗逆能力,返青成活快。

(二)水稻机插秧育苗技术

1. 播前准备

(1)具体要求。

准备好育秧所用的营养土、秧田、秧盘、稻种等。

(2)操作步骤。

①床土准备。一般选择菜园土、耕作熟化的旱土地或经过秋耕、冬翻、春耖的稻田土,但不能使用去冬今春被使用过含有绿黄隆成分除草剂的麦田或油菜田土,每公顷机插大田必须准备床土 1500 kg。

②床土培肥。采用壮秧剂培肥法。在细土过筛后每 100 kg 细土拌 1 袋(0.4~0.8 kg)壮秧剂,拌匀即可。壮秧剂可以起到培肥、调酸、助壮的作用。

③苗床准备。秧田选择应符合"相对集中、便于管理、就近供秧"的要求,排灌条好,便于管理和运秧。秧田与大田按 1∶100 的比例留足,在播前 10 d 上水整地,开沟做秧板,板宽 140 cm,沟宽 25 cm、深 15 cm。四周开好围沟,沟宽 30 cm、深 20 cm。秧板做好后,排水晾板,使板面沉实,播前 2 d 对秧板铲高补低,填平裂缝并充分拍实,板面要求实、平、光、直。

④种子准备。

品种选择。选择适合当地种植的中等偏上、抗倒抗病性强、穗型较大的高产、稳产优质品种,根据近年来的实践,对于早熟晚粳品种,大田要准备符合国家标准的种子 52.5~60.0 kg/hm^2。

种子处理。播前晒种 2~3 d,并通过风选去杂去劣,减少菌源并增加种子活力,提高发芽率、发芽势。用 16% 咪鲜·杀螟丹可湿性粉剂 15 g 和 25% 吡虫啉悬浮剂 2~4 mL 兑水 6~7 kg,浸 5 kg 种子,浸种时间 2~3 d,采用日浸夜露和浸种催芽同步方法,种子自然破胸露白即可播种。

⑤材料准备。软盘育秧大田需准备 58 cm×28 cm×25 cm 的秧盘 450~480 张/hm^2,幅宽 2 m 的无纺布 4.2 m。

2. 精量播种

(1)具体要求。

确定机插秧育苗的播种量,掌握利用塑盘育秧人工播种的技术要点。

(2)操作步骤。

①播期确定。由于机插秧播种密度大,秧苗根系集中在厚度为 2.0~2.5 cm 的薄土层中生长。为保证秧苗有足够的生长空间和营养供应,掌握适龄插秧十分重要。要求坚持适期播种,根据大田让茬、整耕、沉实时间,按照秧龄 15~18 d,不超过 20 d 推算播种期,做到"宁可田等秧,不可秧等田",江苏地区水稻播种期一般控制在 5 月中下旬为宜。如果种植面积大,要根据插秧机的插秧进度,合理分批播种,确保适龄移栽。

在气象条件和种植制度许可的前提下,可根据品种的最佳抽穗结实期来确定最佳播种期,即根据品种的生育特性,把抽穗、灌浆、结实安排在当地光、热、水条件最佳的时期内。将常年平均气温稳定在 10 ℃ 和 12 ℃ 的初日,分别作为粳稻和籼稻早播的界限期。一般以秋季日均气温稳定在 20 ℃、22 ℃ 和 23 ℃ 的终日,分别作为粳稻、籼稻和杂交籼稻的安全齐穗期。水稻的界限播种期指双季早稻的早播界限和晚稻的迟播界限。早稻的早播界限,主要考虑保证安全出苗和幼苗顺利生长。晚稻的迟播界限取决于能否安全开花抽穗和灌浆结实。故迟播界限应保证能在安全齐穗期前齐穗。江苏的观测表明,粳稻抽穗期日均气温 25 ℃ 左右时的结实率最高;灌浆至成熟期的日均气温 21 ℃ 左右时的千粒重最高(籼稻两个时期的温度则均比粳稻高 2 ℃)。可以把这两个温度指标常年出现的日期定为当地的最佳抽穗结实期。水稻具体的播种期,在很大程度上受前茬收获期的限制。确定播种期要做到播种期、适宜秧龄和移栽期三对口。

②人工播种。将塑盘横排 2 行依次平铺,要求软盘边与边重叠,盘与盘之间紧密整齐。在盘中放入营养土,掌握土厚 2.0～2.5 cm,同时把土面刮平。在播前 1 d 灌平板水,在底土吸湿后迅速排放,也可在播种前直接用喷壶洒水。一般每张软盘播芽谷 130～150 g,以盘定种,精播匀播。

③覆盖保墒。播种后盖细土,盖土厚度掌握在 0.3～0.5 cm(看不见稻种即可),力求均匀一致。封布前先沿秧板每隔 50～60 cm 放 1 根细芦苇或几根麦草,以防无纺布与床土粘连在一起,再在盘面上平盖无纺布,使四周严实。挖好秧池田的出水口,防止下雨淹没秧板,导致无纺布与土面粘连,造成烂芽,以保证一播全苗。

3.秧田管理

(1)具体要求。

加强苗床管理,培育壮苗。

(2)操作步骤。

①及时揭膜。一般播后 5～7 d 均能正常齐苗,应及时揭膜炼苗,揭膜时间应按照"晴天傍晚揭,阴天上午揭,小雨雨前揭,大雨雨后揭"的原则,揭膜时必须灌 1 次平沟水,面积小的也可用壶喷水,以补充盘内水分。

②科学管水。秧田前期以床土湿润管理为主,保持盘土不发白,晴天中午秧苗不卷叶,缺水补水。秧田集中的可灌平沟水,小面积的可早晚洒水。在移栽前 3 d 要控水炼苗,晴天保持半沟水,阴天排干秧沟水,特别在机播前遇雨要提前盖布遮雨,防止床土含水量过高影响起秧和机插。秧苗叶龄达到 3.5～3.8 叶,苗高 12～17 cm,单株白根 10 条以上,成苗 2～3 株/cm²,均匀整体,根系盘结好、提起不散,应适时机插。

③适时追肥。机插秧田期一般不需追肥,如没有培肥或叶色较淡,在移栽前 3 d 施好送嫁肥,秧池用尿素 75 kg/hm² 兑水 7500 kg/hm² 傍晚浇施。

④病虫害防治。防治对象主要有稻蓟马、灰飞虱、螟虫等。对易感条纹叶枯病的品种,务必做好灰飞虱的防治工作,坚持带药下田,在栽前 1～2 d 用 50% 吡蚜酮 150 g/hm² 兑水 600 kg/hm² 喷细雾,对螟虫、灰飞虱、稻蓟马等防效较好。

⑤控苗促壮。若气温高、雨水多,秧苗长势快,可在 2 叶 1 心期,每 25 盘秧苗用 15% 的多效唑可湿性粉剂 2 g,按 200～300 μg/g 兑水均匀喷施,控制植株生长,增加秧龄弹性。

二、水稻移栽技术

(一)手栽秧

1.整地

(1)具体要求。

田面平整,土壤松软,土肥相融,无杂草残茬,无大土块,以利于插秧后早生快发。

(2)操作步骤。

①深翻整地。绿肥田的耕整,既要做到适时,也要做到适量。适时指耕翻的时间要适当,适量指绿肥的翻压量要适当。耕翻时间过早,绿肥的产量低,肥效差;耕翻过迟,离插秧的时间过短,秧苗插后正处在绿肥分解旺盛之时,秧苗不但不能从土壤中获得养分,反因分解过程中产生的大量甲烷、硫化氢和有机酸等有害

物质而受到毒害,导致僵苗。绿肥翻压量过少,肥效不足;翻压量过大,虽然离插秧的时间适宜,也不能充分腐烂,同样会因有害物质过多而导致僵苗。绿肥田以插秧前 10~15 d,绿肥处在盛花时耕翻为宜,这样既能保证在绿肥充分腐烂后插秧,又能保证绿肥鲜草量高,肥效也高。绿肥施用量以每公顷翻压 22.5~30 t 鲜草为宜。

②施基肥。基肥施用应结合耕翻整地进行。基肥应以有机肥为主,配施适量的氮、磷、钾化肥。在有机肥肥源不足的地区或田块,应推广麦秆、油菜秆等秸秆还田。

③灌水耙秒,平整田面。绿肥田耕翻后,应晒 2~3 d,然后灌水耙田,将绿肥埋入泥中浸泡 7~10 d,再耕耙平田后插秧。

(3)相关知识。

高产水稻要求土壤有较深厚的耕作层和较好的蓄水、保肥、供肥能力,通过耕翻、施基肥、耙秒、平整等过程,创造一个深松平软,水、肥、气、热状况良好的土层,为水稻活棵后早发创造条件。我国稻区多为多熟制栽培,因此栽秧前的深翻整地十分重要。如果季节矛盾不突出,耕翻后应争取晒垡;如季节矛盾突出,则要抢耕抢栽。

(4)注意事项。

平整后,田块高低差不超过 5 cm。

2. 移栽

(1)具体要求。提高移栽质量,达到浅、直、匀、牢的要求。

(2)操作步骤。

①适时早栽。适时早栽可以争取足够的大田营养生长期,有利于早熟、优质、高产。特别在多熟制地区更应强调适时早栽。一般长江中下游地区的早稻应在 4 月底至 5 月初栽插,晚稻在 7 月底至 8 月初栽插,单季中晚稻在 5 月底至 6 月 20 日栽插。

②适当浅栽。栽插深度对栽插质量影响很大。浅栽秧苗因地温较高、通气较好,易早发快长,形成大穗。栽插深度以控制在 3 cm 以内为好。如栽插过深,分蘖节处于通气不良、营养状况差、温度低等不利条件下,会使返青分蘖推迟,同时还会使土中本来不该伸长的节间伸长,形成二段根和三段根。低位分蘖因深栽而休眠,削弱了稻株的分蘖能力,穗数得不到保证,穗小粒少,不利于水稻高产。

③减轻植伤。要尽量使秧苗根系不受伤或少受植伤,秧苗要栽直、栽匀、栽牢;同时应确保栽植密度。

(3)相关知识。

基本苗的确定:栽插的基本苗数主要依据该品种的适宜穗数、秧苗规格和大田有效分蘖期长短等因素确定。其主要通过适宜的行、株距配置和每穴苗数来实现。一般应掌握"以田定产,以产定苗"的原则。中、晚粳稻一般要求行距达到 26~30 cm,株距 12~14 cm,密度一般控制在每公顷 39 万~42 万穴,每穴栽 3~4株,基本茎蘖苗为 105 万~120 万株。

(4)注意事项。

不栽顺风秧、秤钩秧、超龄秧、隔夜秧,做到不漂秧、不倒秧。

(二)抛栽秧

1. 整地与施基肥

(1)具体要求。

抛秧田应水源充足,能及时排灌,田块平整,具有良好的保水、保肥、供肥性能等基本条件。

(2)操作步骤。

①深翻整地。

②施基肥。基肥施用应结合耕翻整地进行。基肥应以有机肥为主,配施适量的氮、磷、钾化肥。一般每公顷用标准氮肥 525~600 kg(或用稻田专用复合肥)以及菜籽饼肥或腐熟畜禽粪肥等全层施入,以促进根系下扎,建立发达根系,实现前期早发、中期稳长和后期不早衰的栽培目标。

③灌水耙秒,平整田面。

（3）相关知识。

抛秧栽培对本田及整地质量的要求较高，必须精耕细作，尤其是中、小山地规整田的质量要达到平、浅、烂、净的标准，即田面要整平，高低差应控制在 2 cm 以内；水要浅，以现泥水为宜；泥要烂，土壤糊烂有浮泥；使抛栽的秧苗根系能均匀地落入泥浆中。田面应无残茬、僵垡等杂物。

（4）注意事项。

整地要尽可能做到早耕，水肥横竖耙耱，将残茬尽量翻入土中。

2. 秧苗抛栽

（1）具体要求。

根据所确定的基本苗数进行分次抛栽，做到匀抛和移密补稀。

（2）操作步骤。

①确定适宜的抛秧期。适时抛秧是水稻高产的基础。根据水稻的生理特点，乳苗可在 1.5 叶抛栽，小苗可在 3.5 叶左右抛栽，中苗可在 4.5 叶抛栽，大苗可在 5～6 叶甚至 7～8 叶时抛栽，生产上以中、小苗抛秧为好。具体抛秧期的确定，还应考虑温度因素，一般水温 16～18 ℃ 为进入抛秧适期的温度指标。

②起秧运秧。塑盘育秧的起秧即把秧盘提起，旱育秧的起秧即把秧苗拔起。旱育秧要在起秧前 1 d 浇水湿润。要实行起秧、运秧、抛秧连续作业，运到田间要遮阳防晒，以免引起植伤，影响发苗。

③抛秧。根据"以田定产、以产定苗"的原则确定基本茎蘖苗数，如采用盘育方式，则还应遵循"定苗定盘"的原则。抛秧方式有机械抛秧和人工抛秧等。如采用人工抛秧，则宜采取分次抛秧法。即在田埂上或下田到人行道中，采取抛物线方位迎风用力向空中高抛 3 m 左右，使秧苗均匀散落田间，秧根落到泥水下 5 cm 之内。为使秧苗分布均匀，一般先抛总苗数的 70%～80%，由远到近，先稀后密；然后再抛余下的 10%～20%，用于补稀、补缺；最后把余下的秧苗补抛田边、田角，确保基本均匀。

（三）机栽秧

1. 起秧与装秧

（1）具体要求。

重视起秧和装秧。

（2）操作步骤。

起秧和装秧直接影响到机插秧质量和作业效率。起秧运秧时确保秧块完整无伤；装秧时，秧块与秧箱配套，做到不宽不窄、不重不缺，以免漏插。

2. 整地与栽插

（1）具体要求。

提高大田整地质量与机插质量。

（2）操作步骤。

①提高大田整地质量。机插水稻的大田整地质量要做到田平、泥软、均匀，但不需要手插时所要求的起浆工序，为防止壅土。整地后要经过 1～2 d 沉淀，才可机插。沙性土壤或易淀浆土壤的沉淀时间可以短些。

②提高机插质量。机插水深要适宜，机插带土小苗水深应在 1～2 cm。如水过深，容易漂秧；水过浅而田面又不平整时，则易造成部分地面无水而增大插秧机滑动阻力。水田泥脚深度应小于 40 cm，如泥脚过深，将导致插秧机打滑，甚至无法行走。机插水稻田前作留茬不宜过多，施用腐熟的有机肥时撒肥要均匀，否则，地表残茬与有机肥过多，易造成漂秧。栽插时要使农机与农艺的密切配合，严防漂秧、伤秧、重插、漏插，把缺棵（穴）率控制在 5% 以内。

◇ **知识拓展**

水稻机插秧优质高产栽培技术

历年来的水稻机插（栽）（图 2-1-10）稳定高产形成的规律与定量化指标是：以适当稀播培育适龄壮秧，减轻育秧过程密生生态对壮秧形成的负面效应,进而通过大田精苗、稳前、控蘖、优中的调控措施适当增加中期高效生长量,以形成足量的壮秆大穗,从而有效扩大群体库容,增强其抽穗后的光合生产能力。综合归纳起来为:标秧、精插、稳发、早搁、优中、强后。

图 2-1-10　水稻机插秧

1. 标秧

标秧通俗来说就是符合机插秧标准的壮苗秧。适当稀播匀播以及掌握秧苗适龄对获取标秧尤为重要。当然机插秧适龄栽插是有着一系列指标的,秧龄的长短直接关系着水稻秧苗的素质,很大程度上决定水稻植株个体发育生长的基础,从而影响其生产质量。

2. 精插

精插涵盖基本苗数的精确计算、栽插深度的调节以及提高栽插质量的其他配套措施等。

3. 稳发

在培育标秧和精化高质量栽插适宜基本苗的基础上,根据机插稻秧生育前期需肥水的特点,通过适时定量的肥水管理,使分蘖早生快发(在有效分蘖临界叶龄前 1 个叶龄期群体达到与预期适宜穗数相当的总茎蘖数)。管理好水稻秧的稳发要做好水稻苗秧的控水、增氧、促根和定量施好基蘖肥。

4. 早搁

稻秧开始分蘖后其发苗势强,群体茎蘖增加迅猛,要适时有效控制群体高峰苗数,因此适时早搁田,尽早控制无效分蘖,从而提高水稻秧的群体质量。

5. 优中

优中通俗来讲就是通过及时有效控制高峰苗后,在群体叶色褪淡落黄的基础上,因苗情及早精确定量施用好穗肥(也就是促花肥),并且配合浅湿交替灌溉等措施,主攻壮秆大穗的形成,优化其中期生长,以形成高光效群体结构。

◇ **典型任务训练**

当地主栽水稻品种市场调查

1. 训练目的

了解当地区(县)地理与自然环境,以及水稻主栽品种及主销品种市场情况,同时培养调查研究能力、交流沟通能力和归纳整理能力。

2. 材料与用具

调查问卷、记录本、铅笔、相机等。

3. 实训内容

(1)到当地气象站、图书馆等查阅资料,了解当地区(县)地理与自然环境情况。

(2)到当地种子站、种子批发市场、农贸市场、种子零售门店等,通过问卷调查或访谈方式,了解当地区(县)水稻主栽品种及主销品种市场情况。

任务三　水稻田间管理技术

◇ **学习目标**

1.了解水稻各生育时期的生育特点和管理目标。
2.掌握水稻各生育阶段的田间管理措施。
3.能正确诊断水稻各生育阶段的苗情。
4.能熟练进行水稻测产。

◇ **自主学习任务引导**

1.扫描右侧二维码,观看微课视频。
2.查阅资料,了解水稻各生育阶段的生育特点。
3.查阅资料,了解水稻各生育阶段的田间管理措施。

◇ **知识链接**

一、水稻各生育阶段的生育特点

(一)返青分蘖期生育特点

从水稻移栽到幼穗开始分化这一时期为返青分蘖期,早稻一般为 20～25 d,中稻为 30～35 d。返青分蘖期的主要生育特点是:发根、长叶和分蘖,扩大株体,积累养分。此期是决定有效穗数、为壮秆大穗奠定基础的关键时期。

(二)拔节长穗期生育特点

拔节长穗期是指从幼穗开始分化到抽穗前的这一段时期,又称为生育中期,经历 25～30 d。

拔节长穗期的主要生育特点是:一方面进行以茎叶为生长中心的营养生长,另一方面进行以幼穗分化为中心的生殖生长。此期是水稻一生中所需养分最多、对外界环境条件最敏感的时期之一。

(三)结实成熟期生育特点

结实成熟期是指从抽穗开花至成熟的这一段时期,又称为生育后期。早稻一般为 25～30 d,中稻为 30～35 d。

结实成熟期的主要生育特点是:以米粒发育为中心的生殖生长期占主导地位,叶片制造的糖类化合物及抽穗前贮藏在茎秆、叶鞘内的养分均向谷粒输送。此期是决定结实率和粒重的关键时期。

二、水稻各生育阶段的管理目标

(一)返青分蘖期管理目标

返青分蘖期的管理目标是促进早生快发,培育足够多的健壮大蘖,培植庞大的根系,积累足够的干物质。

（二）拔节长穗期管理目标

拔节长穗期的管理目标是巩固有效分蘖,促进壮秆大穗,培植强根,防止徒长,并为后期的灌浆结实创造良好的基础。

（三）结实成熟期管理目标

结实成熟期的管理目标是养根保叶,防止早衰,增强稻株光合作用能力,提高结实率和粒重。

三、工作过程

（一）化学除草

栽秧后 4～5 d,当秧苗全部扎根立苗后,用除草剂拌细土或细沙于晴天露水干后均匀撒播,施药后田间保持 3 cm 左右的水层 3～5 d,即可达到除草效果。

（二）大田水浆管理

1. 返青期浅水灌溉

移栽后 4～5 d 应保持浅水层,切忌灌深水,尤其是抛秧,以免造成浮兜,宜保持 2～4 cm 的浅水层,其他时间采取间歇灌溉的方法。对保水好的抛栽秧稻田,抛栽当天宜保持湿润状态,并露田过夜,以利于扎根立苗;对漏水田或盐碱田,抛秧后需灌 2～3 cm 的浅水。

2. 适时搁田

搁田是无效分蘖期、拔节长穗期水分管理的重要环节,是一项控上促下、促控结合、以促为主的措施。

水稻搁田应坚持"苗够不等时,时到不等苗"的原则。搁田既不能过早也不能过迟,搁田过早会影响分蘖,搁田过迟则影响幼穗分化。因此,搁田应在水稻分蘖后期至幼穗分化前进行,杂交品种分蘖能力强,应在分蘖苗数达到计划苗数的 80%～90% 开始搁田。对生长繁茂的还可以提早搁或进行多次搁田。

搁田的程度要根据稻苗生长情况和土壤情况而定。稻田施肥足,秧苗长势旺,发棵快,叶色浓绿,叶片长大披垂的宜重搁;而长势差、叶色淡的要轻搁。一般以搁至叶色褪淡、叶片变薄而刚挺、叶尖上举、植株有弹性、表土冒白根为适度。烂泥田、冷水田、肥田可重搁。

搁田至田边开大裂口(6～10 mm),田中开小裂口(2～3 mm),入田不缠脚,站立不陷脚,白根冒出多,土壤湿度为田间持水量的 50%～60%。黏土及重土壤稻田宜搁田至田边开细裂(3～6 mm),入田不贴脚,有白根上冒,不宜重搁,以免裂口大,断根过多,复水后回青迟,影响以后的生长发育。如土壤已裂口,而叶色未褪淡,可在复水 2～3 d 后再排水搁田一次。中壤、瘦田以搁田至田边起细麻缝(1.5～3 mm),田中稍紧皮,入田有脚印,土壤温度以田面秧苗现白根,土壤湿度以田间持水量为 80% 左右为宜。轻壤和沙土,则宜多次排水晾田,控水调肥,不宜搁田,以免造成脱肥。晾田时间为 5～7 d。

3. 拔节长穗期浅水勤灌

此期为水稻一生中需水最多的时期,特别在花粉母细胞减数分裂期,水稻对水分特别敏感,不能缺水。搁田结束后,稻苗即将进入孕穗阶段,这时气温高,稻株叶面大,水分蒸腾多,生理需水量大,因此要求有灌水层,严防脱水受旱。水分管理宜采用干干湿湿、以湿为主、间隙灌溉的方法,以减轻病虫害,增强植株的抗倒能力。

4. 结实成熟期湿润灌溉

抽穗、开花和灌浆期是水稻需水较多的时期,但又不能长期灌深水以免加速叶片和根系的老化,宜于抽穗、开花期采取浅水灌溉,之后采用干干湿湿为主的灌溉方法以使田间水气协调,保持根、叶的活力,提高结实率,增加粒重,一般在收获前 5～7 d 停止灌溉。

（三）施肥

1. 早施重施分蘖肥

为保证水稻分蘖期苗体的含氮水平,分蘖肥应早施、重施,在分蘖初期必须追肥促进、保证早发。早施,即在插秧后 7 d 左右及时追施速效肥料,配合施用一定的磷、钾肥。重施,即分蘖肥用量可占头次肥总量的 70%

左右，一般可施尿素 90～120 kg/hm²，第 1 次施肥 7～10 d 后再增施 1 次分蘖肥，可施尿素40～60 kg/hm²。

2.巧施穗肥

从幼穗开始分化到抽穗前施的肥统称为穗肥，按其施用的时间和作用可分为促花肥和保花肥。

（1）促花肥。促花肥是促使枝梗和颖花分化的肥料，通常在叶龄余数 3.1～3.5 的时候施用，但长势旺盛或生长期短的品种可以不施，以免茎秆节间和上部叶片过长，无效分蘖增多，群体结构恶化，从而导致结实率下降且易倒伏。

（2）保花肥。保花肥是防止颖花退化、增加每穗粒数的肥料，同时对防止后期早衰，提高结实率和增加粒重也有很好的效果，是大面积高产栽培中非常重要的一次追肥，通常在叶龄余数 1～1.5 的时候施用。施肥量视情况而定，通常占总施肥量的 10%～20%，最好施用速效化肥，一般可用尿素 60～90 kg/hm²，同时还应配合一定量的磷、钾肥。

3.酌施粒肥

粒肥是指抽穗至齐穗期的追肥。对叶色黄、植株含氮量偏低、土壤肥力后劲不足的稻田，应酌情施用粒肥。粒肥的主要作用是可以保持叶片适宜的氮素水平和较高的光合作用速率，防止根、叶早衰，使籽粒充实饱满。如果植株没有明显的缺肥现象，盲目施用粒肥，会造成氮素浓度过高，增加糖类的消耗，导致稻苗贪青晚熟，空秕粒增加，粒重降低，且容易发生病虫害。因此用肥量不宜过多，施肥的方法宜采用叶面追肥，叶面追肥宜在阴天或晴天早、晚叶面湿润的时候进行。

（四）防止空秕粒

1.防止空粒

水稻空粒是指生殖器官发育不全或花粉粒发育不正常而不能受精，或受精过程受阻而形成的不实粒。造成空粒的外因很多，主要是在水稻花粉母细胞减数分裂期和开花期受不良气候的影响，包括低温、高温、狂风、暴雨、涝灾等。同时病虫为害和误用农药也会造成空粒。在正常情况下，空粒率在 3%～10% 之间。

防止空粒的关键措施有：①选用抗逆力强的品种；②适时播栽，确保安全齐穗；③培植健壮稻株，增强抗逆性能；④合理施用穗肥，科学管水；⑤合理选用药种，搞好病虫防治。

2.防止秕粒

水稻秕粒是指颖花受精后，籽粒中途停止发育而形成的半实粒。秕粒率一般在 5% 左右，严重时可达30% 以上。形成秕粒的原因有：灌浆物质的来源亏缺；输送过程发生障碍；高温、低温等不良环境条件。

防止秕粒的关键在于防止根、叶早衰。保持一定的绿叶数，促进养分向谷粒运转。主要措施是抓好后期田间管理。

（五）防治病虫

返青期要做好移栽初期的稻象甲、稻蓟马，分蘖阶段的稻瘟病、纹枯病、纵卷叶螟、二化螟、三化螟等虫害的防治工作。

拔节长穗期稻田的主要病虫害有纹枯病、白叶枯病、稻瘟病等，主要虫害有稻飞虱、稻纵卷叶螟、三化螟等，应及时做好防治工作。

灌浆结实期虫害应重点防治稻飞虱，病害应重点防治纹枯病、稻曲病、稻瘟病。

◇ **知识拓展**

水稻种植技术和田间管理技巧

1.注重插秧质量

在插秧时，要注意插秧质量。做到拉线插秧，行直穴匀，不缺穴不漂苗。

2.查田补苗

插秧时同步补苗，补苗到位，不留死角。

3.插秧后水层管理

插秧后一定要及时上护苗水。

返青期水层管理:插秧后深水护苗,水深为苗高的2/3,以不淹苗心为准,以水护苗,以水增温,促进水稻快速返青。

分蘖期水层管理:返青后浅水灌溉3~5 cm水层,以浅水增温促蘖,早生快发。阳光可直照茎部,增水温地温,增加土壤含氧量,促根发育,促水稻分蘖早发生。

分蘖末期,当田间分蘖数达到计划80%时,可晾田5~7 d,以控制无效分蘖。

4.适时适量施用分蘖肥

氮素营养对水稻分蘖起着主导作用,水稻分蘖期的施肥量是全生育期的25%~30%,所以早施速效性氮素促蘖肥,使叶色迅速转黑,是促进前期分蘖的主要措施。

5.化学除草要及时

杂草生长快,吸收养分能力强,会与水稻争水分、肥料、光照,影响水稻正常生长。二次封闭要以丙草胺、苯噻酰、吡嘧磺隆等安全性能高的药剂为主,第二次封闭,既除草又防虫,主要防控稗草、游草、鸭舌草等杂草。

6.防虫管理要及时

一般水田常用的杀虫剂包括"阿维·三唑磷""阿维·毒死蜱""水胺硫磷·马拉硫磷""阿维菌素"等。另外,同时注意观察,田间出现苗瘟或钻心虫造成枯鞘明显等症状时要及时喷药防治。

◇ **典型任务训练**

水稻生育时期观察

1.试验目的

(1)了解水稻的一生,掌握水稻各个生育时期的特征。

(2)掌握田间观察记载生育特征的标准与方法。

2.实验内容

系统观察水稻的一生,做好从播种到成熟的观察记载。

观察记载内容:

生育时期、叶龄、群体动态、抽穗进度、籽粒灌浆速度、叶面积动态、田间测产及植株性状调查。

3.实验方法

(1)水稻生育期示意图如图2-1-11所示。

(2)观测方法。

定点定期观察。选定3点(边行除外)每2日观察1次(关键时段每日观察)。

(3)生育时期的记载标准。

出苗期:10%的种子的不完全叶突破芽鞘、叶色转青的日期为出苗始期;50%为出苗期;80%为齐苗期。

三叶期:观察点内50%的秧苗第三片完全叶全展的日期。

返(回)青期:移栽后50%的植株新叶重展,叶色转绿,新叶开始伸长,同时有新根发生的日期为回青期。从移栽后第二天到回青期的天数即为回青日数。

分蘖期:10%的植株新生分蘖叶尖露出母茎叶鞘约1 cm时为分蘖始期;50%为分蘖期。

有效分蘖终止期:茎蘖数与最后有效穗数相同的日期为有效分蘖终止期。

拔节期:50%的植株地上部第一节间伸长的日期。

孕穗期:50%植株的剑叶叶枕全部露出下一叶叶枕的日期。

抽穗期:10%的稻穗穗顶露出剑叶叶鞘达1 cm时为抽穗始期,50%为抽穗期;80%为齐穗期。

乳熟期:50%穗中部籽粒内容物充满颖壳,呈乳浆状,手压有硬物感的日期。

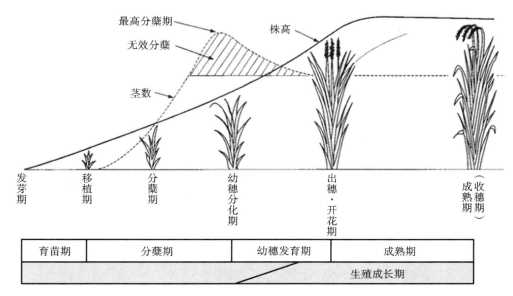

图 2-1-11　水稻生育期示意图

蜡熟期：50％穗中部籽粒内容物浓粘，手压有坚硬感，无乳状物出现的日期。

成熟期：早籼稻 80％、早粳稻 90％谷粒变黄，米质变硬；晚稻全部谷粒变黄的日期。

全生育期：从播种第二日起至成熟的日期。

（4）完成水稻生育时期观察记载。

任务四　水稻收获与贮藏

◇ **学习目标**

1. 了解水稻收获的标准和方法。
2. 熟练进行水稻田间测产。
3. 掌握稻米品质鉴定与评价方法。

◇ **自主学习任务引导**

1. 扫描右侧二维码，观看微课视频。
2. 查阅资料，了解水稻的收获方式及水稻贮藏的技术要点。

◇ **知识链接**

一、水稻收获技术

水稻的适期收获，是确保稻米品质、提高产量和产品安全的重要环节。稻谷的成熟度、新鲜度、含水量，谷粒的形状与大小、千粒重、容重、米粒强度等因素直接影响出米率,一般未成熟的稻谷、过度成熟的稻谷、含水量高或过低的稻谷、谷粒大小或形状相差悬殊的稻谷、千粒重低的稻谷,以及米粒强度小的稻谷,在加工中易产生碎米,出米率低。

(一)水稻收获的最佳时期

稻谷的蜡熟末期至完熟初期,其含水量在20%～25%最为适宜(图2-1-12)。此时稻谷植株大部分叶片由绿变黄,稻穗失去绿色,穗中部变成黄色,稻粒饱满,籽粒坚硬并变成黄色(农谚:九黄十收),就应收获。收获后的稻谷含水量往往偏高,为防止发热、霉变,产生黄曲霉,应及时将稻谷摊于晒场上或水泥地上晾晒2～4 d,使其含水量到14%,然后入仓。谷子的贮藏方法有两种:一是干燥贮藏,在干燥、通风、低温的情况下,谷子可以长期保存不变质;二是密闭贮藏,将贮藏用具及谷子进行干燥,使干燥的谷粒处于与外界环境条件相隔绝的条件下进行保存。

图2-1-12　成熟的稻谷

(二)水稻适期收获

(1)水稻黄化完熟率达95%以上即可以进行收获。种植面积大的农户一定要等下枯霜后收获。

(2)针对受气候影响,水稻大面积倒伏的情况,一定要早收倒伏水稻,以防下雨引起霉变、生芽,损失加大。倒伏水稻多在地里一天,损失就有可能加大。

(3)水稻收获最佳时间为10月5日左右,收获时期的气候标准为日平均气温稳定13 ℃以下,最好在枯霜以后,收获过早会给贮藏带来麻烦。

(4)水稻的收获方式如下。①分段收获:不适合倒伏水稻的收获。②人工收获:适合倒伏水稻收获,已收获的水稻水分降低到16%时,码成小垛防止干湿交替,增加裂纹米,降低出米率。③直接收获:水分降到16%以下适时进行机械大面积收获。

(5)水稻收获注意事项:有条件的地方要早收(需要符合收获标准)、烘干、减少损失。

(三)注意事项

稻谷不宜急速干燥。因急速干燥时,米粒会因表面水分蒸发和内部水分扩散不平衡而产生脆裂,造成稻米的糊粉层、胚芽中的铵态氮和脂肪向胚乳转移,影响稻米的食味品质。

二、水稻的贮藏技术

保管稻谷的原则是"干燥、低温、密闭"。稻谷储藏一般普遍广泛采用常规储藏方法,也可以采用"双低"储藏或"三低"储藏方法。高水分稻谷在未充分干燥以前,要采用通风储藏或低温储藏方法。

(1)控制稻谷水分。

严格控制入库稻谷的水分,使其符合安全水分标准。稻谷的安全水分标准,随粮食种类、季节和气候条件变化。①30 ℃左右:早籼13%以下,中、晚籼13.5%以下;早、中粳14%以下,晚粳15%以下。②20 ℃左右：早籼 14％左右，中、晚籼 14.5％左右；早、中粳 15％左右，晚粳 16％左右。③10 ℃左右：早籼 15％左右，中、晚籼 15.5％左右；早、中粳 16％左右，晚粳 17％左右。④5 ℃左右：早籼 16％以下，中、晚籼 16.5％左右；早、中粳 17％以下，晚粳 18％以下。

注：做种子用的稻谷为了保持发芽率，度过夏季的水分应严格低于上述标准。

(2)清除稻谷杂质。

入库前要进行风扬、过筛或机械除杂，使杂质含量降低到最低限度，以提高稻谷的储藏稳定性。通常把稻谷中的杂质含量降低到 0.5％以下，就可提高稻谷的储藏稳定性。

(3)稻谷分级储藏。

入库的稻谷要做到分级储藏，即要按品种、好次、新陈、干湿、有无虫分开堆放，分仓储藏。

(4)稻谷通风降温。

稻谷入库后，特别是早、中稻入库后，由于粮温高、生理活动旺盛、堆内积热难以散发，容易引起发热，导致谷堆上表层结露、霉变、生芽，造成损失。因此，稻谷入库后要及时通风降温，防止结露。在 9—10 月、11—12 月和 1—2 月分三个阶段，利用夜间冷凉的空气，间歇性地进行机械通风，可以使粮温从 33～35 ℃，分阶段依次降低到 10 ℃以下。

(5)防治稻谷害虫。

稻谷入库后，特别是早、中稻入库后，容易感染储粮害虫。因此，稻谷入库后要及时采取有效措施全面防治害虫。通常采用防护剂或熏蒸剂进行防治。

(6)密闭稻谷粮堆。

在冬末春初气温回升以前粮温最低时，要采取行之有效的办法压盖粮面密闭储藏，以保持稻谷堆处于低温(15 ℃)或准低温(20 ℃)的状态。常用密闭粮堆的方法有全仓密闭和塑料薄膜盖顶密闭，少量粮食也可以采用草木灰或干河沙压盖密闭。

◇　**典型任务训练**

水 稻 测 产

1.训练目的

了解水稻产量的构成因素，学会预测分析水稻产量，为生产和试验总结提供依据。

2.材料与用具

不同类型的稻田、皮尺、计算器、天平或盘秤、估产用表等。

3.方法步骤

(1)小面积试割法。

在大面积测产中，选择有代表性的小田块进行全部收割、脱粒、称湿谷重，有条件的则送入干燥设备中烘干称重。一般情况下，根据早、晚季稻和收割时天气情况，按 70％～85％折算干谷或取混合均匀鲜谷 1 kg 晒干算出折合率，并丈量该小田块面积，计算每公顷干谷产量。

(2)穗数、粒数、粒重测产法。

①取样：常用的取样方法有五点取样法、八点取样法和随机取样法等。当被测田块肥力水平不均、稻株个体差异大时，则采取按比例不均等设置取样点的方法。

②测定每公顷穴数：测定实际穴、行距。在每个取样点上，测量 11 穴稻的横、竖距离，分别除以 10，求出该取样点的行距、穴距，再把各样点的数值进行统计，求出该田的平均行距、穴距。

③测定每公顷穗数：在每个样点上，连续取样 10～20 穴(一般每公顷共调查 100 穴)，记录每穴有效穗数(具有 10 粒以上结实谷粒的稻穗才算有效穗)，统计出各点及全田的平均每穴穗数，按下列公式计算：

$$每公顷穗数＝每公顷实际穴数×每穴平均穗数$$

④测定每穗粒数：在 1～3 个样点上，每点选取一个穗数接近该点平均数的稻穴，记录该穴的穗数、脱粒

和计数总粒数,求出平均每穗总粒数。

可将脱下的谷粒投入清水中,浮在水面的谷粒为空粒,沉在水底的为实粒,用每穗实粒数除以每穗总粒数,得出结实率。计算公式如下:

$$结实率＝每穗实粒数/每穗总粒数×100\%$$

⑤测定粒重:将晒干的实粒充分混匀,随机取 1000 粒 4 份,分别称重,求取平均值。

⑥计算理论产量:根据穗数、粒数、粒重调查结果,按以下公式计算产量,单位为 kg/hm^2:

$$水稻理论产量＝每公顷穗数×每穗总粒数×结实率×千粒重×10^{-6}$$

4.作业

列表填入测产结果。分析测产结果及其形成原因,提出管理的改进意见。

项目二　玉米生产技术

　　玉米起源于美洲大陆,于 16 世纪初期传入中国,在中国各地均有栽培,主要产区是东北、华北和西南地区。据国家统计局数据显示,我国 2021 年玉米播种面积达 4332.00 万公顷,产量达 27255.06 万吨,玉米是我国种植面积最大、总产量最多的作物,对保障我国粮食安全具有重要战略地位。

任务一 认识玉米

◇ 学习目标

1. 了解玉米的起源与分布。
2. 理解玉米的生物学特性。
3. 掌握玉米的类型。
4. 了解玉米的一生。

◇ 自主学习任务引导

1. 扫描右侧二维码,观看微课视频。
2. 查阅资料,列举我国栽培玉米的主要省份。
3. 请描述影响玉米生长发育的环境条件。

◇ 知识链接

一、玉米的起源与分布

玉米(*Zea mays* L.)是禾本科玉米属,属一年生草本植物,学名玉蜀黍,别名有苞谷、珍珠米、棒子、苞米等。玉米喜光,喜温,不耐阴,是短日照植物,主要分布在北纬 58°到南纬 35°~40°的地区。

(一)玉米的起源

玉米起源于以墨西哥和危地马拉为中心的中南美洲热带和亚热带高原地区。约 7000 年前,美洲的印第安人就已经开始种植玉米。哥伦布发现新大陆后,把玉米带到了西班牙。随着世界航海业的发展,玉米逐渐传到了世界各地,并成为最重要的粮食作物之一。

关于玉米传入中国的真实年代和途径尚没有明确的结论,根据古书《颍州志》(图 2-2-1)中有关于玉蜀黍(即玉米)的记载,说明玉米传入中国的时间至少在公元 1511 年以前。

(二)玉米的分布

1. 国内玉米的分布

我国玉米种植地区遍布全国,东起台湾和沿海各省,西至新疆和青藏高原,南自北纬 20°的海南岛,北到北纬 50°的黑龙江黑河附近,都有一定栽培。根据我国玉米的分布地区的特点,结合各产区的农业自然资源状况,以及玉米在谷类作物中所占的地位、比重和发展前景,可将我国玉米种植区划分为 6 个产区。

(1)北方春播玉米区。本区包括黑龙江、吉林、辽宁、宁夏和内蒙古的全部地区,山西的大部分地区,河北、陕西和甘肃的一部分地区,是我国主要玉米产区之一。常年玉米播种面积占全国的 30% 左右,产量占全国的 30%。

本区属寒温带湿润、半湿润气候以及寒温带大陆性气候,无霜期短。冬季严寒,春季干旱多风,夏季炎

图 2-2-1　《颍州志》书籍截图

热湿润,多数地区年降水量在 500 mm 以上,60%集中在夏季,形成"春旱、夏秋涝"的特点。本区为我国的主要春播玉米区,基本上为一年一熟制。

(2)黄淮海平原夏播玉米区。本区包括山东、河南全部地区,河北大部分地区,晋中南、关中和徐淮地区,是我国玉米最大的集中产区,常年播种面积占全国 40%以上,产量占全国的 50%左右。

本区属暖温带半湿润气候,气温较高,无霜期长,日照充足,降水量 500～800 mm,自然条件对玉米生长发育十分有利。玉米种植方式多种多样,间套复种并存,一是"小麦—玉米"两作套种,一年两熟,平作或套种;二是"春玉米—冬小麦—夏玉米",为二年三熟制。

(3)西南山地玉米区。本区包括四川、云南、贵州全部地区,陕西南部和广西、湖南、湖北的西部丘陵地区以及甘肃的一小部分地区,为我国主要玉米产区之一。常年种植面积约占全国的 20%,产量占全国的 20%左右。

本区属温带和亚热带湿润、半湿润气候,雨量丰沛,水热资源较好,光照条件较差,近 90%以上的土地为丘陵山地和平原,河谷平原和山间盆地只占 5%,玉米从平坝一直种到山巅。各地气候因海拔不同而有很大差异,玉米生长有效期一般在 200～220 d,全年降水量 800～1200 mm,多集在 4—10 月,有利于多季玉米栽培。种植制度从一年一熟至一年多熟兼而有之。

(4)南方丘陵玉米区。本区包括广东、福建、浙江、江西、台湾等省,江苏、安徽的南部,广西、湖南、湖北的东部地区,玉米种植面积较小,约占全国玉米总面积的 5%。

本区属热带和亚热带湿润气候,气温较高,降雨丰沛,霜雪很少,生长期长,一年四季都能种植玉米。但本区是我国主要水稻产区,玉米种植面积波幅较大,产量亦不稳定,主要为秋作或冬作,也有早春栽培的。熟制以一年两熟为主。

(5)西北灌溉玉米区。本区包括新疆全部地区和甘肃的河西走廊,常年播种面积占全国的 3%。

本区属大陆性气候,热量资源丰富,昼夜温差较大,对玉米生长发育极为有利。但本区气候干燥,降水稀少,降水量在 100 mm 以下,是发展玉米的限制因素。生长期短,一年一熟,以春播玉米为主,少部分地区实行小麦、玉米套种或复种。

(6)青藏高原玉米区。本区包括青海省和西藏自治区以及四川西部、云南西北部和甘肃的甘南藏族自治州。玉米播种面积最小,仅占全国的 2%。

本区海拔较高,地形复杂,气候高寒。生长期为 120～140 d,播种面积小,主要是一年一熟。

2. 国外玉米的分布

玉米是世界上分布最广的作物之一,北美洲种植面积最大,亚洲、非洲和拉丁美洲次之,主要分布在美国、中国、巴西、阿根廷、乌克兰、印度等国家。全世界玉米种植面积达 20 亿亩,每年总产量 12 亿吨左右,占全球粮食总产量的 40%(图 2-2-2)。

美国是世界上最大的玉米生产国,产地主要集中在五大湖沿岸,年产玉米 3.8 亿吨,是世界上面积最大、产量最高的玉米产区,占世界玉米产量的 32%。中国玉米种植区主要为北方春播玉米区、黄淮海平原夏播玉米区和西南山地玉米区,年产玉米 2.7 亿吨,占世界玉米产量的 22%。

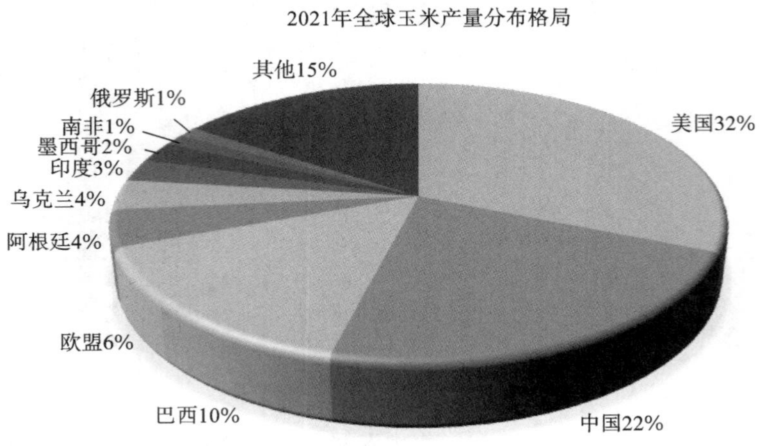

2021年全球玉米产量分布格局

图 2-2-2 2021 年全球玉米产量分布格局

二、玉米的生物学特性

玉米全株可分为根、茎、叶、雄穗、雌穗、籽粒等 6 部分,其中,根、茎、叶属营养器官,雄穗、雌穗和籽粒属繁殖器官。

1. 根

玉米的根系属须根系,没有明显主根和侧根之分,每株一般有 60～80 条,大部分集中在 20 cm 的土层内。根据发生先后、着生部位和所起作用分为初生根、次生根和气生根。初生根又称种子根,是在出苗前的种子萌发阶段产生的,主要作用是在最初的 2～3 周内为幼苗供给养分和水分。次生根着生在地表下的几个茎节上,数量多,活动时间长,对全株的生长发育影响大。气生根是抽雄前后从近地表茎节上长出来的 2～3 层节根,直径粗,分枝发达,非常坚韧,对中后期"抗倒伏"起到至关重要的作用。

根系的主要作用有:固定植株、防止倒伏;吸收水分和矿物营养;合成有机物质,特别是合成各种氨基酸。根深才能叶茂,壮苗先壮根。

2. 茎

玉米的茎由节间和节组成,下粗上细。最少 8 节,最多 48 节,但一般 20 节左右。每节上着生一片叶,节间长度由而而上逐渐增加,果穗一般着生在由上向下数的第五至七节上,相当于全株 2/3 节位。茎秆的横切面最外层是薄而透明的表皮,不透水,有防止病、虫、菌侵入的作用。表皮之内是木质化的机械组织,是茎秆最坚硬的部分,决定着玉米的抗倒抗折能力,机械组织的生长与遗传、发育时期、光照、密度、营养、水分等有关。机械组织以内是充满着海绵状疏松组织的髓。

茎秆的主要作用为支撑、贮藏养料、输导。

3. 叶

玉米的叶着生在茎节上,一般每节只长 1 叶,我国用于生产上的常用品种一般均为 20 片叶左右。一般叶数越多的品种,其生育期也越长。叶子由叶鞘、叶片和叶舌 3 部分组成。

玉米果穗着生于植株"腰间"。因此,穗位叶及其上、下各 1 叶,即"棒三叶"对籽粒产量的贡献最大,其次是上部叶。分组剪叶试验表明,剪去"棒三叶"后,单株会减产 40%～50%。另有试验证明:雌穗和籽粒生长发育所需要的碳水化合物有 50%～70% 来自中部和上部叶片。

4. 雄穗

雄穗着生在茎秆顶端,由一个主轴和 15～30 个分枝组成。主轴上有 4～11 行成对排列的小穗,而分支上只有两行成对排列的小穗。每对小穗中一个有柄的在上,另一个无柄的在下。小穗外面有两个船形的护颖,护颖内有两朵花,每朵花外面包着膜状的内外秆片,里面是 3 个雄穗,花丝系着花药。每个花药内大约有 2000 多粒花粉,一个雄穗可产生二三千万粒花粉。雄穗的作用主要是提供授粉时所必需的花粉。雄穗越发达,产生的花粉越多,但同时也会消耗更多养料和加重对叶片的遮光。

5.果穗

雌穗受精结实后发育成果穗。它着生在茎秆的中上部,实际上是一个变态侧枝。果穗由穗柄、苞叶、穗轴和籽粒、花丝等构成。果穗是植株的结实器官。

6.籽粒

玉米籽粒在植物学上称为颖果,因果皮与种皮紧密相连,故称种子。由种皮、胚和胚乳 3 部分组成。种皮是由果皮和种皮黏结在一起的一层角质薄膜,大多透明无色,种皮包裹在种子的最外面,保护胚和胚乳免遭病菌的侵害。胚由胚芽、胚轴、胚根和盾片组成,位于种子一侧的下部,是种子最有生机的部分,是一颗尚未成长的幼苗。胚乳位于种皮之内,主要成分是淀粉,占种子总重的 $80\%\sim85\%$,作用是供应从种子萌芽到三叶期所需要的养料。

三、玉米的类型

根据不同特征,玉米可分成不同的类型。

1.根据玉米籽粒的形态、胚乳的结构以及颖壳的有无划分

根据玉米籽粒的形态、胚乳的结构以及颖壳的有无可分为以下类型(图 2-2-3)。

马齿型　甜质型　硬粒型　爆裂型　粉质型　有稃型

图 2-2-3　玉米的部分类型

(1)硬粒型,也称燧石型。籽粒多为方圆形,顶部及四周胚乳都是角质,仅中心近胚部分为粉质,故外表呈半透明状、有光泽、坚硬饱满。粒色多为黄色,间或有白、红、紫等色。籽粒品质好,是中国长期以来栽培较多的类型,主要作粮食用。

(2)马齿型,又称马牙型。籽粒扁平,呈长方形,由于粉质的顶部比两侧角质干燥得快,顶部的中间下凹,形似马齿。籽粒表皮皱纹粗糙且不透明,多为黄、白色,少数呈紫或红色,食用品质较差。它是中国栽培最多的一种类型,适宜制造淀粉和酒精或作饲料。

(3)半马齿型,也称中间型。它是由硬粒型和马齿型玉米杂交而来。籽粒顶端凹陷程度较马齿型浅,有的籽粒并不凹陷,仅呈白色斑点状。顶部的粉质胚乳较马齿型少但比硬粒型多,品质较马齿型好,在中国栽培较多。

(4)粉质型,又称软质型。胚乳全部为粉质,籽粒呈乳白色,无光泽。只能作为制取淀粉的原料,在中国很少栽培。

(5)甜质型,又称甜玉米。胚乳多为角质,含糖分多,含淀粉较少,因成熟时水分蒸发使籽粒表面皱缩,呈半透明状。多做蔬菜用,随着人民生活水平的提高,中国各地已广泛种植。

(6)甜粉型。籽粒上半部为角质胚乳,下半部为粉质胚乳。在中国很少栽培。

(7)蜡质型,又名糯质型。籽粒胚乳全部为角质,但不透明而且呈蜡状,胚乳几乎全部由支链淀粉组成。食性似糯米,黏柔适口。中国有零星栽培。

(8)爆裂型。籽粒较小,呈米粒形或珍珠形,胚乳几乎全部是角质,质地坚硬透明,种皮多为白色或红色。它尤其适宜加工爆米花等膨化食品。中国有零星栽培。

(9)有稃型。籽粒被较长的稃壳包裹,籽粒坚硬,难脱粒,是一种原始类型,无栽培价值。

2. 根据粒色划分

根据玉米的粒色分为以下 4 种类型(图 2-2-4)。

(1)黄玉米。种皮为黄色,包括略带红色的黄玉米。

(2)白玉米。种皮为白色,包括略带淡黄色或粉红色的玉米。

(3)黑玉米。籽粒角质层不同程度地沉淀黑色素,外观乌黑发亮。

(4)杂色玉米。外观为多种颜色混杂。

图 2-2-4　不同颜色的玉米

3. 根据品质划分

根据玉米的品质分为普通玉米和特用玉米。其中特用玉米又可分为以下几种(图 2-2-5)。

(1)甜玉米。又称为水果玉米,通常分为普通甜玉米、加强甜玉米和超甜玉米。甜玉米对生产技术和采收期的要求比较严格,且货架寿命短,国内育成的各种甜玉米类型基本能够满足市场需求。

(2)糯玉米。淀粉为支链淀粉,蛋白质含量高,有不同花色。它的生产技术比甜玉米简单得多,与普通玉米相比几乎没有什么特殊要求,采收期比较灵活,货架寿命也比较长,不需要特殊的贮藏、加工条件。糯玉米是淀粉加工业的重要原料。中国的糯玉米育种和生产发展非常快。

(3)爆裂玉米。爆裂玉米的果穗和籽实均较小,籽粒几乎全为角质淀粉,质地坚硬。粒色为白、黄、紫或有红色斑纹,有麦粒型和珍珠型两种。籽粒含水量适当时加热,能爆裂成大于原体积几十倍的爆米花。籽粒主要用作爆制膨化食品。爆裂玉米膨爆系数可达 25～40,是一种专门用于制作爆玉米花(爆米花)的特用玉米。

(4)高油玉米。含油量较高,一般可达 7%～10%,有的可达 20%左右,特别是其中亚油酸和油酸等不饱和脂肪酸的含量达到 80%,具有降低血清中的胆固醇、软化血管的作用。

(5)高淀粉玉米。广义上的高淀粉玉米泛指淀粉含量高的玉米类型或品种,根据淀粉的性质又可划分为高直链淀粉玉米和高支链淀粉玉米两种。普通玉米的淀粉含量为 60%～69%,现将淀粉含量超过 74%的品种视为高淀粉玉米。

(6)青饲玉米。是指采收青绿的玉米茎叶和果穗作饲料的一类玉米。青饲玉米可分两类,一类是分蘖多穗型,另一类是单秆大穗型。青饲玉米单产绿色生物产量每亩 4000 kg 以上,在收割时青穗占全株鲜重比不低于 25%。青饲青贮玉米茎叶柔嫩多汁、营养丰富,尤其经过微贮发酵以后,适口性更好,利用转化率更高,是畜禽的优质饲料来源。随着畜牧养殖业不断发展和一些高产优质青饲青贮品种的出现,青饲青贮玉米生产有了明显改观,它也将逐渐成为玉米种植业的一个主导方向。

(7)高赖氨酸玉米。胚乳中的赖氨酸含量高,比普通玉米高 80%～100%。它的产量不低于普通玉米,

图 2-2-5 特种玉米的类型

在中国的一些地区已经实现了高产优质的结合。

(8)玉米笋。是指以采收幼嫩果穗为目的的玉米。由于这种玉米吐丝授粉前的幼嫩果穗下粗上尖,形似竹笋,故名玉米笋。玉米笋中的籽粒尚未隆起的幼嫩果穗可供食用。与甜玉米不同的是,玉米笋是连籽带穗一同食用,甜玉米只食嫩籽不食其穗。

4. 根据生育期划分

根据玉米的生育期分为以下类型。

(1)超早熟类型。植株叶片总数 8～11 片,生育期 70～80 d。

(2)早熟类型。植株叶片总数 12～14 片,生育期 81～90 d。

(3)中早熟类型。植株叶片总数 15～16 片,生育期 91～100 d。

(4)中熟类型。植株叶片总数 17～18 片,生育期 101～110 d。

(5)中晚熟类型。植株叶片总数 19～20 片,生育期 111～120 d。

(6)晚熟类型。植株叶片总数 21～22 片,生育期 121～130 d。

(7)超晚熟类型。植株叶片总数 23 片,生育期 131～140 d。

5. 根据株型划分

根据玉米的株型分为紧凑型玉米、半紧凑型玉米和披散型玉米。

(1)紧凑型玉米。株型紧凑,穗位以上各叶片与主秆夹角小于 15°。

(2)半紧凑型玉米。植株较紧凑,穗位以上各叶片与主秆夹角在 15°～35°。

(3)披散型玉米。植株松散,穗位以上各叶片与主秆夹角平均大于 35°。

四、玉米的一生

(一)玉米的生育期与生育时期

1. 生育期

玉米从出苗至成熟的天数称为生育期。生育期长短与品种、播种期和温度等有关。

2. 生育时期

在玉米一生中,由于自身量变和质变的结果及环境变化的影响,不论外部形态特征还是内部生理特性,均发生不同的阶段性变化,这些阶段性变化,称为生育时期(图 2-2-6)。

图 2-2-6 玉米的生育时期

玉米的一生可划分为 12 个生育时期,各生育时期及其鉴定标准(全田 50% 以上植株达标)如下。

(1)出苗期。一粒有生命的种子埋入土中,当外界的温度在 8 ℃ 以上、水分含量 60% 左右和通气条件较适宜时,一般经过 4~6 d 即可出苗。

鉴定标准:幼苗出土高约 2 cm。

(2)三叶期。三叶期是玉米一生中的第一个转折点,玉米在从自养生活转向异养生活的过程中,种子贮藏的营养逐渐耗尽,称为"离乳期",这是玉米苗期的第一阶段。土壤水分是影响出苗的主要因素,所以浇足底墒水对提高玉米产量起决定性的作用。另外,种子的大小和播种深度与幼苗是否健壮也有很大关系,种子个大,贮藏营养就多,幼苗就比较健壮;而播种深度直接影响出苗的快慢,出苗早的幼苗一般比出苗晚的要健壮。据试验,播种深度每增加 2.5 cm,出苗期平均延迟一天,因此幼苗就较为纤弱。

鉴定标准:植株第三叶露出叶心 2~3 cm。

(3)拔节期。拔节是玉米一生的第二个转折点,由于植株根系和叶片不发达,吸收和制造的营养物质有限,因此幼苗生长缓慢,主要是进行根、叶的生长和茎节的分化。玉米在苗期怕涝不怕旱,涝害轻则影响生长,重则造成死苗,而轻度的干旱有利于根系的发育和下扎。

鉴定标准:植株雄穗伸长,茎节总长度达 2~3 cm,叶龄指数 30 左右。

$$叶龄指数 = 主茎叶龄(展开叶片数)/主茎总叶片数 \times 100$$

(4)小喇叭口期。植株有 12~13 片可见叶,7 片展开叶,心叶形似小喇叭口。

鉴定标准:雌穗伸长,雄穗进入小花分化期,叶龄指数 46 左右。

(5)大喇叭口期。这是营养生长与生殖生长并进阶段,玉米的第 11 片叶展开,上部几片大叶突出,好像一个大喇叭。此时植株已形成 60% 左右,雄穗已开始进行小花分化,是玉米穗粒数形成的关键时期。此时肥水充足有利于玉米穗粒数的增加,是玉米施肥的关键时期。施肥量约占玉米一生所需施肥总量的 60%,主要以氮肥为主,补施一定数量的钾肥也很重要。

鉴定标准:雌穗进入小花分化期,雄穗进入四分体时期,叶龄指数 60 左右,棒三叶甩开呈喇叭口状。

(6)抽雄期。它标志着玉米由营养生长转向生殖生长,是决定玉米产量的关键时期,即玉米一生中生长发育最快,对养分、水分、温度、光照要求最多的时期,也是灌溉、追肥的关键时期。

鉴定标准:雄穗尖端露出顶叶 3~5 cm。

(7)开花期。这是对高温最敏感的时期。为减轻高温对这部分夏玉米的危害,应采取灌水降温、人工辅助授粉、叶面喷肥等措施。

鉴定标准:雄穗开始散粉。

(8)抽丝期。玉米雌穗花丝一般在雄花始花后 1~5 d 开始伸长。玉米花丝受精能力一般可保持 7 d 左右,抽丝后的 2~5 d 受精能力最强,抽丝后的 7~9 d 花柱活力衰退,11 d 后几乎丧失受精能力。花丝在受精后停止伸长,2~3 d 后变褐枯萎。玉米抽穗开花期遇严重干旱或持续高温天气,不仅导致雄穗开花散粉少,还会导致雌穗抽丝延迟,以致授粉受精率低。

鉴定标准:雌穗的花丝从苞叶中伸出 2 cm 左右。

(9)籽粒形成。玉米通过双受精过程,完成受精后的子房要经过 40~50 d 的生长发育,增长约 1400 倍而成为籽粒。胚和胚乳完成发育和积累养分需 35~40 d,其余的时间用于失水干燥和成熟,最终发育成为种子。

鉴定标准:果穗中部籽粒体积基本建成,胚乳呈清浆状,亦称灌浆期。

(10)乳熟期。自乳熟初期至蜡熟初期为止。一般中熟品种需要 20 d 左右,即从授粉后 16 d 开始到 35~36 d 止;中晚熟品种需要 22 d 左右,从授粉后 18~19 d 开始到 40 d 前后;晚熟品种需要 24 d 左右,从授粉后 24 d 开始到 45 d 前后。此期各种营养物质迅速积累,籽粒干物质形成总量占最大干物重的 70%~80%,体积接近最大值,籽粒水分含量在 70%~80%。由于长时间内籽粒呈乳白色糊状,故称为乳熟期。

鉴定标准:果穗中部籽粒干重迅速增加并基本建成,胚乳呈乳状后至糊状。

(11)蜡熟期。自蜡熟初期到完熟以前。一般中熟品种需要 15 d 左右,即从授粉后 36～37 d 开始到 51～52 d 止;中晚熟品种需要 16～17 d,从授粉后 40 d 开始到 56～57 d 止;晚熟品种需要 18～19 d,从授粉后 45 d 开始到 63～64 d 止。此期干物质积累量少,干物质总量和体积已达到或接近最大值,籽粒水分含量下降到 50%～60%。籽粒内容物由糊状转为蜡状,故称为蜡熟期。

鉴定标准:果穗中部籽粒干重接近最大值,胚乳呈蜡状,用指甲可以划破。

(12)完熟期。蜡熟后干物质积累已停止,此阶段以脱水为主,当籽粒水分含量降到 30%～40%,胚的基部达到生理成熟,去掉尖冠,出现黑层,即为完熟期。一般以全田 50% 以上植株进入该生育时期为标志。完熟期是玉米的最佳收获期。

鉴定标准:籽粒干硬,籽粒基部出现黑色层,乳线消失,并呈现出品种固有的颜色和光泽。

(二)玉米一生的三个阶段

从播种到新的种子成熟为玉米的一生。它经过若干个生育阶段和生育时期,才能完成其生命周期。按形态特征、生育特点和生理特性,玉米的一生可分为 3 个不同的生育阶段(图 2-2-7)。

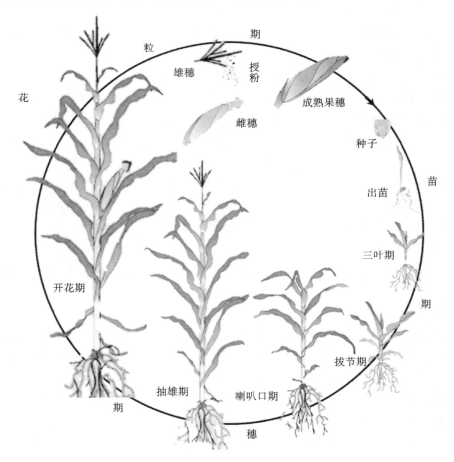

图 2-2-7 玉米的一生

(1)苗期阶段。即从播种期到拔节期,一般历时 20～30 d。此阶段为玉米营养生长阶段,生育特点是长根、增叶、茎节分化。此阶段以根系生长为中心,是决定亩穗数的关键时期,栽培管理以培育壮苗,保证全田苗全、苗匀、苗壮为主,为丰产打下基础。

(2)穗期阶段。即从拔节期到开花期,一般历时 27～30 d。此阶段为营养生长与生殖生长并进的阶段,是玉米一生中生长速度最快的时段。生育特点是长叶、拔节、雄穗和雌穗分化,栽培管理的重点是调节植株生育状况,保证植株健壮生长。

(3)花粒期阶段。即从开花期到成熟期,一般历时 30～55 d。此阶段为生殖生长阶段,生育特点是开花受精,籽粒形成。此阶段是决定穗粒数和千粒重的关键时期,要争取延长灌浆时间,实现粒多、穗重、高产目标。

◇　**知识拓展**

玉米的营养价值

玉米全身都是宝,不仅是优良的粮用、饲用、食用和药用作物,同时也是重要的工业原料。随着加工技术的不断发展,玉米的用途越来越广泛。

1.食用价值

玉米籽粒主要有淀粉、蛋白质和脂肪,还有少量的纤维素、糖、矿物质和多种维生素,营养丰富,食用价值很高,是重要的传统食品。据研究表明,每 100 g 干玉米含蛋白质 8.7 g、脂肪 4.3 g、热能 364 kcal、磷 2.93 mg、钙 10 mg、铁 3.1 mg,还含有镁、硒等人体必需的微量元素,是粗粮中的保健佳品。

2.饲用价值

玉米含有多种牲畜、家禽生长所必需的营养物质,具有很高的饲用价值,是发展畜牧业的优良饲料,被人们称为"饲料之王"。玉米是畜牧业赖以发展的基础,其饲用价值越来越受到养殖业的认可。

3.工业用途

玉米是粮食作物中用途最广,可开发产品最多、用量最大的工业原料,经过初加工和深加工后,可生产二三百种产品,工业用途非常广泛。初加工产品和副产品可以作为基础原料进一步加工利用,广泛用于造纸、食品、化工、纺织、医药等行业。

4.药用价值

玉米含有谷固醇、卵磷脂、维生素,还含有多种人体必需的氨基酸,所含脂肪中 60% 以上是亚油酸,故多食玉米对人体的健康颇为有利。玉米性平味甘,有开胃、健脾、除湿、利尿等作用,可以治疗腹泻、消化不良、水肿等疾病。玉米油能降低血清胆固醇,对冠心病、动脉粥样硬化、高脂血症及高血压等多种疾病都有一定的预防和治疗作用。玉米须有利尿、降压、促进胆汁分泌和加速血液凝固等作用。

◇　**典型任务训练**

玉米的形态特征及类型调查

1.训练目的

对玉米的类型及当前所处的生育时期以及玉米的生长发育特性进行调查,提升对玉米类型和生育时期的认识,同时培养热爱生活、热爱劳动的品质和知农爱农的情怀。

2.材料与用具

米尺、样本袋、记录本、铅笔、相机等。

3.实训内容

(1)到当地农场或农业产业园开展玉米类型及生育时期调查,观察玉米生长所处的生育时期及其典型特征。

(2)到当地农场或农业产业园开展玉米类型及生长发育特性调查,观察当前玉米根、茎、叶、雄穗、果穗及籽粒的形态特征。

任务二 玉米播种技术

◇ 知识链接

一、玉米品种选择与种子处理

(一)良种选择的原则

(1)适应市场需求。

用作饲料选用青贮玉米,淀粉工业用料可选用马齿型玉米,粮食可选用糯质型或甜质型玉米等。

(2)适应栽培制度。

春播玉米要选择生育期较长、单株生产力较高、抗病性较强的品种;夏播玉米要选择早熟、矮秆、抗倒伏的品种;套种玉米则要求株型紧凑、幼苗期较耐阴的品种。

(3)适应当地自然条件。

在选择品种时一定要注意当地的积温、无霜期及当地可利用的生育日数。

(4)性状好、抗性强。

从形态学角度,要选择叶片短而宽、角度小、节间短、株型紧凑的品种;从生理学的角度,要选择叶色浓绿、光合效率高的品种;从生物学的角度,要选择抗旱、抗涝、耐瘠以及耐低温或耐高温的品种,以及具有较强的抗病虫能力和抗倒伏能力的品种。

(二)种子处理方式

种子处理主要包括以下四种方式:晒种、浸种、药剂拌种和种子包衣。

1.晒种

选择晴朗天气,将购买的种子连续翻晒 3～5 d,可促进种子后熟,降低种子含水量,增强种皮透水性和吸水能力,提高发芽率。

2. 浸种

浸种可以提前满足种子发芽时对水分的要求,促进种子发芽,提高出苗率和提早出苗。玉米常用的浸种方法如下。

(1)磷酸二氢钾浸种。取50 g磷酸二氢钾兑15～25 kg水配成溶液,浸种10 kg玉米种子,浸泡10 h,捞出阴干后播种。

(2)锌肥浸种。取50 g硫酸锌兑水100 kg配成溶液。每15～20 kg溶液浸10 kg玉米种子,浸泡10 h后,捞出阴干播种。

(3)玉米(专用)浸种剂浸种。每包浸种剂用3.5 kg水化开,浸种2.5 kg,浸泡10～12 h后捞出阴干。

3. 药剂拌种

对于未进行种子包衣的玉米种子,可根据当地发生的病虫害规律,选择有效的药剂于播种前进行拌种。常用的药剂拌种方法如下。

(1)用40%的乐果乳剂拌种,用药量为种子量的0.5%,可防治金针虫、蝼蛄等地下害虫。

(2)用50%辛硫磷乳剂50 mL,兑水4～5 kg拌玉米种子30～50 kg,也可防治地下害虫。

4. 种子包衣

对于未进行包衣的种子,除进行药剂拌种外,可通过种衣剂包衣的方式进行种子处理,以起到杀菌、杀虫、促进幼苗生长的作用。农药型种衣剂可防治苗期地下害虫、苗期病害和玉米丝黑穗病等土传和种传病害,提高保苗率和降低发病率。微肥型种衣剂或拌种剂可为种子提供营养成分,提高种子发芽率,育出壮苗。

二、玉米地块选择与造墒整地

(一)地块选择

玉米适应性很强,但要达到高产的指标,选择相应的土壤是一个关键的条件,应选择土层深厚、质地适中、肥力较高、排水良好的地块。

(二)造墒整地

玉米播种前,土壤耕作的要求是精细整地,为玉米的播种和种子萌芽、出苗创造适宜的土壤环境。一般要求播种区内地面平整,土壤松碎,无大土块,表土层上虚下实。这样可以使播种深浅一致,并将种子播在稳实而不再下沉的土层中,种子土面盖上一层松碎的覆盖层,促进毛管水不断流向种子处,可保证出苗整齐均匀。

对于机械化水平较高的地区,可在播种前通过全面浅耕、耙耱或圆盘耙深耙等方式进行土地平整;在机械化水平稍差的地区,可以采取局部整地的方式,只在玉米播种行内开沟,并用松土机对播种行实行深松,耙平后立即播种,玉米出苗后再对行间进行中耕。

三、玉米高产原理与合理密植

(一)玉米产量的构成因素

亩穗数、穗粒数和粒重是影响玉米产量的三大要素。玉米的亩产量通常可以用下式表示:

$$亩产量＝亩穗数×穗粒数×粒重$$

当种植密度较低时,穗粒数和粒重提高,但收获穗数减少,当穗粒数和粒重的增加不能弥补收获穗数减少而引起的减产时,亩产量就会降低。如果种植密度过高,由于水分、养分、光照、通风透光等条件的限制,玉米个体生长发育就会不良,不但穗小、粒少、粒小,品质下降,而且空秆率也会明显增加;当由于穗数的增加所引起的增产数量小于少粒、小粒和品质下降所造成的减产数量时,同样也会造成玉米减产。可见,玉米产量取决于亩穗数、穗粒数和粒重是否协调、均衡发展。

(二)合理密植与用种量

合理密植的原则:根据品种和栽培条件的改变来确定适宜的密植幅度,使群体的最适叶面积系数的光截获率达到95%左右;同时保证群体和个体的协调发展,使亩穗数、穗粒数和粒重三者乘积达到最大值,即为最佳密植幅度。

各地密植的适宜幅度,应根据当地的自然条件、土壤肥力及施肥水平、品种特性、栽培水平等确定。

玉米播种量的计算方法为:

$$用种量=播种密度×每穴粒数×粒重×面积$$

四、玉米种植方式与播种技术

(一)玉米种植方式

大量研究证明,在种植密度相同条件下,不同种植方式对产量增减的影响不是十分显著。在生产上,现在各地以等行距和宽窄行的种植方式为主(图2-2-8)。

图 2-2-8 玉米的种植方式

1. 等行距种植

这种方式是行距相等,株距随密度而有不同。其优点是植株在抽穗前,地上部叶片与地下部根系在田间均匀分布,能充分地利用养分和阳光,播种、定苗、中耕锄草和施肥培土都便于机械化操作。缺点是在生育后期植株行间郁蔽,光照条件差,光合作用效率低,群体与个体的矛盾尖锐,影响产量。

2. 宽窄行种植(大垄双行栽培)

宽窄行种植也称大小垄,行距一宽一窄,宽行距60～80 cm,窄行距40～50 cm,株距根据密度确定。其特点是植株在田间分布不匀,生育前期对光能和地力利用较差,但能调节玉米后期个体与群体间的矛盾。在高肥水、高密度条件下,大小垄一般可增产10%。在密度较小情况下,光照矛盾不突出,大小垄就无明显增产效果,有时反而会减产。

除此之外,种植方式还有比空栽培法、大垄平台密植栽培技术等。

生产实践中,选择种植方式时应考虑地力和栽培条件。在地力和栽培条件较差的情况下,限制产量的主要因素是肥水条件。实行宽窄行种植,会加剧个体之间的竞争,从而削弱个体的生长;但在肥水条件好的情况下,限制产量的主要因素是光、气、热等,实行宽窄行种植,可以改善通风透光条件,从而提高产量。所以,种植方式应因时、因地而宜。

(二)播种技术

玉米播种技术主要采用直播、育苗移栽、地膜覆盖栽培三种方法。

1. 直播栽培

(1)播种期选择。玉米适宜播种期主要根据当地的季节、温度、栽培制度和品种特性等来确定。早春一般在温度稳定在10～12 ℃时播种为宜。夏、秋玉米播种期则取决于前作收获的时间。在有可能的条件下,应争取早播种。套种玉米,还要考虑适宜的共生期,一般应掌握前作的收获期与玉米的拔节始期相吻合,最迟不能到玉米果穗分化时收获。

甜、糯玉米的播种季节应结合市场用途和当地气候条件来确定。如果糯玉米以收获籽粒为目的,其栽培季节基本上与普通玉米相同;但甜、糯玉米主要是以采摘鲜苞销售或加工罐头食品为目的,因此,应根据市场需求及工厂的加工能力来科学安排生产季节和种植面积。早春如采取地膜覆盖栽培,可提早7~10 d播种;如采取薄膜覆盖育苗移栽,可提早10~15 d播种。大面积种植时,为使鲜苞陆续上市,延长上市时间,提高经济效益,应分期播种,或搭配种植早、中、晚熟品种。

(2)播种量确定。适宜的播种量应根据种子大小、发芽率高低、播种方式和播种密度等而定。一般点播每穴下种2~3粒,每亩用种量为:普通玉米2~3 kg,糯玉米1.5~2 kg,甜玉米0.5~1 kg,青贮玉米5 kg左右。

(3)种子处理。为了提高播种质量,播种前应做好种子精选工作。选择发育健全、发芽率高的种子,去除小粒、瘪粒、霉粒、杂粒、虫蛀粒和破损粒,按籽粒大小分为两个等级,按级分别播种。

播种前可晒种2~3 d,用50 ℃左右的温水浸种2 h,但在天气干旱、土壤水分不足的条件下,不宜浸种,以免产生"炕种、烧芽"现象,导致缺苗。在土壤湿润、晚播、补播的情况下,浸种效果好。为防止地下害虫、病害和鸟害,播种前可用药剂拌种。但已拌过药的种子不可再浸种,以免发生药害。

(4)播种规格。由于各地气候、土壤不同,玉米直播又可分为垄作、平作和起畦种植等几种方式。起畦种植,畦宽包沟1.3 m,播种2行玉米,每畦开2条播种沟,沟距(行距)40~50 cm,株距视密度而定。播种方式有开沟条播和挖穴点播两种。播种时应注意:播种深浅要一致,覆土要均匀,泥土要细碎,最好用土杂肥盖种,以利于出苗整齐。播种的适宜深度为5~6 cm,覆土3~4 cm。土质黏重、含水量高、地势低的田块宜浅播,浅覆土,反之则适当深播;甜、糯等特用玉米宜浅播,浅覆土,甜玉米覆土不能超过3 cm。

2. 育苗移栽技术

育苗移栽有利于争取季节,解决多熟制的茬口矛盾,达到早播晚栽的目的。同时,可保证苗全、苗壮、抗倒伏和节约用种量。

(1)品种选择。玉米育苗移栽应选用比当地直播玉米熟期晚10~15 d的高产、优质、多抗、适应性强的品种。

(2)育苗前的准备。育苗前应准备好种子、床土、塑料薄膜、纱布、温度计、浸种药剂、塑料小棚、制钵器和刀片等。

(3)苗床制作。苗床地应选择地势平坦、向阳、背风、接近水源、移栽方便的地块。床土配比有两种:一是肥沃土50%、草炭20%、腐熟马粪30%;二是肥沃土60%或40%、腐熟马粪40%或60%。另外,每50 kg床土再添加磷酸二铵0.25 kg和锌肥0.05 kg,混匀备用。

(4)育苗方法。育苗方法包括营养块育苗、营养钵育苗和苗床育苗。营养块育苗是将配制好的床土装入床内,压实、浇透水、切块、播种、覆土搭架、扣棚即可。切块规格目前有5 cm×5 cm、6 cm×6 cm、7 cm×7 cm三种。营养钵育苗是将配制好的营养土装入制钵器制作的营养钵内(钵直径5~6 cm、高7 cm),置苗床后播种,覆棚膜。注意床底应铺1~2 cm的细砂或细煤渣作隔离层以利起苗。苗床育苗首先选择土质肥沃、排灌方便、靠近大田的地方做苗床,施入足够的腐熟有机肥和适量的氮、磷、钾肥,耕耙平整后开沟作厢,厢宽1.5 m,然后按5~6 cm见方播一粒种子,盖2~3 cm厚的细土即可。

(5)苗床管理。苗床温度应控制在25~28 ℃,不能超过38 ℃。出苗前棚膜要密封。出苗后棚温以25 ℃为宜,应适时揭膜通风降温。当苗龄1叶1心时,每亩施稀粪水350~400 kg,一般不施化肥,以免烧苗。2叶1心时,即移栽前5~7 d,应揭膜降温炼苗。前期土壤含水量应保持在50%~70%,中后期为30%~40%。移栽前浇透水,便于起苗。

(6)移栽。一般春玉米苗龄20 d左右,幼苗在长出3~4片叶时移栽较适宜。因此时正值玉米第一、二层节根发生期,根粗短,长势旺,起苗移栽伤根少,易成活返青。移栽应选择晴天下午或阴天进行,带土起苗,栽后埋土3 cm,覆土要严实,并立即浇定根水。

3. 玉米地膜覆盖栽培技术

(1)品种选择。选择熟期适中,一般比当地直播品种晚5~7 d的品种进行地膜覆盖栽培。

(2)覆膜技术。

选地:选择前茬杂草少、地势平坦、垄形平整、无大颗粒、无残茬,土层深厚、土质疏松、有机质比较丰富、保肥保水的地块。

播种后覆膜：春季，5 cm 深的地温稳定在 6～7 ℃，土壤田间持水量为 60％时，即可播种。一般比当地直播玉米早 7～10 d。覆膜可以人工或机械方式进行。应选用高强度超薄膜，厚 0.012～0.015 mm 或 0.007 mm，膜宽 45～60 cm。覆膜时膜要拉紧，边缘压实。

破膜放苗：播种覆膜后 5～7 d，幼苗出土，第一片真叶刚放开时，割膜或剪孔放苗，然后用湿土封住膜孔周围。

揭膜：玉米生育中期，地膜覆盖保水增温效果已不明显，此时可揭除地膜，进行一次中耕除草。

◇ **知识拓展**

西南地区玉米大豆带状复合种植技术

西南地区玉米大豆带状复合种植是常见的方式之一（图 2-2-9）。玉米大豆带状复合种植核心技术在于"优选良种、培育壮苗，合理配比、适当密植，降高控旺、适期收获"。

图 2-2-9　玉米大豆带状复合种植

1.优选品种

(1)大豆。春玉米、夏大豆带状套作区，选用南夏豆 38、贡秋豆 8 号、渝豆 11 等高产耐荫抗倒品种；春玉米、春大豆带状间作区，选用南豆 27、云黄 13、滇豆 7 号等耐荫抗倒伏品种。

(2)玉米。选用紧凑或半紧凑型高产、耐密、宜机收的春播品种，如仲玉 3 号、正红 6 号、云瑞 668 等。在播种前选择大豆专用种衣剂进行包衣，防控地下害虫并兼治苗期豆秆黑潜蝇等害虫，有条件的地方利用根瘤菌接种。

2.机械播种

(1)带状套作。玉米于 3 月下旬至 4 月上旬播种、大豆于 6 月上中旬播种，可选用玉米大豆密植播种机，通过更换播种盘、调整单体个数和带间距实现玉米、大豆同机播种；推荐 2：3 模式，即 2 行玉米、3 行大豆，玉米带宽 40 cm，大豆带宽 60～70 cm，玉米带与大豆带间距 60～70 cm。

(2)带状间作。云南、贵州等带状间作春玉米、春大豆于 4 月上中旬播种，四川、重庆等带状间作夏玉米、春大豆于 5 月中下旬播种，可选用勺轮式或气力式玉米大豆一体化播种机，推荐 2：4 模式，即 2 行玉米、4 行大豆，玉米带宽 40 cm，大豆带宽 90～120 cm，玉米带与大豆带间距 70 cm。带状间作或套作要确保玉米株距 12～14 cm，大豆株距 9～11 cm，玉米亩基本苗 3900～4300 株、大豆亩基本苗 8500～9500 株。丘陵山区可选择微耕机带动或手推式播种施肥器。

3.合理施肥

(1)对带状套作,播种时亩施 40~50 kg 玉米专用复合肥,在大喇叭口期结合机播大豆,距离玉米带 20~25 cm 处亩追施玉米专用复合肥 40~50 kg。

(2)对带状间作,玉米播种时亩施高氮缓控释肥 50~60 kg(折合纯氮 14~16 kg),大豆播种时亩施低氮缓控释肥 15~20 kg(折合纯氮 2~3 kg)。在大豆分枝期、初花期和鼓粒初期,结合病虫防控和化学调控喷施叶面肥,亩用 90% 磷酸二氢钾 50 g+氨基酸多元素水溶肥 50 mL,套作大豆在初花期每亩可添加 8% 胺鲜脂 20 g。

4.除草控旺

(1)杂草防除。采用芽前封闭与苗后定向除草相结合的方式。播后芽前用 96% 精异丙甲草胺乳油,如阔叶草较多可混加 15% 噻吩磺隆除草;苗后玉米 4 叶期与拔节期定向除草,玉米可用 75% 噻吩磺隆,每亩大豆用 20 mL 25% 氟磺胺草醚水剂或 20 mL 10% 精喹禾灵乳油+20 g 25% 氟磺胺草醚。带状间作苗期施药时用物理隔帘将玉米、大豆隔开,防止药物漂移后产生药害。

(2)降高控旺。玉米在 7~10 片叶片片全部展开时,按推荐剂量使用胺鲜脂、乙烯利合剂控制株高,注意匀速喷药。在大豆分枝期、初花期可用烯效唑可湿性粉剂兑水喷施茎叶,控制茎叶旺长。

5.统防病虫

对斜纹夜蛾、高隆象等大豆花期常见的害虫,可用 2.5% 高效氯氟氰菊酯或 12% 甲维·虫螨腈兑水防治。对草地贪夜蛾,可用球孢白僵菌、绿僵菌等生物制剂和乙基多杀菌素、茚虫威等化学农药,在幼虫低龄期实施统防统治和联防联控,对分散发生区实施重点挑治和点杀点治。注意农药交替使用、轮换使用、安全使用。

6.机械收获

西南大部分地区先收玉米,云南、贵州部分地区先收大豆,其中春玉米和夏玉米收获期分别是 7 月下旬至 8 月上旬和 9 月中下旬,春大豆和夏大豆收获期分别是 9 月中下旬和 10 月下旬至 11 月上旬。先收作物的整机宽度应至少小于后收作物带间距离 20 cm 以上,防止收获作业时夹带后收作物造成损失。先收玉米可选用整机宽度不大于 1.6 m 的窄型两行自走式玉米联合收获机,再用大豆收获机收大豆。先收大豆可选用大豆联合收获机(3 行大豆模式下的整机宽度不大于 1.8 m,4 行大豆模式下的整机宽度不大于 2.1 m),再用玉米收获机收获玉米。

◇　**典型任务训练**

当地主栽玉米品种市场调查

1.训练目的

了解当地区(县)地理与自然环境,以及玉米主栽品种及主销品种市场情况,同时培养调查研究能力、交流沟通能力和归纳整理能力。

2.材料与用具

调查问卷、记录本、铅笔、相机等。

3.实训内容

(1)到当地气象站、图书馆等查阅资料,了解当地区(县)地理与自然环境情况。

(2)到当地种子站、种子批发市场、农贸市场、种子零售门店等,通过问卷调查或访谈方式,了解当地区(县)玉米主栽品种及主销品种市场情况。

任务三　玉米田间管理技术

1. 了解玉米生长发育对环境条件的要求。
2. 掌握玉米各生育时期田间管理技术。
3. 了解玉米常见病虫害及其防治技术。

◇ 自主学习任务引导

1. 扫描右侧二维码,观看微课视频。
2. 查阅资料,列举出玉米常见的病虫害名称。
3. 描述影响玉米生长发育的环境条件。

◇ 知识链接

一、玉米各生育时期田间管理技术

(一)玉米苗期田间管理

1. 苗期生育特点

苗期是营养生长阶段,即玉米根、茎、叶的分化与生长的主要时期。作物地上部主要以长叶为主,作物地下部根系是这一时期生长的中心。保证根系良好发育,协调作物地上部与地下部之间的关系,对促进苗早发、培育壮苗有重要意义。

2. 苗期管理目标及壮苗标准

苗期管理目标是培育壮苗,做到苗全、苗齐、苗匀、苗壮。

苗期玉米壮苗的标准是根系发达,茎基扁宽,叶片宽厚,叶色深绿,新叶重叠,幼苗敦实。

3. 苗期田间管理

(1)出苗前的管理。

封闭灭草:在玉米种植面积较大、机械化程度较高的地区,常在播种后出苗前进行封闭灭草来防治田间杂草。玉米播种后 1～3 d,用 90%乙草胺乳油 1700～1950 mL/hm² ＋72% 2,4-滴丁酯乳油 750～900 mL/hm² 喷施;或用 90%乙草胺乳油 1700～1950 mL/hm² ＋70%嗪草酮可湿性粉剂 375～450 g/hm² 喷施。

(2)查田补苗。

在玉米播种后,常因播种质量差、土壤干旱、病虫危害、机械损伤等原因造成缺苗。补苗的方法有浸种补种和移苗补栽两种方法。缺苗早期,可立即用浸种催芽的方法补种;如缺苗较少,可采用补栽的方法进行补苗。

(3)间苗、定苗。

适时间苗、定苗,可避免幼苗拥挤、相互遮光、争夺土壤养分和水分,有利于培育壮苗。间苗在 3～4 叶时进行,定苗在 5～6 叶时进行,应留强去弱,留大去小,留正去偏,留健去病。按计划要求的密度留苗,要尽量做到株距均匀,在地下虫害严重的地区,可适当推迟间苗、定苗时间。

（4）蹲苗促壮。

蹲苗的作用在于给根系生长创造良好的条件,促进根系发达,提高根系的吸收和合成能力,适当控制作物地上部的生长。蹲苗的具体方法是在苗期不施肥、不灌水、多中耕。夏玉米一般不进行蹲苗。

（5）中耕除草。

一般中耕2～3次。中耕深度应掌握两头浅、中间深的原则,即"头遍浅,二遍深,三遍不伤根"。苗期中耕是第一次中耕,在温度低的地区中耕不但能起到除草作用,还能透气增温。玉米出苗后可采用化学除草。

（6）防治病虫害。

玉米苗期主要害虫有蝼蛄、地老虎和黏虫等,应及时防治。在矮花叶病和粗缩病流行地区,除采用抗病品种外,还应防治传毒媒介。

（二）玉米穗期田间管理

1. 穗期生育特点

穗期是营养生长与生殖生长并进期,是玉米一生中生长和发育最旺盛的时期。不仅茎叶生长旺盛,而且雌雄穗先后开始分化。此期玉米茎叶生长与穗分化之间争水争肥矛盾较为突出,对营养物质的吸收速度和数量迅速增加,是田间管理的关键时期。

2. 穗期管理目标及壮苗标准

穗期田间管理的目标是壮秆、促穗,使玉米穗大、粒多。

穗期玉米植株应敦实粗壮,生长整齐,均匀且气生根多,叶色深绿、宽厚,呈现丰收长相。

3. 穗期田间管理

（1）去蘖。

玉米拔节前即有分蘖长出。一般情况下分蘖不能成穗,但要消耗养分和水分,所以必须及时去掉分蘖。去蘖时避免松动主根根系,并要彻底将分蘖从叶腋基部拔除,以免再生。

（2）中耕培土。

在拔节期施入攻秆肥后随即进行第二次中耕,兼有除草、覆盖化肥的作用。第三次中耕可在大喇叭口期追肥后进行,并加强培土,增加地下节根和地上节根的轮数。培土要求垄高10～15 cm。

（3）合理追肥。

玉米拔节至抽雄期追肥,一般进行两次。第一次在拔节初期施入,称为攻秆肥,其目的是保证玉米植株健壮生长,促进玉米雌雄穗顺利分化。第二次是在大喇叭口期追肥,称为攻穗肥,决定果穗的大小和粒数的多少。追肥要根据地力、长势、肥料类型、施肥方式来确定。追肥方式如下。

①看土追肥。追肥要根据土壤的性质而定;低洼地和碱地要选用硝酸铵、硫酸铵、过磷酸钙等酸性或生理酸性肥料;酸性土壤应选用尿素、碳酸氢铵等天然碱性肥料;对保水、保肥能力差的沙土或沙壤土,应选用不易挥发的硝酸铵或尿素作追肥。

②看势追肥。壮苗地块追施化肥。弱苗地块除追施化肥外,还要追施腐熟的人粪、饼肥;对壮苗地块中的弱苗,应该给予"偏食",多施追肥,使弱苗快速复壮。追肥后要及时覆土。

③看肥施肥。玉米追肥以施氮肥为主,氮肥施入土壤后,很快分解成硝态氮、铵态氮和酰胺态氮,并以离子形式存在。如果追肥后覆土过浅,氮素滞留于地表层,玉米植株只能吸收20%左右。如果深施10 cm左右并及时覆土压严压实,吸收率则可达80%左右。针对氮素肥料这一特点,应避免浅施、明施或随水施用,以免肥效流失,造成浪费。

④看需追肥。玉米幼苗长到6～7叶时,应按株追肥,诱使须根早发;拔节期施肥量占总追肥量的30%～40%;孕穗期施肥量应加大,占总施肥量的50%～60%。前期追施氮素,中期喷施叶面肥2号,亩用量500 g;结实期施磷酸二氢钾,亩用量为200～250 g。

⑤看期追肥。苗期追肥过早,不利于蹲苗发粗发壮;雌雄穗形成期,追肥不宜过晚,以防止脱肥早衰;后期追肥要适时适量,以防贪青晚熟。

(4)合理灌水。

从拔节到抽穗,特别是大喇叭口期,玉米进入水分临界期,此期满足水分的需求,可以促进穗大、粒多。可结合追肥进行灌水。

拔节期灌水:玉米出苗至拔节前,在底墒充足、出苗齐全的情况下,一般不灌水,以利于植株根系向纵深发展,增强中、后期抵御水分胁迫和抗倒伏能力。拔节期后玉米植株耗水量增大,在降水不足的情况下应适时灌溉,以促进玉米对土壤养分的吸收,增强叶片的光合能力,促进干物质积累和茎秆发育,并为生殖器官发育奠定基础。

大喇叭口期灌水:玉米大喇叭口期,茎叶生长旺盛,雌穗进入小花分化期,对水分反应敏感。适时灌水可促进气生根大量生长,防止雌穗小花退化,缩短雌、雄穗抽出间隔时间,提高结实率。

(5)病虫害防治。

穗期的重点虫害是玉米螟和棉铃虫,应及时防治。

(三)玉米花粒期田间管理

1.花粒期生育特点

花粒期是营养器官基本形成,植株进入以开花、授粉、受精结实为主的生殖生长时期。

2.花粒期管理目标及壮苗标准

花粒期田间管理的目标是养根保叶,防止早衰,提高粒重。

花粒期的玉米植株应单株健壮,群体整齐,植株青绿,穗大粒多、籽粒饱满,后期叶片保绿。成熟中、后期的叶面积系数应维持在3～4。

3.花粒期田间管理

(1)追攻粒肥。

为保持叶片的功能,防止早衰和脱肥现象的发生,应及时补追氮素化肥。

(2)浇开花灌浆水。

抽穗开花期灌水:抽穗开花期,群体叶面积达最高峰,耗水强度达顶峰。该时期是玉米的需水临界期,缺水则导致花粉寿命缩短,有效花粉数量减少,雌穗吐丝延迟,花丝活力降低,籽粒败育,减产严重。

灌浆期灌水:灌浆期灌水可促进灌浆、延长灌浆时间、减少果穗秃尖长度、增加穗粒数及粒重。贮存在茎、叶中的光合产物和可溶性营养物质须通过植株体内水分的运动向穗部籽粒输送。因此,灌浆水同粒重有着密切关系。该时期缺水会加速植株中下部叶片衰减,减少光合面积,造成灌浆源亏缺,并影响光合产物的充分转移。玉米灌浆期时间较长,可视墒情分次灌水。

(3)去雄。

为保证花粒期养分的供应,常采用两种方法去雄。

一种是在玉米雄穗刚抽出时抽掉雄穗,其目的是减少植株营养物质的消耗,使之集中于雌穗发育,同时增加上部的光照条件。可在雄穗刚抽出顶叶、尚未散粉之前,及时隔行去雄。另外一种是当玉米植株完全授粉后,即乳熟期时,将全部雄穗抽掉。其目的是提高上部叶片的光合效率。

(4)人工辅助授粉。

人工辅助授粉是减少缺粒秃顶、增粒增产的有效措施。一般选择晴天,在露水干后进行,可采用拉绳法。

(5)病虫害防治。

玉米后期的病害主要是大斑病和小斑病,应及时防治。

二、玉米常见病虫害及其防治技术

(一)玉米常见病害及其防治技术

1.玉米大斑病

(1)危害症状。

大斑病主要危害玉米叶片、叶鞘和苞叶。发病初期,叶片上出现水浸状青灰色斑点,然后沿叶脉向两端扩展,病斑呈长梭形,长 5～10 cm、宽 1～2 cm。后期病斑常纵裂,严重时病斑融合,叶片变黄枯死(图 2-2-10)。

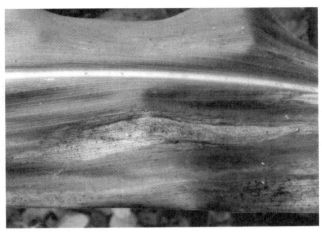

图 2-2-10　玉米大斑病

(2)发病规律。

随风雨和气流传播,自然条件下,玉米整个生育期均可能感染,但苗期相对较轻,抽穗期以后逐渐加重。玉米孕穗、出穗期间,若氮肥不足则发病较重。低洼地、连作地易发病。

(3)减产幅度。

一般减产幅度在 15％～20％,严重者可达 50％以上。

(4)防治措施。

①应尽量选用抗病品种。

②施足基肥,增施磷钾肥。做好中耕除草培土工作,摘除底部 2～3 片叶,降低田间相对湿度,使植株健壮,提高抗病力。

③玉米收获后,将秸秆集中处理,重病田避免秸秆还田。

④在玉米抽雄前后,当田间病株率达 70％以上、病叶率 20％左右时,进行药剂防治。防效较好的药剂有:50％多菌灵可湿性粉剂,50％敌菌灵可湿性粉剂,均加水 500 倍,或 40％克瘟散乳油 800 倍喷雾。每亩用药液 50～75 kg,隔 7～10 d 喷药一次,共防治 2～3 次。

2. 玉米小斑病

(1)危害症状。

常和大斑病同时出现或混合侵染,因均发生在叶部,故统称叶斑病。多发生在温度较高、湿度较大的丘陵地区。此病除危害叶片、苞叶和叶鞘外,对雌穗和茎秆的致病力也比大斑病强,可造成果穗腐烂和茎秆断折。其发病时间比大斑病稍早。发病初期,在叶片上出现半透明水渍状褐色小斑点,边缘呈赤褐色,轮廓清楚,上有二三层同心轮纹(图 2-2-11)。

(2)发病规律。

玉米小斑病的初侵染菌源主要是上年收获后遗落在田间或玉米秸秆堆中的病残株。最初在植株下部叶片发病,向周围植株传播扩散(水平扩展),病株率达一定数量后,向植株上部叶片扩展(垂直扩展),遇充足水分或高温条件,病情迅速扩展。玉米孕穗、抽穗期降水多、湿度高,容易造成小斑病的流行。低洼地、过于密植荫蔽地、连作田发病较重。

(3)减产幅度。

一般减产 15％～20％,减产严重的达 50％以上。

(4)防治措施。

①因地制宜选种抗病杂交种。

图 2-2-11　玉米小斑病

②加强农业防治。深翻土地,控制菌源;摘除下部老叶、病叶,减少再侵染菌源;降低田间湿度;增施磷、钾肥,加强田间管理,增强植株抗病力。

③药剂防治。发病初期,每亩喷洒 75% 百菌清可湿性粉剂 800 倍液,或 70% 甲基硫菌灵可湿性粉剂 600 倍液、25% 苯菌灵乳油 800 倍液、50% 多菌灵可湿性粉剂 600 倍液,7~10 d 一次,连防 2~3 次。

3. 玉米弯孢叶斑病

(1)危害症状。

主要危害叶片、叶鞘、苞叶。初生褪绿小斑点,逐渐扩展为圆形至椭圆形褪绿透明斑,中间枯白色至黄褐色,边缘暗褐色,四周有浅黄色晕圈(图 2-2-12)。

图 2-2-12　玉米弯孢叶斑病

(2)发病规律。

该病属高温高湿型病害,发病轻重与降雨多少、时空分布、温度高低、播种早晚、施肥水平关系密切。7—8 月高温高湿或多雨的季节易引起该病发生和流行。一般在授粉后开始发病,从下部叶片开始侵染。

(3)减产幅度。一般减产 20% 左右,严重地块减产 50%,甚至绝收。

(4)防治措施。

①选用抗病品种。

②药剂防治。首选药剂是退菌特,代森锰锌、百菌清可作为保护剂于发病初期使用,石硫合剂、甲基托布津、多菌灵可作为治疗剂使用。保护剂和治疗剂交替或复配后使用,不但可以提高防治效果,还可以防止病菌对单剂产生抗药性。提倡选用 40% 新星乳油 10000 倍液,或 6% 乐必耕可湿性粉剂 2000 倍液、50% 退菌特可湿性粉剂 1000 倍液、12.5% 特谱唑(速保利)可湿性粉剂 4000 倍液、50% 速克灵可湿性粉剂 2000 倍液、58% 代森锰锌可湿性粉剂 1000 倍液,在玉米大喇叭口期灌心,效果较喷雾法好,且容易操作。如采用喷

雾法,在病株率达 10% 左右时喷第 1 次药,隔 15～20 d 再喷 1～2 次。

4.玉米锈病

(1)危害症状。

主要侵害叶片,严重时果穗苞叶和雄花上也可发生。植株中上部叶片发病重,最初在叶片正面散生或聚生不明显的淡黄色小点,之后突起,并扩展为圆形至长圆形,呈黄褐色或褐色,周围表皮翻起,散出铁锈色粉末。后期病斑上生长出圆形黑色突起,破裂后露出黑褐色粉末(图 2-2-13)。

图 2-2-13 玉米锈病

(2)发病规律。

该病随气流传播。早熟品种易发病,偏施氮肥发病重。高温、多湿、多雨、雾日、光照不足易导致玉米锈病的流行。在夏玉米生产区,一般 7 月中旬有侵染,8 月底是发病盛期。

(3)减产幅度。

玉米锈病多发生在玉米生育后期。有的自交系种和杂交种严重染病,使叶片提早枯死,造成较重的损失,减产幅度可达 10%～30%。

(4)防治措施。

①选用抗病品种。

②合理施肥。根据玉米需肥种类合理施用,增施磷钾肥,避免偏施氮肥,提高玉米抗病力。

③加强田间管理。清除田间杂草和病残体,可采用集中深埋或烧毁的方式减少侵染源。

④药剂防治。发病初期喷药,可选用药剂有:25% 三唑酮可湿性粉剂 1500～2000 倍液、50% 硫黄悬浮剂 300 倍液、30% 固体石硫合剂 150 倍液、25% 敌力脱乳油 3000 倍液,或 12.5% 烯唑醇可湿性粉剂 4000～5000 倍液,每隔 10 d 左右喷一次,连续防治 2～3 次。

5.玉米褐斑病

(1)危害症状。

该病主要发生在玉米叶片、叶鞘及茎秆上。首先发生顶部叶片的尖端,以叶和叶鞘交接处病斑最多,常密集成行,最初为黄褐色或红褐色小斑点,病斑常为圆形或椭圆形,隆起的叶组织常呈红色,小病斑常汇集在一起,严重时叶片上布满病斑,在叶鞘和叶脉上出现较大的褐色斑点。发病后期病斑表皮破裂,叶细胞组织呈坏死状,散出褐色粉末,病叶局部散裂,叶脉和维管束残存如丝状(图 2-2-14)。

(2)发病规律。

常发生在 7—8 月,此时温度高、湿度大。在玉米 5～8 叶期,土壤肥力不够,玉米叶色变黄,出现脱肥现象,病害发生严重。一般在玉米 8～10 叶时易发生病害,玉米 12 叶以后一般不会再发生此病害。此外,高感品种连作时,土壤中菌量每年会增加 5～10 倍;用有病残体的秸秆还田,施用未腐熟的厩肥或农家肥,也可造成田地菌源数量增加。

图 2-2-14　玉米褐斑病

（3）减产幅度。

果穗以下茎部发病，减产约 20%；果穗以上茎部感染，减产约 40%；果穗上下茎部均感染，减产约 60%；果穗感病，减产约 80%。

（4）防治措施。

①选用抗病品种。

②施足底肥，适时追肥。一般应在玉米 4～5 叶期追施苗肥，每亩追施尿素（或氮、磷、钾复合肥）10～15 kg。发现病害，应立即追肥，注意氮、磷、钾肥搭配施用。

③玉米收获后彻底清除病残体组织，并深翻土壤，实行 3 年以上轮作。

④提早预防。在玉米 4～5 叶期，每亩用 25% 粉锈宁 1000 倍液，或 25% 戊唑醇 1500 倍液叶面喷雾。

⑤及时防治。玉米初发病时立即用 25% 粉锈宁可湿性粉剂 1500 倍液，或 50% 多菌灵可湿性粉剂 500 倍液，或用 70% 甲基托布津可湿性粉剂 800 倍液喷洒茎叶，隔 7～10 d 再喷一次。为了提高防治效果，可在药液中适当加叶面肥，如磷酸二氢钾溶液等，并追施速效肥料，即可控制病害的蔓延，促进玉米健壮，提高玉米抗病能力。

6. 玉米丝黑穗病

（1）危害症状。

玉米丝黑穗病属苗期侵入的系统侵染性病害，主要危害玉米雌穗和雄穗。受害严重的植株在苗期可表现各种症状。幼苗分蘖增多呈丛生型，植株明显矮化，节间缩短，叶片颜色暗绿，农民称此病状是"个头矮、叶子密、下边粗、上边细、叶子暗、颜色绿、身子还是带弯的"。有的品种叶片上出现与叶脉平行的黄白色条斑，有的幼苗心叶紧紧卷在一起呈鞭状（图 2-2-15）。玉米成株期病穗上的症状可分为两种类型，即黑穗和变态畸形穗。黑穗表现为：受害果穗较短，基部粗，顶端尖，近似球形，不吐花丝。变态畸形穗表现为：雄穗花器变形而不形成雄蕊，其颖片因受病菌刺激而呈多叶状；雌穗颖片也可能因病菌刺激而过度生长成管状长刺，呈刺猬头状，长刺的基部略粗，顶端稍细，中央空松，长短不一，由穗基部向上丛生，整个果穗呈畸形。

（2）发病规律。

该病是典型的土传病害，病菌可在土壤中存活 3 年。连作时间长的玉米及早播玉米发病较重，沙壤地发病轻。旱地墒情好的发病轻，墒情差的发病重。

（3）减产幅度。

一般减产幅度为 20%～40%。

（4）防治措施。

①选用抗病杂交种。

②调整播期，适当晚播，提高播种质量。

③及早拔除病株。在病穗白膜未破裂前拔除病株，对抽雄迟的植株应重点检查，连续拔几次，并把病株

图 2-2-15　玉米丝黑穗病

深埋或烧毁。

④种子包衣是控制该病害的有效措施。可于玉米播前按药种比 1 : 40 进行种子包衣,或用 10% 烯唑醇乳油 20 g 湿拌玉米种子 100 kg,堆闷 24 h。也可用种子重量 0.3%~0.4% 的三唑酮乳油拌种,或 50% 多菌灵可湿性粉剂按种子重量 0.7% 拌种,采用此法需先用清水把种子湿润,然后与药粉拌匀后晾干即可播种。此外,还可用种子重量 0.7% 的 50% 萎锈灵可湿性粉剂或 50% 敌克松可湿性粉剂、种子重量 0.2% 的 50% 福美双可湿性粉剂拌种。

7. 玉米瘤黑粉病

(1)危害症状。

此病是局部侵染病害,气生根、茎、叶、雄穗、雌穗等都可以被侵染发病,形成大小形状不同的菌瘤。菌瘤外表是一层银白色亮膜,有光泽,内部白色,肉质多汁,以后逐渐变成灰白色,后期变成黑灰色,最后破裂,散出大量黑粉(图 2-2-16)。

图 2-2-16　玉米瘤黑粉病

(2)发病规律。

玉米在全生育期内都可能感染瘤黑粉病,以抽雄前后 1 个月内为盛发期。如遇干旱、苗期高温多湿、水分时少时多以及偏施过量氮肥,都会使病害发生较重。

(3)减产幅度。

果穗以下茎部发病,减产约 20%;果穗以上茎部感染,减产约 40%;果穗上下茎部均感染,减产约 60%;果穗感病,减产约 80%。

(4)防治措施。

①减少病源。彻底清除田间病株残体,带出田外深埋;秋季可深翻整地,把地面上的菌源深埋地下,减

少初侵染源;避免用病株返肥,粪肥要充分腐熟。

②加强管理。避免偏施、过施氮肥;及时灌水,特别是抽雄前后易感染期必须保证水分充足;及时彻底防治玉米螟等害虫。

③使用含有戊唑醇或三唑酮(粉锈宁)的高效低毒玉米种衣剂进行种子包衣,也可单独使用戊唑醇、三唑酮或福美双等药剂拌种,用量为种子重量的 0.4%;在玉米出苗前,地表喷施杀菌剂(除锈剂);在玉米抽雄前喷 50%多菌灵或 50%福美双,防治 1～2 次,可有效减轻病害。

8. 玉米纹枯病

(1)危害症状。

主要危害叶鞘,也可危害茎秆,严重时引起果穗受害。发病初期多在基部 1～2 茎节叶鞘上产生暗绿色水渍状病斑,后扩展成不规则或云纹状大病斑。病斑中部呈灰褐色,边缘呈深褐色,由下向上扩展(图 2-2-17)。穗、苞叶发病会产生同样的云纹状斑。果穗发病后秃顶,籽粒细扁或变褐腐烂,严重时根茎部组织变为灰白色,次生根呈黄褐色或腐烂。多雨、高湿天气持续时间长时,病部会长出稠密的白色菌丝体,菌丝进一步聚集成多个菌丝团,形成小菌核。

图 2-2-17　玉米纹枯病

(2)发病规律。

该病是由真菌引起的。播种过密、施氮肥过多、湿度大、连阴雨多时易发病。主要发病期在玉米性器官形成至灌浆充实期,苗期和生长后期发病较轻。

(3)减产幅度。

由于该病害危害玉米近地面几节的叶鞘和茎秆,引起茎基腐败,破坏输导组织,影响水分和营养的输送,因此造成的损失较大。一般发病率在 70%～100%,造成的减产损失在 10%～20%,严重的高达 35%。

(4)防治措施。

①清除病源,及时深翻,消除病残体及菌核。发病初期摘除病叶,并用药剂涂抹叶鞘等发病部位。

②选用抗(耐)病的品种或杂交种。实行轮作,合理密植,注意开沟排水,降低田间湿度,结合中耕消灭田间杂草。

③药剂防治。抽雄期为最佳防治时期,常用药剂有:1%井冈霉素 0.5 kg 加水 200 kg,50%甲基托布津可湿性粉剂 500 倍液,50%多菌灵可湿性粉剂 600 倍液,50%苯菌灵可湿性粉剂 1500 倍液,50%退菌特可湿性粉剂 800～1000 倍液,40%菌核净可湿性粉剂 1000 倍液,50%农利灵或 50%速克灵可湿性粉剂 1000～2000 倍液。喷药重点部位为玉米基部,保护叶鞘。

(二)玉米常见虫害及其防治技术

1. 玉米螟

(1)危害症状。

玉米螟一年发生 2～3 代。6 月中下旬第 1 代幼虫开始危害春玉米心叶。第 2 代幼虫危害盛期在 7 月中下旬,多危害麦套玉米和夏玉米。第 3 代幼虫危害盛期在 8 月中下旬,多集中危害夏玉米的雌穗。玉米螟喜欢在离地 50 cm 以上、生长较茂盛的玉米叶背面中脉两侧产卵,一个雌蛾可产卵 350～700 粒,卵期 3～5 d。幼虫孵出后,先聚集在一起,然后在植株幼嫩部分爬行,对植株形成危害。初孵幼虫能吐丝下垂,借风力飘迁至邻株,形成转株危害。幼虫多为 5 龄,3 龄前主要集中在幼嫩心叶、雄穗、苞叶和花丝上活动取食,被害心叶展开后,即呈现许多横排小孔;4 龄以后,大部分钻入茎秆。叶片被幼虫咬食后,会降低光合效率;雄穗被蛀后,常易折断,影响授粉;苞叶、花丝被蛀食后,会造成缺粒和秕粒;茎秆、穗柄、穗轴被蛀食后,形成隧道,阻碍植株内水分、养分的输送,茎秆倒折率增加,籽粒产量下降(图 2-2-18)。

图 2-2-18　玉米螟

(2)发生规律。

玉米螟适合在高温、高湿条件下发育。干旱期玉米叶片卷曲,卵块易从叶背面脱落而死亡,危害较轻。

(3)减产幅度。

正常年份玉米受害株率可达 30%,减产幅度约 10%;虫害严重时,被害株率可达 90%,减产幅度约 30%。

(4)防治措施。

①处理越冬寄主秸秆,在春季越冬幼虫化蛹羽化前处理完毕。

②人工摘除。发现玉米螟卵块时应人工摘除,于田外销毁。

③在小喇叭口期(第 9～10 叶展开),玉米心叶初见排孔、幼龄幼虫群集心叶而未蛀入茎秆之前,采用 1.5% 辛硫磷颗粒剂,或呋喃丹颗粒剂,直接丢放于喇叭口内,均可收到较好的防治效果。

④花丝蔫须后,剪掉花丝,用 90% 敌百虫 0.5 kg,兑水 150 kg、黏土 250 kg,配制成泥浆涂于剪口;也可用 50% 或 80% 敌敌畏乳剂 600～800 倍液,或 90% 敌百虫 800～1000 倍液,或 75% 辛硫磷乳剂 1000 倍液,滴于雌穗顶部。

⑤生物防治。在玉米螟产卵期释放赤眼蜂,选择晴天进行大面积连片放蜂。放蜂量和次数根据螟蛾卵

量确定。一般每亩释放1万～2万只,分两次释放,每亩放3个点,在释放点上选择健壮玉米植株,将一个叶面沿主脉撕成两半,取其中一半放上蜂卡,沿茎秆方向轻轻卷成筒状,叶片不要卷得太紧,将蜂卡用线、钉等钉牢。

2. 玉米黏虫

(1)危害症状。

主要表现为幼虫咬食叶片。1～2龄幼虫取食叶片造成孔洞,3龄以上幼虫危害叶片后呈现不规则的缺刻,暴食时,可吃光叶片(图2-2-19)。当一块田的玉米被吃光后幼虫常成群列队迁到另一块田取食,故又名"行军虫"。

图 2-2-19　玉米黏虫

(2)发生规律。

地势低、玉米植株高矮不齐、杂草丛生的田块受害重。

(3)减产幅度。

大面积发生时将玉米叶片吃光,只剩叶脉,造成严重减产,甚至绝收。

(4)防治措施。

幼虫的防治,每亩用50％辛硫磷乳油75～100 g,或40％毒死蜱乳油75～100 g,或20％灭幼脲3号悬浮剂500～1000倍液,兑水40 kg均匀喷雾。对成虫的防治,要利用黏虫成虫趋光、趋化性,采用糖醋液、性诱捕器、杀虫灯等无公害防治技术诱杀成虫,以减少成虫产卵量,降低田间虫口密度。

3. 玉米蚜虫

(1)危害特点。

玉米未抽雄前,玉米蚜虫一直群集于心叶里繁殖,危害至孕穗期,可造成植株生长停滞、发育不良,甚至死苗。抽穗后扩散至雄穗上,使雄花败坏、授粉不良,形成不孕果穗。雌穗长出后,玉米蚜虫在苞叶内外刺吸汁液,排泄的蜜露易引起煤污病,影响植株光合作用(图2-2-20)。

图 2-2-20　玉米蚜虫

（2）发生规律。

每年 3—4 月随着气温上升开始活动，5 月产生有翅蚜，迁向春玉米田定居，6 月中下旬迁飞至夏玉米的心叶内危害。夏玉米扬花期是玉米蚜虫的严重危害期。8—9 月在夏玉米的叶片、雌雄穗上大量出现。

干旱或降雨量低于 20 mm 时，易导致玉米蚜虫大量出现，暴风雨对玉米蚜虫有抑制作用。玉米蚜虫的天敌种类较多，主要有蜘蛛、瓢虫、食蚜蝇等。

（3）减产幅度。

直接影响玉米的光合作用和授粉，并能传播病毒，引起玉米矮花叶病，可致玉米减产 15％～30％。

（4）防治措施。

①减少虫量。清除田间、沟边杂草，可减少虫量。

②使用颗粒剂。玉米心叶期，在蚜虫盛发前，每亩用 3％辛硫磷颗粒剂 1.5～2.0 kg 撒于心叶内；或将 15％毒死蜱颗粒剂 300～500 g，按 1∶30～1∶40 比例拌细沙土均匀撒于心叶内。

③喷雾防治。苗期和抽雄初期是防治玉米蚜虫的关键时期，若发现蚜虫较多，可选用 10％吡虫啉可湿性粉剂 1000 倍液、10％高效氯氰菊酯乳油 2000 倍液、2.5％三氯氟氰菊酯 2500 倍液、50％抗蚜威可湿性粉剂 2000 倍液、25％噻虫嗪水分散剂 6000 倍液等喷雾防治。

④涂茎防治。可用 40％氧化乐果乳油或 40％久效磷乳油 100 倍液，在玉米雌穗上节涂茎。

4. 二点委夜蛾

（1）危害特征。

二点委夜蛾主要以幼虫躲在玉米幼苗周围或在2～5 cm的表土层危害玉米苗,一般一株有虫1～2只,多的达10～20只。在玉米幼苗3～5叶期的地块,幼虫主要咬食玉米茎基部,形成3～4 mm的圆形或椭圆形孔洞,切断营养输送通道,造成地上部玉米倾斜、倾倒或枯死。在玉米苗8～10叶期的地块,幼虫主要咬断玉米根部,包括气生根和主根。受危害的玉米田,轻者玉米植株东倒西歪,重者缺苗断垄,玉米田中出现大面积空白地,严重者玉米心叶萎蔫枯死(图2-2-21)。二点委夜蛾喜阴暗潮湿,畏惧强光,一般在玉米根部或者湿润的土缝中生存,听到声音或被药液喷淋后呈"C形"假死。

图 2-2-21　二点委夜蛾

（2）发生规律。

倒茬玉米田比重茬玉米田发生严重,播种时间晚的比播种时间早的虫害发生严重,田间湿度大的比湿度小的发生严重。

（3）减产幅度。

由于该虫潜伏在玉米田危害玉米根茎部,一般喷雾难以奏效,减产幅度在1%～5%,严重地块可达15%～20%。

（4）防治措施。

①及时清除玉米苗前茬秸秆、杂草等覆盖物,清理前茬秸秆后使用"三六泵"机动喷雾机,将喷枪调成水柱状直接喷射玉米根部。

②培土扶苗。对倒伏的大苗,在积极进行除虫的同时,不要毁苗,而应培土扶苗,促使今后的气生根变得健壮,恢复正常生长。

③撒毒饵。每亩用克螟丹150 g加水1 kg拌麦麸4～5 kg,顺玉米垄撒施。每亩用4～5 kg炒香的麦麸

或粉碎后炒香的棉籽饼与兑少量水的90％晶体敌百虫或48％毒死蜱乳油500 g拌成毒饵，于傍晚顺垄撒在玉米苗边。

④撒毒土。每亩用80％敌敌畏乳油300～500 mL拌25 kg细土，于早晨顺垄撒玉米苗边，防效较好。

⑤随水灌药。每亩用50％辛硫磷乳油或48％毒死蜱乳油1 kg，在浇地时灌入玉米田中。

⑥全田喷雾。可选用4％高氯甲维盐1000～1500倍液对玉米幼苗、田块表面进行全田喷施。

⑦药液灌根。将喷头拧下，逐株顺茎滴药液，或用直喷头喷根茎部。药剂可用2.5％高效氯氟氰菊酯、农喜3号1500倍液、48％毒死蜱乳油1500倍液、30％乙酰甲胺磷乳油1000倍液，或4.5％高效氯氟氰菊酯乳油2500倍液。保证药液渗到玉米根系周围30 cm害虫藏匿的地方。

5. 小地老虎

(1)危害症状。

幼虫在土中咬食种子、幼芽，可将幼苗茎基部咬断，造成缺苗断垄，1、2龄幼虫啃食叶肉，残留表皮呈窗孔状。子叶受害，可形成很多孔洞或缺刻(图2-2-22)。1只小地老虎幼虫可危害3～5株幼苗，多的达10株以上。

图 2-2-22 小地老虎

(2)发生规律。

此害虫幼虫危害幼苗，分布广、危害重。

(3)防治措施。

①配制糖醋液诱杀成虫。糖醋液配制方法：糖6份、醋3份、白酒1份、水10份、90％万灵可湿性粉剂1份调匀，在成虫发生期使用。某些发酵变酸的食物，如甘薯、胡萝卜、烂水果等加入适量药剂，也可诱杀成虫。

②利用黑光灯诱杀成虫。

③在菜苗定植前，堆放灰菜、刺儿菜、苣荬菜、小旋花、艾蒿、青蒿、白茅、鹅儿草等诱集小地老虎幼虫，然后人工捕捉，或拌入药剂毒杀。

④早春清除菜田及周围杂草，防止小地老虎成虫产卵。

⑤清晨在被害苗株的周围，找到潜伏的幼虫，每天提拿，坚持10～15 d。

⑥配制毒饵，播种后即在行间或株间进行撒施。豆饼(麦麸)毒饵：豆饼(麦麸)20～25 kg，压碎、过筛成粉状，炒香后均匀拌入40％辛硫磷乳油0.5 kg，农药可用清水稀释后搅拌，以豆饼(麦麸)粉湿润为好，然后每亩用量4～5 kg撒入幼苗周围。青草毒饵：青草切碎，每50 kg加入农药0.3～0.5 kg，拌匀后成小堆状撒在幼苗周围，每亩用毒草20 kg。

⑦化学防治。在小地老虎1～3龄幼虫期，采用48％毒死蜱2000倍液、2.5％高效氯氟氰菊酯乳油3000倍液、20％氰戊菊酯乳油3500倍液等进行地表喷雾。

6. 蛴螬

(1)危害症状。

蛴螬即金龟子的幼虫。常咬断玉米根茎，使幼苗枯死，使成株玉米的根系受损，引起严重减产。成虫金龟子在玉米灌浆期危害果穗,受害严重的果穗从穗尖往下有 1/3 籽粒被啃食(图 2-2-23)。

图 2-2-23　蛴螬

(2)防治方法。

①农业防治。春、秋季节进行耕耙,在犁地时将蛴螬翻在地表杀灭,以减轻翌年危害。

②黑光灯诱杀金龟子。多数金龟子有趋光性,在晚上利用黑光灯进行诱杀,可以减轻金龟子对玉米穗籽粒的危害。

7. 蝼蛄

(1)发生规律。

蝼蛄是咬食作物根茎部的多食性地下害虫,可危害玉米幼苗以及种子。咬食幼苗根茎,造成缺苗断垄;或将根茎扒成乱麻状,造成植株死亡或发育不良。

(2)防治方法。

制毒谷、毒饵,用 40%乐果乳油或 90%晶体敌百虫 0.7 kg,加水 50 L,拌 50 kg 炒成糊香的饵料(豆饼、麦麸、棉籽饼等),每隔 3～5 m 挖一个直径 15 cm 的坑,放入一把毒饵后再用土覆上,每亩用毒饵 2～3 kg。也可每亩用毒饵 5 kg,于傍晚撒在玉米田及周围地区。

8. 金针虫

(1)发生规律。

金针虫主要危害植物根部、茎基部。幼虫可咬断刚出土的幼苗,也可侵入已长大的幼苗根里取食危害,被害处不完全咬断,断口不整齐。金针虫幼虫还能钻蛀较大的种子并蛀成孔洞,被害植株则干枯而死。成虫则在地上取食嫩叶。

(2)防治方法。

①药剂拌种。用 50%辛硫磷、48%毒死蜱拌种,常用比例为药剂：水：种子＝1：30：400。

②灌根。用 15%毒死蜱乳油 200～300 mL 兑水灌根处理。

③施用毒土。用 48%毒死蜱乳油每亩 200～250 g,50%辛硫磷乳油每亩 200～250 g,加水 10 倍,喷于 25～30 kg 细土上拌匀成毒土,顺垄条施,随即浅锄。用 5%甲基毒死蜱颗粒剂每亩 2～3 kg 拌细土 25～30 kg 成毒土,或用 5%甲基毒死蜱颗粒剂、5%辛硫磷颗粒剂每亩 2.5～3.0 kg 处理土壤。

④5%辛硫磷颗粒剂每亩 1.5 kg 拌入化肥中,随播种施入地下。

⑤虫害发生严重时,可浇水迫使害虫垂直移动到土壤深层,减轻危害。

⑥翻耕土壤,减少土壤中幼虫的存活数量。

◇ 知识拓展

玉米病害诊断

玉米病害诊断是研究病害发生规律和防治技术的前提,只有对病害做出正确诊断,才能做到"对症下药",有效地防治病害。病害诊断是一项复杂、细致和技术性很强的工作。要对病害做出正确的诊断,必须首先明确诊断的步骤、方法和诊断中容易出现的问题。

1. 正确区分两类病害

(1)非侵染性病害。当遇到不良的气候和土壤条件或有害物质时,植株的代谢作用就受到干扰,生理机能就受到破坏,因而在外部形态上必然表现出相应症状来。这种由于不适宜的非生物因素直接引起的病害称为非侵染性病害,或称为生理性病害。玉米非侵染性病害的种类很多,有由于各种营养元素缺乏引起的缺素症,化学农药使用不当引起的药害,施肥不当引起的肥害以及旱害、霜害、冷害、日灼、风害、雹灾、空气污染等病害。玉米非侵染性病害的症状主要包括畸形、变色、枯死。其中以缺素引起的变色和畸形发生最为普遍。

(2)侵染性病害。由病原生物侵染所引起的病害,称为侵染性病害。引起病害的生物简称为病原生物,主要包括真菌、细菌、病毒等。这类病原生物引起的病害都是能够互相传染的。侵染性病害在田间发生初期一般有中心病株,有明显的扩展过程。因此在田间多呈随机分布,点片发生,有明显的发病中心。

2. 确诊病原

(1)引起非侵染性病害的原因很多,主要包括营养失调、环境胁迫、空气污染以及药害和肥害等(表 2-2-1)。各种非侵染性病害都有其特有的症状表现,但也有不同病害形成相同或类似症状的情况,在这种情况下就需要根据田间调查结果,对能产生相同或相似症状的所有病害反复进行比较观察并综合分析,得出正确诊断。

表 2-2-1　玉米叶部部分病害表现

类别	症状	图例
正常叶片	正常生长的玉米叶片颜色是绿色的	正常叶片
缺磷	下部叶片出现暗绿色,叶边缘失绿出现紫红色,严重时变成褐色	缺磷症状
缺钾	叶缘和叶尖呈黄色或火烧状,叶脉开始变黄	缺钾症状
缺氮	下部叶片干枯,由叶尖开始变黄,最后全部干枯	缺氮症状
缺镁	上部叶片变黄,叶脉间出现黄白相间的条纹,下部老叶尖端和边缘呈紫红色	缺镁症状
干旱	叶片卷曲、发蔫、叶色变淡、生长缓慢等	干旱症状
病害	不同的病害会引起不同的症状表现	病害症状
药害	不同的药害会引起不同的症状表现	药害症状

(2)侵染性病害的主要症状是:真菌病害发病初期可在被害组织中检查到菌丝体,后期在发病部位往往形成霉状物、粉状物、小黑点、小粒点等特殊的病症;细菌病害在被害组织中可见到细菌溢出,高湿条件下在发病部位可产生白色或黄色脓状物,有恶臭的气味;病毒感染后植株往往出现矮化、粗缩、花叶等。

◇ **典型任务训练**

玉米生育时期生长情况观察

1.训练目的

了解玉米各生长发育时期的生长发育特点及外观特征,同时培养热爱生活、热爱生命、热爱劳动的品质和吃苦耐劳、持之以恒的精神。

2.材料与用具

放大镜、镊子、解剖刀、米尺、记录本、铅笔、相机等。

3.实训内容

(1)在苗期,从发芽至幼穗开始分化的一段时期,到当地农场或农业产业园玉米地里,每组取3～5株玉米苗,观察真叶的形成情况、苗期末的株高、总叶片等。然后用解剖刀纵向解剖玉米苗,观察幼叶的形成情况,基部节的伸长情况。

(2)在拔节孕穗期,雄穗开始分化至雌穗抽出时,到当地农场或农业产业园玉米地里,随机取3～5株玉米植株,用放大镜观察雌穗、雄穗的发育及玉米主茎的拔节情况。

(3)在抽穗开花期,到当地农场或农业产业园玉米地里,田间观察记载玉米雄穗始花至终花的时间,雌穗吐丝及授粉的时间。

(4)在玉米成熟期,到当地农场或农业产业园玉米地里,通过剥开玉米棒(雌穗)的苞叶,观察玉米乳熟期、蜡熟期、完熟期籽粒的硬度变化,以及苞叶的颜色变化。

任务四　玉米收获与贮藏

◇ **学习目标**

1.了解玉米收获适期标准。

2.了解玉米收获技术。

3.了解玉米贮藏技术。

◇ **自主学习任务引导**

1.扫描右侧二维码,观看微课视频。

2.查阅资料,列举玉米果穗贮藏和籽粒贮藏的方式。

3.请描述玉米收获适期的标准。

◇　**知识链接**

一、玉米收获适期标准

玉米的成熟期一般可划分为乳熟期、蜡熟期、完熟期三个阶段。正确掌握玉米的收获期,是确保玉米优质高产的一项重要措施。收获过早,干物质还在积累,粒重下降,品质降低,同时玉米含水量高,不利于安全储存;收获过晚,干物质积累停止,籽粒呼吸作用会消耗营养,粒重也有所下降,从而影响产量。一般来说,普通玉米全田90%以上达到以下生理完熟指标时就可以收获了。

(1)植株的中下部叶片变黄,基部叶片干枯。

(2)果穗苞叶完全枯黄并松开,穗柄弯曲、果穗下垂。

(3)果穗顶部籽粒变硬,并呈现固有色泽,触感光滑,指甲不易掐破。

(4)从果穗中间掰断,籽粒中间灌浆乳线消失(图2-2-24)。

(5)果穗中部籽粒的基部与穗轴的连接处出现"黑层"。

(6)籽粒含水率在30%左右。

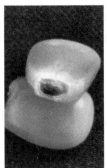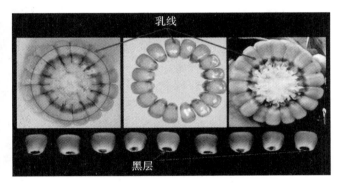

图 2-2-24　玉米乳线

鲜食玉米收获适期与普通玉米截然不同。做罐头、速冻和鲜果穗上市的甜玉米,都应在最适"食味"期(乳熟前期)采收,授粉后20~28 d是甜度最高时期。一般来说,春播甜玉米采收期处在高温季节,适宜采收期较短,在吐丝后18~20 d;秋播甜玉米采收期处在秋冬凉爽季节,适宜采收期略长,在吐丝后20~25 d。另外,甜玉米采收后含糖量迅速下降,每日糖分下降1.8%左右。因此,甜玉米采收后要及时加工处理。

二、玉米收获技术

玉米收获有人工和机械收获两种方式,但西南地区仍以人工收获为主。

(一)人工收获

根据玉米面积和劳动力情况,合理安排收获时间,适时晚收能提高玉米的产量和品质。一般在"酷霜"后1~2 d把玉米割倒,集中放成"铺子"进行后熟,减少水分和增加粒重,提高玉米产量及质量。

(二)机械收获

提前做好农机具检修和驾驶员培训工作,确保人、机达到标准作业状态,提高收获质量,降低收获损失率。机械收获玉米分两种方式(图2-2-25),一是机械收获去苞叶储穗;二是机械收获脱粒储存。机械收获脱粒的玉米,一般在籽粒含水量小于25%时收获。机械收获脱粒量要根据烘干和加工能力确定,做到机械收获脱粒玉米量和烘干、加工能力相匹配,防止霉烂。

三、玉米贮藏技术

玉米安全储藏的关键是提高入库质量,降低水分含量。凡入库水分超过14%的到翌年春季应及时晾

图 2-2-25　玉米机械收获

晒,使水分降至 13% 以下。

（一）玉米果穗储藏

果穗储藏即储藏玉米棒,这是一种比较成熟的方式,很早就为我国农民广泛采用。果穗储藏有挂藏和堆藏两种方法,一般量少时采用挂藏,量多时采用堆藏。无论采用哪种储存方式,储存前都要清除苞叶、花丝等杂物,同时要剔除腐粒穗、瘤黑粉穗、青穗等,防止霉变。

1.挂藏

挂藏是将玉米扒皮,保留中间几片柔软的苞叶,两棒以上逐个连接起来或编成辫,在通风良好且避雨的地方离地悬挂即可,单从防水方面优于其他各种储粮方法(图 2-2-26)。也有农户采用木桩搭挂、木架吊挂、墙壁吊挂等,或直接挂在树枝上。

图 2-2-26　玉米挂藏

2. 堆藏

堆藏是将剥皮玉米堆在通风仓内储存(图 2-2-27),可在来年春天再脱粒入仓。

图 2-2-27　玉米码长形趟及圆柱形堆

(1)码长形趟。选择比较坚硬的场地,垫底 20 cm 以上,玉米穗的尾部朝外,尖端部分朝里,码三至四穗趟,码趟不能过宽,以 1.2~1.5 m 为宜。

(2)码圆柱形堆。选择比较坚硬的场地,垫底 20 cm 左右,用钢丝网围成圆柱形,堆的直径以 1~1.2 m 为最好。钢丝网通风好,可有效解决霉变问题。

(3)栈子储藏。用高粱秆、玉米秆或葵花秆等做成帘子,做成圆形或长方形栈子,里面填装玉米穗(图 2-2-28)。栈子宽 1.5 m 为宜。要提前做好底垫,不要让玉米穗和地面直接接触,不然玉米容易霉烂。长栈子外面需要加固立柱和横梁,圆形栈子要打 2 道箍加固,同时要准备防雨设施,以便遇到雨雪天能及时进行苫盖。

图 2-2-28　玉米栈子储藏

(4)玉米篓子。尺寸要根据场地和玉米量确定,最好采用钢筋骨架结构,篓子上面用石棉瓦盖防雨雪,南北向坐落(图 2-2-29)。篓子要建在通风向阳的地方,一定要跟地面保持一定距离,以防止鼠害并便于玉米脱水。尺寸不宜过宽,否则很容易造成中间发霉、发热导致变质。

(5)科学储粮仓。大型农场或规模经营单位可以采用可通风储粮仓进行贮藏(图 2-2-30)。

(二)玉米籽粒储存

籽粒储存是指将玉米粒从果穗上脱掉,仅仅储存籽粒,此储存方法可以大大提高仓库粮仓的利用效率。籽粒储存操作如下。

图 2-2-29　玉米篓子

图 2-2-30　科学储粮仓

1. 晾晒

刚收获的玉米籽粒含水量较大,直接脱粒很容易产生破碎籽粒,故脱粒前要先将玉米果穗晾晒或风干,使籽粒含水量降低到 20％以下。晾晒时可以摊在路面上或者悬挂起来晒干(图 2-2-31)。

2. 脱粒

目前农村脱粒机械仍以小型脱粒机为主(图 2-2-32)。大型农场或规模经营单位多以大型脱粒机为主。小型玉米脱粒机有手摇、脚踏等多种机具,其结构简单、成本低、使用方便,但效率较低,每小时脱粒 20～30 kg。大型脱粒机功率大、效率高,每小时脱粒 2500～3500 kg。

图 2-2-31　玉米棒晾晒

图 2-2-32　玉米棒脱粒

3. 去杂

在脱粒时会有杂质混入。含杂质多的玉米发生霉变和虫害的概率更高。因此,玉米在入仓之前要进行过筛过风操作,清除玉米中的杂质,以达到防止霉变和虫害的目的(图 2-2-33)。

4. 防霉防虫

玉米如果晾晒不彻底,就很容易发霉。试验表明,玉米籽粒在温度低于 28 ℃、水分低于 13％时,一般不会发生霉变。因此,玉米入仓前,要彻底晒干或者烘干。当前生产上主要利用太阳能晾晒籽粒(图 2-2-34)。晾晒场地应坚硬平坦、阳光充足、通风良好,如水泥场地、平房房顶等。籽粒摊放厚度以 3～5 cm 为宜,晾晒时要注意翻动加速干燥。

5. 贮藏

贮藏时应防止虫蛀、鼠咬、发霉、腐烂等情况发生。贮藏的条件:①贮藏库应经常保持干净、干燥,并应有通风设备;②种子入库前用药剂消毒;要经过筛选,去掉夹杂物质,含水量低于 14％;③种子入库时按品种等级分别贮藏,不得混堆混放;④贮藏过程中经常进行检查,定期测定种子含水量和温度变化,并根据天气情况,调节库内温、湿度,若发现过热或发霉现象应立即晾晒或倒垛;⑤要有防火、防腐、防鼠设施。

图 2-2-33　玉米籽粒去杂

图 2-2-34　玉米籽粒晾晒

◇ **知识拓展**

促进玉米早熟

在夏玉米生育期内,常常出现阴雨、低温、寡照等不利自然气候条件,给玉米生产带来较大影响。主要表现为:①生育期拖后;②影响玉米授粉,秃尖、少粒现象时有发生,玉米的产量及质量下降;③由于降雨增多,低洼地块遭内涝,使根系生长不良;④玉米生长发育不良,穗位明显上移,抗倒伏能力减弱;⑤草荒严重。因此,针对不利的气候条件,应立即采取有效的技术措施,促进玉米早熟,确保玉米有一个良好的收成。促进玉米早熟的方法如下。

(1)延长后期叶片寿命。保证后期茎叶的光合面积和光合强度,是提高光能利用率的一个重要环节。一是在玉米开花期,喷洒磷酸二氢钾、尿素及硼、锌微肥混合液,促进玉米籽粒的形成,提高抗逆性,促进成熟。二是做好黏虫、玉米蚜虫和玉米螟的生物防治,减轻病、虫、草对玉米的危害程度,提高光能利用率,以减少玉米损失。

(2)隔行去雄。玉米去雄是一项简单易行的增产措施。民间有"玉米去了头,力气大如牛"的说法。

去雄方法:一般清种玉米品种可去两行留一行,间作玉米可去一行留一行。去雄原则:在保证充足授粉的前提下,去雄垄越多越好。去雄时期:在雄穗刚抽出、手能握住时,授粉结束后余下的雄穗应全部去掉。

(3)除去无效株和无效果穗。应及时除去第二、第三果穗,依靠单穗增产,这样既可使有效养分集中供应主穗,又能促进早熟。玉米掰小棒的方法是:当小棒刚露出叶鞘时,用竹扦小刀划开叶鞘掰除,注意不要伤害茎叶。同时,将不能结穗的植株、病株拔除,既节水省肥,又有利于通风透光。

(4)人工辅助授粉。玉米雌穗花丝抽出一般比雄穗开花晚 3～5 d。在玉米开花授粉期间,如遇到低温阴雨等不利天气,授粉不良,易造成缺粒秃尖。因此,对授粉不良的地块或植株,要进行人工辅助授粉,以提高玉米结实率,减少秃尖。人工辅助授粉要选择在玉米盛花期进行,可用硫酸纸袋采集多株花粉混合后,分别给授粉不好的植株授粉。

(5)及时清除杂草。在玉米灌浆后期及时拔除杂草,促进土壤通气增温,有利于微生物活动和养分分解,促进玉米根系呼吸和吸收养分,防止叶片早衰,使玉米提早成熟。但在田间作业时,要防止伤害叶片和根系。

(6)站秆扒皮晒。在玉米蜡熟后,剥开玉米果穗苞叶进行站秆晾晒,可促进玉米籽粒脱水,促进早熟。

(7)适时晚收。玉米后熟性较强,成熟后植株茎叶中的营养物质还在向籽粒中运输,增加粒重,因此,玉米提倡适时晚收。

◇ 典型任务训练

玉米测产

1.训练目的

了解玉米产量影响因素,掌握玉米田间测产的方法和室内考种技术。同时培养热爱劳动、耐心细致、珍惜粮食的品质和知农爱农的情怀。

2.材料与用具

皮尺、米尺、记录本、铅笔、相机等。

3.实训内容

(1)取样方法。根据地块的大小和均匀度确定取样点数。5亩以下、玉米长势比较均匀的地块随机取3个样点;6～10亩或玉米长势差异较大的地块随机取5个样点;11亩以上的地块相应增加取样点数。

(2)测算亩收获穗数。每个样点量10垄行距计算平均行距,在10行之中选取有代表性的双行,调查20 m范围内的收获穗数,以此计算结穗率和亩收获穗数。

(3)测算平均穗粒数。在每个测定样段内,每隔5穗收取1个果穗,共计收取10穗作为样本测定穗粒数,计算平均穗粒数。

(4)每亩产量计算(单位为kg)。产量＝亩收获穗数×平均穗粒数×百粒重×85％×10^{-5}。

项目三　马铃薯生产技术

　　马铃薯,别称地蛋、洋芋、土豆等,种植广泛,是一种常见的粮食、蔬菜兼用作物。马铃薯加工方式亦花样繁多,如薯条、炸片、速溶全粉、淀粉以及各式糕点等。马铃薯的赖氨酸含量较高,且易被人体吸收利用;脂肪含量为千分之一;矿物质比一般谷类粮食作物高 1～2 倍,含磷尤其丰富;维生素种类和数量非常丰富,每百克鲜薯维生素 C 含量高达 20～40 mg。马铃薯是我国的重要作物,2015 年被确立为主要粮食作物。马铃薯生产对于巩固我国粮食安全有着重要意义。

任务一　认识马铃薯

◇ **学习目标**

> 1.了解马铃薯的起源与分布。
> 2.了解马铃薯的生物学特性。
> 3.了解马铃薯各生长期的特点。

◇ **自主学习任务引导**

> 1.扫描右侧二维码,观看微课视频。
> 2.查阅资料,了解中国马铃薯的四大产区,初步认识马铃薯的形态特征。
> 3.思考马铃薯各生长期与生物产量的关系。

◇ **知识链接**

一、马铃薯的起源与分布

马铃薯(*Solanum tuberosum* L.),茄科茄属,一年生草本植物,地下块茎呈圆、卵、椭圆等形,有芽眼,皮红、黄、白或紫色。地上茎呈棱形,有毛。奇数羽状复叶。聚伞花序顶生,花白、红或紫色。浆果球形,绿或紫褐色。种子肾形,黄色。块茎可供食用,亦用于繁殖。马铃薯性喜温怕寒不耐热,喜光,属短日照作物。由于马铃薯产量高、营养丰富、对环境的适应性较强,且具有抗灾能力强、适应范围广、增产潜力大、经济效益高等优点,因此栽培范围很广。

(一)马铃薯的起源

马铃薯起源于南美洲秘鲁、玻利维亚的安第斯山区,为当地印第安人所驯化。马铃薯在当地有4000多年的历史。1492年,哥伦布发现了富饶美丽的新大陆后,马铃薯作为一种战利品被带回欧洲,1590年传入英格兰,历经200余年遍及欧洲,但当时只是作为观赏植物。18世纪后半期,欧洲出现了1次罕见的大灾荒,马铃薯因其适应性强、产量高、味道可口和耐贮性好而普及。马铃薯于1621年传入北美洲,17世纪末传入印度、日本,明朝万历年间传入中国。1700年的福建省《松溪县志》有关于马铃薯栽培的记载。

(二)马铃薯的分布

1.马铃薯的国内分布

我国马铃薯主要有四个产区,分别是:北方一季作区、中原二季作区、西南混作区和南方冬作区。

(1)北方一季作区。本区包括内蒙古、黑龙江、吉林、辽宁中北部、河北北部、山西北部、陕北、宁夏、甘肃、新疆等地。本区为我国马铃薯最大的主产区,种植面积约3400万亩,占全国的49%左右,其中喷灌和滴灌面积400～500万亩。本区为我国主要的种薯产地和加工原料薯生产基地,每亩最高产量达6000 kg。

(2)中原二季作区。本区包括山东、河北长城以南、辽南、晋南、陕中南、河南、湖北、湖南、江西、江苏、安徽、浙江等地。总种植面积约 400 万亩,其中山东春播约 250 万亩,秋播约 50 万亩,本区马铃薯种植面积占全国的 5% 左右。其中,山东以滕州为中心的鲁南、以胶州为中心的胶东、以肥城为中心的鲁中,是国内最精耕细作的区域,其春季亩产在 2500 kg 以上,每亩最高产量为 5800 kg。

(3)西南混作区。本区包括云南、贵州、四川,多为山地和高原,区域广阔,地势复杂,海拔高度变化很大。种植面积约 2700 万亩。本区是我国马铃薯面积增长最快的产区之一,种植面积占全国的 39% 左右。

(4)南方冬作区。本区包括广东、广西、福建、海南、云南南部,总种植面积约 500 万亩。本区利用水稻收获后的冬闲田种植马铃薯,近年来种植面积迅速扩大,且有较大潜力,种植面积占全国的 7% 左右,其中广东惠东最高产量为每亩 5000 kg。

2. 马铃薯的世界分布

马铃薯的种植区域从北纬 70° 到南纬 50°,分布于 148 个国家和地区。从平原到海拔 4000 m 左右的高山,几乎都有马铃薯的种植。从种植面积来看,世界马铃薯种植面积最大的前 5 个国家分别是中国、俄罗斯、印度、乌克兰和孟加拉国;马铃薯单产水平最高的前 5 个国家分别是新西兰、美国、比利时、荷兰和法国;马铃薯产量最高的前 5 个国家分别是中国、印度、俄罗斯、乌克兰和美国。中国是目前最大的马铃薯生产国,世界近 1/3 的马铃薯产自中国和印度。

二、马铃薯的生物学特性

马铃薯由根、茎(地上茎、地下茎、匍匐茎、块茎)、叶、花和果实等组成(图 2-3-1)。

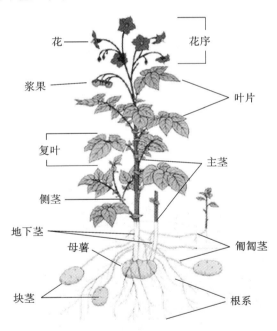

图 2-3-1 马铃薯形态结构图

(一)马铃薯的根

马铃薯的根是吸收营养和水分的器官,同时还有固定植物的作用。马铃薯根系的多少和强弱,直接关系着植株能否生长健壮,对产量和品质都有直接影响。

马铃薯由种子繁殖的实生苗根系,属于直根系(图 2-3-2)。

马铃薯由块茎繁殖发生的根系为须根系(图 2-3-3)。可分为两类。一类是在初生芽的基部 3~4 节上发生的初生根,成为芽眼根或节根,分枝能力强,宽度 30 cm 左右,深度可达 200 cm,是主体根系。另一类是在马铃薯发生匍匐茎的同时,从地下茎的上部各节上陆续发展的匍匐根,分布在表土层。

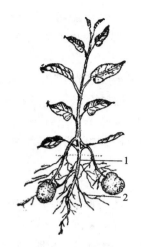

图 2-3-2　种子繁殖的实生苗根系

1.主根;2.支根

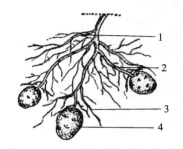

图 2-3-3　块茎繁殖的须根系

1.匍匐根;2.匍匐茎;3.初生根;4.块茎

（二）马铃薯的茎

马铃薯的茎按不同部位、不同形态和不同作用,分为地上茎、地下茎、匍匐茎和块茎(图 2-3-4)。

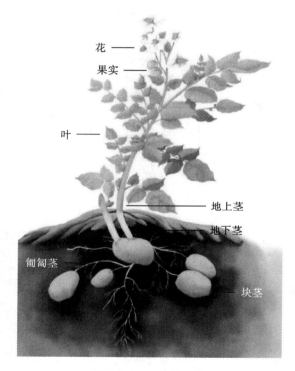

花 ——

果实 ——

叶 ——

—— 地上茎

—— 地下茎

匍匐茎 ——

—— 块茎

图 2-3-4　马铃薯的茎

1. 地上茎

地上茎是由块茎芽眼中生长出土的枝条,一方面有支撑植物的作用,另一方面是把营养物质和水分运送到叶片里,再把光合作用的产物向下运输到块茎。地上茎大多直立,节处为圆形,节间部分为三棱、四棱或多棱。在茎上由于组织增生而形成突起的翅,沿棱直线生长的翅称为直翅,沿棱波状起伏的翅称为波状翅。地上茎多为绿色,也有个别品种为绿色中带有紫色和褐色。

茎分枝,一般早熟品种分枝晚,多发生在茎上部;晚熟品种分枝早,多发生在茎基部,且分枝数较多。

2. 地下茎

地下茎是种薯发芽生长的枝条埋在土里的部分,下部白色,靠近地表处稍有绿色或褐色,老时多变为褐色。长度为 10 cm 左右,节数多为 6～8 节,着生有根系、匍匐茎和块茎。

3. 匍匐茎

匍匐茎是由地下茎节上的腋芽发育而成,顶端膨大形成块茎。一般为白色,每个地下茎节上发生 4～8 条,每株可形成 20～30 条。匍匐茎大部集中在地表 3～10 cm 土层内。如果种植浅,培土薄,或者水肥管理不严格,茎常会露出地面,影响结薯个数。因此,必须保证合适的种植深度和细致的中耕培土,以增加匍匐茎的数量,从而增加有效块茎数量。

4. 块茎

马铃薯块茎是由匍匐茎尖端膨大形成的变态茎,也就是我们要收获的产物。匍匐茎顶端停止极性生长后,由于皮层、髓部及韧部的薄壁细胞的分生和扩大,并积累大量淀粉,从而使匍匐茎顶端膨大形成块茎。块茎最顶端的芽眼较大,内含芽较多,称为顶芽。一般每块重 50 g 以上。块茎皮色有白、黄、红、紫、淡红、深红、淡蓝等色(图 2-3-5)。

图 2-3-5　马铃薯的块茎

块茎储藏着丰富的营养物质。茎的形状、大小和数量是由品种、水肥供应、外界条件以及合理的耕作制度决定的。

(三)马铃薯的叶

马铃薯最先出土的叶为单叶,后发生的叶为奇数羽状复叶(图 2-3-6)。叶是马铃薯进行光合作用、制造营养的主要器官,是形成产量的活跃部位。马铃薯叶片生长过程分为上升期、稳定期和衰亡期,应尽量防止叶片早衰。

图 2-3-6　马铃薯的叶

（四）马铃薯的花

马铃薯为自花授粉作物，花瓣呈五角形，一般为白色，也有粉、紫等色（图2-3-7）。早熟品种花数少，有的品种只现蕾不开花，中晚熟品种的花序多，花期长。每个花序有2～5个分枝，每个分枝上有4～8朵花。花柄的中、上部有一突起的离层环，称为花柄节。花冠合瓣，雄蕊5枚，环抱中央的雌蕊。

图 2-3-7　马铃薯的花

（五）马铃薯的果实和种子

马铃薯的果实为浆果（图2-3-8），呈球形或椭圆形，状似"小番茄"，种子细小肾形（图2-3-9）。果皮为绿色、褐色或紫绿色。每个果内含种子80～300粒，种子千粒重0.5～0.6 g。刚收获的种子，一般有6个月左右的休眠期。贮藏一年的种子发芽率较高，一般可达85％～90％。马铃薯种子的寿命可保持10年以上。

图 2-3-8　马铃薯的果实

图 2-3-9　马铃薯的种子

三、马铃薯各生长期的特点

马铃薯的生长期分为发芽期、幼苗期、块茎形成期、块茎增长期、淀粉积累期、成熟期、休眠期。马铃薯生长期长短因品种和区域不同而有所差异，一般为80～120 d。

（一）马铃薯的发芽期

解除休眠的种薯播种后从芽眼处开始萌生新芽，到幼芽破土的生长阶段为发芽期（图2-3-10）。块根萌发时，首先发生幼芽，其顶端着生一些鳞片状小叶，即胚叶，随后在幼芽基部的几节上发生幼根。该时期以根系形成和芽条生长为中心，是马铃薯发苗扎根、结薯和壮株的基础。关键措施是促进早发芽、多发根、快出苗、出壮苗。发芽期：春季为25～35 d，秋季为10～20 d。种薯收获后一般要经过5个月的储藏才能达到发芽最适生理时期。

（二）马铃薯的幼苗期

幼苗出土到现蕾为幼苗期（图2-3-11），该期以茎叶生长和根系发育为主，是决定匍匐茎数量和根系发达程度的关键时期。出苗后7～10 d匍匐茎伸长，再经10～15 d顶端开始膨大。植株顶端第一花序开始孕育

图 2-3-10　马铃薯的芽

花蕾,侧枝开始发芽,标志着幼苗期的结束,一般历经 15～20 d。农艺措施的主要目标是促根、壮苗,保证根系、茎叶和块根的协调分化与生长。

图 2-3-11　马铃薯的幼苗

(三)马铃薯的块茎形成期

现蕾至第一花序开始开花的生长阶段为块茎形成期,一般历经 30 d,是决定单株结薯数量的关键时期。该期生长特点是由地上部茎芽生长为中心,转向地上部茎芽生长与地下部块茎形成并进阶段,地上部茎叶干物重和块茎干物重达到平衡。关键农艺措施是以水肥促进茎叶生长,同时进行中耕培土,促进生长中心由茎叶转向块茎。

(四)马铃薯的块茎增长期

盛花至茎叶衰老的生长阶段为块茎增长期,历经 15～25 d,是马铃薯一生中增长最快、生长量最大的时期,是决定块茎体积大小的关键时期,也是补水、补肥最多的时期。

(五)马铃薯的淀粉积累期

茎叶开始衰老,基部 2/3 左右茎叶枯黄的生长阶段为淀粉积累期,历经 20～30 d。该期茎叶停止生长,块茎体积不再增大,但重量仍在增加,是淀粉积累的重要时期,应尽量延长根、茎、叶的寿命,减缓其衰亡,加速同化物向块茎转移和积累,使块茎充分成熟。

(六)马铃薯的成熟期

在生产实践中,马铃薯无绝对的成熟期。收获期取决于生产目的和轮作中的要求,一般当植株地上部分茎叶枯黄,块茎内淀粉积累达到最高值时,即为成熟收获期。

(七)马铃薯的休眠期

新收获的块茎,即使给以发芽的适宜条件,也不能很快发芽,必须经过一段时间才能发芽,这个生长阶段叫休眠期。休眠分自然（生理）休眠和被迫休眠两种。休眠期的长短因品种和贮藏条件而不同。高温、高湿条件下能缩短休眠期，低温、干燥条件下则延长休眠期。

马铃薯生理休眠的原因是，块茎内存在着抑制剂物质，同时还存在着赤霉素类物质。刚收获的块茎抑制剂类物质含量最高，赤霉素类含量极微，因而块茎处于休眠状态。在休眠过程中，赤霉素类物质逐渐增加，当其含量超过抑制剂类物质的时候，块茎便解除休眠。

生产上人为打破块茎休眠的方法是将马铃薯在 0.5～1 mg/kg 赤霉素溶液中浸泡 10～15 min，然后用 0.1% 高锰酸钾浸泡 10 min。另外，用 0.33 mL/kg 的兰地特气熏蒸脱毒种薯 3 h，也可打破休眠，提高发芽率和发芽势。

四、马铃薯的生态学习性

（一）温度

马铃薯原产于南美洲安第斯山高山地区，该地区最高平均气温 24 ℃左右，因此，马铃薯具有喜凉性。生长期间适温为 17～21 ℃，生育期需有效积温 1000～2500 ℃（以 10 cm 土层 5 ℃以上温度计算）。

利用块茎无性繁殖时，种薯在地温 5～8 ℃的条件下即可萌发生长，块茎生长的适温为 16～18 ℃，茎叶生长和开花的适温为 15～25 ℃；地温高于 25 ℃时，块茎停止生长；超过 29 ℃时，茎叶停止生长。昼夜温差大，有利于块茎膨大。马铃薯抵抗低温能力较差，气温降低至 0 ℃时，地上茎叶将受冻害，－4 ℃时植株死亡，块茎亦受冻害。

（二）水分

幼苗期土壤最大持水量保持在 60%～65% 为宜，低于 40% 时，茎叶的生长会受到影响。在块茎形成期和块茎增长期，补足水分可促生长，土壤最大持水量应保持在 70%～80%。淀粉积累期需水量减少，土壤含水量为田间最大持水量的 60% 为宜。后期水分过多，易造成烂薯和降低耐贮性，影响产量和品质。

（三）土壤

马铃薯的根系分布浅，块茎生长需要有足够的空气。土层深厚、土质疏松、通气良好、保水透水力适中的沙壤土和轻沙壤土最为合适，可以早发芽、早出苗，以后发棵快，结薯早，薯形正常，外表光洁，淀粉含量也高。

（四）光照

马铃薯是喜光作物，植株形态结构的形成和产量与光照强度及日照时间的长短关系密切。马铃薯的幼苗期、发棵期和结薯期都需要有较强的光照。日照时间长，光照强度大，有利于茎叶的光合作用，有利于马铃薯块茎的形成。

（五）营养

马铃薯是高产喜肥作物，对肥料反应非常敏感。生产 500 kg 块茎需吸收纯氮 33 kg、纯钾 4.15 kg、纯磷 3.23 kg。需氮量最多，钾次之，磷最少。

在马铃薯一生中，幼苗期需肥较少，占需肥总量的 25% 左右。块茎形成至块茎增长期吸收养分速度快，数量多，是马铃薯一生需要养分的关键时期，占需肥总量的 50% 以上。淀粉积累期需肥量减少，占需肥总量的 25% 左右。

◇ 知识拓展

马铃薯的"成名史"

16 世纪初，西班牙航海家发现马铃薯可预防长期航海易生的坏血病。1555 年，一些航海家把马铃薯从南美洲的安第斯山带到欧洲。但马铃薯在欧洲的推广却步履艰难。在最初的 200 年间，欧洲人并不接受它们，因为马铃薯属茄科，多数茄科植物有毒性，而且欧洲人认为，高贵的欧洲人不吃块茎，《圣经》中也没有提及。但后来,欧洲陷入灾荒,无数人在饥饿中死去。欧洲人开始发现马铃薯这种高产的"观赏植物"不但营养价值高,而且易种植,即使贫瘠的土地也有足够的产量。于是马铃薯在欧洲迅速发展。在法国,路易十六让王后头戴土豆花作为表率,赋予土豆以王室的地位,以鼓励种植与食用。在沙俄,彼得大帝、叶卡捷琳娜大帝都下令强制种植马铃薯。马铃薯逐渐成为欧洲普通老百姓餐桌上常见的食物。

◇ 典型任务训练

观察马铃薯的生物学特性

1.训练目的

通过对马铃薯各个器官形态特征的观察,掌握马铃薯的生物学特性。

2.材料与用具

尺子、记录本、笔、放大镜、碘液等。

3.实训内容

(1)观察马铃薯地上部分器官的形态特征。

(2)观察马铃薯地下部分器官的形态特征。

(3)观察马铃薯块茎的内部结构。

4.方法

(1)取植株标本的地上部分,依次识别下列各项。

地上茎:茎翅形状、分枝情况。

叶:羽状复叶的形状。

花:花序、萼片的颜色与数目、花瓣的颜色与数目、雄蕊和雌蕊的组成。

果实和种子:果实的大小和形状,种子的大小和形态。

(2)取植株标本的地下部分,依次识别下列各项。

地下主茎:粗度、长度、颜色及其着生匍匐茎的数量。

匍匐茎:从地下主茎伸出的方向、长度、粗度、层数,与根的区别,块茎的着生部位。

块茎:形状、重量、颜色、芽眼、顶部及脐部的位置。

(3)取成熟的马铃薯块茎,横切,观察其内部肉色并参照挂图观察内部构造,然后用碘液滴入切面,观察其颜色变化及各部着色深浅。

5.技能展示

(1)绘制马铃薯地上部简图,标明茎、叶、花、果实。

(2)绘制马铃薯块茎及块茎横切面图,标明各部名称。

任务二 马铃薯品种选择与播种

◇ 学习目标

1.了解马铃薯的常见品种类型。

2.掌握马铃薯的播种技术流程。

3.掌握马铃薯种薯处理技术要点。

◇ 自主学习任务引导

1. 扫描右侧二维码,观看微课视频。

2. 查阅资料,了解马铃薯有哪些用途?

3. 为什么要进行种薯处理?能否使用商品薯进行繁殖?

◇ 知识链接

一、马铃薯的常见品种

马铃薯品种繁多(图 2-3-12),应根据当地实际情况和市场用途进行选择。马铃薯按成熟性可以分为早熟品种、中熟品种、晚熟品种。按用途分可以分为鲜薯食用和出口加工类型、油炸食品加工类型、高淀粉专用类型。

图 2-3-12 品种繁多的马铃薯

(一)按成熟性分

1. 马铃薯早熟品种

马铃薯早熟品种是指出苗后 60～80 d 内可以收获的品种,包括极早熟品种(60 d)、早熟品种(70 d)、中早熟品种(80 d)。生长期短,植株块茎形成早,膨大速度快,块茎休眠期短,适宜两季作及南方冬作栽培,可适当密植,以每公顷种植 60000～67500 株为宜。栽培上要求土壤有中上等肥力,生长期应保持肥水充足,不适于旱地栽培,早熟品种一般植株矮小,可与其他作物间作套种。

该品种包括中薯 2 号、中薯 3 号、中薯 4 号、费乌瑞它、东农 303、鲁马铃薯 1 号、超白、泰山 1 号、呼薯 4 号、克新 4 号、克新 9 号、豫马铃薯 2 号(郑薯 6 号)、豫马铃薯 1 号(郑薯 5 号)、延薯 13 号(图 2-3-13)。

2. 马铃薯中熟品种

马铃薯中熟品种是指出苗后 85～105 d 内可以收获的品种,这些品种生长期较短,适宜一季作栽培,部分品种可以用于两季作区早春和南方冬季栽培,以每公顷种植 45000～52500 株为宜。

该品种包括克新 1 号、青薯 9 号、大西洋、冀张薯 12 号、黑美人、紫罗兰等(图 2-3-14)。

东农303　　　　　费乌瑞它　　　　　克新4号

延薯13号　　　　　中薯2号　　　　　中薯3号

图 2-3-13　马铃薯早熟品种

大西洋　　　　　冀张薯12号　　　　　克新1号

黑美人　　　　　青薯9号　　　　　紫罗兰

图 2-3-14　马铃薯中熟品种

3. 马铃薯晚熟品种

马铃薯晚熟品种是指出苗后 105 d 以上可以收获的品种,这些品种生长期长,仅适宜一季作栽培,一般植株高大、单株产量较高,以每公顷种植 45000 株左右为宜。

该品种包括坝薯 10 号、晋薯 13 号、晋薯 16 号、克新 15 号、丽薯 6 号、米拉等(图 2-3-15)。

（二）按加工方式分

1. 鲜薯食用和加工品种

该品种薯形整齐、表皮光滑、芽眼少而浅、块茎大小适中、无变绿、食味优良,炒、煮、蒸口感风味好,蛋白质、维生素 C 等营养物质含量高,商品薯率在 85% 以上,质量符合市场需求;耐贮藏,耐长途运输。

该品种包括东农 303、中薯 2 号、中薯 8 号、豫马铃薯 1 号、万农 4 号、川芋 5 号、坝薯 9 号和 10 号等(图2-3-16)。

2. 油炸食品加工品种

该品种主要指炸片、炸条用品种,也可作为油炸食品加工的代用品种。油炸食品加工品种要求结薯集

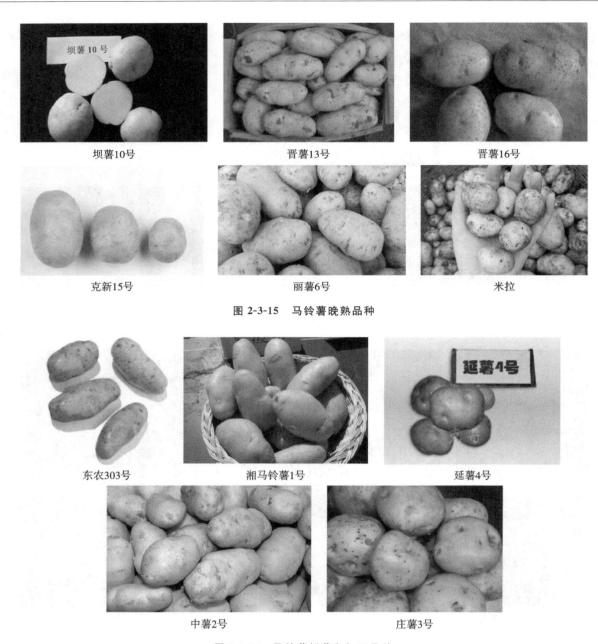

坝薯10号　　　　　　晋薯13号　　　　　　晋薯16号

克新15号　　　　　　丽薯6号　　　　　　米拉

图 2-3-15　马铃薯晚熟品种

东农303号　　　　　湘马铃薯1号　　　　　延薯4号

中薯2号　　　　　　　庄薯3号

图 2-3-16　马铃薯鲜薯和加工品种

中,块茎大小均匀,食味好,块茎不空心。淀粉分布均匀,还原糖为鲜重的 0.1%~0.50%,较耐低温贮藏。其中炸薯片用薯要求块茎呈圆球形,直径 40~60 mm 为宜。炸薯条用薯要求薯形长而厚,薯块大而宽,重量在 200 g 以上。

该品种包括大西洋、鄂马铃薯 3 号、夏波蒂等。

3. 高淀粉专用品种

该品种要求结薯集中、大小中等、芽眼浅,最好是白皮白肉,块茎休眠期长,产量不低于一般品种,植株及块茎抗晚疫病,抗主要病毒病,耐旱,耐盐碱。薯块淀粉含量高于 18%,还原糖含量较低,不空心,耐贮藏运输。

该品种包括晋薯 2 号、高原 4 号、陇薯 3 号等。

二、马铃薯播种技术

马铃薯通常有以下三种繁殖方式。①利用种子进行繁殖,称为种子繁殖或有性繁殖。②利用块茎进行繁殖,称为营养繁殖或无性繁殖。③利用茎尖培养技术脱掉马铃薯病毒的快速繁殖。种子不带病毒,但后代遗传性不稳,性状分离大,一般只有科研单位为选育新品种才利用实生种子进行后代选择。

（一）马铃薯脱毒生产过程

马铃薯生产中普遍存在种性退化问题,表现为植株长势衰弱,株形矮化,薯块变小,产量逐年下降。病毒侵染是马铃薯退化的根源。马铃薯在营养繁殖时易受病毒的侵染,当条件适合时,病毒就会在植株内增殖、转运和积累于所结块茎中。已发现有 30 多种病毒易感染马铃薯,严重影响马铃薯的生产。茎尖培养脱毒,效果好,后代稳定,是培育无病毒苗的重要途径。采用茎尖脱毒组培技术生产优质种薯,是保证马铃薯高产、稳产的有效措施。

具体技术措施如下:第一年通过茎尖脱毒技术获得原种基础脱毒苗,在温室或防虫网棚内繁育无病毒种薯,即微型薯。第二年用微型薯在高山隔离区或具备隔离条件的其他地区,按 1∶10 的繁殖系数生产合格种薯(即 G1 种薯)。第三年用 G1 种薯在隔离条件下按 1∶10 的繁殖系数生产合格种薯(即 G2 种薯)。第四年便可将 G2 种薯应用于大田生产,获得商品薯(图 2-3-17)。

图 2-3-17　马铃薯茎尖脱毒良种繁育技术

（二）马铃薯块茎繁殖

马铃薯块茎既是贮存养分的器官,又是繁殖器官,产生的新个体能完全保留母体的优良性状。

1. 合理轮作

马铃薯不宜连作,连作易导致蝼蛄、蛴螬等地下害虫猖獗,也会引起青枯病等土传病害高发。另外,马铃薯是一种需钾量较大的作物,连作会导致钾等营养元素严重缺乏。因此,应避免马铃薯重茬或种在其他块根、块茎类作物茬口上,也不要与番茄、烟草、茄子、辣椒等与马铃薯有相同病害的其他茄科作物轮作。马铃薯可与谷类作物、豆类作物实行 3 年以上轮作。禾谷类、豆类、荞麦、十字花科等作物是种植马铃薯的理想茬口。

2. 深耕整地

马铃薯块茎膨大需要疏松肥沃的土壤。因此,种植马铃薯的地块最好选择地势平坦、灌溉条件良好、耕层深厚、质地疏松的沙壤土。前茬作物收获后,要进行深耕细耙,深耕可使土壤疏松,提高土壤的蓄水、保肥和抗旱能力,改善土壤的物理性状,为马铃薯的根系生长和薯块膨大创造良好的条件,是马铃薯高产的基础。深度一般要求 25～30 cm,做到"深、松、平、细、净"。

3. 开沟起垄

开沟起垄可提高早期地温,利于提早出苗;减轻荫蔽,改善田间通风透光条件;除湿排涝,避免烂薯,同时,又有利于机械化作业。开沟起垄一般采取宽垄双行密植(图 2-3-18)。垄宽 60~80 cm、垄高 20~25 cm、垄距 15~20 cm,垄面平整细致。马铃薯用于机械化播种,多选用集播种、起垄、覆膜多功能于一体的播种机,同时完成播种、扶垄和覆盖地膜作业。

图 2-3-18　开沟起垄

4. 重施底肥

马铃薯在生长期中形成大量的茎、叶和块茎,因此,需要的营养物质较多。肥料三要素中,以钾的需求量最高,氮次之,磷最少。马铃薯的底肥要占总用肥量的 60%,重施底肥增产效果显著。底肥以腐熟的堆厩肥和人畜粪等有机肥为主,配合磷、钾肥。一般亩施有机肥 1000~1500 kg,过磷酸钙 15~25 kg,草木灰 100~150 kg。底肥播种前结合整地深翻施入 30 cm 土层中,以利于植株吸收和疏松结薯层。

播种时,每亩土地将复合肥 30~40 kg,草木灰 200~500 kg,或硫酸钾 15 kg,尿素 10 kg,施入沟底作种肥,使出苗迅速而整齐,促苗健壮生长。若有地下害虫,播种前应施放颗粒剂等进行防治。

5. 播种

(1)根据当地气候特点及商品薯市场价格确定最佳播种期,各地以出苗后不遇晚霜为准确定播种期。秋薯一般地区可在 8 月中、下旬至 9 月上旬播种,低热地区要注意避开秋季高温,应在当地气温降至 25 ℃以下时播种;高海拔地区的一季春薯以 3 月中下旬至 4 月上旬播种为宜,应在当地气温基本稳定达到 10 ℃、土壤 10 cm 处地温为 10~15 ℃时播种。冬薯适宜播期为 12 月中下旬~2 月上、中旬。

(2)正确把握播种深度,薯块表面距垄最高点应在 18~20 cm。过深则出苗慢,不利于收获。过浅则出苗快,块茎容易出现青皮,匍匐茎易长出地面。墒情较差时可采取深播浅种的覆土方法。

(3)选择合适的播种密度。合理密植就是要使单位面积内有一个合理的群体结构,既能使个体发育良好,又能发挥群体的增产作用,以充分利用光能、地力,从而获得高产。从群体和个体协调发展考虑,马铃薯在一般栽培水平下,每亩种通常由种薯大小决定,一般为 4800~5000 株/亩,留种田可适当密植;与玉米套种保苗 2000 株/亩。注意播种过程中保持均匀。

三、马铃薯的种薯处理技术

在种植马铃薯时,为保证苗齐、苗壮,可用种薯切块催芽技术。对提高单产、保证稳产、增加效益具有重要的作用。

(一)选种

高质量的种薯是确保马铃薯高产的基础,因此,要做好马铃薯种薯的选择工作(图 2-3-19)。在播种前 20 d 左右,种薯出窖,选择色鲜、光滑、大小适中、薯形整齐的薯块做种,剔除有病虫害、畸形、龟裂、尖头、萎蔫的劣薯。一般选用中等大小的种薯,种薯以 50~100 g 为宜,每亩需种薯 125 kg 左右。幼龄种薯和老龄种薯不宜选用,通常选用中龄种薯。在选择种薯时必须要选择脱毒的马铃薯种薯。脱毒的马铃薯种薯具有出苗早、出苗率高、植株健壮、叶片肥大、根系发达、适应性强、抗逆性强、产量高、品质好等优点。

幼龄种薯　　　　　中龄种薯　　　　　老龄种薯

图 2-3-19　马铃薯种薯

（二）催芽

种薯在出窖后仍然处于休眠状态,如果不经过催芽处理,在出窖后立即进行切块、播种,会影响薯块发芽出苗,导致马铃薯出苗不齐、不全、不壮,而且出苗的时间还会相对较晚,引起缺苗、断垄,导致产量下降。

一般在播种前 20～30 d 催芽。具体催芽方法如下:先将种薯在 0.0005‰～0.001‰赤霉素溶液或用 2%硫脲浸种 20 min,然后平摊在有散光照射的空屋内或者日光温室内,要避免阳光直射,温度保持在 15～18 ℃,块茎堆放以 2～3 层为宜,每隔几天翻动一次薯堆,使种薯发芽均匀粗壮,芽体由白色变成绿色或者紫色,芽长 0.5～1.0 cm 时,即可切块播种。也可在室外背风向阳的空地或者塑料大棚内,底下铺上草苫子,将浸种后的种薯倒在草苫子上,堆放厚度为 50 cm。晚上和中午阳光直射时,用草帘子遮盖,10 点前和 15 点后打开草帘子,经常翻动种薯,使之发芽均匀粗壮。

（三）切刀消毒

在种薯切块时,要注意做好消毒工作,防止环腐病、黑胫病等病害通过切刀传播,因此,在切块时要对切刀进行频繁消毒。操作时通常准备两个切刀,切块几分钟后轮换使用和消毒。切块使用的刀具、切板可用 75%酒精喷雾消毒或 0.5%高锰酸钾溶液、3%来苏尔溶液、50%福尔马林等药液进行浸泡消毒。发现病烂薯时应及时淘汰,切到病烂薯时应将切刀消毒,消毒方法是用火烧烤切刀,或用 75%酒精反复擦洗切刀,也可用 1%高锰酸钾浸泡切刀 20～30 min 后再用。

（四）切块

一般在播种前 2～3 d 切块。

50 g 以下小薯可整薯播种,大种薯在种植前需要进行切块处理(图 2-3-20),这样可以促进块茎内外的氧气交换,促进种薯发芽出苗。50～100 g 薯块,纵向一切两瓣。100～150 g 薯块,采用一切三开纵斜切法,即把薯块纵切三瓣。150 g 以上的薯块,从尾部根据芽眼多少,依芽眼螺旋排列,纵斜方向向顶斜切成立体三角形的若干小块,每块要有 2 个以上健全的芽眼。切块时应充分利用顶端优势,尽量带顶芽。切块应在靠近芽眼的地方下刀,以利于发根。

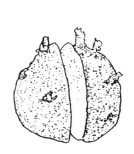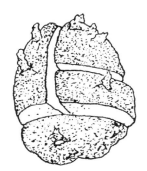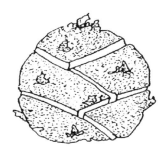

图 2-3-20　马铃薯种薯切块

（五）种薯药剂处理

为促进伤口愈合,防止杂菌感染,减少烂种,增加钾素,预防病害,要对马铃薯切块进行药剂处理。通常用"克露＋甲基托布津＋滑石粉"处理种薯。也可用"草木灰＋百菌清"等杀菌剂进行拌种。每 1 kg 混合药剂处理 100 kg 种薯。注意种薯在拌好后不可立即播种,而是需要将其避光晾干后再播种。

◇ **知识拓展**

马铃薯的脱毒机理

马铃薯易感染多种病毒,如轻型花叶病毒、条斑花叶病毒、皱缩花叶病毒等,病毒侵入马铃薯植株后,参与马铃薯的新陈代谢,利用马铃薯的营养复制增殖病毒,并通过块茎逐代积累,使植株矮化,茎秆细弱,叶片失绿、卷曲或皱缩,薯块变小或畸形而减产 50%,重病田可减产 80%,个别地块甚至绝产。目前尚没有任何药剂能不伤害马铃薯只杀死其植株体内的病毒,唯一的方法是利用马铃薯茎尖组织培养脱除病毒,获得脱毒植株(图 2-3-21)。

图 2-3-21　获得脱毒植株

马铃薯品种经脱毒后,产量大幅度提高,品质也有所改善,但品种对病毒的抗性并未增加。因此脱毒对防治病毒病害来说,并非一劳永逸。在马铃薯生产和繁种过程中,如不注意防止病毒的再度感染,产量则会逐年递减。一般情况下,大部分脱毒品种连续种植两年,仍能保持较高产量,但在第五季时,病毒在植株体内积累达到较高浓度,植株表现出明显的退化症状,几乎与脱毒前相近。因此,马铃薯一般以两年为一周期更换新的脱毒种苗,同时要采取轮作换茬、土壤消毒等多种方式,减少病毒在植株内的积累,减缓脱毒品种的退化进程。

◇ **典型任务训练**

马铃薯种薯切块

1. 实验目的

学习并熟练掌握马铃薯种薯切块技术。

2. 材料与用具

切刀、马铃薯种薯、0.5% 高锰酸钾溶液、75% 酒精、酒精灯、塑料盆、草木灰、百菌清等。

3. 实训内容

(1)选择合适的马铃薯块茎作为种薯。

(2)掌握马铃薯种薯催芽技术。

(3)熟练掌握各种大小种薯的切块技术,并在整个切块过程中做好刀具消毒。

(4)进行薯块拌种消毒。

4. 方法

(1)选种:挑选色泽新鲜、表皮光滑、没有龟裂、没有病斑、形态正常的马铃薯块茎。

(2)催芽:赤霉素溶液浸种,解除块茎休眠期,使块茎出芽 0.5～1.0 cm。

(3)切刀消毒:刀具、切板用 75% 酒精和 0.5% 高锰酸钾溶液进行浸泡消毒 8～10 min。切到病烂薯,及时捡出,并用酒精灯炙烤切刀,或用 75% 酒精反复擦洗切刀,也可用 1% 高锰酸钾溶液浸泡切刀 20～30 min 后再用。

(4)切块:50～100 g 薯块,纵向一切两瓣;100～150 g 薯块,用纵斜切法一切三开;150 g 以上的薯块,从尾部根据芽眼多少,依芽眼螺旋排列,纵斜方向向顶斜切成立体三角形小块。每块要有 2 个以上健全芽眼。

(5)拌种:用 50 mL 70% 百菌清与 5 kg 草木灰混匀,撒入切好的薯块。

5.技能展示

正确完成马铃薯种薯切块流程,熟练掌握马铃薯种薯切块技术要点。

任务三　马铃薯栽培管理技术

◇ **学习目标**

> 1.掌握马铃薯各生长时期的田间管理技术。
> 2.掌握马铃薯常见病害的识别和防治技术。
> 3.掌握马铃薯常见虫害的识别和防治技术。

◇ **自主学习任务引导**

> 1.扫描右侧二维码,观看微课视频。
> 2.查阅资料,预习归纳马铃薯各生长时期的田间管理技术要点。
> 3.田间采集马铃薯病害或虫害标本。

◇ **知识链接**

一、马铃薯的田间管理技术

在马铃薯种植过程中,管理工作非常重要,要遵循科学合理的方法,通过有效管理、勤耕细作,才能达到节本增效、优质高产的目的。

1.幼苗期(出苗—现蕾)管理

(1)当幼苗基本出齐后,要及时查苗补苗,这样才能保证马铃薯全苗高产。补苗方法是在播种时将多余的薯块密植于田间生产补充幼苗。补苗时如果发现有病烂薯,要在补苗前将病薯以及周围的土壤挖出,防止病害蔓延。土壤干旱时,应挖穴浇水且施用少量肥料后栽苗,以减少缓苗时间,尽快恢复生长。

(2)要做好中耕培土(图 2-3-22)。中耕培土可使结薯层土壤疏松通气,利于根系生长、匍匐茎伸长和块茎膨大。第一次中耕培土在苗高 6 cm 左右进行,此期地下匍匐茎尚未形成,深锄 8～10 cm,并结合除草。第二次中耕培土在 10 d 后进行,此期地下匍匐茎未大量形成,要合理深锄,达到高培土的目的。第三次中耕培土在现蕾初期进行,此期地下匍匐茎已形成,并开始膨大成块茎,因此要合理浅锄,以免伤匍匐茎,并结合培土以增厚结薯层,避免薯块外露,降低品质。

(3)苗期施肥。马铃薯从播种到出苗时间较长,因此,苗期对氮肥的需求量相对较大,一般追施尿素 5～8 kg,可以兑粪水冲施,促进幼苗迅速生长。现蕾期结合培土追施一次结薯肥,以钾肥为主,配合氮肥,施肥量视植株长势长相而定。

2.结薯期(现蕾—落花)管理

在结薯期,对于大量结实的品种,要摘除花蕾,节约养分,同时适量喷施钾肥及铜、硼等微量元素肥料,

图 2-3-22　中耕培土

能起到较好的增产效果。摘除花蕾时,不要伤害旗叶。开花后,不缺肥的地块则不宜再追氮肥,以免造成茎叶徒长,若出现地上部茎叶徒长,可于叶面喷施 1～2 次多效唑,控制植株的营养生长,促使光合作用,起到增产的作用。

此期是需水最多的时期,要避免干旱,一般在初花、盛花、终花浇三次水,保持地面湿润,切勿大水漫灌,使土壤含水量保持田间最大持水量的 70％ 左右。开花结束可适当控水,并保持供水均匀。浇水的原则是小水勤灌,不要没垄。大水漫灌会使土壤发硬板结,土壤通透性不好,此时正是块茎增长期,易出现畸形,也影响块茎生长。

3. 结薯期(落花—块茎生理成熟)管理

这个时期是产量形成的关键时期,叶片从基部自下而上逐渐枯黄,叶面积减小,根系逐渐衰老,吸收能力减弱,因此,要注重防早衰。叶面喷施一次 0.5％～1％ 的磷酸二氢钾溶液,可有效地防早衰,使地下块茎达到生理成熟。

二、马铃薯的常见病虫害防治

一直以来,以马铃薯晚疫病为代表的各种病害,严重影响着马铃薯的生长发育,造成马铃薯减产和品质下降,导致巨大的经济损失。掌握马铃薯的常见病虫害防治方法,对马铃薯种植户增产增收、提高商品薯经济价值都有重要意义。

(一)马铃薯晚疫病

马铃薯晚疫病是常见的真菌性病害,在各产地都有发生,西南地区、东北、华北与西北为害较重。马铃薯晚疫病主要为害叶片、茎和块茎(图 2-3-23)。

马铃薯晚疫病为害状:叶片病斑呈灰褐色,边缘不整齐,周围有一褪绿圈。在潮湿条件下,病健组织的交界处有一圈白霉层,是病菌的孢囊梗和孢子囊,干燥时病斑变褐干枯,质脆易裂,不见白霉,且扩展速度减慢。发病严重的叶片萎垂、卷缩,终致全株黑腐,全田一片枯焦,散发出腐败气味。块茎染病初生褐色或紫褐色大块病斑,稍凹陷,病部皮下薯肉亦呈褐色,慢慢向四周扩大或烂掉。

马铃薯晚疫病防治方法如下。①选用抗病品种,减轻晚疫病的威胁。②选用无病种薯。③增高培土,注意排水,防止病菌随雨水渗入土中侵染新薯。④种子处理,具体操作方式为:用氰霜唑可湿性粉剂 500～800 倍液浸种 15～20 min,晾干后当天播种。或者用氰霜唑可湿性粉剂 500～800 倍液均匀喷雾薯块,喷湿后堆积,用塑料薄膜覆盖闷 2 h,晾干后当天播种。⑤药剂防治,喷施加瑞农 300～500 倍液、氰霜唑可湿性粉剂 500～800 倍液。

图 2-3-23　马铃薯晚疫病

（二）马铃薯粉痂病

马铃薯粉痂病是一种真菌病害（图 2-3-24），主要为害块茎及根部。块茎染病，初期在表皮上出现针头大的褐色小斑，有半透明晕圈，后小斑逐渐隆起、膨大，成为大小不等的疤斑，随病情的发展，疤斑表皮破裂，反卷，皮下组织呈现橘红色，散出大量深褐色粉状物。

图 2-3-24　马铃薯粉痂病

马铃薯粉痂病防治方法如下。①选用无病种薯，实行留种地生产种薯。②实行轮作，发生粉痂病的地块 5 年后才能种植马铃薯。③履行检疫制度，严禁从疫区调种。④药剂防治，在幼苗期至块茎增长期，用氟啶胺悬浮剂 1500～2000 倍液，或波尔·锰锌可湿性粉剂 600 倍液灌淋根部；用甲基硫菌灵悬浮剂 500～600 倍液或苯菌灵可湿性粉剂 1500 倍液喷洒叶面进行防治。

（三）马铃薯枯萎病

马铃薯枯萎病是一种真菌病害，全国各种植区普遍发生。起初地上部分出现萎蔫，剖开病茎，薯块维管束变褐，湿度大时，病部常产生白色至粉红色菌丝。

马铃薯枯萎病防治方法如下。①与禾本科作物或绿肥等进行 4 年轮作。②加强田间管理，选择健薯留种，施用腐熟有机肥，加强水肥管理，可减轻发病。③药剂防治，势克 3000 倍液喷洒叶面，适乐时 800 倍液灌根。

（四）马铃薯环腐病

马铃薯环腐病为细菌性病害,俗称转圈烂,黄眼圈(图 2-3-25)。

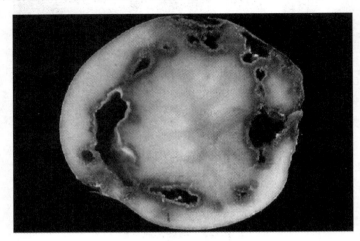

图 2-3-25　马铃薯环腐病

马铃薯环腐病症状如下:田间重病株出苗稍晚,有的早期枯死,有的植株瘦弱,生长缓慢,节间缩短,叶片脱水失色,叶缘卷曲,并有褐色斑驳,病苗呈现早期矮缩。早期病苗多数不结薯或结少量小薯,也会提早腐烂没有收成。病薯薯皮稍暗,切开后可以看到环状的维管束部分腐烂,可以挤出黏稠的乳黄色菌液。

马铃薯环腐病防治方法如下。①选用抗病品种,如克新 1 号、克疫、乌盟 601、高原 4 号等。②建立种薯田,利用脱毒苗生产无病种薯和小型种薯。实行整薯播种,尽量不用切块播种。③播种前淘汰病薯,出窖、催芽、切块过程中发现病薯及时清除。切块的切刀用酒精或火焰消毒,杜绝种薯带病。④严禁从病区调种,防止病害扩大蔓延。⑤药剂防治。

（五）马铃薯青枯病

马铃薯青枯病为细菌性病害,病株稍矮缩,叶片呈浅绿或苍绿,下部叶片先萎蔫后全株下垂(图 2-3-26),持续 4～5 d 后,全株茎叶萎蔫死亡,但叶片仍保持青绿色,叶片不凋落,叶脉褐变,茎出现褐色条纹,横剖可见维管束变褐色,湿度大时,切面有菌液溢出。

图 2-3-26　马铃薯青枯病

马铃薯青枯病防治方法如下。①在发病初期,用加收米 300～500 倍加爱沃富 800 倍兑水喷洒叶片,隔

7～10 d 再喷 1～2 次。②用加收米 500 倍或者加瑞农 500 倍进行灌根,每隔 7 d 灌 1 次,连灌 2～3 次。

(六)马铃薯病毒病

马铃薯病毒病表现为叶面叶绿素分布不均,花叶呈浓绿淡绿相间或黄绿相间斑驳,严重时叶片皱缩,全株矮化,有时伴有叶脉透明。

马铃薯病毒病防治方法如下。①因地制宜选用抗病高产良种。②建立无病留种基地。③药剂防治。

(七)马铃薯块茎蛾

马铃薯块茎蛾又名马铃薯麦蛾、番茄潜叶蛾、烟潜叶蛾、马铃薯蛀虫(图 2-3-27)。以幼虫危害叶片,钻蛀马铃薯块茎。沿叶脉蛀食叶肉,仅留上下表皮,呈半透明状,严重时嫩茎、叶芽也被害枯死,幼苗可全株死亡。在田间和贮藏期间可钻蛀马铃薯块茎,外表皱缩,并引起腐烂或干缩(图 2-3-28)。

图 2-3-27　马铃薯块茎蛾

图 2-3-28　马铃薯块茎蛾为害状

马铃薯块茎蛾防治方法如下。①药剂处理种薯。对有虫的种薯,可用 90% 晶体敌百虫 1000 倍液喷种薯,晾干后再贮存。②及时培土。在田间勿让薯块露出表土,以免被成虫产卵。

(八)马铃薯二十八星瓢虫

马铃薯二十八星瓢虫成虫(图 2-3-29)、若虫取食叶片、果实和嫩茎,被害叶片仅留叶脉及上表皮,形成许多不规则透明的凹纹,后变为褐色斑痕,过多会导致叶片枯萎皱缩,并引起腐烂或干缩。

图 2-3-29　马铃薯二十八星瓢虫

马铃薯二十八星瓢虫防治方法如下。①人工捕捉成虫,利用成虫假死习性,用薄膜承接并叩打植株使之坠落,收集灭之。②人工摘除卵块,此虫产卵集中成群,颜色鲜艳,极易发现,易于摘除。③药剂防治,要抓住幼虫分散前的有利时机,可用 50% 辛硫磷乳剂 1000 倍液、2.5% 功夫乳油 3000 倍液等。

◇ 知识拓展

全膜覆盖双垄栽培技术

1.播前准备

(1)选地整地。

(2)施肥。

(3)划行起垄。

平地开沟起垄需要按作物种植走向,缓坡地开沟起垄需要沿等高线,马铃薯大垄宽 70 cm、高 15～20 cm,小垄宽 50 cm、高 10～15 cm。

(4)覆膜。

用宽 120 cm 的地膜覆盖全地面,两幅膜相接处在小垄中间,用相邻垄沟内的表土压实,每隔 2 m 横压土腰,覆膜后一周左右地膜紧贴垄面。垄沟内每隔 50 cm 打孔,使垄沟内的集水能及时渗入土内。

(5)土壤处理、防虫除草。

①地下害虫防治。

②膜下除草。

起垄后用 50％的乙草胺乳油全地面均匀喷雾,然后覆盖地膜。为提高药效,不要全田喷完后再盖地膜,一般喷两垄即刻覆盖地膜,然后再喷两垄再进行覆盖,以此类推。

2.适期播种

(1)选种。

选择高产、抗逆性强的品种。

(2)种子处理。

(3)播种时间。

当气温稳定高于 10 ℃时为适宜播期,各地可结合当地气候特点确定播种时间。

3.播种方法

按确定的株距在 70 cm 的大垄两侧用自制马铃薯点播器破膜点播,播种深度 18～20 cm,点播后及时封口。

4.合理密植

按照土壤肥力状况、降雨条件和品种特性确定种植密度。

◇ 典型任务训练

马铃薯晚疫病田间调查

1.训练目的

掌握马铃薯晚疫病的田间调查方法,了解马铃薯晚疫病的为害程度。

2.材料与用具

计数器、镊子、放大镜、显微镜等。

3.实训内容

到周边马铃薯种植地块开展马铃薯晚疫病田间调查,了解该地块马铃薯晚疫病的为害程度。

4.方法

(1)掌握马铃薯晚疫病害的分级标准(表 2-3-1)。

表 2-3-1　马铃薯晚疫病病害分级标准

级别	代表值	分级标准
1	0	健康
2	1	1/4 以下叶感病
3	2	1/4～1/2 叶感病
4	3	1/2～3/4 叶感病
5	4	3/4 以上叶感病

（2）调查该地块马铃薯晚疫病田间发生情况。

用 5 点取样法抽取该地块 5 个点，共计 0.1%～0.5% 总株数的马铃薯植株作为样株，统计每株发病情况。

（3）分析该地块马铃薯晚疫病危害程度。

$$发病率 = \frac{感病株数}{总株数} \times 100\%$$

$$病情指数 = \frac{\sum(病害级别代表值 \times 该级株数)}{最高级代表值 \times 调查总株数} \times 100\%$$

任务四　马铃薯收获与贮藏

◇　**学习目标**

1. 掌握马铃薯收获技术要点以及注意事项。
2. 了解马铃薯贮藏技术环节。
3. 了解马铃薯常见贮藏场所类型及特点。

◇　**自主学习任务引导**

1. 扫描右侧二维码，观看微课视频。
2. 查阅资料，了解马铃薯收获时的注意事项。
3. 思考马铃薯储藏时需要的环境条件。

◇　**知识链接**

一、马铃薯收获技术

收获是马铃薯生产的最后环节，收获时间的选择、收获质量的高低，直接影响马铃薯的产量和质量，因此，适时采取有效的技术方法才能实现丰产丰收。

（一）收获期的确定

马铃薯的块茎成熟与植株生长密切相关，一般在生理成熟期收获产量高。生理成熟的特点如下。①叶色逐渐变黄转枯,这时茎叶中养分停止向块茎输送。②块茎脐部与着生的匍匐茎易脱落。③块茎表皮韧性较大,皮层较厚。④块茎中水分含量下降,淀粉、蛋白质、灰分等干物质含量达到最高。

收获过早,块茎成熟度不够,干物质积累少,影响产量。收获过晚,增加病虫害侵染机会,影响贮藏和食用品质。收获期可依情况而定,收获时,必须选择晴天,避免雨天收获,因水分过多影响贮藏。

(二)杀秧

收获前1～3周杀秧,可使薯秧松散易脱离块茎,加速块茎成熟、薯皮老化;限制种薯块茎大小,减少病害的传播;使块茎在贮藏期间后熟,能够降低水分损失,增加抗逆性,减少贮藏腐烂;降低收获和仓储时薯表面破皮率;加快土壤水分蒸发,利于大型联合装备的收获作业。可利用杀秧机或用触杀性作物催枯剂杀秧(如敌草快)。

(三)收获方式

收获方式通常分为两种。

(1)人工收获。下锹深度20 cm左右,将整株马铃薯全部拖出坑外,放到平地上,并把土堆打散,让马铃薯全部裸露,为后面的捡拾工作提供方便。

(2)机械收获。利用马铃薯收获机把三垄以上的马铃薯同时从土壤中挖出来,使马铃薯与土壤分离。要随时清理刮板上的泥土和杂草,防止在挖掘过程中造成二次埋薯。掉在沟里的马铃薯也要随车及时捡出,否则回车时就会碾碎马铃薯。

(四)收获注意事项

(1)防止破损率过高和遗留在土中的马铃薯过多。

(2)收获时避免暴晒。马铃薯经阳光暴晒后,薯块不仅易变绿产生一种叫龙葵素的有毒化学物质,而且很容易腐烂变质。

(3)及时装袋运走,防止雨淋日晒。

(4)装车要轻装轻卸,避免薯皮大量擦伤或块茎挤压开裂。

二、马铃薯贮藏技术

马铃薯收获后有明显的休眠期,时间为2～4月,因品种不同而异。在休眠期内,块茎即使在有利于萌芽的条件下也不发芽。休眠期过后,在温度适宜的情况下,块茎迅速发芽。如果采用合适的植物生长调节方法进行抑芽处理,同时保持一定的低温,并加强通风,可使块茎处于休眠状态。马铃薯收获后可以采用科学的贮藏技术。

(一)晾晒

马铃薯薯块收获后,去除破薯、烂薯后,可在田间就地稍加晾晒,散发部分水分,以利储运,一般晾晒4 h。晾晒时间过长,薯块将失水萎蔫,不利储藏。

(二)预储

马铃薯在夏季收获,气温较高,且新收获的块茎尚处于后熟阶段,表皮软薄,含水量高,呼吸作用还很旺盛,会放出大量水分、热量和二氧化碳,对病菌的抵抗力低,不宜贮藏。收获后应将薯块堆放到10～15 ℃的阴凉通风干燥室内、窖内或荫棚下预储2～3周,使块茎表面水分蒸发,伤口愈合,薯皮木栓化,呼吸作用逐渐减弱直至平稳然后再进行贮藏。

预储场地应宽敞、通风良好,堆高不宜超过0.5 m,宽不超过2 m,同时要注意防雨、防日晒,要有草苫遮光。为达到通风目的,还可在薯块堆下面设通风沟或通风管。要定期检查、倒动,降低薯堆中的温、湿度,并检出腐烂的薯块。

(三)分类贮藏

不同用途的马铃薯贮藏方式有所不同,应进行分类贮藏。

菜用薯要在黑暗且温度较低的条件下贮藏,最佳贮藏温度为 4~6 ℃。菜用薯受光照变绿后,龙葵素含量增高,人畜食用后可引起中毒,轻者恶心、呕吐,重者妇女流产、牲畜产生畸形胎,甚至有生命危险,因此,菜用薯应避光贮藏。

淀粉、全粉或炸片、炸条等加工用马铃薯,都不宜在太低温度下贮藏,低温贮藏易使淀粉转化为还原糖,对加工产品不利,尤其是还原糖高于 0.4% 的薯块,炸片、炸条均出现褐色,影响产品质量和销售价格。加工原料薯长期贮藏适宜温度为 6~10 ℃。

种薯贮藏时间一般较长,因此应尽量选择窖温比较稳定、控温性较好的窖贮藏,种薯最佳贮藏温度为 2~4 ℃。

(四)挑选

预储后要进行挑选,剔除有病虫为害、机械损伤、萎缩及畸形的薯块,并要注意轻拿轻放和对薯块进行大小分级。

(五)药物处理

青鲜素(MH)对马铃薯有抑芽作用,在薯块采收前 3~4 周可进行田间喷洒,遇雨时应重喷。

薯块采收后用氯苯胺灵、α-萘乙酸甲酯或 α-萘乙酸乙酯处理薯块,可抑制薯块在储藏期间发芽。使用方法如下。马铃薯收获后待损伤自然愈合(约 14 d 以上)后,将氯苯胺灵药剂混细干土均匀撒于马铃薯上,经处理后的马铃薯在常温下也不会发芽。也可用 α-萘乙酸甲酯或 α-萘乙酸乙酯混合细黏土制成粉剂,喷洒在马铃薯上,这种方法可以使马铃薯保存一年不发芽,并且保持其新鲜度。此两种药物都应在休眠中期进行,不能过晚,否则效果不佳。块茎取出时,只需将马铃薯摊放在通风场所,便可使块茎里残留的药剂挥发掉。

(六)储藏

储藏场所的类型通常有四种。

(1)室内堆藏。选择通风良好、场地干燥的仓库,先用福尔马林和高锰酸钾溶液混合熏蒸消毒,经 2~4 h,待烟雾消散后,将经过挑选和预冷的马铃薯入仓,一般每平方米堆 750 kg,高约 1.5 m,当中放入通风管进行散热,周围用板条箱、箩筐或木板围好,此法适于短期贮藏和气温较低时马铃薯的贮藏。

(2)垄窖储藏。南方温暖地区,可在避光、阴凉、通风、干燥的室内或室外荫棚下,用砖砌长方形窖,窖壁留孔成花墙式,上面覆盖细砂土 10~15 cm 厚,稍加压实即可。北方多用井窖或窑窖贮藏,利用窖口通风调节温度,所以保温效果较好,但入窖初期不易降温,因此薯块不能装得太满,并注意窖口的启闭。窖藏的马铃薯易在薯块堆表面"出汗",应在严寒季节于薯堆表面铺放草帘,防止萌芽与腐烂。入窖后一般不再倒动。

(3)通风库储藏。大城市多用通风库储藏,通风条件更好,储量更大。将马铃薯装筐堆码于库内,每筐约 25 kg,垛高以 5~6 筐为宜。此外,还可以散堆在库内,堆高 1.3~1.7 m,薯堆与库顶之间至少要留 60~80 cm 的空间。薯堆中每隔 2~3 m 放 1 个通气筒,还可在薯堆底部设通风道与通气筒连接,并用鼓风机吹入冷风。

(4)冷库储藏。刚入库的薯块温度较高,如果直接将库温降到贮藏要求的温度,就会出现冷害现象。因此,薯块入库后,要先进行预冷处理,待块茎温度接近储藏温度时,再转入冷藏间储藏。储藏时将薯块装入筐或木条箱中,库温保持 0~2 ℃,在码垛时要留有适当的通气道,使堆内温度、湿度均匀。储藏期间要定期检查。

◇ **知识拓展**

马铃薯的营养

马铃薯营养丰富,块茎含有丰富的碳水化合物、蛋白质、纤维素、脂肪、多种维生素和无机盐。

马铃薯块茎中蛋白质含量一般为 2% 左右,薯干中蛋白质含量为 8%~9%。据研究,马铃薯蛋白质营养价值高,其价值与动物蛋白相近,可与鸡蛋媲美,可消化成分高,易被人体吸收。其蛋白质中含有 18 种氨基酸,包括精氨酸、异亮氨酸、赖氨酸、蛋氨酸、苯丙氨酸、苏氨酸、酪氨酸、缬氨酸等人体不能自身合成的必需氨基酸。

马铃薯脂肪含量较低,鲜块茎中脂肪的含量为1%左右,相当于粮食作物的20%～50%。

马铃薯淀粉含量丰富,所含淀粉颗粒较大,既有直链又有支链结构,比禾谷类淀粉更易被人体吸收。

马铃薯块茎中含有各种人体所需矿物质元素,其中磷、钙含量较高。由于马铃薯块茎中的矿物质元素多呈碱性,对平衡食物的酸碱度具有十分显著的效果,这是其他蔬菜比不上的。马铃薯块茎中矿物质元素含量占块茎干物质总量的1.1%左右。

马铃薯富含维生素,有维生素A(胡萝卜素)、维生素B1(硫胺素)、维生素B2(核黄素)、维生素B3、维生素PP、维生素B6、维生素C(抗坏血酸)、维生素H(生物素)、维生素K(凝血维生素)及维生素M(叶酸)等。每160 g鲜薯含14～16 mg维生素C,是胡萝卜的2倍,番茄的4倍。一个成年人一天吃1 kg马铃薯即可满足对维生素C的全部需求量。

◇ **典型任务训练**

马铃薯茎尖组织培养

1. 训练目的

学习并熟练掌握马铃薯茎尖组织培养技术,为获得马铃薯脱毒种薯打下基础。

2. 材料与用具

培养皿、酒精灯、三角瓶、马铃薯茎尖、镊子、喷雾式70%酒精瓶、组织培养手术刀、培养基、吸水纸、立体显微镜等。

3. 实训内容

(1)培养并取得实验材料。

(2)在立体显微镜下切取0.2～0.3 mm茎尖分生组织。

(3)无菌温室培养获得无菌苗。

4. 方法

(1)取材。

大田中苗高约15 cm时,将顶端切下6～8 cm,去掉下面2片叶,在切口处涂上生根粉后,植入消毒营养土,10 d后转入生长箱中,两周后,去掉顶芽,促使腋芽的生长。当腋芽长出1～2 cm时,取下作为接种材料。

(2)消毒及接种。

消毒:将材料用自来水冲洗干净,然后在75%酒精中浸泡30 s左右,再用1%～3%次氯酸钠溶液或5%～7%的漂白粉溶液消毒10～20 min,或用0.1%HgCl₂溶液消毒2分钟,最后用无菌水冲洗材料4～5次。

接种:将立体显微镜置于超净工作台,然后把茎芽置于解剖镜下,左手握镊子,右手握解剖针,将叶片和叶原基剥掉,露出半圆球的顶端分生组织后,用手术刀将分生组织切下来,一般以0.2～0.3 mm、带1～2个叶原基为好,然后用镊子将其接种到装有培养基的三角瓶中。

(3)培养。

将接种完成并密封好的三角瓶置于无菌温室进行培养。培养温度为23～25 ℃,每天光照16 h,湿度为70%～80%。

5. 技能展示

能够在无菌环境下,使用立体显微镜进行茎尖分生组织切取,熟练接种到培养基中,接种后污染率低,成苗率高。

项目四　荞麦生产技术

　　荞麦属蓼科(Polygonaceae),荞麦属(Fagopyrum Miller),起源于中国。在中国主要有三个栽培种,分别是甜荞麦、苦荞麦和金荞麦。研究表明,荞麦营养价值居所有粮食作物之首,并且含有其他粮食作物所缺乏的特种微量元素及药用成分,对中老年心脑血管疾病均有预防和治疗功能,是国际粮农组织公认的优秀粮药兼用粮种。

任务一　认识荞麦

◇　**学习目标**

1.了解荞麦及其起源。
2.掌握荞麦的生物学特性。
3.掌握荞麦的生态性。

◇　**自主学习任务引导**

1.扫描右侧二维码,观看微课视频。
2.列举市面上主要的荞麦产品。
3.查阅资料,描述荞麦从播种到收获的生长发育周期。

◇　**知识链接**

一、荞麦的起源与分布

(一)荞麦的起源

中国是世界上最先种植荞麦的国家,中国种植荞麦的历史可从《诗经》中查到,西周初期已有荞麦栽培。

自 1883 年开始,各国科学家从植物形态学、生态学、人类史、民族学、农史、现代技术等方面对荞麦起源进行研究,Canolall 认为甜荞起源于西伯利亚或黑龙江流域;Campbell 认为甜荞起源于温暖的东亚,并认为金荞麦是甜荞和苦荞的原始亲本;丁颖认为甜荞起源于中国的偏北部及贝加尔湖畔,苦荞起源于中国西南部;Ohinishi 等认为云南西北部是荞麦的起源中心;陈庆富等认为甜荞和苦荞是独立起源的,甜荞起源于大野荞,苦荞起源于毛野荞。目前,栽培荞麦起源于中国西南部,中国是世界荞麦多样性中心和起源中心,已得到国际荞麦学术界公认。

荞麦自中国经朝鲜传入日本。日本文献中最早有记载的是 797 年成书的《续日本纪》,最早的种植地是现在滋贺县的伊吹山附近,之后逐渐向东蔓延,扩展到岐阜县、长野县和山梨县一带,如今以长野县(古称信州)、北海道最有名。

荞麦由中国经西伯利亚传入俄罗斯和土耳其。17 世纪荞麦传入比利时、法国、意大利、英国、德国等地,之后又传入南美洲和非洲。

(二)荞麦的分布

1. 世界荞麦分布情况

目前在全世界除南极洲外,亚洲、非洲、北美洲、南美洲、欧洲、大洋洲均有荞麦栽培。2020 年,全球荞麦种植面积约为 2785.5 万亩,总产 181.1 万吨,每亩产量约为 65 kg。荞麦种植面积达到 1 万公顷以上的国家有中国、俄罗斯、乌克兰、哈萨克斯坦、美国、波兰、日本、法国、立陶宛、巴西、拉脱维亚、白俄罗斯、坦桑尼亚、加拿大、尼泊尔、斯洛文尼亚、爱沙尼亚、不丹、韩国、波黑、匈牙利、捷克、克罗地亚、南非、斯洛伐克、格鲁吉亚，此外，吉尔吉斯斯坦，摩尔多瓦等国也有一定栽培面积。荞麦种植面积最大的是俄罗斯，约 1231.5 万亩；其次是中国，约 936 万亩。荞麦种植面积以欧洲最多（1401 万亩），占世界总面积的 50.3%，其次是亚洲（1140 万亩），占世界总产的 40.9%，其他地区占 8.8%。

目前，大部分国家种植的荞麦仍以甜荞为主，仅有少数几个国家既种植甜荞又种植苦荞，如中国、尼泊尔、不丹、巴基斯坦、印度等。亚洲国家中，尼泊尔、不丹、巴基斯坦、印度、阿富汗、缅甸等南亚国家有较长的苦荞种植历史。此外，哈萨克斯坦、吉尔吉斯斯坦、蒙古、塔吉克斯坦、俄罗斯等国家也有少量苦荞种植。近年来，苦荞还被引进到日本、韩国、欧洲、北美的一些国家种植，而种植苦荞最多的还是中国。

2.中国荞麦优势区域布局

中国荞麦种植区域以秦岭为界，秦岭以北为甜荞主产区，秦岭以南为苦荞主产区。

甜荞主要分布在内蒙古、陕西、山西、甘肃、宁夏、云南等省。根据生态条件和种植制度可分为北方春荞麦区、北方夏荞麦区、南方秋冬荞麦区、西南高原春秋荞麦区 4 个区。主产区是武川、固阳、达茂旗为主的内蒙古后山白花甜荞产区，奈曼旗、敖汉族、库伦旗、翁牛特旗为主的内蒙古东部白花甜荞产区，以陕西定边、靖边、吴旗，宁夏盐池，甘肃华池、环县为主的陕甘宁红花甜荞产区。中国出口的甜荞主要来自这三大产区。除此之外，云南曲靖也是中国甜荞产区之一。

苦荞主产区集中在云南、四川、贵州、湖南、湖北、江西、陕西、山西、甘肃等省。其中西南高原春秋荞区是苦荞主产区，也是苦荞优势区域，本区包括青海高原、甘肃甘南、云贵高原、川鄂湘黔边境山地丘陵和秦巴山区南麓。

二、荞麦的生物学特性

（一）根

荞麦的根为直根系，有一条较粗大、垂直向下生长的主根，其上长有侧根和毛根（图 2-4-1）。在茎的基部或者匍匐于地面的茎上也可产生不定根。根入土深度为 30～50 cm。

图 2-4-1　荞麦的根

（二）茎

荞麦的大部分种类的茎直立，有些种的基部分枝呈匍匐状。茎光滑，无毛或具细绒毛，圆形，稍有棱角，幼嫩时实心，成熟时呈空腔。茎高 60～150 cm，最高可达 300 cm。甜荞茎多带红色，苦荞茎表皮多为绿色，少数因含有花青素而呈红色。茎可形成分枝，通常为 2～10 个，其株高、主茎节数、主茎分枝数因品种、生长环境、营养状况而数量不等（图 2-4-2）。

(a) 甜荞茎　　　　　　　　　　(b) 苦荞茎

图 2-4-2　荞麦的茎

（三）叶

荞麦的叶有子叶、真叶和花序上的苞叶三种形态（图 2-4-3）。

(a) 甜荞叶　　　　　　　　　　(b) 苦荞叶

图 2-4-3　荞麦的叶

子叶出土时对生于子叶节上，呈圆形，具网状脉，出土后因光合作用由黄色逐渐转为绿色，有些品种的子叶表皮细胞中含有花青素，微带紫红色。

真叶包括托叶、叶柄、叶片三个部分。托叶合生如鞘，顶端偏斜。中下部叶柄较长，上部叶柄渐短，至顶部则几乎无叶柄。叶片为单叶，互生，呈三角形、卵状三角形、戟形或线形，稍有角裂，全缘，有掌状网脉。叶片大小差异较大，一年生种一般长 6～10 cm，宽 3.5～6 cm，托叶鞘膜质包茎。

荞麦花序上着生鞘状苞叶，具有保护幼小花蕾的功能。

随着对荞麦的研究逐渐深入,荞麦叶的芦丁含量是籽粒的6～10倍,叶的开发利用越来越受到重视。

（四）花

荞麦花为有限和无限的混生花序,有顶生和腋生(图2-4-4)。簇状的螺状聚伞花序,呈总状、圆锥状或伞房状,着生于花序轴或分枝的花序轴上。多为两性花。

(a) 甜荞花 　　　　　　　　　　　　　　　　　(b) 苦荞花

图 2-4-4　荞麦的花

甜荞花为白色、粉色或红色,甜荞花有长柱头花、短柱头花、雌雄蕊等长花,在同一植株上只有一种花型,且一般以长柱头花居多,导致其自交不育。

苦荞花一般为绿色或黄绿色,苦荞花的柱头与雄蕊等长,且为严格的自花授粉。

（五）果

甜荞果实为三角状卵形,棱角较锐,果皮光滑,常呈棕褐色或棕黑色;千粒重在15～37 g之间;甜荞易于脱壳(图2-4-5)。

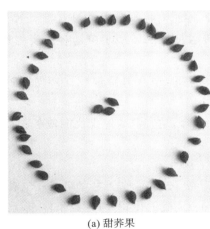

(a) 甜荞果 　　　　　　　　　　　　　　　　　(b) 苦荞果

图 2-4-5　荞麦的果

苦荞果实呈锥形卵状,果上有三棱三沟,棱圆钝,仅在果实的上部较锐利,棱上有波状突起,果皮较粗糙,果皮的颜色因品种不同而有褐、灰、棕、黑等几种,有的还夹有花纹;千粒重在12～24 g之间;苦荞脱壳比较困难。

荞麦果皮内为种子。种子由胚、胚乳及种皮组成。种皮占种子总重的15%～20%,胚乳占65%,胚和糊粉层占19%。胚的横切面为"S"形,有子叶两枚,折叠于胚乳中。胚乳的外层为糊粉层,最外层为种皮。

三、荞麦的生态学习性

（一）温度

荞麦是喜温作物，生育期要求 10 ℃以上的积温 1100～2100 ℃。荞麦种子发芽的最适宜温度为 15～30 ℃。播种后 4～5 d 就能整齐出苗。生育阶段最适宜的温度是 18～22 ℃；在开花结实期间，凉爽的气候和比较湿润的空气有利于产量的提高。当温度低于 13 ℃或高于 25 ℃时，植株的生育受到明显抑制。荞麦耐寒力弱，怕霜冻，因此栽培荞麦的关键措施之一，就是根据当地积温情况选择适宜的播种期，使荞麦生育期处在温暖的气候条件下，开花结实处在凉爽的气候环境中，争取在霜前成熟。

（二）水分

荞麦是喜湿作物，一生中需要水 760～840 m³，比其他作物费水；抗旱能力较弱。荞麦的耗水量在各个生育阶段也不同。种子发芽耗用水分为种子重量的 40%～50%，水分不足会影响发芽和出苗；现蕾后植株体积增大，耗水剧增；从开始结实到成熟，耗水约占荞麦整个生育阶段耗水量的 89%。荞麦的需水临界期是在出苗后 17～25 d 的花粉母细胞四分体形成期，如果在开花期间遇到干旱、高温，则影响授粉，花蜜分泌量也少。当大气湿度低于 40%且有热风时，会引起植株萎蔫，花和子房及形成的果实也会脱落。荞麦在多雾、阴雨连绵的气候条件下，授粉结实会受到影响。

（三）光照

荞麦是短日照作物，甜荞对日照反应敏感，苦荞对日照要求不严，在长日照和短日照条件下都能生育并形成果实。从出苗到开花的生育前期，宜在长日照条件下生育；从开花到成熟的生育后期，宜在短日照条件下生育。长日照促进植株营养生长，短日照促进花果发育。同一品种春播开花迟，生育期长；夏秋播开花早，生育期短。不同品种对日照长度的反应是不同的，晚熟品种比早熟品种的反应敏感。荞麦也是喜光作物，对光照强度的反应比其他禾谷类作物敏感。幼苗期光照不足，植株瘦弱；若开花、结实期光照不足，则引起花果脱落，结实率低，产量下降。

（四）养分

荞麦对养分的要求，一般以吸取磷、钾较多。施用磷、钾肥对提高荞麦产量有显著效果；氮肥过多，营养生长旺盛，导致荞麦"头重脚轻"，后期容易引起倒伏。排水良好的砂质土壤适合荞麦生长。酸性较重的和碱性较重的土壤经改良后可以种植。

亩施甜荞最佳施肥量为氮 7.5 kg、磷 4.2 kg、钾 0.32 kg，适宜氮磷钾配比能使甜荞产量提高 25%～30%。

亩施苦荞最佳施肥量为氮 5.1 kg、磷 1.6 kg、钾 1.15 kg，适宜氮磷钾配比能使苦荞产量提高 40%。

四、荞麦的一生

荞麦的一生比较短暂，一般指从种子萌发到新种子形成，不同品种全生育期长短也有很大差异，早熟荞麦品种 60～70 d，中熟品种 71～90 d，晚熟品种大于 90 d。还受遗传特性、光温条件、栽培条件等因素影响。

（一）荞麦生长发育周期

一般来说，低纬度品种在高纬度地区种植，开花晚、花期长，生育时期会延长；而高纬度品种在低纬度地区种植，开花早、花期短，生育时期缩短。总体来说，荞麦是一种短生育期作物，因此，抗逆性强，适宜在无霜期较短的高寒山区种植。

植物的全生育过程一般可划分为营养生长时期和生殖生长时期。营养生长时期一般从种子萌发开始到第一花序形成，是荞麦根、茎、叶等营养器官形成的时期；生殖生长时期指从第一花序形成到种子成熟，是花序、花、籽粒等生殖器官形成的时期。

因荞麦具无限生长习性，营养生长和生殖生长无法截然分开，故既非纯营养生长阶段，也非纯生殖生长阶段。因此将营养生长和生殖生长两大生育阶段分为三个生育时期。

（1）生育前期。从种子萌发到第一花序形成的纯营养生长时期。

（2）生育中期。从第一花序形成到孕蕾、开花的营养和生殖生长并进期。

（3）生育后期。从开花—灌浆—成熟的生殖生长为主、营养生长为辅的时期。

荞麦不同生育时期反映了不同器官分化形成的特异性和不同的生长发育中心，以及各生育时期生育中心的转变和对环境条件要求的差异。

（二）荞麦物候期

植物随季节规律性变化而形成的与此相应的发芽、生长、开花、结实等生长发育阶段称为物候期。通过观测和记录物候期，可以发现植物发育和活动过程的周期性规律，及其对周围环境条件的依赖关系，进而了解气候的变化对动植物生长发育的影响，从而指导作物生产。

荞麦物候期如下。

（1）播种期：播种日期。

（2）出苗期：50％以上出苗至50％以上子叶平展。

（3）分枝期：50％以上植株出现第一次分枝。

（4）现蕾期：50％以上植株现蕾。

（5）开花期：50％以上植株开花。

（6）成熟期：70％以上籽粒变硬、呈现本品种特征。

（7）生育期：出苗到成熟的天数。

◇ **知识拓展**

荞麦的保健价值

《本草纲目》记载：苦荞麦性味苦、平、寒，实肠胃，益气力，续精神，利耳目，能练五脏滓秽，降气宽肠，磨积滞，消热肿风痛。现代临床医学观察表明，苦荞麦具有降血糖、降血脂、增强人体免疫力、疗胃疾、除湿解毒、治肾炎、蚀体内恶肉的功效，对糖尿病、高血压、高血脂、冠心病、中风、胃病患者都有辅助治疗作用，这些作用都与苦荞麦中含有的功能性成分有关。

荞麦有调节血糖、预防和治疗糖尿病的作用。①荞麦淀粉中直链淀粉的比例较高，可影响水分子进入，延迟糊化与消化速度，从而抑制了餐后血糖的升高速度。②苦荞脂肪含量明显高于小麦，其中不饱和脂肪酸占83.2％，油酸占47.1％，亚油酸占36.1％（亚油酸能降低血液胆固醇、预防动脉粥样硬化）。③苦荞花中芦丁含量达7.0％以上，叶片中芦丁含量达5.0％以上，茎秆中芦丁含量达2.0％以上，种子中芦丁含量达1.0％左右。具有降低血管通透性、加强微细血管功能，还能促进胰岛素分泌。④苦荞中含有荞麦糖醇，能调节胰岛素活性，具有降糖作用。⑤荞麦含有8种蛋白酶阻化剂，能够阻碍白血病细胞增殖。

荞麦具有降血压，预防心、脑血管疾病的作用。荞麦中含有黄酮、芦丁、叶绿素、苦味素、荞麦碱等物质。芦丁具有降血脂、降血压、软化血管、保护视力和预防脑血管出血的作用，黄酮类物质可以加强和调节心肌功能，增加冠状动脉的血流量，可有效防止心律失常。荞麦中钾、镁等元素含量比其他食物高，对心血管具有保护作用。它能促进人体纤维蛋白溶解，使血管扩张，抑制血凝块的形成，具有抗栓塞的作用，还可以调节血压，同样能抗心律失常，防动脉硬化，被称为"心脏的保护伞"。

荞麦具有抗癌作用。小鼠实验表明，荞麦蛋白和黄酮类物质通过减少癌细胞增殖来抑制结肠癌的发生。另外，荞麦中丰富的膳食纤维和矿质元素也能发挥一定的抗癌作用。

荞麦具有减肥作用。荞麦中的抗消化蛋白有较低的消化率，抑制脂肪蓄积；抗性淀粉在体内释放葡萄糖缓慢，减少饥饿感。

荞麦具有美容作用。苦荞中含有较多的2,4-二羟基顺式肉桂酸，可抑制皮肤生成黑色素，预防老年斑和雀斑。苦荞叶片中含有高活力的SOD等抗氧化酶，具有较好的抗氧化和抗脂质过氧化作用。

◇ 典型任务训练

观察并记载荞麦的物候期

1.训练目的

掌握荞麦的生长发育周期与物候期,熟悉荞麦的生长发育规律,为下一步的学习及指导生产奠定基础。

2.材料与用具

皮尺、记录本、笔、温度计、相机等。

3.实训内容

(1)以小组为单位,到实训基地开展荞麦物候期调查,观察并记载荞麦的主要物候期。

(2)了解荞麦的生物学特性。

任务二 荞麦播种技术

◇ 学习目标

1.了解荞麦种子选择的基本原理。

2.掌握荞麦种子选择与处理的主要方法。

3.了解荞麦的播种方式,掌握播种技术。

◇ 自主学习任务引导

1.扫描右侧二维码,观看微课视频。

2.请列举荞麦种子播前处理方法。

3.查阅资料,列举荞麦播种时期与播种方式。

◇ 知识链接

一、荞麦种子选择与处理

"农业现代化,种子是基础",优质种子是高效生产的基础,要做好荞麦生产,首先必须做好种子选择与处理这一基础性工作。

(一)种子选择

1.选用良种

品种是实施栽培技术的载体。生产上使用的好品种首先是通过审定、并有一定推广面积的品种。

选用优良品种是获得理想产量的基础。选用良种是投资少、收效快,提高产量的首选措施。荞麦品种多,各有不同的适应性,因此要因地制宜。主栽品种应选用经提纯复壮的地方品种和育成品种。

2.选用高质量种子

荞麦高产要选用高质量的种子。荞麦种子的寿命属中命种子。研究表明,甜荞种子隔年的发芽率平均递减34.2%。苦荞种子隔年的发芽率为88.3%,贮藏3年后发芽率降低至77.2%。陈化的种子的内在素质(如发芽和活力指数、苗重)明显降低,有可能造成大面积缺苗和弱苗。因此,播种宜选用新近收获的种子。新种子种皮一般为淡绿色,隔年陈种子种皮为棕褐色。种子存放时间越长,种皮颜色越暗,发芽率越低甚至不发芽。

种子的成熟程度影响种子的发芽率和出苗率。新种子也因成熟度不同而发芽率不同。成熟度不同的种子发芽率相差7%~23%。幼苗鲜重相差52~69 mg,发芽指数和活力指数也差异明显。所以,播种用种必须注意种子的成熟度,选用籽粒饱满的新种子,是荞麦获得全苗壮苗的条件之一。

(二)种子处理

播种前的种子处理,是荞麦栽培中的重要技术措施,对于提高荞麦种子质量、全苗壮苗奠定丰产作用很大。荞麦种子处理主要有晒种、选种、温汤浸种和药剂拌种几种方法。

1.晒种

晒种能提高种子的发芽势和发芽率,晒种可改善种皮的透气性和透水性,促进种子后熟,提高酶的活力,增强种子的生活力和发芽力。晒种还可借助阳光中的紫外线杀死一部分附着于种子表面的病菌,减轻某些病害的发生。

晒种宜选择播前7~10 d的晴朗天气,将荞麦种子薄薄的摊在向阳干燥的地上,从10时至16时连续晾晒2~3 d。当然,晒种时间应根据气温的高低而定,据试验研究表明,在气温26.3 ℃时,晒1 d可提高发芽率3%,晒种时要不断翻动,使种子均匀晾晒,然后收装待种。

2.选种

选种的目的是剔除空粒、瘪粒、秕粒、破粒、草籽和杂质,选用大而饱满整齐一致的种子,提高种子的发芽率和发芽势。大而饱满的种子含养分多,生活力强,生根多而迅速,出苗快,幼苗健壮,可提高产量。荞麦选种的方法有风选、水选、机选和粒选等,以清水和泥水选种的方法比较好,比不选种的荞麦提高发芽率3%~7%。

(1)风选和筛选。生产中一般先进行风选和筛选。风选可借用扇车、簸箕等工具的风力,把轻重不同的种子分开,除去混在种子里的茎屑、花梗、叶柄、杂物和空秕粒,留下大而饱满的洁净种子。筛选是利用机械原理,选择适当筛孔的筛子筛去小粒、秕粒和杂物。还可利用种子清选机同时清选。

(2)水选。利用不同比重的溶液进行选种的方法,包括清水、泥水和盐水选种等。即把种子放入30%的黄泥水或5%盐水中不断搅拌,待大部分杂物和秕粒浮在水面时捞去,然后把沉在水底的种子捞出,在清水中淘洗干净、晾干,作种用。经过风选、筛选之后的荞麦种子再水选,种子发芽势和发芽率有明显提高。经过水选的种子,千粒重和发芽率都有提高,在很大程度上保证了出苗齐全、生长势强,比不选种的增产7.2%,出苗期提前1~2 d。

(3)人工粒选。先除尘土,后去秕粒、碎粒和杂质,最后人工捡取石子或其他作物种子。可提高品种纯度、保证种子质量,但比较费工。可选用色选设备进行粒选,效率高,但设备一次性投资成本较大。

3.浸种

温汤浸种也有提高种子发芽力的作用。用35 ℃温水浸种15 min效果良好;用40 ℃温水浸种10 min,能提早4 d成熟。播种前用0.1%~0.5%的硼酸溶液或5%~10%的草木灰浸出液浸种,能获得良好效果。经过浸种、闷种的种子要摊在地上晾干。用钼酸铵(0.005%)、高锰酸钾(0.1%)、硼砂(0.03%)、硫酸镁(0.05%)、溴化钾(3%)等溶液浸种也可以促进荞麦幼苗的生长和产量的提高。

二、荞麦播种技术

(一)播种方法

中国荞麦种植区域广大,产地的地形、土质、种植制度和耕作栽培水平差异很大,故播种方法也各不相同。归纳起来荞麦的播种方法主要有条播、点播和撒播。条播是中国荞麦主产区普遍采用的一种播种方式，播种质量高，有利于群体与个体的协调发育，提高荞麦产量。苦荞采用条播和点播均比撒播产量高，其中条播比撒播增产 20.34%，点播比撒播增产 6.89%。撒播因撒籽不匀，出苗不整齐，通风透光不良，田间管理不便，因而产量不高。点播太费工。

1. 条播

北方春荞区大部分地区采用条播。条播主要是畜力牵引的耧播和犁播。常用的耧有三腿耧，行距 25～27 cm 或 33～40 cm。优点是深浅一致，落籽均匀，出苗整齐，在春旱严重、墒情较差时，甚至可探墒播种，保证全苗。也可用套耧实现大小垄种植。

犁播是"犁开沟手溜籽"，是内蒙古、河北坝上地区、山西晋北等地区群众采用的另一种条播形式。犁开沟一步（1.67 m）七犁（行距 25～27 cm），播幅 9.5～10 cm，按播量均匀溜籽。犁播播幅宽，茎粗抗倒，但犁底不平，覆土不匀、失墒多，在早春多雨或夏播时采用。条播下种均匀，深浅易于掌握，有利于合理密植。条播能使荞麦地上叶和地下根系在田间均匀分布，能充分利用土壤养分，有利于田间通风透光，使个体和群体都能得到良好的发育。条播还便于中耕除草和追肥等田间管理。条播以南北垄为好。

2. 点播

点播的方法很多，主要的是"犁开沟人抓粪籽"（播前把有机肥打碎过筛成细粪，与籽拌均匀，按一定穴距抓放），这种方式实质是条播与穴播结合、粪籽结合。犁距为 26～33 cm，穴距为 33～40 cm，每亩 5000～6000 穴，每穴 10～15 粒。穴内密度大，单株营养面积小，穴间距离大，营养面积利用不均匀。由于人工"抓"籽不易控制，每亩及每穴密度偏高是其缺点。点播也有采取镢锄开穴、人工点籽，人工点籽不易控制播种量，每亩的穴数也不易掌握，还比较费工，仅在小面积种植上采用。点播时应注意播种深度，特别在黏性较强的土壤上，点籽更不能太深。

3. 撒播

撒播在西南春秋荞麦区的云南、贵州、四川和湖南等地广为使用。一般是畜力牵引犁开沟，人顺犁沟撒种子。在北方春夏荞区也普遍使用。甘肃陇东、陕西渭北等一些地区小麦收获后，先耕地，随后撒种子，再进行耙糖。由于撒播无株行距之分，密度难以控制，田间群体结构不合理，稠处成一堆，稀处不见苗。有的稠处株数超过稀处的几倍，造成稀处又高又壮，稠处又矮又弱，加之通风透光不良，田间管理困难，一般产量较低。

（二）播种量

播种量对荞麦产量有着重要影响。播种量过大，出苗太稠，导致个体发育不良，单株生产潜力不能充分发挥，单株产量很低，群体产量不能提高。反之，播种量过小，出苗太稀，虽个体发育良好，单株产量很高，但由于单位面积上株数有限，群体产量同样不能提高。所以，根据地力、品种、播种期来确定适宜的播种量，是确定荞麦合理群体结构的基础。

荞麦播种量是根据土壤肥力、品种、种子发芽率、播种方式和群体密度确定的。一般甜荞每 0.5 kg 种子可出苗 1 万株左右；苦荞每 0.5 kg 种子可出苗 1.5 万株左右。在一般情况下，甜荞每亩播种量 2.5～3.0 kg，苦荞每亩播种量 3.0～4.0 kg。

（三）播种深度

荞麦是带子叶出土的，捉苗较困难，播种不宜太深。播种深了难以出苗，播种浅了又易风干。因而，播种深度直接影响出苗率和整齐度，是全苗的关键措施。播种注意事项如下。①看土壤水分，土壤水分充足要浅点，土壤水分欠缺要深点；②看播种季节，春荞宜深些，夏荞稍浅些；③看土质，沙质土和旱地可适当深一些，但不超过 6 cm，黏土地则要求稍浅些；④看播种地区，在干旱风大地区，要重视播后覆土，还要视墒情适当镇压，因为种子裸露后很难发芽。在土质粘易板结地区，播后遇雨，幼芽难以顶土时，在翻耕地之后，先撒籽，后撒土杂肥盖籽，可不覆土；⑤看品种类型，不同品种的顶土能力各异。林汝法对山西省不同来源地的甜荞品种做了 2 cm、4 cm、6 cm、8 cm 的播深试验，结果以播深 4～6 cm 的种子出苗及苗期长势最好。不同品种的顶土能力不同，对播种深度的反应也不同，山西南部的品种以播深 4 cm 出苗生长较好，而山西北部的品种则以播深 6 cm 出苗最好。李钦元在云南省永胜县对苦荞播种深度与产量关系进行了 3 年的研究，结果表明,在 3~10 cm 范围内,以播深 5~6 cm 的产量最高,每亩为 95.4 kg,7~8 cm 次之,每亩为 80.7 kg,3~4 cm 再次之,每亩为 72.7 kg,9~10 cm 产量最低,每亩为 66.7 kg,播种深度对产量影响明显,亩产量高低相差 28.7 kg,差值为 30.1%。

◇ **知识拓展**

荞麦的复合种植模式

荞麦的复合种植模式主要有间作、套作和混作等。

1.间作

荞麦是适于间作的理想作物,全国各地都有间作荞麦的习惯。间作形式因种植方式和栽培作物而不同。在春小麦产区的陕西榆林,当地群众于春小麦收获后在原垄内复种糜黍,糜黍出苗之后又在田埂上播种荞麦,既不影响糜黍生长,又充分利用田埂获得一定荞麦产量。也有利用马铃薯行间空隙插种荞麦的。

2.套种

套种多在生育期较长的低纬度地区,特别在我国云南、四川、贵州,套种荞麦的形式很多。套种多用甜荞,苦荞较少。常用荞麦与玉米、马铃薯套种;荞麦与烤烟、玉米套种;秋荞和马铃薯、玉米或大豆套种,做法是在马铃薯、大豆或玉米套种地的马铃薯收获后种秋荞。

3.混作

在农业生产水平较低的地区,荞麦生产中还有为数不多的与其他作物混作现象。混作的作物有生育期较短的油菜、糜黍等。贵州威宁等地常用兰花籽与荞麦混作,4 月中下旬混种,7 月下旬混收。陕西渭北西部将荞麦与油菜混作。陕西府谷、神木,山西保德、河曲等县,将荞麦与糜黍混作,7 月上旬播种,9 月上旬混合收获,然后混合脱粒,最后用筛子分出荞麦、糜黍。

◇ **典型任务训练**

荞麦种子选择

1.训练目的

能根据荞麦种子选择原则,选择高质量的荞麦种子。

2.材料与用具

2 个品种荞麦种子、记录本、笔、天平、计算器、相机等。

3.实训内容

(1)以小组为单位,因地制宜采用适宜的方法选择出符合要求的种子。

(2)测量种子的净度。

任务三 荞麦栽培主推技术

◇ **学习目标**

1.掌握苦荞麦轻简栽培技术规程。

2.了解荞麦大垄双行栽培技术的优缺点。

◇ 自主学习任务引导

1.扫描右侧二维码,观看微课视频。

2.查阅资料,列举各地荞麦的栽培技术。

◇ 知识链接

一、苦荞麦轻简栽培技术

苦荞麦轻简栽培技术是重庆市推广的主要栽培技术,其目标是绿色、优质、高效;技术核心是优质品种、精量匀播、有机底肥一道清、减氮稳磷钾、绿色防控。主要技术规程如下。

1.选种与处理

(1)品种选择:选用通过重庆市鉴定的抗逆性好、高产、稳产的荞麦良种(如西荞1号、西荞5号)。

(2)种子处理:种子用上一年度或本年度的新种子,播前进行风选,选择粒大、饱满、无病虫害、生活力强的种子,剔除杂质、秕粒,种子质量符合国家要求,根据气温的高低,播前将种子在阳光下晒1~3 d。

2.选地与整地

(1)选地:苦荞种植基地应选择远离工矿区和公路铁路干线,避开工业和城市污染源的地块,要求选择地势较平坦、土壤肥力较高的壤土或沙壤土。

(2)整地:首先清除田间杂草、秸秆、石块等,如果地块长期种植,则不需要耕作;如果土地是多年未种植的荒地,则还需要用旋耕机翻耕20 cm左右,达到土地平整,无大石块,无杂草,无前作秸秆遗留,适宜微耕机作业即可。

(3)划厢与开沟:按200~300 cm划厢,开厢沟宽40 cm、深30 cm,地块四周开深沟排水,开沟宽50 cm、深40 cm。

3.播种

(1)播种期:根据当地气候条件和耕作制度,选择春播或秋播。

(2)播种密度:播种密度为9~12万株/亩。

(3)施肥播种覆土一体化:先按每亩15 kg 45%复合肥(N：P_2O_5：K_2O=15：15：15)作底肥,按厢一次性均匀撒施,后按照3.0~4.0 kg/亩的种子,按厢均匀撒播,最后用微耕机均匀翻耕覆土,盖土厚度3~4 cm,肥料质量符合NY/T 394规定。

4.田间管理

(1)病虫害防治:苦荞在全生育期间,做好清沟排渍,沟内不能有明水,病虫害防治遵循预防为主。如遇苦荞立枯病、霜霉病、轮纹病、病毒病等病害,钩翅蛾、黏虫等虫害(一般不需要喷施农药),物理防治采用轮作、清除、病残植株、灯光诱杀等,病虫害化学防治药剂的使用按照国家标准执行。主要病害、虫害的防治指标、防治适期、防治方法按国家标准执行。

(2)杂草防治:选用高效、低毒、低残留除草剂,在播种后进行土壤封闭处理或在苗期封行前防控杂草。

5.收获

(1)成熟期:全株70%以上籽粒成熟,且籽粒呈现本品种固有色泽(褐色、灰色、黑色等)时及时收获。

(2)人工收割:人工收割后,先在地中扎垛晾晒5~7 d促后熟,脱粒后进行清选。收获及晾晒脱粒过程中,所用工具要清洁、卫生、无污染。

(3)机械收获:面积较大时可使用联合收割机进行收割。

(4)运输:运输工具要清洁、干燥、有防雨设施。严禁与有毒、有害、有腐蚀性、有异味的物品混运。

(5)贮藏:应在避光、低温、清洁、干燥、通风,无虫害和鼠害的仓库储藏。

二、荞麦大垄双行栽培技术

荞麦大垄双行栽培是由内蒙古赤峰农牧科学研究院研发集成的荞麦高产栽培新技术,是变小垄为大垄、变单行种植为双行种植、变人工栽培为机械栽培的技术模式。它适用于我国便于大型机械使用的地区,不适宜湿度较大、土壤黏重的山地丘陵地区推广。要求气候条件如下:年平均气温≥4 ℃,无霜期100 d以上,年有效积温≥1700 ℃,年降水量在300 mm以上。土壤条件如下:耕地坡度小于5°,土体厚度大于30 cm,pH值7.0～8.5。

(一)技术规程

1. 播前准备

(1)选地:最好选择前茬为豆科、马铃薯、糜黍、谷子等作物的地块,忌重茬、向日葵茬和甜菜茬。

(2)整地:翻地深度20 cm以上,及时耙糖,土壤达到松、碎、细、平。

(3)品种选择:选用高产、优质、增产潜力大的品种。可选日本大粒、温莎、库伦大三棱、北早生、赤荞1号、榆荞4号等甜荞品种;陕西白晋荞2号、黔苦5号、云荞1号等苦荞品种。

(4)种子处理。

①晒种:播种前5～7 d,选择晴朗的天气晒2～3 d。

②浸种:使用40 ℃左右的温水浸种10～15 min,捞取沉在下面的饱满种子,晾干备用。

③拌种:使用50%多菌灵可湿性粉剂拌种,用量为种子重量的0.5%。

2. 播种

播期:播种期为6月中上旬。

播量:甜荞种子用量30～45 kg/hm²,保苗60～90万株/hm²;苦荞种子用量22～30 kg/hm²,保苗75～90万株/hm²。

播种方式:采用大垄双行沟播种植(图2-4-6)。垄宽45～50 cm,垄高8 cm;大行距37～42 cm,小行距(8 cm)。可选用大垄双行荞麦播种机(2BF-3型)播种,播种后及时镇压。

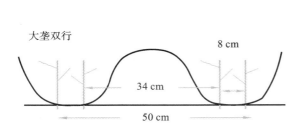

图2-4-6　大垄双行沟播种植

种肥施用:播种时每公顷施尿素45 kg、磷酸二铵75～105 kg、硫酸钾30～45 kg等养分含量复合肥,施用时种肥分离。

3. 病虫防治

蚜虫:出苗至开花之前发现蚜虫为害时,每公顷可使用3%啶虫脒乳油、150～225 mL兑水750～900 kg进行防治。开花后严禁使用,以免伤害蜜蜂。

西伯利亚龟象甲:播种后4～5 d至幼苗出土前发现西伯利亚龟象甲为害时,每公顷可使用8%丁硫啶虫脒乳油450～600 mL兑水450～675 kg均匀喷洒地面。间隔7～10 d后再喷雾一次。

根腐病:发现根腐病时可使用30%恶霉灵水剂,每公顷用600～750 mL兑水450～675 kg喷雾防治。

4. 田间管理

破除板结:播后出苗前遇雨土壤板结,及时浅耙。

中耕除草及追肥:荞麦长出第一片真叶即可中耕除草,现蕾期使用丘陵山地中耕施肥机(图2-4-7)进行深耕地或浅趟地,并追施尿素45～75 kg/hm²。

图 2-4-7　丘陵山地中耕施肥机

花期管理：甜荞开花前 2～3 d 采取蜜蜂授粉，每公顷安放 15～30 个蜂箱。

5. 收获

当 70％左右的籽粒成熟时，采用人工或机械及时收获，避免落粒减产。机械收获可选用自走轮式谷物联合收割机（4 LZ-5 型）或自走式谷物联合收割机（4 LZ-2.5E 型）。籽粒收获后及时晾晒，水分含量≤14.5％后再精选入库。

（二）技术特点

1. 充分利用光热资源

双行种植，即保证荞麦种植的合理密度，又可减少田间郁蔽，改善作物群体通风透光条件，提高了荞麦结实率和百粒重。增加机械铲蹚次数可显著增温和抗旱节水。

2. 实现全程机械化

（1）机械播种。以往的荞麦以人工播种为主，辅以马犁开沟和人工条播，而大垄双行栽培可完成整个机械播种作业，大大提高了生产效率。

（2）机械铲蹚。以往的荞麦除草以人工锄地为主，辅以前期的"马犁铲蹚"（因进不去拖拉机），大垄双行可实现机械铲蹚、培土追肥，即可增强荞麦抗倒伏能力，同时也提高了劳动效率。

（3）机械收割。大垄种植，利于机械化收割作业，即减少成熟期落粒损失，又节约人力成本，提高劳动效率。

3. 利于农事操作

大垄双行栽培模式符合荞麦生长发育特点，在荞麦生长中期也可采用机械铲蹚作业，利于田间杂草的综合防除，减少人力投入，降低生产成本，同时提高荞麦结实率。

4. 增加经济效益

与传统小垄栽培比较，荞麦大垄双行栽培的优点是降低生产成本，保证了荞麦栽培种植全程机械化、轻简化，显著提高荞麦产量，从而增加经济效益。

◇ 知识拓展

荞麦穴播机

荞麦的穴播是指采用勺轮式排种器，并安装好成穴装置，通过拖拉机向前行走，调整播种量，实现穴播。

荞麦穴播机所示为 2B-04A2 型荞麦穴播机（图 2-4-8），该机采用勺轮式排种器，成穴装置采用鸭嘴式成穴装置，播深为 30±10 mm，行距 380±20 mm，穴粒数 3～5 粒，穴距 160～180 mm。样机田间试验结果表明，转速为 40 r/min 时，荞麦穴播机播种穴播合格率为 90％、出苗合格率为 86％、空穴率为 0、播深合格率为 85％、穴距合格率为 100％、行距合格率为 100％。

图 2-4-8　荞麦穴播机

◇　**典型任务训练**

苦荞麦轻简播种技术

1. 训练目的

能利用苦荞麦轻简栽培技术，完成苦荞麦划厢撒播。

2. 材料与用具

皮尺、记录本、笔、苦荞种子、相机等。

3. 实训内容

(1)以小组为单位，在实训基地完成一厢荞麦撒播。

(2)掌握开厢、整地施肥覆土、精量匀播等播种关键技术。

(3)生长期田间调查。

任务四　荞麦收获与贮藏

◇　**学习目标**

1.了解荞麦收获的方式。

2.了解荞麦贮藏注意事项。

3.掌握荞麦收获技术要点。

1. 扫描右侧二维码,观看微课视频。
2. 查阅资料,了解荞麦收获的主要方式及贮藏的注意事项。

◇ 知识链接

一、荞麦收获技术

由于荞麦花序为无限花序,其籽粒成熟度极不一致,且成熟籽粒易脱落,使得荞麦收获损耗大。荞麦收获主要有人工收获和机械收获两种方式。

(一)人工收获

人工收获一般在70%籽粒成熟时(通常在全株2/3籽实呈现黑色、褐色或银灰色)收获,收获后扎垛簇立在田间晾晒5～7 d促后熟,脱粒后进行清选,除去杂质,提高净度,遇雨则及时收割脱粒。

铺油布人工脱粒,所用工具要清洁、卫生、无污染。

彻底晒干,含水量不得超过15%,晒干不及时或不彻底易产生黄曲霉素。

(二)机械收获

由于荞麦多为无限总状花序,生殖生长期占全生育期的2/3,植株不同部位的麦粒形成和成熟期很不一致,其籽粒成熟度极不一致,且成熟籽粒极易脱落,适时收获是保证荞麦丰产丰收的重要条件。若收获时期过早,部分种子灌浆不充分,未成熟的籽粒所占比例高,籽粒品质差,且籽粒含水量较高,不适宜机械化收获。若收获过迟,炸裂落粒损失大,造成丰产不丰收。因此,开发适合荞麦收获特性的收获机械对促进荞麦的产业化发展,提高农民收入,助力农业结构调整等方面具有非常重要的现实意义。

生产中,当田间荞麦大部分植株有2/3以上籽粒实呈现成熟色泽时,即为收获期,此时可选择适宜的收割机进行收获,收获后要及时晒干,除去杂质、碎秆、碎叶等,便于贮藏。

(1)按喂入方式分类可将联合收割机分为全喂入式和半喂入式。全喂入联合收割机一般采用卧式割台,割台将切割下来的谷物全部喂入滚筒脱粒。其适应性较好,且结构简单,缺点是茎秆不完整,动力消耗大。小麦、大豆、油菜等作物多采用全喂入收割机。半喂入联合收割机多采用立式割台,割台切割下来的作物仅穗头部进入脱粒滚筒脱粒,这种机型保持了茎秆的完整性,减少了脱粒、清选的功率消耗。目前南方水稻产区多使用这种喂入方式的联合收割机。结合荞麦的生产情况来看,荞麦机收应以全喂入卧式割台联合收割机作业为宜,且选用的收割机性能应达到破碎率≤1.5%,脱净率≥98%,清洁度≥95%。收割作业中,一般情况下应保证割茬高度不高于5 cm,且做到不漏割、不重割,收获总损失低于3%。

(2)按收获方式主要分为一次性机械化联合收获和分段收获两种。

①一次性机械化联合收获是利用联合收获机在田间一次性完成收割、脱粒、清选等作业,具有损失率低,土壤结构破坏性小,收获效率高,省时省力,节约成本等优点。荞麦一次性机械化联合收获是对现有的谷物联合收获机进行参数调整和结构改造后用于荞麦收获。在高寒地区,荞麦成熟时会有大量叶子掉落,或者荞麦在成熟期易受到霜冻,采用一次性机械化联合收获的效果较好。

②分段收获是将荞麦在适收期割倒后晾晒一定时间,让荞麦籽粒充分后熟,降低茎秆和籽粒的含水率,然后再进行脱粒、清选等收获作业,可改善荞麦收获籽粒的质量和品质。分段各环节作业宜在清晨进行,此时空气湿度大,籽粒不易掉落。分段收获方式主要有人工收获、半机械化收获和两段机械化联合收获三种。在气候温暖的荞麦种植区,由于荞麦成熟时其植株茎秆和叶子含水率较高,宜采用两段机械化收获方式。

二、荞麦的贮藏

荞麦含有较高脂肪和蛋白质,遇高温蛋白质会变性,品质变劣,因此荞麦的贮藏条件要求较高,要求仓库应具备防水、防潮、隔热、防鼠、防虫和防菌、通风、防火等基本条件。

荞麦收获后要及时脱粒晾晒,降低籽粒含水量,荞麦籽粒的含水量降至 13% 以下才可入库,适宜低温储存。在贮藏过程中,要经常注意对种子的检查观察,若发现种子水浸、发热及虫害时,应及时处理,以免造成损失。要特别注意霉变引起的黄曲霉素超标。

(一)农户科学储粮仓

农户科学储粮仓是以彩钢板为材料制作的储粮装具(图 2-4-9)。每个小型粮仓直径为 1.18 m,三层组装后的高度为 1.53 m,容积为 1.50 m³,可储备荞麦米粒 900 kg。为了便于取粮,粮仓底层上装有一个出粮口。相比传统的袋装、罐装等储粮方式,储粮仓坚固耐用、操作简单、搬动方便;可防鼠、防雀、防潮;储存的粮食不易生虫、发霉;经济、美观且节省空间。

图 2-4-9　农户科学储粮仓

为了便于运输,购买时是收拢以后的仓,可按照以下步骤进行安装。

(1)选择放置位置。储粮仓应放置在室内脊背向太阳一侧,以最大限度减少太阳辐射引起的粮食温度升高。

(2)使用前,最好先在地坪上用砖砌一个直径为 1.2 m 的圆形台阶,高度为一层或两层砖的厚度,台阶的周围和上面用水泥砂灰抹平。

(3)将防潮垫放置在水泥台阶上。

(4)打开仓盖,取出储粮仓的上仓,将出粮口安装到底仓侧壁上,并盖上出粮口盖。取出时,需要抓住底仓上壁的两侧,均衡用力向上提,并避免将仓体外部的油漆划伤或碰落。

(5)将储粮仓的底仓平稳放置在防潮垫上。

(6)安装上仓。将上仓翻转 180°,然后套入到底仓中。安装完成后请不要用力往下压,以免将仓体压变形。

(7)最后,将粮仓的上盖盖在仓顶上。

农户自贮荞麦时,为防止荞麦入库后仓温升高与变质现象发生,应通过充分晾晒,将荞麦籽粒的含水率降至13%以下,达到"手握干滑,口咬脆响"的要求。同时,储藏前可通过风扬、风车、筛子等清理除杂,除去荞麦中的害虫、各种有机和无机杂质,以减轻虫霉感染。

(二)可通风式储粮仓

由于荞麦籽粒呼吸,仓温上升,降仓温和通风是仓房必不可少的日常管理工作。常规的仓储需要保管员不断翻动粮面,通风降温散湿,操作较为频繁,工作强度大。可通风式储粮仓由底座、筒节、顶盖经插接构成(图2-4-10)。底座为钢架结构,筒节安装在底座上形成筒仓。仓体中央设有管壁,开有小孔,经插接构成通风管,中央通风管连接底座下的风机。仓体顶部设有锥形顶盖。整体采用组合式结构,使用时组装方便,不用时可拆卸放置,不占空间。储粮可防鼠咬,加之通风性能好,又可防止粮仓变霉、虫蛀。

图2-4-10 可通风式储粮仓

◇ 知识拓展

黄曲霉毒素与人类的健康

人类健康受黄曲霉毒素的危害主要是来源于人们食用被黄曲霉毒素污染的食物。国家卫生部门禁止企业使用被严重污染的粮食进行食品加工生产,并制定相关的标准监督企业执行,亚洲和非洲的疾病研究机构的研究工作表明,食物中黄曲霉毒素与肝细胞癌变呈正相关性,长时间食用含低浓度黄曲霉毒素的食物被认为是导致肝癌、胃癌、肠癌等疾病的主要原因。1988年,国际肿瘤研究机构将黄曲霉毒素B1列为人类致癌物。除此以外,黄曲霉毒素与其他致病因素(如肝炎病毒)等对人类疾病的诱发具有叠加效应。

黄曲霉毒素B1的半数致死量为0.36 mg/kg体重,属特剧毒的毒物范围,动物半数致死量<10 mg/kg,它的毒性比氰化钾大10倍,比砒霜大68倍。它引起人的中毒主要是损害肝脏,发生肝炎肝硬化,肝坏死等。临床表现有胃部不适食欲减退,恶心呕吐,腹胀及肝区触痛等;严重者出现水肿昏迷,甚至抽搐而死。黄曲霉毒素是目前发现的最强的致癌物质,其致癌力是奶油黄的900倍,是二甲基亚硝胺的75倍,是3,4-苯并芘的4000倍。它可能诱发肝癌、胃癌等。

◇　典型任务训练

苦荞麦人工收获

1.训练目的

能完成苦荞麦的收割、扎垛、脱粒工作。

2.材料与用具

油布、油布、天平等。

3.实训内容

(1)以小组为单位,在实训基地完成一厢荞麦收获。

(2)测量亩产。

项目五　大豆生产技术

大豆是我国重要粮食作物之一，约有1000个栽培品种。大豆含脂肪约20%，蛋白质约40%，含有丰富的维生素。茎、叶、豆粕及粗豆粉是优良的牲畜饲料。豆粕经加工制成的组织蛋白、浓缩蛋白、分离蛋白和纤维蛋白可生产多种食品，如酱油、人造肉、干酪素、味精。豆油可用于制造润滑油、油漆、肥皂、瓷釉、人造橡胶、防腐剂等。榨油后的下脚料可生产出许多重要产品，如用于食品工业的磷脂以及甾体激素原料。

任务一　认 识 大 豆

1. 了解大豆的起源与分布。
2. 了解大豆的生物学特性。
3. 了解大豆栽培的生态环境。

1. 扫描右侧二维码,观看微课视频。
2. 查阅资料,列举我国栽培大豆的主要省份。
3. 描述影响大豆生长发育的环境条件。

一、大豆的起源与分布

大豆属双子叶植物纲,豆科,蝶形花亚科,大豆属,大豆亚属,该亚属包括栽培大豆(*Glycine max*(L.) Merri.)和一年生野生大豆(*Glycine soja* Sieb. et Zucc.)两个物种(图 2-5-1),但栽培大豆与野生大豆间不存在生殖隔离现象,能够进行正常杂交,后代可育。

(a) 栽培大豆　　　　　　　　　　(b) 一年生野生大豆

图 2-5-1　栽培大豆和野生大豆

（一）大豆的起源

栽培大豆由一年生野生大豆驯化而来，中国是世界公认的大豆原产国，学术界有黄淮地区起源说、南方起源说、东北起源说、多中心起源说等。野生大豆为草本，茎细长而蔓生，荚果窄小，成熟时易炸荚，种皮黑色，百粒重不足 3 g。栽培大豆主茎发达、秆强抗倒、叶片宽大、种皮多为黄色、百粒重 20 g 左右，二者形成鲜明对比。据文字记载，早在神农时期（约公元前 2550 年），大豆就被广为种植。《诗经·大雅·生民》中记载了周始祖后稷种植大豆的情形："蓺之荏菽，荏菽旆旆。""荏菽"即大豆。在黑龙江宁安市、吉林省永吉县发现距今 2600～3000 年的碳化大豆，在洛阳皂角树遗址发现距今 3600～3900 年的大豆籽粒，在内蒙古夏家店发现距今 3500～4000 年的碳化大豆。

（二）大豆的传播分布

公元前 2 世纪，大豆由我国传入朝鲜，而后又自朝鲜传至日本。在公元 6 世纪左右，中国南方晚熟大豆又由海路引种至日本九州一带。

德国植物学家英格尔伯特描述了大豆及大豆食品，西方国家从此才将大豆及其相关食品联系起来。1737 年，大豆传入荷兰。1739 年，大豆传入法国。1790 年，大豆传入英国。1765 年，大豆传入美国，大豆在美国种植的最早记录是 1804 年，最初在佐治亚州试种，生长良好。1882 年，大豆传入阿根廷，巴西大豆引种相对较晚，但发展很快。1960 年，巴西从美国引进源自我国或日本低纬度地区营养生长期长的"长童期"大豆种质，培育出适应短日照与高温条件的"热带大豆"，种植面积迅速扩大，成为世界第一大豆生产国和出口国。

由于世界各国的大豆均直接或间接引自中国，许多国家的语言中至今仍保留着大豆古汉语"菽"的发音，如拉丁文（soja）、英文（soy）、法文（soya）和德文（soja）等，间接证明了中国是大豆的原产地。

二、我国栽培大豆分类

（一）大豆按播种季节分类

大豆按其播种季节的不同，可分为春大豆、夏大豆、秋大豆和冬大豆 4 类。我国以春大豆为主。

（1）春大豆。一般在春天播种，10 月收获，11 月开始进入流通渠道。产区主要分布于东北三省，河北、山西中北部，陕西北部及西北各省（区）。

（2）夏大豆。大多在小麦等冬季作物收获后再播种，耕作制度为麦豆轮作的一年二熟制或二年三熟制。产区主要分布于黄淮平原和长江流域各省。

（3）秋大豆。通常是早稻收割后再播种，当大豆收获后再播冬季作物，形成一年三熟制。产区分布于浙江、江西的中南部、湖南的南部、福建和台湾。

（4）冬大豆。冬季播种的大豆，主要分布于广东、广西、云南的南部。这些地区冬季气温高，终年无霜，春、夏、秋、冬四季均可种植大豆。

（二）按种皮的颜色和粒形分类

大豆按其种皮的颜色和粒形可分为黄大豆、青大豆、黑大豆、其他色大豆和饲料豆。其中，黄大豆占大豆总量的 90% 以上。

（1）黄大豆，种皮为黄色。按粒形又分东北黄大豆和一般黄大豆两类。

（2）青大豆，种皮为青色。

（3）黑大豆，种皮为黑色。

（4）其他色大豆，种皮为褐色、棕色、赤色等单一颜色大豆。

（5）饲料豆（秣食豆），一般籽粒较小，呈扁长椭圆形。

三、大豆的生物学特性

（一）大豆的生育阶段和生育时期

不同的大豆生育阶段和生育时期生产管理和技术不同，追求的目标也不一样。在实践中能够熟练掌握并应用于生产是非常必要的。大豆的一生分为 3 个阶段、6 个时期。

1. 营养生长阶段(从播种到开花)

(1)种子萌发期。从播种到幼苗出土,需要 7～10 d(图 2-5-2)。此期应做好播后苗前化学除草工作。

图 2-5-2　萌芽期

(2)幼苗期:从出苗到分枝出现,需要 20～30 d(图 2-5-3)。此期应早定苗、补苗,深松、铲蹚,促进根系生长发育。

图 2-5-3　幼苗期

(3)分枝期:从分枝出现到开花需要 20～30 d(图 2-5-4)。此期应多铲、多蹚,及时防治蚜虫等病虫害。

图 2-5-4　分枝期

2. 营养生长和生殖生长并进阶段

开花期：从开花到终花需要 18～40 d（图 2-5-5）。此期需要大量水分和养分，注意及时灌水，在始花期至初荚期如果长势弱，可喷施叶面肥或磷酸二氢钾、尿素等，如果生长过旺，可喷多效唑等，做到促控结合。

图 2-5-5　开花期

3. 生殖生长阶段：从结荚至成熟

（1）结荚鼓粒期：从终花到黄叶前，需要 30～35 d（图 2-5-6）。此期应保证水分供应，及时防治病虫害。

图 2-5-6　结荚鼓粒期

（2）成熟期：自黄叶开始至完全成熟，需要 10 d 左右（图 2-5-7）。此期若阴雨连绵、低温早霜，则会影响种子的成熟和质量。

（二）大豆生长发育特性

1. 根

大豆为直根系，有主、侧根之分。主根上长出许多侧根，主根长到一定程度后，发育不明显，因此主、侧根难以分辨（图 2-5-8）。根系可入土 1 m 左右，侧根先水平生长，之后急转直下生长，使整个根系形如钟罩。大豆根系 80% 以上分布在 5～20 cm 土层中，10% 分布在 20～30 cm 土层中，只有少量根系分布在 30 cm 土层以下。靠近地表的茎基部，由于培土会产生许多须状不定根，它们同样有吸收作用，加强中耕会促使不定根的量增加。大豆根系会着生许多根瘤。根瘤菌的生命活动，是靠大豆植株光合产物作为能源，同时吸收空气中游离的氮素，固定成含氮化合物，供大豆生长发育之需。根瘤菌固定的氮素，可占大豆需氮量的1/3～1/2，是大豆重要肥料来源。固氮菌是好气性细菌，土壤疏松、通透性能好，有利于根瘤菌的生长、发育。

图 2-5-7　成熟期

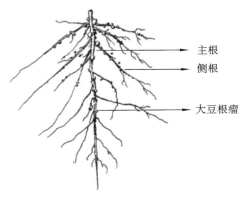

主根
侧根

大豆根瘤

图 2-5-8　大豆的根系

2. 茎

大豆茎的生长习性因品种而异,有直立丛生型的,也有半蔓生和蔓生型的。主茎下部腋芽可形成分枝,上部的腋芽多形成花芽。生长环境条件良好时,有利于主茎基部腋芽早发育成分枝。分枝多且粗壮的大豆单产高。依据茎的生长习性可将大豆划分为 3 种类型。

(1)蔓生型。主茎细而长,分枝发达,主茎和分枝的粗、细、长、短区别不明显,植株上部具有明显的缠绕性或匍匐性,叶片和种子均较小,多为无限结荚习性,在系统发育上近原始类型,抗逆性强,不耐水、肥,产量较低。

(2)半蔓生型。主茎较粗,茎的上部细且时有缠绕。在水肥充足的条件下,缠绕性较强;在土壤瘠薄,水、肥不足时,就直立不倒。无限结荚习性品种属此类。

(3)直立型。植株矮,节间短,茎秆粗壮直立不倒,分枝短且少,荚密耐水、肥,多为有限结荚习性,一般产量高(图 2-5-9)。大豆茎上长叶的地方为节。节与节之间叫节间。主茎上的节间多少、长短因品种和栽培条件而有所不同,通常节数多的高产。过于密植或迟播种,会使节数减少而减产。

3. 叶

大豆叶片出苗后的初生叶为单叶,从第二节以上几乎全部是由 3 个小叶片组成的复叶(图 2-5-10)。有的是 5 个或 7 个小叶片组成复叶。同一植株居于上部的叶片较下部叶片细长。在多数条件下,阔叶形的品种产量较高,但狭叶形的品种透光性好,适于密植栽培。

4. 花

大豆的花很小,为蝶形花,着生在叶腋间的茎上和茎的顶端(图 2-5-11)。花朵聚生在花梗上叫花簇。在

图 2-5-9　大豆的茎(直立型)

(a) 阔叶形　　　　　　　　　　　　　　　　(b) 狭叶形

图 2-5-10　大豆的叶

开花前的下午,花瓣会伸出花萼片。一般在次日上午花瓣张开前,已经完成自花授粉。因此大豆天然杂交率很低,为 0.1%～0.5%。

图 2-5-11　大豆的花

5. 荚

大豆的果实叫荚果(图 2-5-12)。

根据大豆荚果在植株上的分布和生长习性的不同,通常分为 3 种类型。

(1)无限结荚习性。主茎和分枝的顶芽不转变成顶花序,在适宜的环境条件下,可保持继续生长的能力。常常一面开花结荚,另一面进行茎叶生长,其营养生长与生殖生长重叠时间较长。开花顺序是主茎基部的花朵先开,然后由下向上,由内向外陆续开放。这类品种开花期长,结荚分散,基部与顶部荚成熟程度

图 2-5-12　大豆的荚

不一致,常是基部荚已进入籽粒充实阶段,而顶部尚在孕蕾开花。晚熟种多属此类型。当生长环境不适合生长时,顶端节上常在长出 1～2 个小荚后停止生长。本类型大豆适合在气候冷凉地区种植。

(2)亚有限结荚习性。开花习性同无限开花结荚习性。由主茎基部先开花,逐渐向上开放,由内向外开花。但这类品种顶端结荚率较高,形成一簇荚果。这类品种对肥、水条件要求高,在生产水平较高时能发挥生产潜力。

(3)有限结荚习性。有限结荚习性大豆品种在开花后不久,主茎和分枝顶端即形成一个顶生花簇荚果,以后节数不再增加,茎秆停止生长。主茎粗,节间短,叶柄长,叶片肥大,豆荚比较集中。一般在水、肥充足的条件下,有限结荚习性品种生长旺盛,不易倒伏,适于在生长季节较长的地区栽培,多属早熟或中熟品种。

6.种子

大豆是双子叶植物,种子由种皮和胚组成(图 2-5-13)。大豆的子叶由两种颜色组成,黄色子叶大豆的种皮由五种颜色(即黄、黑、青、褐、双色)组成,而绿色子叶大豆的种皮只有两种颜色,即由黑色和青色组成。大豆品种随种皮颜色由黄、青、黑、褐、双色的变化,含油量逐渐下降。同时含油量也与纬度有关,纬度由高到低,含油量逐渐下降,蛋白质含量逐渐升高。

图 2-5-13　大豆的种子

四、大豆栽培的生态环境

大豆的营养生长、生殖生长与外界环境有着密切的关系(外界环境包括温度、光照、水分、土壤和养分等),直接影响大豆的生长发育。

(一)温度

大豆是喜温作物,不同品种在生育期内所需的≥10 ℃活动积温相差很大,一般需 2400～3800 ℃。大豆种子在 6～7 ℃即可发芽,但生长缓慢,故以土壤表层 5～10 cm 地温稳定在 8～10 ℃时,播种最为适宜。开花最适宜的温度为 20～26 ℃。豆荚形成或鼓粒期气温不低于 15 ℃,开花结荚期要求 19 ℃以上,适宜的温度在 25 ℃,大豆开花结荚期气温低于 19 ℃的地区不能种植大豆。

(二)光照

大豆是短日照作物,对日照长短反应非常敏感。因此大豆分布区域虽广,但品种的适宜性很窄。大豆对短光照条件的需求是必不可少的。大豆自南方引向北方时,由于纬度升高,日照变长,原产于南方地区的短日照条件得不到满足,开花和成熟均推迟,甚至在霜前不能成熟。反之,大豆提早成熟,植株变得矮小。

(三)水分

大豆是需水较多的作物。每形成 1 g 干物质会消耗水分 600～750 g,平均每株大豆一生需水 17.5～30 kg,形成 1 kg 大豆籽粒需耗水 2 t 左右。大豆幼苗期根系生长较快,茎叶生长较慢。此期土壤湿度为 20%～30%,占田间持水量的 60%～65% 为宜。分枝期是大豆茎叶开始繁茂、花芽开始分化的时期,这时土壤湿度以保持田间持水量的 65%～70% 为宜。若土壤湿度低于 20%,应适量灌水,并及时中耕松土。开花结荚期水分不足会造成植株生长受阻,花荚脱落,此期土壤水分不应低于田间持水量的 65%～70%,达最大持水量的 80% 为宜。结荚鼓粒期缺水容易造成秕粒,此期应保持田间持水量的 70%～80%。进入鼓粒期后,转入完全的生殖生长,此时缺水会导致叶片凋萎,百粒重下降,空秕荚增多,此期应保持田间持水量的 70%～75%。成熟期田间持水量以 20%～30% 为宜,保证豆叶正常转黄脱落,无早衰现象。

(四)土壤

大豆对土壤条件的要求并不十分严格,凡是灌排良好、肥沃、土层深厚的土壤,大豆都可以良好生长。从土壤性质来看,沙壤土、壤土、黏土、白浆土、轻碱土、荒漠灌耕土均可种植。土壤 pH 值以 6.8～7.8 为最佳,微碱土壤可促进土壤中根瘤菌的活动,有利于大豆的生长发育。

(五)养分

大豆全株需氮为 2.5%～3.5%,以结荚期吸氮量最大,苗期与成熟期吸氮量较小。大豆是需磷较多的作物,幼苗到开花期间对磷最为敏感,前期如能满足对磷的需求,后期缺磷也不至于大幅度减产,所以磷肥以种肥和底肥最好。磷对促进大豆根瘤菌固氮作用十分重要,能增加大豆的单株固氮量,达到以磷促氮的效果。当 100 g 干土中有效磷含量在 15 mg 以下时,大豆施用磷肥即有增产效果。

◇ 知识拓展

大豆的营养价值和经济价值

大豆具有很高的营养价值和经济价值,可制作各种美味可口的豆制品,也可用于榨油,并制成豆饼、豆粕等。大豆含油率为 17%～25%,是榨油的优质原料,豆油则是优质食用油。大豆和豆油除直接食用外,还可广泛用于食品工业和化学工业。大豆的副产品豆饼、豆粕是十分理想的饲料,脱脂的豆饼还可以用来造纸、作涂料、制造人造纤维和塑料等。

大豆富含蛋白质和油,是重要的粮油兼用作物。大豆籽粒中蛋白质含量 42%,脂肪含量 20%,碳水化合物含量30%～33%。它的蛋白质含量比小麦、玉米、大米等粮食作物高2～4倍，并含人体必需的8种氨基酸，特别是人体不能合成的赖氨酸和色氨酸的含量分别占2.3%和0.5%，属全价蛋白，易被人体吸收。大豆是重要的战略物资。

在统计口径上，国际上大豆被定义为一种油料作物，而我国把它定义为一种粮食作物。美国大豆含油量较高，通常含油18%，而我国大豆蛋白质含量较高，含油量相对较低（16%～17%）。由于这个原因，美国大豆一般不用于直接食用或加工食品（如做豆腐），而主要用于榨油。这是中美大豆品质的差异。日本和东南亚每年都进口部分中国大豆制作食品。

此外豆粕常用来作为富含蛋白质的饲料。

◇ **典型任务训练**

大豆的生物学特性调查

1.训练目的

对大豆当前所处的生育时期以及大豆的生长发育特性进行调查，提升对大豆生育时期的认识，熟悉大豆各器官的生长发育特征和特性，同时培养爱农情怀，促进大产业观的树立。

2.材料与用具

皮尺、记录本、笔、相机等。

3.实训内容

（1）到当地大豆种植地开展大豆生育时期调查，观察大豆生长目前所处的生育时期及其典型特征。

（2）到当地大豆种植地开展大豆生长发育特性调查，观察当前大豆根、茎、叶、花、荚或种子器官的形态特征。

任务二　大豆播种技术

◇ **学习目标**

> 1.掌握大豆的播种流程。
> 2.学会大豆种子发芽试验。
> 3.掌握大豆播种量的计算方法。

◇ **自主学习任务引导**

> 1.扫描右侧二维码，观看微课视频。
> 2.查阅资料，描述西南地区常见的大豆播种方式。
> 3.简要描述当前大力推广的玉米大豆带状复合种植技术。

◇ **知识链接**

一、土壤准备

播种前的土壤准备,包括播前整地、播前灌溉、播前封闭除草等几项工作。

（一）播前整地

播前整地,包括播前进行的土壤耕作及耙、耕、压等。整地技术不同,播前整地工作也有所不同,如平翻、垄作、耙茬、深松等。

1. 平翻

平翻多用于我国北方一年一熟制的春大豆地区。通过耕翻,加速土壤熟化及养分的充分利用,创造一定深度的疏松耕层,翻埋农家肥残茬、病虫、杂草等,为提高播种质量和出苗创造条件。

翻地时间因前作而不同,有时也因气候条件限制有所变化。如麦茬实行伏翻,应在 8 月翻完,最迟不能超过 9 月上旬。一般来讲,伏翻有利于土壤积蓄雨水;秋翻可防止春播前土壤丧失过多水分,但秋翻不适时,水分过多形成大土块,效果反而不如春翻。

2. 垄作

垄作是我国东北地区常用的传统耕作方法。耕翻后成垄,能提高地温,加深耕作层,并能排涝抗旱。当春小麦收获后,立即搅茬成垄,待表土稍干后,压一遍,翌年可垄上播种。玉米高粱或谷子收获后,以原垄越冬,早春解冻前,用重耢子耢碎茬管,然后垄翻扣种,垄翻后及时用木碌子镇压垄台。

3. 耙茬

我国东北春大豆区和黄淮流域夏大豆区均有采用耙茬。耙茬是平播大豆的浅耕方法。此法既可防止过多耕翻破坏土壤结构,造成土壤板结,又可减少深耕机械作业费用。在东北春大豆区,耙茬耕法主要用于前作为小麦的地块。小麦收获后,用双列圆盘耙灭茬,对角耙 2 遍,翌年播前再耢 1 遍,即可播种。黄淮流域夏大豆区,前作冬小麦收获后,先撒施底肥,随即用圆盘耙灭茬 2～3 遍,耙深 15～20 cm,然后用畜力轻型钉齿耙浅耙 1 遍,耙细、耙平后播种。

4. 深松

深松耕法采用机械化作业,方法多样,是一种很有发展前途的耕法。利用深松铲可耕松土壤而不翻转土层。实行间隔深松,打破平翻耕法或垄作耕法形成的犁底层,形成虚实并存的耕层结构。垄深 15～20 cm,不宜过深,垄沟深松可稍深,一般可达 30 cm。同时,以深松为手段可完成追肥、除草、培土等作业。

（二）播前灌溉

对于墒情不好的地块,有灌溉条件的可在播前 1～2 d 灌水 1 次,浸湿土壤即可,有利于播后种子发芽。

（三）播前封闭除草

播种前在土壤中施用除草剂进行封闭除草成为大豆主产区化学除草的主要形式(图 2-5-14)。常用的除草剂有速收、宝收、广灭灵、都尔、普乐宝、赛克等。具体施用剂量和方法参见产品使用说明。

二、种子准备

（一）精选种子

播种前,用粒选器及人工精细粒选,剔除病粒、虫蚀粒、小粒、未成熟粒及其他混杂粒(图 2-5-15)。精选后净度要达到 97% 以上,纯度要达到 98% 以上。

（二）发芽试验

发芽试验是计算播种量的依据(图 2-5-16)。随机取 300～500 粒种子,放入小布袋内或培养皿中,用水浸泡 3～5 h,充分吸胀后,放在 20 ℃左右的温暖处,5～7 d 后取出计算发芽率。要求发芽率 95% 以上。

图 2-5-14　播前封闭除草

图 2-5-15　未清选的种子

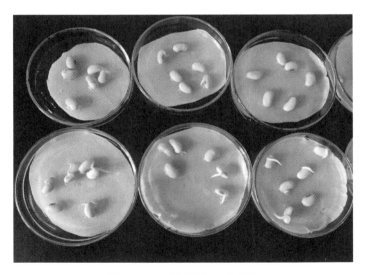

图 2-5-16　大豆种子发芽试验

（三）播种量计算

根据粒选后种子的净度及发芽率算出每亩播种量（单位为 kg）。

$$每亩播种量＝[每亩保苗株数×千粒重×(1＋田间损失率)]/[净度×发芽率×10^6]$$

田间损失率一般为 0.1，需人工间苗的田间损失率按 0.2～0.3 计。

（四）种子处理

为防治蛴螬、地老虎、根蛆、根腐病等苗期病虫害，常用种子重量的 0.1%～0.15% 辛硫磷或 0.7% 灵丹粉或重量的 0.3%～0.4% 多菌灵加福美霜（1∶1），或用重量的 0.3%～0.5% 多菌灵加克菌丹（1∶1）拌种。药剂拌种与钼酸铵拌种同时进行时，先用钼酸铵拌种，阴干后再拌药剂。采用根瘤菌拌种后，不能再拌杀虫剂和杀菌剂。

三、播种时期

在同样的生产条件下，播种期早晚对产量和品质的影响非常大。播种过早或过晚，对大豆生长发育不利。适时播种，保苗率高，出苗整齐、健壮，生育良好，茎秆粗壮。播种过晚，出苗虽快，但苗不健壮，如遇墒情不好，还会出苗不齐。北方大豆产区，晚熟品种易遭早霜危害，有贪青、晚熟、减产的危险；播种过早，在东北地区，由于土壤温度低，发芽迟缓，易发生烂种现象。

地温与土壤水分是决定春播大豆适宜播种期的两个主要因素。一般认为，北方春播大豆区，5～10 cm 土层内，日平均地温 8～10 ℃，土壤含水量为 20% 时，播种较为适宜。所以，东北地区大豆适宜播种期在 4 月下旬至 5 月中旬，其北部 5 月上中旬播种，中部 4 月下旬至 5 月中旬播种，南部 4 月下旬至 5 月中旬播种；北部高原地区 4 月下旬至 5 月中旬播种，其东部 5 月上中旬播种，西部 4 月下旬至 5 月中旬播种；西北地区 4 月中旬至 5 月中旬播种，其北部 4 月中旬至 5 月上旬播种，南部 4 月下旬至 5 月中旬播种。

黄淮海区夏播大豆 6 月中下旬播种。南方地区，长江亚区夏播大豆 5 月下旬至 6 月上旬播种，春播大豆 4 月上旬至 5 月上旬播种；东南亚区，春大豆 3 月下旬至 4 月上旬播种，夏大豆 5 月下旬至 6 月上旬播种，秋大豆 7 月下旬至 8 月上旬播种；中南亚区，春大豆 3 月下旬至 4 月上旬播种，夏大豆 6 月上中旬播种，秋大豆 7 月中旬至 8 月上旬播种；西南亚区，春大豆 4 月播种，夏大豆 5 月上中旬播种；华南亚区，春大豆 2 月下旬至 3 月上旬播种，夏大豆 5 月下旬至 6 月上旬播种，秋大豆 7 月播种，冬大豆 12 月下旬至翌年 1 月上旬播种。

夏播和秋播大豆由于生长季节较短，适期早播很重要。另外，播种期也可根据品种生育期类型、地块的地势等加以适当调整。晚熟品种可先播，中、早熟品种可适当后播。春旱地温、地势高的，可早些播种，土壤墒情好的地块可晚些播，岗平地可以早些播种。

四、播种方法

大豆的播种方法有窄行密植播种法、等距穴播法、60 cm 双条播、精量点播、原垄播种、耧播、麦地套种、板茬种豆等。

（一）窄行密植播种法

缩垄增行、窄行密植，是国内外广泛采用的栽培方法（图 2-5-17）。改原来 60～70 cm 宽行距为 40～50 cm 窄行密植，一般可增产 10%～20%。此种种植方法，从播种、中耕管理到收获，均可采用机械化作业。由于机械耕翻地，土壤墒情较好，出苗整齐、均匀。窄行密植后，合理布置了群体，充分利用了光能和地力，并能够有效地抑制杂草生长。

（二）等距穴播法

机械等距穴播提高了播种工效和质量。出苗后，株距适宜，植株分布合理，个体生长均衡。群体均衡发展，结荚密，产量较条播增产 10% 左右。

图 2-5-17　大豆窄行密植长势

（三）60 cm 双条播

在深翻细整地或耙茬细整地基础上，采用机械平播，播后结合中耕起垄。优点是及时播种，种子直接落在湿土里，播深一致。种子分布均匀，出苗整齐，缺苗断垄少。机播后起垄，加上精细管理，故杂草少，土地疏松。

（四）精量点播

在秋翻耙地或秋翻起垄基础上刨净茬子，在原垄上用精量播种机（图 2-5-18）或改良耙单粒，双粒平播或垄上点播的一种方法。能做到下籽均匀，播深适宜，保墒、保苗。还可集中施肥，不需间苗。

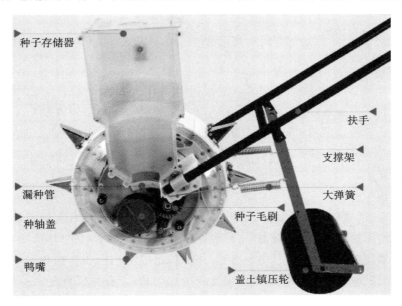

图 2-5-18　大豆精量播种器

种子存储器

扶手

支撑架

漏种管

大弹簧

种轴盖

种子毛刷

鸭嘴

盖土镇压轮

（五）原垄播种

原垄播种在东北地区又称原垄卡种。在干旱条件下，为防止土壤跑墒，采取原垄茬上播种，具有抗旱、保墒、保苗的重要作用，还有提高地温、消灭杂草、利用前茬肥和降低作业成本的好处。

（六）耧播

黄淮海流域夏播大豆地区，常采用耧播法播种。一般在小麦收割后抓紧整地，耕深 15～16 cm，耕后耙平耱实，抢墒播种。在劳力紧张、土壤干旱情况下，可边收麦、边耙地灭茬，随即用耧播种（图 2-5-19）。播后再耙耕 1 次，使土壤细碎、平整，以利于出苗。

图 2-5-19　汽油自走式播种机（耧播）

（七）麦地套种

夏播大豆地区多在小麦成熟收割前于麦行里套种大豆。一般 4 月中下旬套种，用耧式镐头开沟，种子播于麦行间，随即覆土镇压。

（八）板茬种豆

湖南、广西、福建、浙江等省区种植的秋大豆多采用板茬种豆法播种。一般在 7 月下旬至 8 月上旬播种。适时早播为佳，在早稻或中稻收获前，即先排水露田，但不能排得过干，水稻收后在原茬行上穴播种豆。一般每亩 1 万株左右，每穴 2～3 株，播完后第二天再漫灌催芽水，浸泡 5～6 h 后，将水排干。

五、合理密植

合理密植是提高大豆产量的重要措施。土壤肥力、品种繁茂性、播种期、气候条件等因素与密度均有着密切的关系。农间谚语"肥地宜稀，瘠地宜密"只是侧重考虑了肥力因素，在具体确定种植密度时，还应考虑其他因素。例如，种植繁茂性差的品种，即使土壤肥力较高，也应适当密植。播种密度还应随播种期早晚适当调整，由于大豆对光温反应较敏感，播种期早，则营养生长期长，较正常播种的大豆繁茂，因而播种密度应适当稀疏。反之，种植密度应适当加大。

在春大豆种植区，大豆生长期较长，生育期间处于温暖多雨季节，植株生长较为繁茂，种植密度应适当减小。夏大豆整个生长期处于炎热的夏季，生长发育快，密度可增大。秋大豆多种于我国长江以南地区，生育期间处于炎热高温条件下，植株生长发育快，密度也应适当增大。一般可参考下列种植密度。

（一）北方春大豆的播种密度

在肥沃土地上，种植分枝性强的品种，每亩保苗 0.8～1 万株为宜。瘠薄土地，分枝性弱的品种，每亩保苗 1.6～2 万株为宜。高纬高寒地区,种植的早熟品种,每亩保苗 2～3 万株。在种植大豆的极北限地区,极早熟品种每亩保苗 3～4 万株。

（二）黄淮平原和长江流域夏大豆的播种密度

一般每亩 1.5～3 万株。有灌溉条件的平川肥沃土地,每亩保苗 1.2～1.8 万株。肥力中等及一般肥力的地块,每亩保苗 2.2～3 万株为宜。

（三）南方秋大豆的播种密度

以每亩保苗 2～3 万株为宜。

◇ 知识拓展

大豆种子包衣技术

1.种子包衣的作用

（1）能有效地防治大豆苗期病虫害,如第一代大豆孢囊线虫、根腐病、根潜蝇、蚜虫、二条叶甲等。因此可以缓解大豆重、迎茬减产现象。

（2）促进大豆幼苗生长。特别是重、迎茬大豆幼苗,由于微量元素营养不足致使幼苗生长缓慢,叶片小,使用种衣剂包衣后,能及时补给微肥,微肥中含有一些外源激素,能促进幼苗生长,幼苗油绿不发黄。

（3）增产效果显著。大豆种子包衣提高保苗率,减轻苗期病虫害,促进幼苗生长,显著增产。

2.种子包衣方法

种子经销部门一般使用种子包衣机械,统一进行包衣,供给包衣种子。如果买不到包衣种子,农户也可购买种衣剂进行人工包衣（图 2-5-20）。方法是用装肥料的塑料袋,装入 20 kg 大豆种子,同时加入 300～350 mL 大豆种衣剂,扎好口后迅速滚动袋子,使每粒种子都包上一层种衣剂,装袋备用。

图 2-5-20　大豆种子包衣

3.使用种衣剂注意事项

（1）种衣剂的选型,要注意有无沉淀物和结块。包衣处理后种子表面光滑。

（2）正确掌握用药量。用药量大,不仅浪费药剂,而且容易产生药害,用药量少又降低药效,应依照厂家说明书使用（药种比例）。

（3）使用种衣剂处理的种子不许再采用其他药剂拌种。

（4）种衣剂含有剧毒农药,不能与皮肤直接接触,如发生头晕、恶心现象,应及时就医。

◇ 典型任务训练

大豆的播种

1. 训练目的

对大豆播种流程进行训练,提升对大豆播种技术的掌握,同时培养学生劳动精神,教育引导学生崇尚劳动、尊重劳动,懂得劳动最光荣、劳动最崇高、劳动最伟大、劳动最美丽的道理,长大后能够辛勤劳动、诚实劳动、创造性劳动。

2. 材料与用具

大豆种子、肥料、锄头、皮尺、记录本、笔、相机等。

3. 实训内容

到当地大豆种植地开展大豆播种实践,掌握播种各环节的要点。

任务三　大豆田间管理技术

◇ 学习目标

1. 理解大豆生育期不同阶段管理要点。
2. 认识大豆常见病虫害。
3. 掌握大豆生育期不同阶段管理技术。

◇ 自主学习任务引导

1. 扫描右侧二维码,观看微课视频。
2. 查阅资料,列举重庆市主要栽培大豆品种的生育期。
3. 描述重庆市主要栽培大豆品种的栽培技术要点。

◇ 知识链接

大豆生长期可划分为 3 个阶段:出苗到始花前,为营养生长阶段;始花到终花,为营养生长与生殖生长并进阶段;终花到成熟,为生殖生长阶段。又分别将它们称作生育前期、中期和后期。

一、生育前期的管理

这一阶段的目标是保证全苗、苗匀、苗壮。

(一)补苗

每亩株数是影响大豆产量的重要因素。为保证单位面积苗数,必须尽早做好田间苗情调查,对缺苗地块采取补救措施。补救措施如下。

（1）补种。土壤干旱的地块，补种时采用坐水点种，以利于提早出苗。

（2）补栽。移取密植处的壮苗，带土补栽。移栽时埋土要严密，适量浇水。可在补栽时施用适量化肥，或在成活后追施苗肥，促使补苗加快生长。

（二）间苗

间苗可保证苗匀、苗壮，使幼苗均匀分布生长，达到合理密植。春大豆种植区间苗可在大豆子叶刚展开时至 2 片真叶期进行，间苗宜早不宜迟（图 2-5-21）。夏大豆种植区为防止地下害虫危害造成缺苗太多，在第一复叶出现时期间苗较为适宜。一般宜一次定苗，若劳力充足，可第一次进行疏苗，第二次定苗。

图 2-5-21　大豆 2 片真叶期

（三）中耕除草

为促进幼苗快速生长和根系发育，应提早进行人工铲地除草与机械或畜力中耕。

（1）铲前蹚一犁。为促幼苗快出土、长得壮，一般平播大豆，子叶刚出土尚未展开前，采用小铧溜子先蹚一犁。深松土不培土。垄上播种的，也在大豆刚拱出 2 片子叶尚未展开时，深蹚一犁。

（2）铲蹚。第一次铲蹚在大豆苗照垄（第一片复叶展开时）后（图 2-5-22）进行，但不晚于第一片复叶展长时。此期间结合间苗进行人工铲地除草，而后利用畜力或机械中耕，一般耕深约 15 cm，埋土不超过子叶痕。第二次铲蹚于分枝期进行，耕深 10～12 cm。此期间培土应埋压子叶节，使子叶节上产生次生根，提高植株抗倒伏能力和吸肥能力，防止早衰。

图 2-5-22　大豆萌芽至第一复叶展开

（四）施用苗后除草剂

草荒严重、有化学除草管理条件的地区，可进行苗后化学除草。常用的除草剂有拿扑净、苯达松、虎威、精稳杀得、广灭灵等。具体配方、剂量、施用方法和防除对象参照产品使用说明。

二、生育中期的管理

大豆进入生育中期,营养生长与生殖生长并进,生长速度加快。此期主攻目标是促进植株健壮生长、防止倒伏、增花保荚。

(一)中耕与追肥

大豆初花期3次中耕的最后1次,中耕深度10 cm左右(图2-5-23)。埋土不超过第一节复叶。可根据大豆生长情况,适量追肥。

图 2-5-23　大豆中耕施肥

(二)灌溉及追肥

在大豆初花期,土壤含水量低于65%时,应及时进行灌溉,并视植株生长情况叶面喷肥。一般每亩用0.75~1 kg尿素和0.3 kg磷酸二氢钾,兑水30 L叶面喷施。采取喷灌灌溉方法的,可结合喷灌进行叶面喷肥。

(三)防治病虫害

大豆开花盛期,蚜虫、造桥虫、棉铃虫、灰斑病等严重发生(图2-5-24)。可单独或与叶面追肥结合施药进行化学防治。

(四)施用壮秆剂

针对植株高大、生长繁茂的品种,喷洒生长调节剂(延缓剂)矮壮素或三碘苯甲酸抑制大豆徒长,使植株收敛、茎秆矮化、防止倒伏,有利于花荚形成。始花期,每亩用15~20 mg/kg的矮壮素30~40 kg,或用3~5 g三碘苯甲酸粉剂或15~18 mL乳剂,兑水25~30 L喷洒;盛花期每亩用三碘苯甲酸粉剂8~10 g,乳剂30~40 mL,兑水40~50 L喷洒。

三、生育后期的管理

大豆生育后期的主攻目标是加速鼓粒、增量和增重。

(一)拔除田间杂草

在大豆生育后期,气温高、湿度大,行间杂草发育快、生长高大,与大豆争水、争肥,必须及早清除。清除田间杂草可以提高产量13%~26%。

(二)追肥

大豆进入鼓粒期后,需肥量大。这时根瘤固氮能力逐渐衰退,需补充营养。可根据生长情况,每亩用尿素0.75~1 kg、钼酸铵10~30 g、磷酸二氢钾100~300 g,兑水15~25 L叶面喷肥(图2-5-25)。

(a) 蚜虫　　　　　　　　　　　　　(b) 造桥虫

(c) 棉铃虫　　　　　　　　　　　　(d) 灰斑病

图 2-5-24　大豆病虫害

图 2-5-25　大豆叶面追肥

（三）灌溉增重水

大豆鼓粒期,豆粒增大,需水量大。当土壤含水量低于田间最大持水量 70%～75% 时,应及时灌溉。

（四）病虫害防治

大豆生育后期主要防治食心虫、豆荚螟、灰斑病等(图 2-5-26)。食心虫是北方春大豆区大豆生育后期的主要害虫,豆荚螟是淮海地区夏大豆区和南方大豆区大豆生育后期的主要害虫。黑龙江省大豆区生育后期常发生严重的大豆灰斑病,应及时进行防治。

(a) 大豆食心虫　　　　　　　　　　　　　　(b) 豆荚螟

图 2-5-26　大豆食心虫和豆荚螟

◇　**知识拓展**

大豆病虫害绿色防控对策

由于大豆玉米带状复合种植面积增速快,间(套)作模式多样,病虫害发生种类多等因素,增加了大豆病虫害防治难度。为推进大豆科技创新和病虫害绿色防控,减少化学农药污染,四川省农业科学院提出了以下大豆病虫害绿色防治对策,包括选育抗病虫品种、做好病虫监测预警、生态调控、理化诱控、生物防治和科学精准使用化学农药。

【生态调控】

精量播种,控制种植密度,科学施肥,培育健壮植株,增强大豆抗病虫能力;合理轮作套作,减少病虫源累积;收获后深翻细耕,降低越冬病虫源基数。大规模种植要选择多个品种,有利于降低病虫害发生。

【理化诱控】

针对害虫发生动态,利用防虫网等阻隔害虫;利用害虫趋光、趋色、趋化性等习性,采用智能可控多波段杀虫灯、可降解多色板、多功能捕虫器和性诱剂装置等,对同类、共有害虫进行同时诱杀,实现一种器具诱杀多虫目标,降低害虫基数。

【生物防治】

种植功能性植物吸引保护天敌,在田边空闲地带种植蛇床子、菊科等功能性植物,诱集涵养草蛉、瓢虫、寄生蜂等多种天敌,持续控制害虫种群。同时在大豆食心虫、豆荚螟成虫产卵盛期释放螟黄赤眼蜂等,通过蜂灭卵降低幼虫基数;使用球孢白僵菌、苏云金杆菌、阿维菌素等生物友好型生物防制剂防治病虫害。

◇　**典型任务训练**

大豆田间管理

1. 训练目的

对大豆当前所处的生育期阶段进行田间管理,掌握大豆田间管理技术,熟悉大豆各器官的生长发育特征,同时培养"一懂两爱"情怀,树立农业农村绿色发展理念。

2. 材料与用具

农具、肥料、农药、记录本、笔、相机等。

3. 实训内容

到当地大豆种植地根据大豆生长目前所处的生育期阶段开展田间管理技术。

任务四　大豆收获与贮藏

1. 掌握大豆收获时间。
2. 掌握大豆常见收获方法。
3. 掌握大豆贮藏方法。

◇　自主学习任务引导

1. 扫描右侧二维码,观看微课视频。
2. 查阅资料,描述西南地区常见的大豆收获方法。
3. 描述西南地区常见的大豆贮藏方法。

◇　知识链接

适当的收获时间、适宜的收获方法、适时脱粒和高质量的精选将直接影响大豆的产量和品质。

一、大豆的收获

(一)成熟期

大豆进入鼓粒期以后,大量的营养物质向种子中运输,种子中干物质逐渐增多,而水分则逐渐减少。当种子水分减少到18%～20%时,种子因脱水而归圆。从植株外部形态看,此时叶片大部分变黄,有的开始脱落,茎的下部已变为黄褐色,籽粒与荚皮开始脱离,这就是种子的"黄熟期"(图2-5-27(a))。黄熟期后种子水分逐渐减少,茎秆变褐色,叶柄基本脱落,籽粒已归圆,摇动植株时,种子在荚内发出响声,大豆达到"完熟期"(图2-5-27(b))。完熟期后茎秆逐渐变为暗灰褐色,表示大豆已经成熟。

(二)收获时期

大豆的收获时期要求严格,收获过早或过晚对大豆产量和品质皆有不利影响。收获过早,籽粒尚未充分成熟,会降低大豆产量和品质。若收获过晚,大豆容易炸荚而造成损失。一般情况下,黄熟期收获大豆最为适宜,既不炸荚,又不落粒,但由于籽粒含水量较高,应注意防止霉变。完熟期过后收获虽对脱粒及贮藏有好处,但由于成熟过度,往往大豆炸荚严重,会造成产量损失。大豆成熟时期干旱的地区和年份,可适当早收,黄熟期即可收获;大豆成熟时期降雨较多的地区和年份,要适当晚收,以降低收获、晾晒、脱粒难度。人工收获应在大豆黄熟末期进行,机械收获应在大豆完熟初期进行。

(三)收获方法

大豆收获方法主要有人工收获和机械收获、机械收获又可分为联合收割机收获和割晒机收获。人工收获机动灵活,收获质量好,产量损失小,籽粒商品性好。联合收割机收获工作效率高,适合大面积作业,产量损失较大,籽粒商品性降低。用联合收割机收获时,应针对不同品种和不同收获时期,适当调整收割台的挡

(a) 大豆黄熟期   (b) 大豆完熟期

图 2-5-27   大豆成熟期

风板、木翻轮、滚筒转数、凹板齿数、筛孔大小等,以减少收割和脱粒损失。联合收割机收割的割茬高度以不留底荚为准,综合损失率小于 3%,收割损失率小于 1%,脱粒损失率小于 2%,破碎率小于 5%,清洁率大于95%。割晒机收获的工作效率较人工收获有很大提高,同时又可保证籽粒的商品品质,但工作效率大大低于联合收割机。

1. 脱粒

联合收割机收获能够实现收割脱粒一次完成,人工收割和割晒机收割都需要单独脱粒。脱粒质量的高低直接影响大豆的产量和品质,脱粒净、破碎率低、杂质少是脱粒的基本要求。目前生产中应用较多的脱粒方法有三种,一是动力谷物脱粒机脱粒(图 2-5-28)。二是畜力或拖拉机牵引镇压器打场,破碎粒少,效率也较高。三是人工敲打脱粒。

图 2-5-28   动力谷物脱粒机脱粒

2. 精选

精选是提高大豆商品质量、增强市场竞争力和提高大豆价格的有效措施。

精选大豆的方法包括风选和机选。风选就是利用成熟完好大豆籽粒的比重与不成熟大豆籽粒及杂质的比重不同,在风力作用下成熟大豆籽粒在空气中运动的距离与不成熟籽粒及杂质运动的距离不同,从而将成熟完好的大豆籽粒与不成熟的大豆籽粒及杂质分开。风选有人工风选和机械风选两种,为保证精选质量,应严格分级,将大豆与杂质分开。目前所用的机选主要有两种方式,一是利用比重不同将完好健康的大豆籽粒与不成熟籽粒、霉变籽粒及杂质分开,即比重精选。二是利用大小不同的筛孔将大豆与杂质分开,即筛选。

3. 包装

大豆多采用麻袋包装、塑料编织袋包装和塑料袋包装。麻袋包装和塑料编织袋包装多用于大批量大豆的贮藏与运输,塑料袋包装则主要用于大豆种子的包装与运输。

二、大豆贮藏

大豆的贮藏期远远低于其他作物,贮藏条件不适宜时,会大大降低大豆种子的活力和有效成分含量。大豆种子在贮藏期间能保持种用、食用及其他用途的要求,不能霉烂变质,并使脂肪和蛋白质含量及品质损失降低到最小限度。

(一)贮藏条件对大豆品质的影响

1. 水分

大豆籽粒表面容易吸水,不耐贮藏,当籽粒含水量超过13%时,在较高的温度下,种子的呼吸作用加强,会消耗大量的营养物质,降低种子的发芽率,同时脂肪含量和重量也会降低。若籽粒含水量更高,会造成籽粒变质,种皮变色,甚至产生霉烂(图2-5-29)。因此,在贮藏前要对种子进行充分干燥,而且在贮藏过程中,要时刻注意种子湿度的变化。

图2-5-29　霉变大豆

2. 温度

在相同含水量下,温度越高大豆种子内的生命活动越旺盛。如脂肪在脂肪氧化酶的作用下会氧化为醛、酮等有害物质,使种子劣变,降低种子的发芽率、出油率及蛋白质的含量和品质。在正常温度范围内,温度越高,脂肪氧化酶的活性越强,大豆种子内的氧化作用越旺盛,种子的质量越差。因此,在贮藏大豆时,除应尽量降低水分含量之外,还应降低温度,同时注意种子温度的变化,并采取有效措施,防止种子变质。

(二)贮藏方法

我国各地气候条件不同,温度、雨量差异很大,各地贮藏大豆的方法也不相同。贮藏方法还因用途、贮藏量而异。大致有以下一些方法。

1. 袋贮

我国北方常将大豆装入麻袋或塑料编织袋,然后放在室内或室外比较干燥的地方堆积贮藏。袋贮一般适用于留种和少量商品大豆的贮藏,在不受潮湿的情况下,此法可保证大豆种子在半年到一年内不变质或影响发芽,但应注意底层麻袋的通风透气、水分和温度变化。

2. 瓮贮

我国长江流域各地,由于气温高、雨水多、湿度大等原因,为保持作种用大豆的发芽力,多采用瓮、罐或坛等容器贮藏。这样贮藏的大豆种子,由于不受外界潮湿的影响,在较长时间内不会降低种子发芽率,但由于容量较小,贮藏量有限。

3. 仓贮

在种子数量或生产规模较大的地方,建设标准仓库用来贮藏大豆。标准仓库通风、通气、防潮、防热,大豆贮藏时间较长,也不易变质,是贮藏大豆最好的方法,但成本较高(图2-5-30)。

图 2-5-30　大豆仓贮

大豆安全贮藏的主要措施

1.高浓度磷化氢熏蒸预防大豆发热

由于磷化铝的吸水性和磷化氢对微生物生长的抑制性,采用高浓度磷化氢熏蒸的办法,防虫和抑制发热收效良好。如果大豆水分或温度比较高,度夏期间可采取高浓度磷化氢熏蒸,抑制霉菌生长,预防大豆发热。但磷化氢不能"治疗"发热。采取高浓度磷化氢熏蒸大豆时,需要注意以下3点。

(1)确保大豆用高浓度磷化氢熏蒸前无发热现象,粮情稳定。

(2)磷化氢浓度维持在有效浓度以上,提前做好补药准备,视浓度衰减适时补药。

(3)保持足够的密闭熏蒸时间。度夏期间可根据需要散气检查粮情,对粮情做到心中有数,但应尽快重新熏蒸。

2.氮气气调储粮防治害

虽然大豆抗虫蚀能力较强,不易受害虫侵蚀,但因储藏环境变化也会有虫害发生。大豆的主要虫害是蛾类(幼虫),必要时需采取虫害防治措施。气调储粮作为一项绿色储粮技术,已在国内外进行了商业应用,随着非深冷制氮技术的发展和储粮充氮工艺的优化,氮气气调储粮成本不断降低,氮气气调储粮已成为大豆安全储存害虫防治的一项主要措施。

收获贮藏大豆

1.训练目的

对大豆适时进行收获,掌握大豆收获时间判断和收获方法,会简单的大豆贮藏方法,学生在劳动收获成就感,培养学生对农业劳动的热爱。

2.材料与用具

收割工具、脱粒工具、清选工具、记录本、笔、相机等。

3.实训内容

到当地大豆种植地开展大豆收获贮藏。

项目六　油菜生产技术

　　油菜是世界四大油料作物之一,种植历史悠久。中国和印度是世界上栽培油菜历史悠久的国家。油菜是我国第一大油料作物,兼具油、菜、花、蜜、茶、肥、饲等多维度利用价值,其种植规模、种植业产值和覆盖农民就业数量均仅次于粮食作物。油菜作为食用植物油和植物蛋白的主要来源,其油料产品的稳定生产和有效供给对保障国家食品安全具有重要战略地位。

任务一　认识油菜

◇ **学习目标**

1. 了解油菜的起源与分布。
2. 理解油菜的生物学特性。
3. 掌握油菜的类型。
4. 了解油菜的生长过程。

◇ **自主学习任务引导**

1. 扫描右侧二维码,观看微课视频。
2. 查阅资料,列举我国栽培油菜的主要省份。
3. 请描述影响油菜生长发育的环境条件。

◇ **知识链接**

一、油菜的起源与分布

油菜(*Brassica napus* L.)是十字花科芸薹属一年生草本植物,别名芸薹、寒菜、胡菜、苦菜、薹芥、青菜等,是人类栽培的最古老的农作物之一。油菜适生性强,广泛分布于世界各地,从南纬40°至北纬60°都有分布。

(一)油菜的起源

据考古发现,在距今8200年的秦安大地湾遗址的灰坑中,发现了已碳化的油菜籽,是迄今发现最早的油菜籽,属于芥菜籽或白菜籽(图2-6-1);从距今约有7000年的西安半坡文化遗址发掘出的陶罐中,也发现了大量碳化的油菜籽(图2-6-2);在长沙马王堆汉墓中,发现了保存完好的芥菜籽,外形与现今栽培的油菜籽相同。

公元2世纪东汉的《通俗文》记载"芸薹谓之胡菜",这里的"芸薹",就是指油菜。宋代苏颂等编著的《图经本草》(1061年)开始采用"油菜"的名称,并对其详加描述。在《太平御览》《本草纲目》《植物名实图考》等书中均有油菜记载。

随着基因分析技术的不断发展,植物学家借助基因分析方法,发现油菜这类芸薹属的作物,并不是原产我国,而是来自地中海沿岸到中东一带的西亚地区。

(二)油菜的分布

1. 我国油菜的分布

油菜主要分布于长江流域和内蒙古、新疆、青海、甘肃等地区。我国油菜按农业区划和油菜生产特点,以六盘山和太岳山为界,大致分为冬油菜区和春油菜区。六盘山以东和延河以南、太岳山以东为冬油菜区;

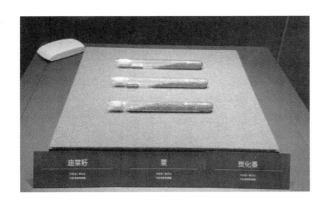

图 2-6-1 大地湾遗址出土的油菜籽

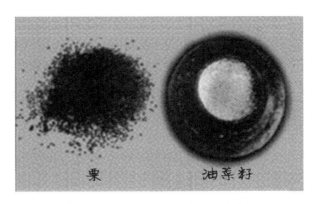

图 2-6-2 半坡遗址出土的粟和油菜籽

六盘山以西和延河以北、太岳山以西为春油菜区。

冬油菜产区集中分布于长江流域各省及云贵高原,这些地方无霜期长,冬季温暖,一年两熟或三熟,适合油菜秋播夏收。油菜种植面积约占全国油菜总面积的90%,产量占全国总产量的90%以上。冬油菜区又分6个亚区:华北关中亚区、云贵高原亚区、四川盆地亚区、长江中游亚区、长江下游亚区和华南沿海亚区。其中四川盆地、长江中游、长江下游三个亚区是我国冬油菜的主产区。

春油菜产区主要分布在青藏高原、内蒙古、新疆及东北平原地区,这些地方冬季严寒,生长季节短,降雨量少,日照长且强,昼夜温差大,为一年一熟制,实行春种(或夏种)秋收。油菜种植面积及产量均只占全国油菜的10%。春油菜区又分3个亚区:青藏高原亚区、蒙新内陆亚区和东北平原亚区。

我国是世界油菜生产大国,油菜产量位居世界前列,每年提供优质食用油约520万吨,约占国产油料作物产油量的50%。油菜是我国第一大油料作物。此外,我国每年生产高蛋白饲用菜籽饼粕约800万吨,是我国第二大饲用蛋白源。近年来,我国油菜产业在生产、消费、贸易方面都有了一定的发展,但仍面临一些问题。据国家统计局数据显示,2021年,我国实现油菜播种面积、总产、单产、油菜籽含油量和双低品质"五齐升",油菜播种面积6764千公顷、总产量1471万吨(图2-6-3、图2-6-4)。2015年临时收储政策取消后,我国的油菜播种面积和产量均明显减少,近几年有所回升。我国油菜的单位面积产量水平不断提升,从2012年的1.86 t/hm² 上升至2021年的2.07 t/hm²,但与发达国家的单位面积产量水平仍有一定差距(图2-6-5)。

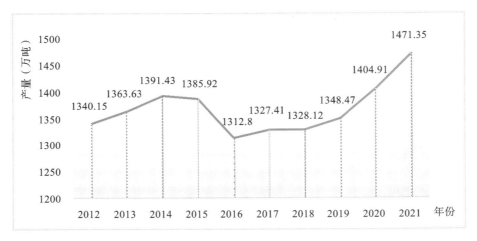

图 2-6-3 我国油菜历年产量

2. 世界各地油菜的分布

油菜目前在世界上各大洲都有栽培,但主要分布在亚洲、欧洲和北美洲,其中,亚洲占50%以上,北美洲和欧洲各占20%左右。世界油菜产区有四个,即中国的长江流域、印度的恒河流域、欧洲平原和加拿大的西部草原农业区。

2016—2020年,世界油菜播种面积和油菜籽产量分别由3342.7万公顷、6949.4万吨上升至3610.7万

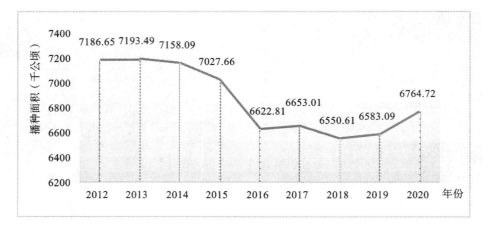

图 2-6-4 我国油菜历年播种面积

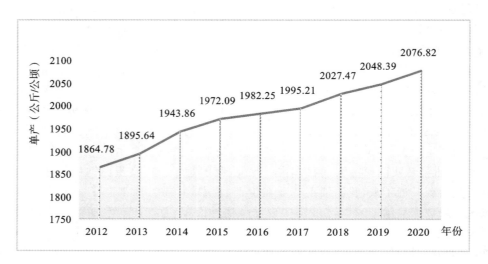

图 2-6-5 我国油菜单位面积产量

公顷、7179.6 万吨。其中,2017 年油菜籽产量为 7214.9 万吨,2019 年连续下降至 6907.5 万吨,2020 年油菜籽产量有所回升。

2020 年,世界各油菜主产国和地区的油菜籽产量占比为加拿大 26.5%、欧盟 22.6%、中国 19.5%,油菜种植整体呈现分布广、生产较分散的特点(图 2-6-6)。2016—2020 年世界菜籽油和菜籽粕产量持续上升,2020 年菜籽油和菜籽粕产量分别为 2848.1 万吨和 4073.9 万吨,同比增长 1.5% 和 3.0%。

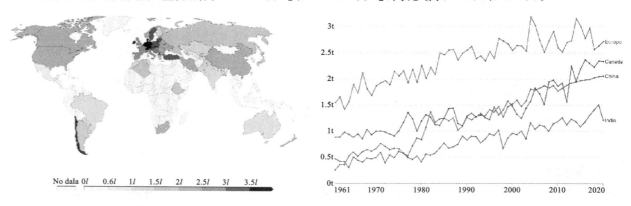

图 2-6-6 世界油菜分布及各主产国历年产量示意图

二、油菜的生物学特性

油菜从种子萌发到形成新的种子，是通过其植株各器官的生长发育逐渐完成的。这些器官包括根、茎、叶、花、角果等（图 2-6-7），它们虽然形态、结构和功能各异，但彼此间的联系密切。

（一）油菜的根

油菜为直根系，呈圆锥形，由一条主根、多条侧根、大量细根及不定根组成（图 2-6-8）。主根是由种子萌发后，其胚根伸入土壤中逐渐形成的；当油菜第一片真叶出现时，侧根从主根的基部两侧开始长出，在侧根上又逐渐生长出细根。根系起着固着和支持植株、吸收并运输水分和无机盐的作用。不同的种植方式对根系形态的形成也有影响，一般耕作水平下，直播的油菜主根入土深度为 40～50 cm，木质化；移栽的油菜主根在移栽时被折断，入土较浅，但可以促进侧根生长，整个根系入土深度为 20～30 cm，水平扩展 40～50 cm。

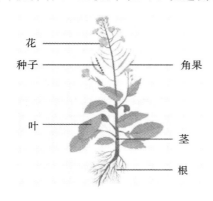

图 2-6-7　油菜植株及组成

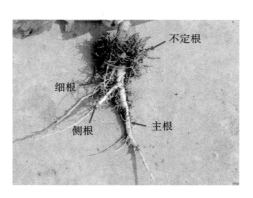

图 2-6-8　油菜的根系组成

（二）油菜的茎

油菜的茎是植株主要的地上部分，有着支持叶、花、果重量以及疏导水分、无机盐和光合产物的作用。油菜的茎由根茎、主茎、分枝三部分构成。

1. 根茎

油菜的根茎是指根与主茎连接的部分。根茎粗细、长短、弯直程度是衡量油菜苗期长势和营养状况的重要形态指标之一，根茎粗、短直的为壮苗，根茎细长、软弱而弯曲的为弱苗。油菜播种量大、种子落土过深、光照不足、肥水施用不当均会造成植株细长的根茎，在栽培时需要严格控制和管理。

2. 主茎

油菜幼苗出土后，子叶以上的幼茎生长延伸形成主茎。主茎直立，圆形实心，长 100～200 cm。甘蓝型油菜的主茎根据其节间的长短变化和茎节上所着生叶片的特征，自下而上分为缩茎段、伸长茎段、薹茎段三个部分（图 2-6-9）。

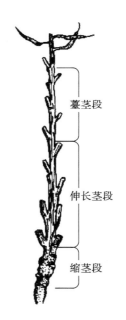

图 2-6-9　油菜的主茎茎段划分

（1）缩茎段。位于主茎基部，节间短而密集，圆形无棱，着生长柄叶。缩茎段的节间在正常栽培条件下不应伸长，当苗床密度过大、苗龄过长，肥水充足时，往往造成此段节间的伸长形成高脚苗，不但降低了油菜苗的抗寒能力，还会造成缩茎段受冻纵裂现象，严重时茎段会折断。适时播种，稀播匀播，早间苗，稀留苗和适当苗龄移栽是防止缩茎段伸长、培育壮苗的有效措施。

（2）伸长茎段。位于主茎中部，茎表突起的棱依次由短变长后又依次由长变短，各节上着生短柄叶，叶痕较宽，两端略向下垂。

（3）薹茎段。位于主茎上部，顶端着生主花序轴，节间依次变短，有明显的棱；节上着生无柄叶，叶柄背部与茎相接处较平整，多呈圆弧状，叶痕较窄，中部仰拱，两端平伸。

各个茎段的长短、节数随品种、播期、密度会有所不同。生产上要求缩短缩茎段的伸长，控制伸长茎段的伸长，促进薹茎段的伸长。

3. 分枝

油菜的每一叶腋都有 1 个腋芽，在条件适宜时腋芽的节间伸长，形成分枝。着生在主茎上的分枝叫一次分枝（又叫大分枝）；由第一次分枝的腋芽发育形成的分枝，称二次分枝，依此类推。油菜的分枝性很强，肥水条件好时可形成三次、四次分枝（统称为小分枝）。一般栽培条件下，第一次分枝较多，第二次分枝较少，第三、第四次分枝很少。芥菜型油菜在肥水良好的条件下，分枝数会较多。

油菜有 2/3 的角果着生在分枝上，因此分枝越多，产量也就越高。一般播期早、密度小、追肥早有利于分枝的生产。

（三）油菜的叶

油菜的叶包括子叶和真叶两种。

1. 子叶

油菜子叶为一大一小两片肥厚的小叶片，左右对生。子叶见光平展后，颜色逐渐转为绿色，叶面积逐渐扩大，它是幼苗生长初期的营养供体，也能进行光合作用制造养分。在出现 3～4 片真叶后，子叶逐渐枯黄脱落。

2. 真叶

油菜子叶以上的胚轴延伸形成茎，茎上各节着生的叶片都称为真叶。生产上应用推广的甘蓝型品种的真叶，按其生长先后顺序和叶形分为长柄叶、短柄叶和无柄叶（图 2-6-10）。

(a) 长柄叶　　　　　(b) 短柄叶　　　　　(c) 无柄叶

图 2-6-10　甘蓝型油菜 3 种类型的叶片

（1）长柄叶。有明显的叶柄，基部两侧无叶翅，着生在主茎基部的缩茎段，故又称缩茎叶、基叶或莲座叶。丛生型冬油菜在苗前期生长的真叶均为此类叶片。长柄叶的功能期在苗期，蕾薹期时其功能全部丧失。

（2）短柄叶。叶柄不明显，叶基部（与主茎交接处）两侧有明显的叶翅或部分着生有叶翅，部分叶翅与上方叶片衔接，形成全缘带状、齿形带状、羽裂状或缺裂状等。因短柄叶着生在伸长茎段上，故亦称伸长茎叶。冬油菜在苗后期（花芽分化开始后至抽薹期）生长的叶片一般为此类叶片，它是油菜生长过程中主茎上叶面积最大的一组叶片。它于越冬期开始活动，在开花中后期结束，主要功能期在蕾薹期，向下促进根系生长发育，向上促进花序和花朵的发育，开花后还可以对角果的形成和粒重产生一定的影响。

（3）无柄叶。叶片无叶柄，叶身两侧向下方延伸成耳状，呈半抱茎着生，有楔形、戟形和三角形。因无柄叶着生薹茎段，亦称薹茎叶。无柄叶是在抽薹期长出的叶片，也是始花后的主要功能叶，其叶面积小，生命周期短，只能作用于茎枝、角果和粒重。

（四）油菜的花

油菜的花是重要的繁殖器官，同时也具有一定的观赏性。油菜为总状花序，每个花序由一个花序轴和其上着生的若干小花组成，小花一般黄色，每朵小花由 4 枚花萼、4 枚花冠、1 枚雌蕊、6 枚雄蕊组成，4 枚花冠展开时呈"十"字形，故属于十字花科植物（图 2-6-11）。

图 2-6-11　油菜花器的构造

（五）油菜的角果

油菜的果实为长角果，由果柄、果身和果喙 3 部分组成。角果是着生种子形成产量的重要器官，同时未成熟的角果皮呈绿色，是油菜生育后期叶片枯萎脱落后的主要光合作用场所，可提供种子贮存养分的 40% 左右。角果具有表面积大、处于植株的冠层、呈螺旋形排列、易于接受阳光、与叶片相似的高光合强度的特点。因此，在角果的发育期和成熟期，使角果皮充分地接受阳光，延长其光合作用功能期，就能有效提高油菜籽的产量。

（六）油菜的种子

油菜的种子称为菜籽，既是榨油的主要原料，也是育苗繁殖的主要器官。油菜种子是由胚珠受精后发育而成。油菜的种子一般为球形或近似球形，有的呈卵圆形或不规则菱形，色泽有黄色、淡黄色、淡褐色、红褐色、暗褐色及黑色等。种子大小因类型、品种和环境条件不同而异。种子的大小与油菜出苗和幼苗壮弱有很大关系，在生产上应选用大粒种子进行播种。

成熟的种子包括种皮、胚乳和胚 3 个部分。胚乳是包围在胚外的一层薄膜，细胞较大，含有较多的糊粉粒和油滴，是蛋白质的贮藏层；胚位于种子中央，由胚根、胚芽和子叶三者所组成，两片子叶占种子比重最大。

油菜种子的主要成分有水分、脂肪、蛋白质、糖类、维生素、矿物质、植物固醇、酶、磷脂和色素等，此外还有硫苷、植酸和多酚类等有害物质。种子中的各物质组分因品种、土壤、气候、生产条件等的差异会有所不同，一般情况下，同一品种种子中的各物质含量相对较稳定。因此在生产上，选择优良品质的油菜是生产优质油菜的先决条件。

三、油菜的类型

根据目的及依据不同，油菜可分成不同的类型。

（一）根据植物形态特征和遗传亲缘关系分类

根据我国的油菜的植物形态特征和遗传亲缘关系，将油菜分为白菜型油菜、芥菜型油菜和甘蓝型油菜三大类型（表 2-6-1、图 2-6-12）。

表 2-6-1　白菜型、芥菜型、甘蓝型油菜来源及主要性状比较

类型	白菜型	芥菜型	甘蓝型
来源	基本种	复合种 （黑芥与白菜型杂交）	复合种 （甘蓝与白菜型杂交）

类型		白菜型	芥菜型	甘蓝型
特征特性	植株	相比较矮小,分枝性强,分枝部位较低	高大、松散、分枝性较弱,分枝部位较高	中等,分枝性中等,分枝较粗壮
	根系	不发达	主根发达,根系木质化早,木质化程度高	发育中等,支细根发达
	叶	椭圆,有或无茸毛,薄被蜡粉,有明显缺刻,薹茎叶无柄、包茎	叶片较大,粗糙有茸毛,密被蜡粉,叶缘锯齿状,薹茎叶有叶柄	苗期叶色较深,叶面被蜡粉,缺刻明显,薹茎叶无柄、半包茎
	花	刚开的花朵高于花蕾,花药外向开裂,花瓣重叠或呈覆瓦状	较小,花瓣平展分离,花药内向开裂	较大,刚开时花朵低于花蕾,花瓣平滑,侧叠,花药内向开裂
	角果	较肥大,与果轴夹角中等	细而短,与果轴夹角小	长,多与果轴垂直
	籽粒	大小不一,千粒重 2～4 g,种皮表面网纹较浅	小,千粒重 2.5～3.5 g,种皮表面网纹较明显,有辛辣味	较大,千粒重 3.0～4.5 g,种皮表面网纹浅
	授粉	异花授粉,自交不亲和,自然异交率 75%～95%	常异交作物,自然异交率 20%～30%	常异交作物,自然异交率 10%～20%
农艺性状	生育期	短,幼苗生长较快,60～80 d	中等	较长,90～260 d
	抗逆性	耐冻力较强,幼苗较耐湿,耐旱性较弱,抗(耐)病性较差	耐寒性、抗旱性、耐瘠性较强,抗(耐)病性居中	耐寒、耐湿、耐肥、抗(耐)病性都较强
	裂角性	不易裂角	不易裂角	易裂角
	倒伏性	易倒伏	抗倒伏	多数品种抗倒伏
	产量潜力	产量低	产量较高	产量高,潜力大
主要栽培地区		加拿大、中国西北部、巴基斯坦	印度、俄罗斯、中国西北部	中国长江流域,加拿大、欧洲等

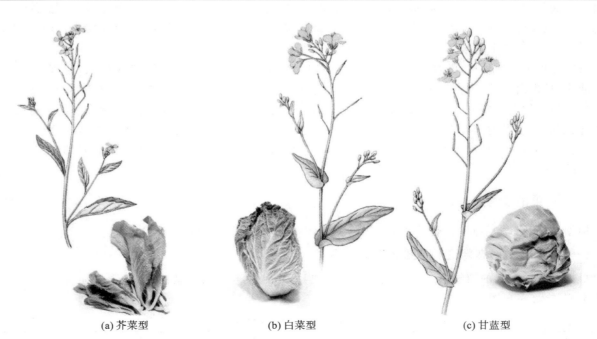

(a) 芥菜型　　　　　(b) 白菜型　　　　　(c) 甘蓝型

图 2-6-12　三种类型油菜的形态特征

1. 白菜型油菜

该类型又称小油菜、矮油菜或甜油菜。植株矮小,叶色深绿色至淡绿,薹茎叶无柄,叶基部全抱茎,是典型的异花授粉作物,花瓣两侧有重叠,角果肥大,种子无辛辣味,生育期短。

白菜型油菜的优点:油蔬兼用,既可作为蔬菜食用,也可收籽榨油;生育期短,能直播早收,适合在生长季较冷的地区种植。缺点:不耐肥,适宜在低肥水平下栽培;抗病性差;产量潜力低。由于白菜型油菜优点突出、缺点明显,生产上只有零星种植。该类型油菜可分为中国北方小油菜和中国南方油白菜。

2. 芥菜型油菜

该类型又称高油菜、苦油菜、辣油菜或大油菜,原产我国西部和西北部。植株高大,株型松散,叶色深绿或紫绿,薹茎叶有柄不抱茎,是常异交作物,花瓣分离,角果细而短,种子有辛辣味,生育期中等。

芥菜型油菜的优点:抗逆性强、耐寒、耐瘠薄、适应性广;油蔬饲兼用,苗期可以作为蔬菜和饲料,后期可以收籽榨油。缺点:粒重小、含油率低、产量潜力小。该类型油菜适宜于气候寒冷而土壤瘠薄的地区种植,可分为红叶油菜和大叶油菜。

3. 甘蓝型油菜

该类型又称洋油菜或番油菜,原产自欧洲和日本。植株中等或高大,叶色灰绿或浓绿,叶质似甘蓝,薹茎叶无柄半抱茎,是常异交作物,花瓣两侧有重叠,角果较长,种子无辛辣味,生育期较长。

甘蓝型油菜的优点是抗病性强,耐肥、耐寒、耐湿;产量高而稳定,生产潜力较大。该类型油菜是目前我国栽培的主要类型,但现有的品种一般生育期较长可分为胜利油菜、奥罗油菜和欧洲油菜。

（二）按生物学特性和春化阶段对温度的要求分类

按油菜的生物学特性和春化阶段对温度的要求,将油菜分为冬油菜和春油菜两种类型。

（1）冬油菜型。

冬油菜型系秋季或初冬播种,次年春末夏初收获的越年的生油菜。冬油菜主要分布在长江流域,占比 90%。

（2）春油菜型。

春油菜型系春季播种、秋季收获的一年生油菜。春油菜主要分布在长城以北及高寒地区,占比 10%。

四、油菜的生长阶段

（一）油菜的生育期

油菜生育期是指油菜从播种至成熟所经历的天数。生育期的长短因油菜类型、品种、地区自然条件和播种期早迟等因素的不同而相差较大。白菜型油菜生育期变化幅度较大,北方春油菜产区的白菜型小油菜生育期为 60~130 d,冬油菜产区的白菜型小油菜为 130~290 d。甘蓝型油菜全生育期需 180~220 d。

（二）油菜的生育时期

油菜从播种至新种子产生,称为油菜的生育时期。依生育特点和栽培管理不同,油菜的生育时期可分为发芽出苗期、苗期、蕾薹期、开花期和角果发育成熟期等 5 个阶段(图 2-6-13)。

不同阶段的生育特点各不相同,每个阶段的开始并不是上一阶段的结束,上下阶段之间存在一定的重叠与交叉。

1. 发芽出苗期

油菜从种子发芽至出苗为发芽出苗期。播种后,种子吸水膨胀,开始萌动。首先胚根突破种皮深入土壤,然后胚轴向上伸长,将子叶和胚芽顶出地面,种皮开始脱落,子叶平展转为绿色,开始进行光合作用,称为出苗。成熟种子在适宜的水分、温度和氧气条件下,播出后 3~5 d 即可出苗。

2. 苗期

油菜从子叶出土平展到现蕾期为苗期,春油菜苗期为 20~45 d,冬油菜苗期为 60~180 d。因为冬油菜需越冬,所以生育时期时间较长,常占全生育期的一半或一半以上,达 120~150 d。油菜苗期又分为苗前期

图 2-6-13　油菜的生育时期

和苗后期,一般从出苗至开始花芽分化为苗前期,开始花芽分化至现蕾为苗后期,也有按冬至划分苗前期和苗后期的。苗前期主要是营养器官如根系、缩茎、叶片等生长的时期,为营养生长期。苗后期营养生长仍占绝对优势,主根膨大,并进行花芽分化。苗期主茎一般不伸长,只有在种植密度过大或冬性不强的品种的早播情况下,主茎才会有伸长(称为早薹),主茎基部着生的叶片节距很短,整个株型呈莲座状(或丛生形)。

苗前期发育好,则主茎节数多,可制造和积累较多的养分,促进苗后期主根膨大,幼苗健壮,分化较多的有效花芽,有利于壮苗早发、安全越冬,为高产打好基础。

3. 蕾薹期

油菜从现蕾至始花(第一朵花开放)称为蕾薹期。现蕾是指扒开主茎顶端 1～2 片幼叶可见到明显花蕾的时期。油菜在现蕾时和现蕾后的主茎节间伸长,称为抽薹。当 75％ 的植株主茎伸长达 10 cm(春油菜达 5 cm)时,油菜进入抽薹期。在长江流域,甘蓝型油菜的蕾薹期一般为 25～30 d,一般出现在 2 月中旬至 3 月中旬。蕾薹期的长短受品种、气候、肥水等多种因素的影响,气温较高、肥水充足,可促进油菜的生长发育,使现蕾抽薹提早,反之则晚。

蕾薹期是油菜营养生长旺盛、生殖生长由弱转强的时期,是油菜生育时期中生长最快的阶段,对水分和养分的需求较大。在这一时期根系继续扩展,随着气温的上升,主茎迅速伸长增粗,分枝不断出现。长柄叶的功能逐渐减弱,短柄叶迅速伸展扩大面积,功能逐渐增强,成为这一时期的主要功能叶,薹茎上的无柄叶也陆续伸展出来。花芽分化速度显著加快,花蕾加倍增长,花器数量迅猛增加。因此,蕾薹期是油菜达到根强、秆壮、枝多、粒多、粒重打下扎实基础的关键时期。

4. 开花期

油菜从初花至终花所经历的时期称为开花期。当全田 25％ 的植株主茎花序开始开花为初花期,当全田 75％ 的植株主茎花序已开花为盛花期,当全田 75％ 的植株主茎花序顶端花蕾开完为终花期。油菜开花期较长,一般可持续 25～40 d,花期开始的早迟、持续时间的长短因品种和种植地的气候而异。早熟品种开花早,花期长,反之则短;气温低时开花慢,花期长;气温高的条件下开花快,花期短。

初花期是油菜营养生长和生殖生长的旺盛时期,盛花期时生殖生长已占绝对优势。盛花期后根、茎、叶的生长基本停止,生殖生长转入主导地位,此时是决定角果数和每角粒数的重要时期。

5. 角果发育成熟期

油菜从终花至角果成熟的时期为角果发育成熟期。角果发育成熟期一般经历 25～30 d,是决定粒数、粒重的重要时期。当全田 75％ 的角果呈枇杷黄色为成熟期。角果所积累的养分 40％ 来自植株茎秆积累的物质转移,20％ 来自叶片的光合产物,40％ 来自绿色角果皮的光合产物。这个时期植株对矿物营养需求逐渐减少,氮肥不宜过多,以免油菜贪青晚熟,影响油分积累。

◇ **知识拓展**

油菜生产的重要意义

油菜是用途比较广泛的油料作物,菜油除供人们食用外,还是重要的工业用油,且其加工副产品、根、茎、叶、花器、果壳等均可用于各行业生产。因此,油菜生产对于促进国民经济的发展,有重要作用。

1. 重要的保健食用油

油菜种子含油量丰富,为其自身干重的 35%～50%,其油脂中含有大量的脂肪酸和丰富的维生素,如维生素 A、维生素 B、维生素 E 等,不含胆固醇,营养丰富,易于消化,是健康的食用植物油。低芥酸菜油中的油酸含量高达 60%～65%,油酸能降低人体血液中低密度脂蛋白的含量,减少胆固醇在血管壁上的积累,可预防心脑血管疾病。在大宗油脂中,菜籽油的油酸含量仅次于橄榄油。所以,菜籽油是一种价廉物美的保健食用油。

2. 提供多种用途的工业用油

油菜种子含油量丰富,在现代工业上的用途也日益广泛。其主要用途如下。

(1)作为橡胶工业的添加剂,增进橡胶的稳定性,防止老化和变形。

(2)高芥酸油作为金属表面的润滑剂和防蚀剂。

(3)用于鞣制皮革,提高皮革的韧性和柔软性。

(4)作为制作清漆和喷漆的原料。

(5)作为毛纺工业上的漂、洗、染等化学剂的原料。

(6)作为制作尼龙丝、肥皂、油墨等的原料。

(7)作为生物柴油的原料。双低菜籽油由于其凝固点较低,脂肪酸主要是 18 碳脂肪酸,碳链与柴油相近,具有良好的燃烧特性。当今能源紧张的趋势下,菜油作为生物柴油原料的地位日益凸显。近年来,将菜油转化为生物柴油已成为各国研究和应用的热点。目前,欧盟消费的菜油中有 60% 用作生物柴油制作,我国也在这方面开展了大量的工作。

3. 提供优质的饲料和植物蛋白

菜籽饼粕中含粗蛋白质 40% 左右,粗脂肪 2%～6%,还有卵磷脂和多种维生素、纤维素、矿物质,是优良的植物蛋白源,其品质可与大豆饼粕相媲美。菜籽饼粕蛋白质中的赖氨酸含量同大豆饼粕接近,蛋氨酸与胱氨酸的含量优于大豆饼粕,各种必需氨基酸含量同样丰富,而且比例恰当,是一种优良的全价蛋白质。近年来,得益于双低油菜品种的大力推广应用,菜籽饼粕基本实现了"双低"化,其饼粕不需要脱毒即可直接用作动物蛋白饲料,一定程度上可以大大缓解我国饲料及食品工业对大豆蛋白、大豆饼粕的需求压力。目前,菜籽饼粕作为饲料蛋白和工业蛋白应用已进入实用阶段。

4. 有利于促进养蜂业的发展

油菜开花期较长,花的基部具有蜜腺,可分泌蜜汁,是良好的蜜源作物。每 5～6 亩油菜可放蜂一箱,1 亩中等长相的油菜可产蜜 2～3 kg。种植油菜不仅可以促进养蜂业的发展,还有利于油菜传粉,增加油菜产量。

5. 有利于作物合理布局

在长江流域油菜主产区是唯一的冬季油料作物,不与其他粮、油料作物争地,较易安排茬口,且避免了大量田块冬闲,对增加农民冬季农业收入具有重要意义。

6. 有利于改良土壤

菜籽饼是一种优质肥料,含氮 5.5%、磷 2.5%、钾 1.4%,油菜的根、茎、叶、花、果壳都含有较高的氮、磷、钾元素。据试验,亩产 100～150 kg 的菜籽从土壤中吸收的氮素,其榨油后的菜饼连同根、茎、叶等全部还田,基本上可以平衡土壤的消耗量。植株的残枝落叶在提高土壤肥力的同时,还可以疏松土壤,改善土壤结构,防止板结。油菜根系分泌的有机酸,能溶解土壤中难以溶解的磷素,可大大提高磷的利用效率。种植油菜还可以实现水旱轮作,大大改善土壤结构,有利于后茬作物的生长。

7.有利于促进休闲农业的发展

油菜花期较长,可持续达1个月之久,花色艳丽且具有不同的花色,是良好的赏花作物。如各地举办的形式多样的油菜花节吸引了众多游客,尤其是一、二、三产业融合发展,涌现了众多新型经营主体,助推了油菜规模生产,增加了人们休闲旅游的新景点,有力地促进了休闲农业的发展。

◇ 典型任务训练

油菜的形态观察及类型识别

1.训练目的

观察油菜的外部形态特征,比较不同类型油菜的形态特征,正确识别油菜的3种类型,同时培养热爱生活、热爱劳动的品质和知农爱农的情怀。

2.材料与用具

米尺、样本袋、记录本、铅笔、相机等。

3.实训内容

(1)到当地农场或农业产业园观察油菜的外部形态特征,比较不同类型油菜的形态特征。

(2)能够根据学习的内容正确识别油菜的类型和其所处的生育时期。

任务二　油菜播种技术

◇ 学习目标

> 1.了解油菜品种选择与种子处理。
> 2.了解油菜光合生产与产量构成。
> 3.掌握油菜大田直播技术。
> 4.掌握油菜育苗移栽技术。

◇ 自主学习任务引导

> 1.扫描右侧二维码,观看微课视频。
> 2.查阅资料,列举出当地主要的油菜品种。
> 3.请描述油菜产量的构成因素。

◇ 知识链接

一、油菜品种选择与种子处理

(一)良种选择

农谚说:"好种出好苗,好苗产量高。"选择适宜的品种是油菜取得高产、稳产、优质的基础,进行品种选择时,应充分根据当地的自然资源和生产条件,并结合品种特性、环境条件、耕作制度、栽培方式等进行综合考虑,选择生育期适中、产量潜力大、抗自然灾害能力强的优良品种。

1. 了解品种特性,选择优质油菜品种

根据育种方式不同,可将油菜品种分为常规油菜、杂交油菜两大类型。杂交油菜由于存在杂种优势,产量相对较高,但因其制种困难,种子价格相对较贵。根据油菜的品质特性,又将其分为优质油菜与普通油菜两大类。优质油菜不仅菜油品质好,且其饼粕可直接用于饲料、菜薹可做蔬菜,其直接经济效益与综合效益显著高于普通油菜。

根据品种的抗逆性特点,充分考虑当地的自然灾害发生情况、病虫害发生规律及程度来选择品种的抗性。选择抗性强的优良品种是油菜取得高产、高效益的重要基础。

2. 选用经过当地试种且表现优良的油菜品种

气候、土壤和栽培习惯不同,农作物品种表现可产生较大的差异。因此,在进行品种选择时应选择经当地农业主管部门试验示范、表现良好的已经审定的主推品种,特别是在当地高产创建中表现优异的品种。

3. 根据耕作制度与播种方式选择适宜品种

机播机收油菜宜选择耐迟播、耐密植、抗倒伏、抗裂角、抗除草剂等特性的品种。移栽油菜或稻油两熟制移栽油菜宜选择耐肥、耐稀植、株型高大、单株产量潜力较大、抗倒性好的品种。秋发栽培宜选用冬性、半冬性的中晚熟油菜品种。稻—稻—油三熟制地区则宜选用迟播早发、冬前不早薹、春后花期整齐一致、成熟期早的品种。

4. 根据引种规律进行品种的引进

作物品种的适应性与地理条件息息相关,不可盲目引种,应按照自然规律引种,否则,会造成经济损失。如长江上游选育的品种在长江中、下游种植往往表现早熟,且易早薹早花,抗寒性和抗病性较差,造成减产。

5. 进行品种选择时应注意的问题

应到当地农技站或正规的种子销售部门购买种子,来源不清的种子不买。注意检查种子包装上所标示的内容,确保买到自己所需的合格种子。

(二)油菜种子处理方法

种子处理是有效防治种传、土传病害及预防苗期病害和地下害虫、鼠害的重要手段,为确保油菜苗齐、苗全、苗壮打下坚实基础。

1. 播前晒种选种

播前晒种 $2\sim3$ d,既可杀灭种子表面病菌,同时又能提高种子发芽率,晒后可用风车除去空粒。油菜播前用 1% 盐水选种,汰除菌核,即每 1 kg 水加食盐 100 g 溶解后,将 $500\sim700$ g 油菜籽倒入盐水中搅拌,等水停止后,捞出杂质、菌核、空粒等,用清水洗净后播种。

2. 肥料拌种

每 500 g 油菜种子用少量米汤拌匀,用碾细的过磷酸钙 50 g、尿素 100 g、粉状干肥土 50 g 拌匀,用手搓按使每粒种子都粘上一层肥土,随拌随种,可增产 10%。

3. 硼肥浸种

硼肥浸种具有发芽快、发芽势强、苗期生长快、增枝、增角、增粒、增粒重的优点。具体方法:每 1 kg 油菜种子用含硼 11% 的硼砂 2.4 g,先加少量 45 ℃的温水溶化,再加水稀释成 1.5 kg 硼砂溶液,然后加入油菜种子,浸种 $0.5\sim1$ h,晾后播种。注意事项:浸种硼砂浓度不能过高,否则,会降低发芽势;浸种时间不宜过长,以免种子吸水过多,加长晾干时间,影响播种;硼砂难溶解,必须先用温水充分化开。

4. 磷酸二氢钾浸种

将 500 g 油菜种子,加 50 g 磷酸二氢钾和 2.5 kg 水,浸 $36\sim48$ h。晾干后拌少量草木灰播种,出苗快齐壮,可增产 7%。

5. 高锰酸钾浸种

用 5% 高锰酸钾兑成 5 kg 水溶液,把 500 g 油菜种子浸入其中,浸 48 h 后捞出拌细泥播种,出苗整齐,苗期病虫害减少。

二、油菜光合生产与产量构成

(一)油菜的光合生产

光合作用是作物产量形成的基础,油菜光合作用与其他作物的光合作用主要区别是光合器官的更替。光合器官的合理更替是油菜高产形成的基础。在苗期,叶是油菜唯一的光合器官。抽薹之后,在叶加强其功能的同时,随着薹的迅速生长,茎的功能除了支撑和临时贮藏的作用外,光合作用功能随之显现出来。开花后,随着角果的发育,它的面积迅速增长,至结实中期角果占据光合器官的主导地位。由此可见,油菜光合器官的更替实际上经历了如下三个阶段。

(1)营养生长期——叶。

(2)营养生长与生殖生长并进时期——叶+茎。

(3)生殖生长期——叶+茎+角果→茎+角果。

由于茎在后两个时期所占表面积的比例均较小,因此光合系统的更替实际上是由叶向角果的更替的过程。

(二)油菜的产量构成

油菜产量构成因素包括有效角果数、每角粒数和粒重等,其中以有效角果数变异范围最大,且易受环境条件的影响,但它又是决定产量的主导因素。

1.有效角果数

单位面积上的总角果数取决于其株数和单株角果数。在我国油菜主要产区,提高油菜产量水平必须以增加角果数为主。改善植株营养状况、延长花芽分化有效期、增强花芽分化强度或增加一次分枝数均可增加单株结角数。单株角果数的形成从苗期花芽开始分化一直延续到终花后的10~15 d。

2.每角粒数

油菜每角粒数由每角胚珠数、胚珠受精率和结合子发育状况所决定。因此改善现蕾前至终花后15~20 d 的光照和水肥条件,有利于增加每角胚珠数和提高其受精率和发育结合子的比率,进而就能增加每角粒数。

3.粒重

油菜粒重与干物质积累和运输有关。增加油菜叶、茎、枝和果皮光合面积,可以提高光合产量及其向种子运转量,就能增加粒重。抽薹开花期是粒重的开始期,开花后至成熟期是粒重的决定期。

三、油菜大田直播技术

(一)油菜大田直播种植的优缺点

油菜大田直播种植是一种常用的栽培方式。其优点是:主根入土较深,不易倒伏,比移栽油菜更耐旱、耐瘠且不经过育苗阶段,比较省工,植株生长进度快,有利于实行机械化播种。其缺点是:要求整地质量高、保墒好,否则出苗不齐,达不到全苗、壮苗;间苗如不及时,易造成苗挤苗,严重影响油菜的产量。

(二)油菜大田直播技术

1.适时播种

直播油菜没有移栽苗的缓苗期,一般其播种期可以比育苗移栽推迟10~15 d。

2.提高播种质量

按播种方式,油菜大田直播技术有点播、条播和撒播3种。

(1)条播。条播又可分为翻耕开沟条播和免耕开沟条播。翻耕开沟条播适用于所有翻耕的田土,用于土块较细的土壤更能体现其优越性。免耕开沟条播适用于未经翻耕但土质较疏松的田土,其具体做法是在做好的畦面上按规定的行距开 3～6 cm 深的播种沟,沟行距 30～40 cm,然后沿沟进行播种。要求落籽均匀,播种后盖一薄层土,或盖土杂肥,使种子在湿润的情况下出苗整齐。此法栽培的油菜苗分布较均匀,田间管理方便,生产上多采用条播,机械化播种一般也采用条播。

（2）点播。也叫穴播,适用于水稻收割后的湿的板田、土质黏重的田块、荒坡、滩涂、坡台土、高岗土等不适宜翻耕的地块。点播又分翻耕开穴点播、免耕开穴点播和免耕点播。翻耕开穴点播适用于所有翻耕的田土,尤其适用于土块不易整细的红黄壤。免耕开穴点播是在除净杂草后的板地,直接按穴行距开穴点播。在做好的畦面上按预定的穴行距挖穴,一般穴行距为 35 cm×25 cm,穴深 3～5 cm,穴底要平,泥土必须细碎,行距要直,穴距要匀。播种时,每穴下种 10 粒左右,不宜太多,以免间苗费工,种子可以和土杂肥拌匀一同点播,阴雨天不必盖土,晴天盖一层薄土。

（3）撒播。前作收获后,进行机械浅耕或免耕,灌 1 次"跑马水",直接将油菜种子撒播其上,保持适当的田间湿度,油菜也能很好地发芽生长。油菜撒播快速简便,目前已成为油菜产区一种主要机械化播种方式,但油菜密度较大,且生长参差不齐。撒播可采用人工方式或机械喷播,与人工撒播比较,机动喷雾器播种可以节省时间,而且精量省种,出苗均匀。

3. 合理密植

因为播种期推迟,生育期缩短,直播油菜的密度应比移栽油菜大一些。出苗早、冬季长势好的地块,每亩密度掌握在 2 万株左右;出苗迟、冬季苗体小的地块,每亩密度可增加到 3.5 万株。亩播种量为 0.25～0.3 kg。

4. 及时间苗定苗

及时间苗定苗是保证增产的一项关键技术措施。在大面积的油菜生产中,直播油菜往往不如移栽油菜产量高的主要原因是间苗、定苗不及时,幼苗生长拥挤,形成软弱纤细的高脚苗。特别是在点播的情况下,穴内种子多,幼苗密集,如不及时间苗很容易造成"苗挤苗、苗荒苗"的现象。"油菜间早,越长越好,油菜间晚,老来光杆"的农谚就充分说明了早间苗的重要性。

一般在 3 叶 1 心期根据出苗情况进行间苗,疏密留稀,去弱留强,并采用多效唑进行化学调控,5 叶期定苗。沟栽油菜旱地株行距为 20 cm×50 cm,水田油菜株行距应为 20 cm×40 cm;穴栽油菜每穴留苗 3～5 株,保证每亩基本苗 2～3 万株。

若有缺苗的情况应在定苗时及时补苗,并结合定苗进行一次除草松土,干旱时要浇水补墒增墒。定苗后,每亩及时追施尿素 3 kg 或用清水粪泼浇一次,半月后再次每亩追施尿素 3 kg 提苗,可兑水穴施或雨前撒施。

四、油菜育苗移栽技术

（一）油菜育苗移栽的优缺点

育苗移栽有利于争取季节,充分利用光热资源,解决多熟制的茬口矛盾,达到早播晚栽的目的。同时,可保证苗全苗壮、抗倒伏和节约用种量。育苗移栽的优点:①能够适时早播,利用苗床生长弥补大田生长期的不足;②移栽时可去弱留壮,使苗木生长整齐,大小一致;③可提高土地利用率,缓和季节和茬口的矛盾,有利农时安排等。育苗移栽的缺点:①油菜育苗和移栽过程所需劳动力集中,较费工费时;②移栽油菜根系分布较直播浅,抗寒抗旱性差,生长后期如不进行培土,植株较易倒伏;③不适宜机械化操作,在生产应用上受到一定限制。

（二）油菜育苗技术

育苗质量的好坏是油菜高产、优质的关键,科学合理的育苗技术是提高油菜产量和质量的基础工作。

1. 苗床准备

首先,选择质地肥沃、土地平整、排灌方便的田地。种过十字花科蔬菜、靠近村庄和荒坡的地块都不宜作苗床,以避免病虫、畜禽的危害。苗床整地应做到深耕细整、畦面平整、土粒细碎并适当紧实,因油菜种子小,幼苗顶土能力弱,只有这样才能保证播种时落籽均匀,深浅一致。其次,为便于管理,整理好的苗床应开沟作畦。畦宽1.3～1.5 m,沟宽23～28 cm,沟深13 cm。最后,应施足基肥。一般每亩施用腐熟的有机肥1000～1500 kg、复合肥25 kg、硼肥0.5 kg。

2. 种子准备

育苗移栽的品种要选用丰产、优质、高抗的品种才能最大地挖掘品种的产量潜能。播种前应晒种1～2 d,每天晒3～4 h,以提高发芽率。

3. 适时播种

适宜的播种期能让油菜充分利用光照、温度、水分,使油菜生长发育协调进行,从而获得高产。播种期的确定要根据当地的气候条件、种植制度、品种特性和病虫害情况来进行。一般长江中上游适宜的播种期在9月上中旬、下游的适宜播种期在9月中下旬,适期内应尽量早播。

4. 播种量及播种方法

为培育优质苗和节约用种量,每亩的播种量应控制在0.5 kg左右。要求均匀撒播,播种后用细土或草木灰盖种,尽量做到不露籽。

5. 苗床管理

苗床期是培育壮苗的关键,苗床期管理的要求如下。

(1)及时间苗、定苗,以防止高脚苗和弱小苗出现,达到培育壮苗的目的。间苗、定苗的"五去五留"要求:去杂留纯、去弱留壮、去病留健、去小留大、去密留匀。间苗时可随手拔除杂草。

(2)合理浇水施肥,油菜播种后要浇好出苗水,苗齐后要少浇水,以促进根系发育,若遇降雨积水要及时排水。油菜种子小,贮藏的养分少,为了保证幼苗养分的供应,苗床期应掌握早、勤、少的追肥原则。

(3)苗床期喷施多效唑,可使幼苗脚矮根壮,叶柄短,厚实挺健,增强幼苗抗寒、抗旱、抗病能力,促使油菜茎秆增粗、分枝增多、株角数和角果数增加,能有效防止高脚苗的产生,进而提高产量。

(三)油菜移栽技术

油菜移栽是油菜生产中一项很重要的工作,移栽的成功与否,决定着油菜后期的生长状况和成活率,进而影响油菜的产量。

1. 栽前准备

首先是整地作畦,要求前茬收获后及时深耕细耙,使种植地达到土粒细碎、均匀疏松、干湿适宜的状态,以利于移栽幼苗扎根成活、早发新根。整地后开沟作畦,畦宽1.6～2 m,畦沟深20～30 cm,并在四周开深沟,使油菜田能排能灌。其次施足基肥。油菜移栽前可结合整地每亩施用有机肥1000～1500 kg,碳酸氢铵20～30 kg,过磷酸钙20～25 kg及0.5 kg的硼砂,充分拌匀后施在种植沟或穴内。最后是起苗。油菜在起苗前一天要浇足定根水,最好用小铲起苗带土移栽,尽量做到少伤叶、伤根,多带土,以利于苗木移栽成活。

2. 移栽时期

油菜要尽量适时早栽,具体时期需根据秧苗的壮弱和前茬的收获期而定,长江中下游地区在10月中下旬至11月中旬移栽。

3. 移栽密度

油菜的移栽密度必须以水肥条件、播种期、品种特性为依据确定,一般是肥力高、水分充足、播种早、迟熟的冬性强的品种的移栽密度宜小,反之则宜密一些。

4. 移栽方法

油菜移栽时的"三要三边"和"三栽三不栽"要求:行要栽直、根要栽正、棵要栽稳,并做到边起苗、边移栽、边浇水;大小苗分栽不混栽,栽新鲜苗不栽隔夜苗、栽直根苗不栽钩根苗。

油菜移栽的方法有穴栽和沟栽两种,开沟的挖穴深度应达到 10 cm 左右,栽后覆土压紧,使根土紧密结合,覆土深度以不露根茎,不盖没心叶为度。

◇　**知识拓展**

油菜合理密植

1.合理密植的增产作用

油菜的合理密植能充分利用耕地与水、肥、气、热等自然资源,调节个体与群体结构的关系,通风透光,降低病虫害发生概率,从而增产增收。因此,合理密植是油菜取得高产的重要措施。

油菜产量的高低,决定于角果数的多少,增加角果数途径有:①提高单株结果数;②增加种植密度。随着当前耕作制度的改革和复种指数的提高,晚茬油菜的种植面积越来越大,特别是三熟制的水田油菜,土壤粘湿,油菜移栽季节较迟,冬季幼苗生长受到一定限制,加之选用的是中早熟油菜品种,分枝和角果均比原来的晚熟品种要少。因此,适当增加密度提高每亩角果数产量要比稀植提高单株角果数更为合理。

2.因地制宜,合理密植

根据油菜的生长发育规律和当地的气候、土壤、肥料、播期、品种以及栽培管理技术等条件,正确处理好植株个体与群体的关系,既要单位面积上的株数多,又要单位面积的产量高,才能获得高而稳定的产量。

3.合理密植的原则

(1)土壤肥沃疏松、土层深厚,或者施肥水平较高,植株长势旺盛,枝叶繁茂,种植密度宜小一些;土壤瘠薄、质地黏重,或施肥水平较低的情况下,植株生长受到一定限制,种植密度宜大一些。

(2)早播早栽的油菜,苗期气温较高,生长快,植株较大,因此种植密度宜小一些;迟播迟栽的油菜密度宜适当大一些,做到以密补迟。

(3)品种特性、品种生育期长短和株型大小的不同,种植密度也有区别。植株高大、分枝多而部位低、叶片大、株型松散的品种,种植密度宜小一些;植株矮小、分枝少而部位高、叶片小、株型紧凑的品种,种植密度宜大一些。

(4)冬季较温暖的地区,油菜生长旺盛,植株较大,种植密度宜小一些;冬季较寒冷、干旱较重的地区,油菜生长缓慢,植株较小,种植密度可适当大一些。

(5)全程机械化栽培的,为便于机械收获需要加大种植密度,每亩株数应控制在 2 万左右;采用人工直播收获的,每亩株数应控制在 1 万左右;而采用育苗移栽的,每亩株数应控制在 3000 左右。

◇　**典型任务训练**

当地主栽油菜品种市场调查

1.训练目的

了解当地区(县)地理与自然环境、油菜主栽品种及主销品种市场情况,同时培养调查研究、交流沟通和归纳整理的能力。

2.材料与用具

调查问卷、记录本、铅笔、相机等。

3.实训内容

(1)到当地气象站、图书馆等查阅资料,了解当地区(县)地理与自然环境情况。

(2)到当地种子站、种子批发市场、农贸市场、种子零售门店等,通过问卷调查或访谈方式,了解当地区(县)油菜主栽品种及主销品种市场情况。

任务三　油菜田间管理技术

1. 了解油菜生长发育对环境条件的要求。
2. 掌握油菜各生育时期田间管理技术。
3. 了解油菜常见病虫害及其防治技术。

1. 扫描右侧二维码,观看微课视频。
2. 查阅资料,列举出油菜常见的病虫害名称。
3. 请描述影响油菜生长发育的环境条件。

一、油菜生长发育对环境条件的要求

(一)温度

油菜喜冷凉,抗寒力较强。油菜种子发芽的最低温度为 3～5 ℃,在 20～25 ℃条件下 3 d 就可以出苗,开花期最适宜温度为 14～18 ℃,角果发育期最适宜温度为 12～15 ℃,且昼夜温差大有利于开花、角果发育、增加干物质、油分的积累。油菜的阶段发育比较明显,冬性型油菜,春化阶段要求温度为 0～5 ℃,需经过 15～45 d;春性型油菜,春化阶段要求温度为 10～20 ℃,需经过 15～20 d;半冬性型介于春、冬性型之间,对温度要求不甚明显。

(二)光照

油菜为长日照植物。春油菜对光照时长敏感,需经过 14 h 以上的日照才能现蕾,缩短到 12 h 则不能正常现蕾开花;冬油菜品种对光照时长不敏感,现蕾开花前经历 11 h 日照即可。

(三)水分

油菜的生育期长,营养体大,结果器官数目多,因而需水较多。油菜各生育阶段对水分的要求为:发芽出苗期土壤水分应保持在田间持水量的 65% 左右;蕾薹期和开花期土壤水分为田间持水量的 75%～85%,角果发育期土壤水分为田间持水量的 70%～80%。

(四)肥料

油菜吸肥能力强,对氮、钾需求量大,对磷、硼反应敏感。每生产 100 kg 油菜籽粒,氮、磷、钾三者的比例为 1∶0.35∶0.95,油菜对这三者的需求量相当于禾谷类作物的 3 倍以上。

(五)土壤

油菜是直根系作物,根系较发达,主根入土深,支、细根多,这要求土层深厚,结构良好,有机质丰富,既保肥保水,又能疏松通气。弱酸性或中性土壤中更有利于提高油菜产量,提高籽粒含油率。土壤 pH 值在 5.5～8.3 时,最为适宜油菜生长。油菜较耐盐碱,在含盐量为 0.2％～0.26％的土壤中也能正常生长。

二、油菜各生育时期田间管理技术

(一)油菜苗期田间管理

1. 苗期生长发育特点

油菜从出苗到现蕾这一阶段称为苗期。油菜苗期时间长,约占全生育期的一半。冬油菜品种一般于 9 月下旬播种,5～7 d 出苗,到翌年 2 月上、中旬现蕾,苗期长达 130 d。根据苗期生长特点,苗期又可分为花芽分化以前的苗前期和花芽分化开始以后的苗后期。苗前期主要生长叶片、根系等营养器官,苗后期开始生殖生长,但仍以营养生长为主。苗期生长适宜温度为 10～20 ℃,土壤湿度一般不低于田间最大持水量的 70％。越冬期间温度降至 3 ℃以下时,植株地上部生长缓慢,但根系仍能继续生长,根茎逐渐膨大,贮存营养,以利于油菜安全越冬。苗期应及时间苗、定苗、除草,早施苗肥,培育壮苗,越冬前幼苗应具 7～12 片叶。

2. 苗期田间管理

(1)及时间苗、定苗。

一般苗床应间苗 2～3 次,第一次在齐苗时进行,主要间除丛生苗,不使幼苗密集丛生;第二次在出现第一片真叶时进行,要求叶不搭叶,苗不靠苗,苗距 3～5 cm。第三片真叶出现时应进行定苗,苗间距以 6～7.5 cm 为宜。及时间苗、定苗可以有效防止高脚苗。

(2)适时浇水抗旱。

油菜播种后若遇干旱,种子发芽出苗困难,要及时浇水抗旱。抗旱的方法有挑水泼浇,沟灌渗透。沟灌时切勿用大水漫厢,以免造成烂根死苗。

(3)早施肥、早治虫。

追肥次数及用量应根据幼苗生长情况决定,油菜生长到 2～3 叶时用尿素 5 kg 兑水泼施;油菜生长到 5 片真叶后,控制氮肥用量和田间湿度。油菜苗期虫害主要有蚜虫、菜青虫、黄条跳甲、菜蛾幼虫,特别是蚜虫,不仅危害油菜苗,还传播病虫害,应及时打药防治。治虫要治早、治小、治巧,把害虫消灭在虫害发生的初期和部分地块。

(4)应用多(烯)效唑壮苗。

油菜生长势强,移栽不及时容易形成高脚苗,直接影响油菜的早发。多(烯)效唑能有效地防止高脚苗、修饰株型、提高抗逆性能力,从而有助于产量的提高。在油菜 3 叶期喷施 150 ml/L 多效唑或 300 ml/L 烯效唑,喷洒要均匀,水量要充足。喷施多效唑能促使油菜壮根、增叶、茎脚变矮,有效培育矮壮苗移栽。

(二)油菜蕾薹期田间管理

1. 蕾薹期生长发育特点

油菜从现蕾到初花期这一阶段称蕾薹期。中熟甘蓝型品种,一般在 2 月中、下旬现蕾,3 月下旬初花,蕾薹期持续 1 个月。春季当气温上升到 10 ℃左右(主茎叶片达 14 片左右),扒开心叶能见到明显的绿色花蕾时,即为现蕾。当主茎顶端伸长到距离子叶节达 10 cm 以上,并且有蕾时,即为抽薹。蕾薹期的生育特点是营养生长和生殖生长并进,但营养生长仍占优势。营养生长的主要表现是主茎伸长、分枝形成、叶面积增大;生殖生长主要表现为花序及花芽的分化形成。

2. 蕾薹期田间管理

(1)早施、巧施薹肥。

薹肥的施用以掌握早发、稳长不早衰、不徒长贪青为原则。对地力肥沃、基肥足、苗势旺的田块可少施薹肥,对苗瘦弱、叶片小的田块要重施薹肥,每亩施纯氮 5 kg 左右,在苗高 10 cm 时每亩施尿素 10～12.5 kg。

(2)巧灌冬水抗旱。

在越冬期间、霜冻前进行灌水,可促进油菜根系与土壤结合,灌水量以 1 d 内完全干涸不积水为宜。

（3）补施硼肥。

在油菜蕾薹期和初花期施用硼肥增产的效果最好，春季田管增施硼肥可使油菜既能防病又能增产。因此，油菜生长前期施硼不足的田块在薹期要追施硼肥，第一次每亩用硼砂 0.1 kg 结合磷酸二氢钾 0.1 kg、尿素 0.2 kg 兑水 50 kg 喷雾，第二次每亩用硼砂 0.1 kg 单独兑水喷雾。

（4）排水防渍。

土壤含水量过多，通气不良，会妨碍根系生产扩展，阻碍养料的吸收，导致植株生长发育不良，严重的造成植株烂根死苗，同时，由于田间湿度大，有利于病虫害发生和蔓延。因此，要在冬前开沟的基础上，春后及时清理"三沟"（厢沟、腰沟、围沟），保证沟沟相通，明水能排，暗水能滤，做到雨止田干，严防雨后积水。

（5）中耕除草。

随着雨水增多，气温升高，杂草迅速生长，土壤易板结。因此，在早春油菜封行前，应及时中耕除草，疏松表土，提高地温，改善土壤理化性状，促进根系发育。同时，中耕还有切断菌核病子囊盘、埋没囊盘、减轻菌核病发生的作用。

（6）加强病害防治。

油菜蕾薹期主要病虫害有菌核病、病毒病以及蚜虫、潜叶蝇等，应在油菜初花期及时做好防治工作。

（三）油菜花角期田间管理

1. 花角期生长发育特点

油菜花角期是指油菜从始花到成熟的时期，包括开花期和角果发育成熟期两个生育时期。油菜进入花角期，是生理上的一个重大转折。花角期之前以营养生长为主，开花后，只存在少量的营养生长，开始了以生殖生长为中心的生理活动，到角果发育期，便进入了完全生殖生长的时期。角果发育期是形成产量的时期，单位面积的角数、每角粒数和千粒重都由此期决定，因此，花角期是油菜取得高产关键的时期。

2. 花角期田间管理

（1）补、追施花粒肥防早衰。

油菜的薹花期生长量大，吸肥能力强，吸肥量占生育期总量的一半，需肥量高。如果基肥施用充足，可满足其生长发育需要，不再施用薹肥，如果基肥用量少，油菜生长势差时，若不适当追施薹肥，则会造成油菜叶片小、薹茎细、分枝少、花序短的早衰后果。对这类苗应当补施一定量的薹肥，以满足植株抽薹分枝、形成角果的营养需要。薹肥施用量因苗而异，冬养苗（越冬前绿叶数 7 叶以下的苗），应多施早施，每亩用人畜粪尿 250～300 kg，开春后兑水浇施；冬壮苗（越冬前绿叶数 8～9 叶的苗），每亩用人畜粪尿 150～200 kg 于薹高 9～12 cm 时施用。"冬发"苗和"秋发"苗则不宜施用，因为春季气温回升快，雨水多，如薹期偏施氮肥，就会使细胞体积增大，胞壁变薄，水多而干物质少，纤维组织不发达，茎秆肥大，秆壁破裂，叶大枝垂，造成徒长、贪青、倒伏，甚至病害发生，从而减产。

（2）保持适宜的土壤湿度。

花角期的油菜对土壤湿度要求较严格，过低会造成有机物质积累少、终花期提前、花序缩短、早衰青枯，过高会造成油菜贪青迟熟，秕粒、红粒增多并引起病害和倒伏。油菜薹花期的田间持水量宜在 70%～80% 的范围，角果发育期的田间持水量则不宜低于 60%。

（3）清沟排渍防渍害。

油菜花角期虽然需水量较大，但并不是雨水越多越好。春季雨水多，土壤水位高，极易造成田间渍水，过大湿度不仅会抑制根系的呼吸活动，削弱其吸收功能，还会对结果成熟不利，造成油菜早衰。同时，田间湿度大有利于病菌传播，使油菜病害加重、植株倒伏而造成减产。清沟排渍是春季田间管理的大事，开春后即应进行，逐级加深沟系，使耕作层内无暗渍，沟内无明水。清沟取出的泥土培在油菜行边，以增强其抗倒能力。保证田间有水即排、雨停田干。

（4）补硼预防"花而不实"。

花而不实是由生理或病理的原因导致油菜花器发育不正常，致使油菜不能正常受精结实。花而不实多在开花期表现为阴荚不实，在苗期就能发现一些不良病症。油菜是对硼最敏感的作物之一，而花期又是油菜一生中需硼量最大的时期,如在缺硼土壤和潜在性缺硼土壤中种植油菜,其根、茎、叶、花、蕾、果将不能正常生长发育,特别是角果常常会因花器的退化而出现"阴角",形成开花而不结实的后果,从而导致菜籽产量降低。

（5）适时收获保收成。

油菜"八成黄,十成收",在油菜终花后的 $25\sim30$ d,主花序角果全部现黄,而全株和全田角果达到 70% 现黄,主花序下部角果呈黄色,种子呈现固有颜色,此时为人工收获时期。人工收获有割收或拔收两种,收获时间应安排在晴天早晨露水未干时或傍晚或阴天,要做到轻收、轻放、及时脱粒。

三、油菜常见病虫害及其防治技术

（一）油菜常见病害及其防治技术

1. 油菜菌核病

（1）危害症状。

整个生育期均可发病,结实期较常发生（图 2-6-14）。茎、叶、花、角果均可受害,茎部受害最重。茎部染病初现浅褐色水渍状病斑,后发展为轮纹状的长条斑,边缘呈褐色,湿度大时表生白色棉絮状菌丝,偶见黑色菌核,病茎内髓部烂成空腔,内生很多黑色鼠粪状菌核。病茎表皮开裂后,露出麻丝状纤维,茎易折断,致病部以上茎枝萎蔫枯死。叶片染病初呈不规则水浸状,后形呈近圆形至不规则形病斑,病斑中央黄褐色,外围暗青色,周缘浅黄色,病斑上有时轮纹明显,湿度大时长出白色绵毛状菌丝,病叶易穿孔。花瓣染病初呈水浸状,渐变为苍白色,后腐烂。角果染病初现水渍状褐色病斑,后变灰白色,种子瘪瘦,无光泽。

图 2-6-14　油菜菌核病

（2）防治措施。

①因地制宜种植抗病品种；实行 2 年轮作；收获后结合深翻整地，清除田间病残体；加强田间管理，适期播种，合理密植，雨后及时排水；配方施肥，合理施用氮磷钾及硼锰等肥提高植株抗病力；及时摘除老病叶。

②播种前用 10％盐水选种，汰除浮起来的病种子及小菌核，种子晾干后再播种。

③药剂防治。在油菜开花期，叶病株率在 10％以上、茎病株率在 1％以下时开始喷药。选用 40％菌核净 1000～1500 倍液、70％甲基托布津 500～1500 倍液、50％速克灵 2000 倍液、50％氯硝铵 100～200 倍液喷施，每次喷施间隔 7～10 d，共喷施 2～3 次。

④生物防治。将生防制剂施入土壤中，防治效果较好的有盾壳霉、木霉等制剂。

2. 油菜霜霉病

（1）危害症状。

主要危害叶、茎和角果，致受害处变黄、长有白色霉状物（图 2-6-15）。花梗染病顶部肿大弯曲，呈"龙头拐"状，花瓣肥厚变绿，不结实，上生白色霜霉状物；叶片染病初现浅绿色小斑点，后扩展为多角形的黄色斑块，叶背面长出白霉。

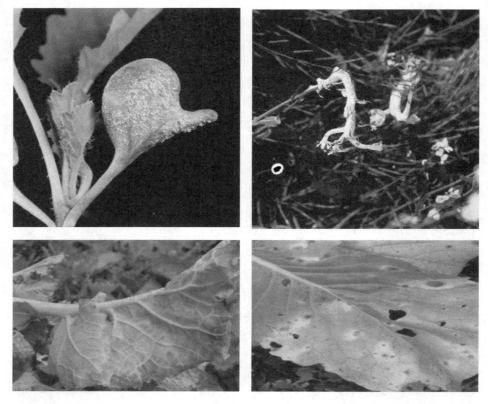

图 2-6-15　油菜霜霉病

（2）防治措施。

①因地制宜种植抗病品种；实行 2 年轮作；加强田间管理，适期播种，合理密植；配方施肥，合理施用氮磷钾肥提高植株抗病力；雨后及时排水，防止湿气滞留和淹苗。

②种子处理。用种子重量 1％的 35％甲霜灵拌种。

③有花枝肿胀时，应及时剪除，并将其带出田外或者深埋；开深沟排水除湿，中耕松土，减少菌源。

④重点防治旱地栽培的白菜型油菜，该类型油菜一般在 3 月上旬抽薹期，当病株率达 20％以上时，开始喷洒药剂。可选用 25％甲霜灵 5 g 或 50％多菌灵可湿性粉剂 100 g，兑水 50 kg 喷施。

3. 油菜白粉病

（1）危害症状。

叶、茎、角果均可受害（图 2-6-16）。发病初期仅有少量的点块细丝状物向外扩展，后逐渐连结成片，叶正、反面均有白粉状霉斑。病轻时，植株生长、开花受阻，严重时，白粉状霉斑覆盖整个叶面，到后期叶片变黄、枯死，植株畸形，花器异常，直至植株死亡。

图 2-6-16　油菜白粉病

（2）防治措施。

①选用抗病品种；及时清除发病植株；加强肥水管理，提高植株抗病力；选择地势较高、通风、排水良好地块种植；增施磷、钾肥，生长期避免氮肥过多。

②发病初期，选用 50％多菌灵可湿性粉剂 500 倍液，或 70％甲基硫菌灵可湿性粉剂 800 倍液，或 15％三唑酮可湿性粉剂 1500～2000 倍液，或 2％武夷霉素水剂 200 倍液，每次喷施间隔 7～10 d，连喷 2～3 次。

4. 油菜黑斑病

（1）危害症状。

主要为害叶片、叶柄、茎和角果（图 2-6-17）。叶片染病时初生褐色圆形病斑，略具同心轮纹，四周有时有黄色晕圈，湿度大时叶片上生黑色霉状物。叶片、叶柄与主茎交接处染病会形成椭圆形至梭形轮纹状病斑，当病斑环绕侧枝与主茎一周时，会致侧枝或整株枯死。

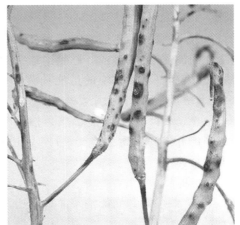

图 2-6-17　油菜黑斑病

（2）防治措施。

①选用抗病品种；与非十字花科蔬菜实行 2 年以上轮作；合理密植，施足底肥和磷钾肥，增施有机肥料，合理灌水，雨后及时排水，加强通风；及时摘除病叶。

②播种前精选种子，并进行种子消毒。用温汤浸种，或用种子重量 0.4％的 50％福美双可湿性粉剂或种子重量 0.2％～0.3％的 50％异菌脲可湿性粉剂拌种。

③发病初期用 75％百菌清可湿性粉剂 500 倍液，或 58％甲霜灵·锰锌可湿性粉剂 500 倍液，或 40％乙磷铝可湿性粉剂 400 倍液喷雾防治，每次喷施间隔 7 d，连续防治 2～3 次。

5. 油菜白锈病

（1）危害症状。

叶、茎、角果均可受害（图 2-6-18）。叶片染病时初可见浅绿色小点，后渐变呈黄色圆形病斑，叶背面病斑处长出白色漆状疱状物。花梗染病时顶部肿大弯曲，呈"龙头拐"状，花瓣肥厚变绿，不能结实。手摸上去有粗糙感，不同于油菜霜霉病。但在油菜花梗上也可见霜霉菌二次侵染，这是在竞争营养。

图 2-6-18　油菜白锈病

（2）防治措施。

①因地制宜种植抗病品种；实行 2 年轮作；收获后结合深翻整地，清除田间病残体；加强田间管理，适期播种，合理密植，雨后及时排水；配方施肥，合理施用氮磷钾肥提高抗病力；及时摘除老病叶。

②选用无病种子，并在播种前对种子进行处理。可用 10％盐水选种，将下沉的种子用清水洗净后晾干播种。

③发病初期，可用 25％甲霜灵可湿性粉剂 800 倍液，或 58％甲霜灵·锰锌可湿性粉剂 500 倍液，或 80％多菌灵可湿性粉剂 1000 倍液，或 69％烯酰锰锌可湿性粉剂 500 倍液等喷雾防治，每次喷施间隔 7 d，连喷 2～3 次。喷药要选晴天，叶子正反面都要喷。

6. 油菜病毒病

（1）危害症状。

该病症状的危害因油菜类型不同略有差异（图 2-6-19）。白菜型油菜、芥菜型油菜病状主要沿叶脉两侧褪绿，叶片呈黄绿相间的花叶，明脉或叶脉呈半透明状，严重时叶片皱缩卷曲或畸形，病株明显矮缩，多在抽薹前或抽薹时枯死。染病轻和发病晚的虽能抽薹，但花薹弯曲或矮缩、花荚密、角果瘦瘪、成熟过早。甘蓝型油菜病状是出现系统型枯斑，老叶片发病早症状明显，后波及新生叶上。初发病时产生针尖大小透明斑，后扩展成近圆形 2～4 mm 黄斑，中心呈黑褐色枯死斑，坏死斑四周呈油渍状。茎薹上现紫黑色梭形或长条形病斑，且从中下部向分枝和果梗上扩展，后期茎上病斑多纵裂或横裂，花、荚果易萎蔫或枯死。角果产生黑色枯死斑点，多畸形。

（2）防治措施。

①因地制宜选用抗油菜病毒病的油菜品种；改善耕作制度，油菜田种植地尽可能远离十字花科菜地；调整播种期，雨少天旱年份应适当迟播，多雨年份可适当早播；田间发现病株及时拔除，清除发病中心；科学施肥，增施磷钾肥，避免偏施氮肥，提高植株抗病力；合理灌溉，雨后及时排水，降低田间湿度；收获后及时清除田间病残体，减少来年菌源。

图 2-6-19　油菜病毒病

②注意防治蚜虫。可用 10％吡虫啉 2000～2500 倍液,或 20％啶虫脒 1500 倍液;或用黄板诱杀蚜虫。每隔 5～7 d 施药 1 次,连施 3～4 次。

③发病初期,可喷洒 0.5％抗毒丰菇类蛋白多糖水剂 300 倍液,或 10％病毒王可湿性粉剂 500 倍液,或 1.5％植病灵乳剂 1000 倍液防治。每次喷施间隔 10 d,连续防治 2～3 次。

7. 油菜根腐病

(1)危害症状。

主要危害油菜幼苗根部和根茎部。未出土或刚出土幼苗茎基部染病初呈水渍状,后变褐,致油菜幼苗根茎腐烂(图 2-6-20)。根茎受害时茎基部或靠近地面处出现褐色病斑,略凹陷,后渐干缩,湿度大时,病斑上长出淡褐色蛛丝状菌丝,病叶萎垂发黄,易脱落,根茎部缢缩,病苗易折倒。成株期受害时根茎部膨大,根上均有灰黑色凹陷斑,主根易拔断,断截上部常生有少量次生须根。

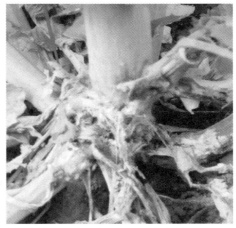

图 2-6-20　油菜根腐病

(2)防治措施。

①实行轮作;高畦深沟,精耕细整,清沟沥水;及时翻耕晒垡,整畦挖沟,施用腐熟的农家肥。

②用培养好的哈茨木霉 0.40～0.45 kg,加 50 kg 细土,混匀后撒覆在病株基部,能有效地控制该病扩展。

③及时拔除、烧毁病株。病穴及其邻近植株用 5％井冈霉素水剂 1000～1600 倍液、20％甲基立枯磷乳油 1000 倍液,每株(穴)淋灌 0.4～0.5 L。或用 40％拌种灵加细沙配成 1:200 倍药土,每穴施用 100～150 g,每隔 10～15 d 施用 1 次。

8. 油菜炭疽病

(1)危害症状。

染病初在叶、茎、角果上产生圆形至椭圆形斑点,中心白色至黄白色,边缘紫褐色,大小 1～2 mm,湿度大时,病斑上会溢有红色黏质物(图 2-6-21)。

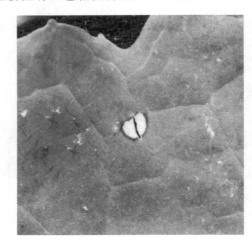

图 2-6-21　油菜炭疽病

(2)防治措施。

①选用抗病品种;与非十字花科蔬菜实行 2 年以上轮作;合理密植,施足底肥和磷钾肥,增施有机肥料,合理灌水,雨后及时排水,加强通风;及时摘除病叶。

②选用无病种子,或在播前种子用 50 ℃温水浸种 5 min,或用种子重量 0.4% 的 50% 多菌灵可湿性粉剂拌种。

③发病初期开始用 40% 多·硫悬浮剂 700～800 倍液,或 70% 百菌清可湿性粉剂 1000 倍液,或 80% 福美双·福美锌可湿性粉剂 800 倍液喷洒,每次喷施间隔 7～10 d,连续防治 2～3 次。

(二)油菜常见虫害及其防治技术

1. 蚜虫

(1)危害症状。

蚜虫以刺吸式口器吸取油菜植株内汁液,是危害油菜最严重的害虫(图 2-6-22)。油菜苗期,蚜虫群聚在心叶及嫩叶背面危害,受害叶片发黄、皱缩卷曲,植株生长不良或停滞,严重时枯萎死亡。开花结角期,蚜虫主要集中在花蕾、花轴或角果柄上危害,受害油菜植株发黄、落花、落蕾,角果发育不良,粒瘪小,减产严重。此外,蚜虫是油菜病毒病的主要传毒媒介。

图 2-6-22　蚜虫

(2)防治措施。

①种子处理:用 20% 灭蚜松 1 kg 拌种 100 kg,或用杀虫磷、呋喃丹拌种,可防苗期蚜虫。

②栽培防治:苗床四周种高行作物,防蚜虫迁飞。

③物理防治:可在田边设置涂有油层的黄板或盛水的黄皿诱杀蚜虫,或利用银灰色薄膜等遮盖育苗,驱避蚜虫。

④化学防治:油菜 3～6 叶期,当有蚜株率达 10％,每株有蚜 1～2 只,抽薹开花期 10％的茎枝或花序有蚜虫,每枝有蚜 3～5 只时,用 40％乐果乳油,或 40％氧化乐果 1000～2000 倍液,或 50％敌敌畏乳油 1000 倍液,或 20％灭蚜松 1000～1400 倍液,或 50％马拉硫磷 1000～2000 倍液,或 25％蚜螨清乳油 2000 倍液,或 10％二嗪农乳油 1000 倍液,或 50％辟蚜雾 3000 倍液,或 40％水胺硫磷乳剂 1500 倍液,或 2.5％敌杀死乳剂 3000 倍液进行防治。若该地块还存在病毒病防治时药液中要加入吗胍·乙酸铜、氨基寡糖素及叶面肥。

2.菜青虫

(1)危害症状。

菜青虫是菜粉蝶的幼虫,菜粉蝶只取食花蜜,不伤害作物,但菜青虫是危害油菜的主要害虫之一,主要在苗期啃食叶片(图 2-6-23)。低龄幼虫在叶背啃食叶肉,残留表皮形成小型凹斑;3 龄后幼虫将叶片吃成孔洞或缺刻,危害严重时全叶被吃光,仅剩叶脉和叶柄,进而影响植株的生长发育和油菜产量。

图 2-6-23　菜青虫

(2)防治措施。

①油菜收获后清洁田园,及时清除田间残株老叶和杂草,减少菜青虫繁殖场所和消灭部分菜青虫蛹。深耕细耙,减少越冬虫源。

②注意天敌的自然控制作用,保护广赤眼蜂、微红绒茧蜂、凤蝶金小蜂等天敌。

③在幼虫 2 龄前,药剂可选用苏云金杆菌 500～1000 倍液,或 1％杀虫素乳油 2000～2500 倍液,或 0.6％灭虫灵乳油 1000～1500 倍液等喷施。在虫害发生盛期用每克含活孢子数 100 亿以上的青虫菌,或 Bt 可湿性粉剂 800 倍液喷施。

④利用菜粉蝶的趋光性,在田间设置频振式杀虫灯或黑光灯诱杀害虫。

⑤在幼虫低龄期进行防治的效果较好。橙黄色卵粒数占总卵量的 30％后的 2～3 d 为该幼虫的发生盛

期。可选用苏云金杆菌乳剂或青虫菌粉剂 500～800 倍液、1.8％阿维菌素乳油 4000 倍液、5％氟啶脲乳油 2000 倍液、10％溴虫腈悬浮剂 2000 倍液、50％辛硫磷乳油 1000 倍液或 20％三唑磷乳油 700 倍液、20％灭幼脲一号或 25％灭幼脲三号胶悬剂 500～1000 倍液喷施。

3. 猿叶虫

（1）危害特点。

猿叶虫成虫和幼虫均会啃食菜叶，日夜取食且群集危害，虫害致叶片千疮百孔（图 2-6-24）。成虫、幼虫均有假死习性。

图 2-6-24 猿叶虫

（2）防治措施。

①与其他作物轮作。如在大葱的后作栽植大萝卜，可以有效减轻萝卜上的猿叶虫危害。

②清除田间残枝败叶，铲除杂草，消灭部分虫源；利用其假死习性，人工震落，集中扑杀。

③药剂防治：在卵孵化盛期，选用辛硫磷、杀灭菊酯、敌百虫等药剂按推荐用量使用。每隔 7 d 防治 1 次，防治 2～3 次。

4. 黄曲条跳甲

（1）危害特征。

成虫咬食叶片成稠密小孔，致使油菜苗停止生长或死亡，有时也为害花蕾和嫩果（图 2-6-25）。幼虫专门蛀食油菜的根皮层，造成疤痕和隧道，严重时可使整株叶片发黄枯死，另外黄曲条跳甲还可以传播软腐病。

图 2-6-25 黄曲条跳甲

（2）防治措施。

①栽培防治。清除菜地残株落叶，铲除杂草，消灭其越冬场所和食料基地。播前深耕晒土，减少幼虫生活的环境并消灭部分黄曲条跳甲蛹。合理轮作，应与非十字花科的其他蔬菜轮作，可减轻危害。

②化学防治。可用 90％敌百虫晶体 1000 倍液，或 50％辛硫磷乳油 1000 倍液，或 21％氰戊菊酯·马拉

硫磷乳油 4000 倍液,或 25％噻虫嗪水分散粒剂 4000～6000 倍液大面积喷洒防治成虫,前两种药剂还可用于灌根防治幼虫。喷药时应从田边向田内围喷,以防成虫逃窜。

◇ **知识拓展**

油菜缺硼诊断及科学补硼

硼是油菜生长发育必需的微量元素之一,对碳水化合物的合成和细胞分裂有重要作用,还能促进繁殖器官的形成和正常发育。油菜施用硼肥具有提高结实率、降低"花而不实"现象,增加菜籽产量的作用。

1.油菜缺硼症状

(1)苗期症状。

叶暗绿、皱缩,叶端倒卷,呈现紫红色斑块或叶片紫红色,提早脱落,基茎出现裂口,根茎膨大,皮层龟裂,出现匍匐苗,严重时引起死苗。

(2)蕾薹期症状。

中部叶片由叶缘向内出现玫瑰红色,叶质增厚、易脆、倒卷。薹茎延伸缓慢,甚至主茎顶端萎缩,有时会出现"茎裂"现象。顶端花蕾发育不正常,褪绿变黄,甚至萎缩干枯或脱落。

(3)花期症状。

主花序和分枝花序明显矮化,顶端萎缩。不断抽发次生分枝,次生分枝继续不断开花,延迟花期,花蕾、幼荚大量脱落,荚果萎缩细小、畸形,如胖壮、扭曲等,结实率很低,有的甚至绝荚。

(4)角果期症状。

全株明显"花而不实",荚果中胚珠萎缩,不结籽、结弱小籽或畸形。荚果或茎秆皮为紫红色。成熟期明显推迟,粒数很少,种子大小不均。

2.缺硼的原因

(1)油菜缺硼与其他营养元素有关。

硼是植物必需微量营养元素之一,与氮、磷、钾等元素间存在显著的相关作用。油菜体内含氮水平的提高需要增加相应的硼的吸入来平衡,缺硼油菜体和氮硼比显著高于正常值的油菜植株,氮的供应使缺硼症状趋于加剧;缺硼还会影响油菜对磷的吸收,导致油菜生长受阻;在缺硼的土壤中施用钾肥会加重油菜缺硼的症状,而施硼肥能促进钾肥的吸收;研究表明,钙抑制了油菜对硼的吸收,同时也抑制了硼从茎向叶片的转移。

(2)油菜缺硼与油菜的品种特性有关。

一般迟熟品种比早、中熟品种敏感,高产品种比低产品种敏感,甘蓝型比白菜型、芥菜型油菜敏感,低芥酸油菜比高芥酸油菜敏感。

(3)油菜缺硼与环境条件有关。

研究表明,植株对硼的吸收随着光照强度减弱而减弱。土壤含水量对硼的吸收有效性影响极大,在干旱条件下,由于硼的运输受到阻碍导致油菜缺硼,在含水量高的情况,硼会发生流失。

(4)油菜缺硼与土壤条件有关。

研究表明,土壤 pH 值与土壤硼的吸收有效性紧密相关。土壤质地细腻的,由于土壤保水性差,水溶性硼容易流失,造成缺硼。

3.油菜补硼的方法

常用的硼肥有硼砂和硼酸,施硼方法有底肥施硼和叶面喷施两种。

(1)硼肥基肥施用方法。

在油菜播种或移栽之前施硼肥,有利于满足油菜全生育期对硼的需要,一般每亩以 0.5～1.0 kg 硼肥作基肥。由于硼对于种子发芽和幼根生长有抑制作用,应避免硼肥与种子直接接触,并同时施用有机肥和氮磷钾。

(2)硼肥喷施的方法。

油菜喷施硼肥最关键时期是苗期和薹期,苗期喷施可促进根系生长,有利于花芽分化,薹期喷施硼肥,有利于薹茎发育,保证花蕾等繁殖器官的正常发育,避免出现"花而不实"的现象,可以在苗期、薹期和初花期各喷施 1 次 0.2% 硼液。

（3）农艺措施防御土壤缺硼的方法。

增施农家肥,合理施用氮、磷、钾肥,提高土壤的有效硼含量;及时排灌,既要防止土壤含水量过多,又要防止土壤长期干旱;培育壮苗,适时早播早移栽,促进根的生长,有利于硼的吸收。

◇ **典型任务训练**

油菜苗情考查与诊断

1.训练目的

学会油菜越冬前苗情考查的方法,分析各种苗情长相的指标。同时培养热爱生活、热爱生命、热爱劳动的品质和吃苦耐劳的精神。

2.材料与用具

游标卡尺、镊子、米尺、烘箱、培养皿、记录本、铅笔、计算器、相机等。

3.实训内容

（1）根据油菜幼苗高矮、大小、叶片多少的差异程度,判断油菜苗生长的整齐度,也可通过目测判断。

整齐度指标有:整齐（80% 以上的植株生长一致）、中等（60%～80% 以上的植株生长一致）、不整齐（60% 以下的植株生长一致）。

（2）观察苗情

在目测的基础上,每组取 10 株单株（同一品种有代表性的不同植株）观察下列情况。

①叶片生长情况。脱落叶、黄叶、绿叶数。

②最大叶片的长宽（最宽处）。

③根颈粗度（在子叶节以下测量）。

④单株干鲜重。取代表性植株,从子叶处切断,分别称地上部分和地下部分干鲜重。先称鲜重,再于105～110 ℃烘干到恒重,称其干重。

任务四　油菜收获与贮藏

◇ **学习目标**

1.了解油菜收获适期。

2.了解油菜收获技术。

3.了解油菜贮藏技术。

◇ **自主学习任务引导**

1.扫描右侧二维码,观看微课视频。

2.查阅资料,列举出油菜收获和贮藏方法。

3.请描述油菜收获适期的指标。

◇ 知识链接

一、油菜收获适期

油菜成熟较快,且有落果落粒和成熟不一致等特点。油菜收获时正是农忙季节,在南方,油菜收割时又常遇连绵阴雨,因此,在油菜成熟后,组织好劳力、机械,抓住晴天突击抢收,适时收获,精收细打,严防损失,确保油菜丰产丰收。

(一)油菜的成熟过程

油菜整株角果的成熟过程与其花芽分化的顺序是一致的,即先主序后分枝。主花序角果的成熟顺序是下部先成熟,然后中部和上部依次成熟。分枝上的角果成熟过程和顺序也和主花序是一致的。因此,同一植株不同部位和不同植株相同部位的角果和种子的成熟先后很不一致,不同部位角果的种子成熟时间也不完全一样。

油菜在成熟过程中,随着植株和种子内部生理、生化的一系列的复杂变化,油菜角果和种子外表颜色也会发生转变。生产上根据角果和种皮外表颜色的变化一般分为绿熟、黄熟、完熟三个时期(图 2-6-26),其特征如下。

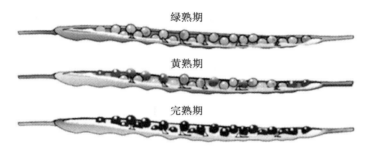

图 2-6-26　角果和种皮外表颜色的变化

(1)绿熟期。主茎上部仍有叶片 3~5 片,主花序下部角果开始由绿变为黄绿色,主花序上部及分枝上角果仍有绿色;种皮由无色或灰白色转变为绿色;幼胚发育完全,色绿,子叶饱满坚实,油状液汁消失,用手指轻压子叶分离不破碎。

(2)黄熟期。此时主茎呈灰白色或淡黄色,仅有个别植株尚残留 1~2 片叶片,主花序角果皮已呈现品种固有颜色,表面富有光泽,而各分枝角果基部开始变褐色,中、上部角果转变为黄绿色或黄绿间存。种皮大部分由绿色转变为红褐至黑褐色(或黄色),子叶呈现木樨黄色,籽粒肥大饱满。

(3)完熟期。主茎呈黄白色,叶片全部枯落,露水干后触动植株茎枝易于折断,种子绝大部分呈现品种固有色泽,果皮极易开裂。

(二)油菜的收获适期

油菜为无限花序,开花持续时间长,菜籽具有先开花先成熟、后开花后成熟的特点,因此单株油菜的角果和种子成熟时间不一致。收割过早,部分角果未熟,籽粒太嫩,种子不饱满,粒重轻,含油量低,影响产量和品质;收割过迟,角果成熟过度,容易裂角落粒,丰产不能丰收。适宜的油菜收获期应以取得最高产量和含油量为准。一般来讲,油菜终花后 25~30 d,油菜进入黄熟期,种子的重量和含油量接近最高值。这时全田 70%~80% 的植株已经黄熟,叶片由绿变黄开始干枯脱落,主花序角果呈枇杷黄,并富有光泽,油菜角果呈半青半黄色,大多数角果内籽粒的颜色已由淡绿色转为黑褐色,且籽粒饱满。此时收获油菜,产量和品质均可达到较高水平,可减少过早或过迟收获造成的损失。因此,油菜产区有"八成黄,十成收;十成黄,两成丢"的说法。

二、油菜收获技术

（一）收割方式

1. 人工收获

油菜的人工收割方式主要有两种：拔收和割收（图 2-6-27）。拔收有利于种子的后熟，增进籽粒饱满度和提高含油量，但拔收比较费工，干燥慢。割收相对省工省时，获取的种子净度高，但后熟作用比拔收差，且收割的时候，较多的菌核会随残茬留在田中。

图 2-6-27 油菜人工收获

油菜的人工收获最好在早晚进行，以防主轴和上部分枝角果裂角落粒。在收获过程中要做到"四割、四轻、一分"。"四割"就是早晨割、傍晚割、带露水割、阴天割；"四轻"就是轻割、轻放、轻捆、轻运；"一分"就是健株、病株分放分捆。雨天和晴天中午前后不要收割，以免菜籽霉烂发芽和落粒损失。割、拔下的油菜植株，要随割随捆，或顺序放置田间，适当干后运到晒场堆积后熟，再进行脱粒。

2. 机械收获

随着农业机械的发展，油菜也可采用联合收获机一次性收获和分段收获（图 2-6-28）。联合收获机一次性收获即在全田 90% 以上的油菜角果外观颜色全部变黄色或褐色，完熟度基本一致的条件下，选用能一次性完成收割、脱粒、清选的油菜联合收割机进行收获。分段收获即在全田油菜 70%～80% 角果外观颜色呈黄绿或淡黄，种皮也由绿色转为红褐色时，采用割晒机或人工进行割晒。将割倒的油菜就地晾晒后熟 5～7 d，成熟度达到 95% 后，用捡拾收获机进行捡拾、脱粒及清选作业。一般在籽粒含水量 35%～40% 时割晒，籽粒含水量 12%～15% 时捡拾脱粒。

图 2-6-28 油菜机械收获

（二）堆垛与成熟

人工收获时，由于油菜在八成熟时收获，为促进部分未完全成熟的角果的后熟，应将收获后的油菜及时堆垛后熟,以提高种子品质。若直接将油菜散放田间晾晒,角果皮将会迅速失水变干,茎秆和角果皮中的营养物质不能再向籽粒运输,角果秕粒增多,降低产量和品质。据调查,直接晾晒的油菜比堆垛后熟的产量降低 4.9%～6.3%,含油量降低 1.3%～2.1%。

堆垛的方法有圆柱形、方形等,无论选择哪种垛形,都要选择在地势较高、不积水的地方。为避免垛下积水,应在垛下铺垫已捆好的角果向上的油菜捆或废木料等,以利排水、防潮和防止菜籽霉变。为了便于油菜茎秆和角果中的养分继续向种子运输,堆放油菜时,应把角果放在垛内,茎秆朝垛外,以利后熟。堆垛后要经常检查堆内温度,防止高温引起籽粒变质。当角果和茎秆出现黑霉斑点、角果松散时,就应及时摊晒脱粒。

(三)摊晒、脱粒

一般情况下,堆放 4～6 d 的油菜,角果内果胶酶分解,角果皮裂开,菜籽已与角果皮脱离,此时后熟作用完成。应在晴天,立即散堆,均匀地将油菜平铺晒场摊晒,铺晒时要抖散,保持松空、均匀,便于通气、晒干和脱粒。油菜脱粒可采用石磙碾压或连枷拍打等方式,在油菜脱粒过程中,要做到"四净",即打净、扬净、筛净、扫净(图 2-6-29)。

图 2-6-29 油菜脱粒

三、油菜贮藏技术

(一)油菜籽粒贮藏质量规格

油菜籽的贮藏类型属于难藏型,理由如下:①油菜籽粒小,皮薄质软,散落性好,含油量高,与空气接触面大,容易发生油脂的氧化。②油菜籽胚部比例大,呼吸作用强,同时堆放后孔隙度小,导热性差,积热不易散失,其温度可高达 70～80 ℃,易发热霉变。③油菜籽成熟收获时,正值梅雨季节,高水分油菜籽容易发芽,吸水后一夜之间能发芽,出油率下降,故有"一夜穷"说法。

油菜籽粒贮藏的主要原则是要把菜籽的呼吸作用抑制到最低限度,要求在贮藏过程中始终保持"干、凉、净"的状态。"干"对油菜籽粒的贮藏最为重要,油菜籽粒的含水量必须降低到 9% 以下,才能安全贮藏。"凉"即为适宜保存籽粒的温度。"净"即去除杂草种子、不熟粒、病虫粒、杂质、泥土等夹杂物。

(二)油菜籽粒贮藏方法

油菜籽粒贮藏方法有干燥贮藏、通风贮藏、低温贮藏和密闭贮藏四种。

(1)干燥贮藏。油菜籽收获后,进行晾晒,使含水量达到 9% 以下,遇阴雨天可用烘干机烘干。油菜籽晾晒时不能冷铺,也不能带热进仓。冷铺会导致干湿不匀,入库后,菜籽易变质,影响出油率。晒后带热进仓,易形成干烧,降低品质。干燥前要整理除杂,以减少带菌多的灰尘杂物,减轻发热霉变的程度。

(2)通风贮藏。菜籽装入围囤后,利用昼夜温差,通过导气设备以通风换气的方式,将库外冷空气导入,排除库内热空气,维持库内比较稳定、适宜的贮藏温度。通风贮藏库具有设施简单、操作简便、贮藏量大、可长期使用等特点。

(3)低温贮藏。低温贮藏夏季一般不超过 28～30 ℃,春秋季不超过 13～15 ℃,冬季不超过 6～8 ℃。如果油菜籽温度与仓库温度相差超过 3~5 ℃,则应通风降温。

(4)密闭贮藏。油菜籽装入围囤内,然后用塑料薄膜覆盖,周围地上用泥土压实密封不透气,通过自然缺氧或是投入磷化铝,来严防发热霉变。这一方法可当作应急处理措施,不推荐长时间贮藏使用。

(三)油菜籽粒贮藏技术

1. 充分干燥

油菜籽粒含水量是影响油菜品质和安全贮藏的首要因素,因此当油菜脱粒后,要立即薄摊在晒垫上暴晒,根据天气情况每隔 1~2 h 用耙或木锨翻动一次,使籽粒含水量迅速降低到 9% 以下。

2. 籽粒清选

油菜籽晒干入库前,应进行严格清选,去掉泥沙、残叶、草籽、虫卵、菌核、病虫籽、瘪籽、破伤籽等,符合规定的标准方能入库。

3. 低温入库

油菜籽堆的导热率很低,在堆藏时,内部热量向外扩散十分缓慢。如果晒热的油菜籽没有摊凉,带热进仓,容易发生"干烧",影响菜籽品质。相反,油菜籽摊凉后入库,种子堆内温度较低,种子的呼吸作用和微生物的生命活动都很缓慢或停止,有利于安全贮藏。

4. 避免接触地面和墙壁

油菜籽有较强的吸湿性,干燥种子接触仓库四壁或地面,容易引起发热霉烂。因此,堆垛下面要铺垫芦席、木板等物,与地面隔离,防止地下湿气上升,堆垛与墙壁之间至少相距 50 cm。生产用种子量不大的可用麻袋、草包等包装悬吊于梁上最为安全,但不能用塑料薄膜袋装,以免种子丧失发芽率。

5. 合理堆放

菜籽入库时应根据仓库类型与性能、品种、质量、用途、有效时间长短等进行合理堆放,以确保安全贮藏,充分利用库容。仓房结构牢固、仓墙不返潮、种子数量大、干燥、质量好,又需长期贮藏的菜籽可采用全仓散装,堆高以 1.8~2.3 m 为宜。堆放时要保持平整、缩小菜籽与空气的接触面,并严格避免与化肥、农药或其他有害物品混存。

此外,贮藏时应注意密闭、防湿和合理通风,保持仓库干燥和室内低温。堆藏期间要定期检查,注意防潮霉变和虫鼠危害。

◇ 知识拓展

观光休闲花色油菜高产高效栽培技术

近年来,随着美丽乡村建设的不断发展,创意农业、休闲观光产业不断增加,重庆潼南、涪陵、忠县等地每年召开的"油菜花节"吸引大量的市内外游客,给当地的农家乐带来了可观的收入。在籽用油菜经济效益不断下降的情况下,花色油菜因其花色多样、鲜艳,近几年也得到了广泛的应用和推广,已成为重要的旅游资源。

1. 择优选种

花色油菜不仅可供观赏,农户还可以收获干籽榨油。现有并应用较多的花色油菜有白色、橘红色、淡黄色、土黄色 4 种花色。白花的品种可选择湖南农业大学选育的湘白油 1、湘白油 2 和浙江省农业科学院选育出的浙白油 2;淡黄色的品种可选择湖南农业大学选育的湘淡油 1、湘淡油 2 和衢州市农业科学研究院选育出的衢淡油 1、衢淡油 2;橘红色和土黄色的品种可选择浙江省农业科学院选育的浙红油 1、浙黄油 1。

2. 精细播种育壮苗

花色油菜要实现观赏效益和高产,应提倡精细播种。播种时秧田与大田的比例以 1:10 较好,10 月初播种,适当稀播,用种量 1.2~1.5 kg/hm²;如采用直播,适当增加用种量,用种量 3.75~4.50 kg/hm²,且要做好播前和芽前的除草工作;花色油菜作为图案设计,播种期要较普通油菜迟播 5~7 d,可直播或育苗移栽。

3.适期移栽

花色油菜在苗期2叶及1心时移栽,用10%吡虫啉可湿性粉剂防治蚜虫的危害和油菜苗期及后期病毒病的发生,同时适当追施氮肥或复合肥提苗。如密度过高,要及时间苗,防止高脚苗出现,秧龄控制在30～35 d之间为好,选择阴天或小雨天气移栽,提高成活率和降低败苗率。

因花色油菜植株较矮小、花朵量不充足,在移栽过程中要适当提高种植密度,一般要求每公顷在10.5万～11.25万株之间,即移栽规格为40 cm×23 cm;如果采用直播,每公顷基本苗要达到30万株,以提高单位面积花的总量,提高观赏效果和产量。

4.合理施肥

油菜对底肥和硼肥特别敏感,应施足底肥,增施硼肥,一旦缺肥,苗就不壮,植株缺硼会导致后期"花而不实"。苗床施用复合肥300～375 kg/hm²,大田施用复合肥375～450 kg/hm²,或施用农家菜饼肥750 kg/hm²＋三元复合肥300 kg/hm²,同时施用持力硼6 kg/hm²,以满足油菜整个生长过程中对各种肥料的需求。

1月下旬至2月上旬,当油菜主茎抽薹10 cm左右时视苗情(植株缺肥程度)施尿素300～375 kg/hm²或尿素60～70 kg/hm²＋三元复合肥225～300 kg/hm²。在油菜初花期,用持力硼1125 g/hm²＋50%速克灵可湿性粉剂750 g/hm²兑水细喷施,同时可有效防治油菜菌核病,提高油菜一次分枝、二次分枝的数量和增加花的总量,延长油菜的花期和人们观赏的时间。

5.水分管理

油菜全生育期尽管需要水,但积水很容易造成死苗或败苗。因此,在移栽后要及时开好沟,最好有四周围沟和各畦的畦沟,确保雨停水干,尤其是后期,可以提高田间通透性,降低田间湿度,提高油菜的抗病性,降低菌核病和霜霉病发生概率。

6.适期收割,及时脱粒

当油菜角果80%以上呈现枇杷黄时即可进行人工收割,小堆堆放。当油菜籽粒充分后熟后,利用晴好天气,及时脱粒,防止油菜籽发芽造成产量损失和降低油菜品质。如采用机械收获,要在田间油菜角果色泽80%由黄色转为灰色时,选择阴天或晴天收割。

◇ **典型任务训练**

油 菜 测 产

1.训练目的

了解油菜产量形成因素,掌握油菜田间测产的方法,测定出指定田块油菜的产量。同时培养热爱劳动、耐心细致、珍惜粮食的品质和知农爱农的情怀。

2.材料与用具

皮尺、米尺、计算器、记录本、铅笔等。

3.实训内容

(1)取样方法。在油菜绿熟期至黄熟期,根据地块的大小和均匀度确定取样点数。一般地块面积在1亩的取5个点,30～50株;2～10亩的取8～15个点,50～100株。植株生长整齐度较差时应可适当增加样点和样本数目。

(2)测算每亩株数。在每个样点选取1平方米,然后数出每样点内的油菜株数,计算1 m²平均株数。

(3)测算每株角果数。每个样点选择5株,由主序起顺至各分枝,逐株计算单株角果数,计算平均每株角果数。

(4)测算每角果粒数。每个样点选择2株,每株上中下各取10个角果,数其粒数,计算平均每角果粒数。

(5)测算千粒重。将脱粒晒干后的样本种子倒入方盘中,然后从方盘的一角先倒去约全量种子的1/3,再将样本种子倒入千粒板,取样3次,计算平均千粒重。

(6)每亩产量(单位为kg)计算。产量＝每亩株数×每株角果数×每角果粒数×千粒重×10^{-5}。

第三篇　特色作物生产技术

项目一　柑橘生产技术

　　柑橘是世界第一大水果,140 多个国家和地区都有种植。我国柑橘的种植面积和年产量均居世界第一位。我国柑橘栽培历史悠久,长达 4000 多年。柑橘营养丰富,色艳味美,品种多样,供应期长,既适鲜销,又宜加工,还具有很高的综合利用价值。柑橘已成为我国南方主产区农业高效发展、农民增收致富的支柱产业,同时极大地满足了广大消费者对柑橘果品的需求。

任务一 认识柑橘

◇ **学习目标**

1. 了解柑橘的起源与分布。
2. 了解柑橘的生物学特性。
3. 了解柑橘栽培的生态环境。

◇ **自主学习任务引导**

1. 扫描右侧二维码,观看微课视频。
2. 调查我国栽培柑橘的主要省份。
3. 查阅资料,了解影响柑橘生长发育的环境条件。

◇ **知识链接**

一、柑橘的起源与分布

柑橘(Citrus reticulata Blanco)是芸香科、柑橘属植物,为常绿灌木或乔木(枳除外),是橘、柑、橙、金柑,柚、枳等的总称。性喜温暖湿润气候。芸香科柑橘亚科分布在北纬 16°～37°之间,是热带、亚热带常绿果树(枳除外),用作经济栽培的有 3 个属:枳属、柑橘属和金柑属。栽培的柑橘主要是柑橘属。

(一)柑橘的起源

柑橘起源于中国南部、马来西亚、印度东北部、澳大利亚等地区。中国是宽皮柑橘、甜橙、枳、金柑的起源地,马来西亚及周边则是酸果类柑橘枸橼、柠檬等的起源地。

柑橘栽培起源于中国,早在 4000 多年前,我国的江苏、安徽、江西、湖南、湖北等地就开始种植柑橘,夏朝时柑橘已列为贡税之物。早在战国时期,我国伟大诗人屈原就在其名作《橘颂》中,歌颂了柑橘"秉德无私,参天地兮"的"优秀"品质。到了秦汉时代,柑橘生产得到进一步发展。《史记》有"齐必致鱼盐之海,楚必致橘柚之园"的记载。这说明,在秦汉时期,我国湖北、湖南等地的柑橘生产与山东等地的鱼盐生产有着同样重要的地位。南宋韩彦直在《橘录》中对柑橘嫁接技术做了详细记述:"取朱李核洗净,下肥土中,一年而长,又一年木大如小儿之拳,遇春月乃接。取诸柑之佳与橘之美者,经年向阳之枝以为砧。去地尺余,留锯截之,剔其皮,两枝对接,勿动摇其根。掬土实其中以防水,蒻护其外,麻束之……工之良者,挥斥之间,气质随异,无不活着。"15 世纪,葡萄牙人把我国甜橙带到地中海沿岸栽培,当地称其为"中国苹果"。15 世纪末至 16 世纪初,哥伦布等人将柑橘带到美洲。1821 年,英国人把金柑带到了欧洲。

(二)柑橘的分布

1. 我国柑橘的分布

我国柑橘主要分布在北纬 16°～37°之间,南起海南省的三亚市,北至陕、甘、豫,东起台湾地区,西到西藏的雅鲁藏布江河谷等地。柑橘的主要产地包括浙江、福建、湖南、四川、广西、湖北、广东、江西、重庆、台湾、上海、贵州、云南、江苏、陕西、河南、海南、安徽和甘肃等地,其中地势最高的种植区在四川巴塘(海拔高达2600 m)。全国种植柑橘的县(市、区)有近千个。

2003 年,国家将长江上中游柑橘带、赣南—湘西—桂北柑橘带和浙南—闽西—广东柑橘带、湘西鄂目宽皮柑橘优势带及以南丰蜜橘、华宁早熟蜜橘、岭南晚熟宽皮橘等特色柑橘生产基地确定为柑橘优势区,这些优势区是我国柑橘的集中产地,其产量占全国柑橘总产量的 95%。其中,赣南是亚洲最大的鲜食脐橙生产基地,湖南是中国柑橘生产第一大省,重庆市是中国最大的柑橘种苗繁育和橙汁加工基地。

2. 世界各地柑橘的分布

柑橘喜温暖湿润的大陆性气候。世界有 135 个国家生产柑橘,年产量约 1.2 亿吨,种植面积 1.1 亿亩。目前世界柑橘种植主要集中于亚洲(图 3-1-1),其种植面积占世界柑橘种植总面积的45.40%,美洲为32.50%,非洲为 13.54%,欧洲和大洋洲的合计占比为8.56%。中国种植面积超过 3500 万亩,年产量超过 3400 万吨,面积与产量均居世界第一。巴西年产量约为 2425 万吨,居第二;美国年产量 1633 万吨,居第三;以后依次为墨西哥、西班牙、伊朗、印度、意大利等国。

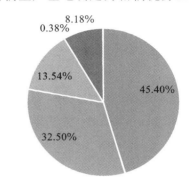

■ 亚洲　■ 美洲　■ 非洲　■ 大洋洲　■ 欧洲

图 3-1-1　世界柑橘产量情况

二、柑橘的生物学特性

柑橘是多种芸香科植物的总称,包括柑橘属、金柑属和枳属三个属的许多品种。因此,各种类柑橘的生长特性既有差异,又有许多共同的习性。

(一)柑橘的物候期

物候期是生物的物候现象出现的时期。物候现象是生物随着气候的变化而变化的现象。柑橘营养生长期长,没有明显的休眠过程,在一年中随着四季的变化相应地进行根系生长、萌芽、枝梢生长、开花坐果、果实发育、花芽分化和落叶休眠等活动,这些生命活动所处的各个时期即为柑橘的物候期。具体如下。

1. 萌芽期

覆盖芽体的鳞片开裂后,称萌芽期(图 3-1-2)。

图 3-1-2　萌芽期

2. 抽梢期

新梢第一片幼叶开张,同时出现茎节,称为抽梢期(图 3-1-3)。

图 3-1-3　抽梢期

3. 自剪期

新梢顶端停止生长,发生自剪现象(顶端芽体自行枯黄脱落)的新梢占总数的 75% 时,称为自剪期(图 3-1-4)。

图 3-1-4　自剪期

4. 花芽分化期

由叶芽转变为花芽的整个时期,称为花芽分化期(图 3-1-5)。花芽分化过程分为生理分化和形态分化两个阶段。生理分化是叶芽生理上的一个质变过程,形态分化是花各部分器官的形成过程。

图 3-1-5　花芽分化期

5. 花蕾期

从发芽后能区分出花芽时起，到花瓣初开以前，称为花蕾期（图3-1-6）。

图3-1-6　花蕾期

6. 开花期

花瓣向外开尽，能见雌雄蕊时，称为开花期。整个树冠开花数量达25％时为初花期，达75％时称为盛花期（图3-1-7）。

图3-1-7　开花期

7. 谢花期

花瓣脱落，称为谢花期（图3-1-8）；落花超过数量2/3时为谢花末期。

8. 落果期

柑橘落果一般分3个时期（图3-1-9）。花瓣落掉，花丝柱头凋萎以后，子房已经膨大，带果柄落果，称为第一次落果；由蜜盘处落果的，称为第二次落果。第一、二次落果是由于授粉受精不良、营养和树体内源激素等生理原因造成的，统称为生理性落果。第三次落果主要是由气候变化或病虫害等引起的，这次落果称为后期落果或采前落果。

9. 果实生长发育期

从子房开始膨大至果实囊瓣发育完全、种子充实的时期，称为果实生长发育期（图3-1-10）。

10. 果实成熟期

从果实颜色转黄开始至果皮呈橙黄色或橙红色的时期，称为果实成熟期（图3-1-11）。

图 3-1-8　谢花期

(a) 第一次落果　　　　　　　　　(b) 第二次落果

(c) 采前落果

图 3-1-9　落果期

图 3-1-10　果实生长发育期

图 3-1-11　果实成熟期

（二）柑橘生长发育特性

1. 根

柑橘的根系是树体的重要组成部分（图 3-1-12），它的主要作用是从土壤中吸收水分和养分；同时，还能合成许多植株生长发育必不可少的物质，如有机酸、激素类等，并能贮藏某些有机物质。此外，根系兼具繁殖和更新的作用，主根深入土层中，起到支持树体的作用。

植物根系由主根、侧根、须根和根毛组成，但柑橘的根系没有根毛，是菌根性根系，菌根和柑橘树共生，从树体吸收养分，又帮助树体吸收水分、营养和分泌出激素、酶，促进柑橘树体的生命活动。根系最适宜的生长环境是：温度 25～26 ℃，湿度 60%～80%，pH 值 5.5～6.5，土壤空气含氧量 8% 以上。根系在土温 12～13 ℃时开始生长，高于 37 ℃时停止生长。一年中，柑橘的根系和枝梢生长交替进行。两者的生长高峰呈现互为消长的关系。

2. 芽

柑橘的枝、干、叶、花都是由芽发育而成的，芽是柑橘生长发育、开花结果及更新复壮的基础（图 3-1-13）。芽按性质可分为叶芽和花芽，叶芽萌发成枝条，花芽萌发开花结果。按芽在枝条的着生位置来分有顶芽、侧芽和不定芽 3 种，生长在枝条顶端最末的芽称为顶芽，叶腋上着生的芽称为侧芽，主干或干枝上萌发的芽称为不定芽。此外，柑橘的老枝及骨干枝上还有潜伏芽，可以长久不萌发，而通过短截回缩修剪等方式刺激，

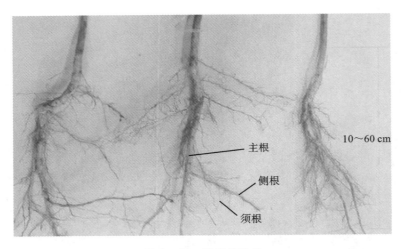

图 3-1-12　柑橘的根系

图 3-1-13　柑橘的芽

可以促使其萌发出新枝,起到更新枝群和老衰弱树复壮的作用。

柑橘芽由几片不发达的、肉质的先出叶所遮盖,每片先出叶的叶腋各有一个副芽,因而构成了复芽,故在同一个节上往往能萌发数条新梢。柑橘在新梢生长停止后先端会自行脱落,这种现象称为顶芽自剪。

3.枝干

枝干的主要功能是支撑树冠,输导和贮藏营养物质。柑橘的树冠由各级枝序组成,由主干分生主枝,依次再分生侧主枝、侧枝和小侧枝等。也可把着生于主干上的大枝称为一级分枝,从一级分枝上分生的新枝称为二级分枝,依此类推为三级、四级分枝。在树冠外围着生许多小侧枝,这是着生叶和开花结果的主要部分。

柑橘枝梢根据功能不同可分为营养枝、结果枝和结果母枝。一般一年可萌发 3～5 次新梢,依发生时期可分为春梢、夏梢、秋梢和冬梢(图 3-1-14)。由于季节、温度和养分吸收不同,各次梢的形态和特性各异。

4.叶

柑橘类的叶片除枳为三出复叶(图 3-1-15)外,均为单身复叶(图 3-1-16)。叶片是进行光合作用的主要器官,也是吸收养分的器官,叶片中贮藏全树氮素的 40％以上。叶片的健康状况能明显反映树体生理状况和矿质营养状况。

柑橘叶片寿命为 1.5～2 年,也有一些叶片寿命长达 3 年,未结果幼树的叶片寿命较长。叶片寿命长短与养分、栽培条件有密切的关系,如养分缺乏、土壤过干或过湿、病虫危害、风害、冻害、根群衰弱腐烂、人为造成的肥害、药害伤根等,都会产生不正常落叶。

(a) 春梢

(b) 秋梢

(c) 夏梢

(d) 冬梢

图 3-1-14 柑橘枝梢

图 3-1-15 三出复叶

图 3-1-16 单身复叶

5. 花

柑橘的花由花柄、花萼、花瓣、雄蕊和雌蕊五部分组成。花柄顶部膨大成盘,有蜜腺,称蜜盘。花萼、花瓣、雄蕊、雌蕊着生于蜜盘上。花萼绿色,花瓣 4~8 片,一般 5 片,多为白色。雄蕊由花丝和花药构成,花药成熟时裂开散出花粉。雌蕊基部是子房,中间为花柱,顶部叫柱头。柱头成熟时分泌黏液,粘住花粉,起到授粉受精作用。

柑橘花有单花和花序两种(图 3-1-17),红橘、温州蜜柑等为单花,甜橙、柠檬、葡萄柚等除单花外还有花序,柚以花序为主。

(a) 单花   (b) 花序

图 3-1-17 柑橘花

6. 果实

柑橘的果实由子房发育而成,称柑果。果实连接果柄的部分叫果蒂。蒂部相对的一端称果顶,也称脐部。果实的形状与大小因种类或品种而异。果实由果皮、囊瓣、种子组成(图 3-1-18)。子房外壁发育为外果皮,它遍布油胞,含香精油而富有香气;子房中壁发育为内果皮,即海绵层;子房内壁发育成肾形的囊瓣,内含汁胞(砂囊)和种子。囊瓣壁上的维管束呈丝状排列,称为橘络;果实中心的海绵状物叫果心。种子由胚珠发育而成,因种类和品种不同,其大小和形状有区别。

甜橙、柑、橘果实的区别是:甜橙果实的皮难剥,橘络不明显,囊瓣难分,种子胚为白色;橘皮易剥,橘络明显,橘瓣好

图 3-1-18 柑橘的果实

分,胚为绿色;柑性状介于两者之间。

三、柑橘栽培的生态环境

柑橘的营养生长、生殖生长与外界环境有着密切的关系。外界环境包括温度、日照、水分或湿度、土壤以及风、海拔、地形和坡向等,直接影响柑橘的生长发育。

(一)温度

温度是影响柑橘生长发育的最大因素。在一年当中,要求平均气温在 15 ℃以上,最低月平均温度在 5 ℃以上,冬季温度不得低于−5 ℃。柑橘生长发育要求 12.5～37 ℃的温度。温度过低,会抑制苗木的生长,使其处于休眠状态;温度过高,则易造成枝条的徒长,消耗过多的养分,打乱生长平衡。秋季的花芽分化期要求昼夜温度分别为 20 ℃和 10 ℃左右,根系生长的土温与地上部大致相同。过低的温度会使柑橘受到寒害和冻害(图 3-1-19),温度过高也不利于柑橘的根系生长和结实,会使柑橘受到热害(图 3-1-20),气温、土温高于 37 ℃时,果实和根系就会停止生长。

图 3-1-19　柑橘冻害

图 3-1-20　柑橘热害

温度对果实的品质影响明显,在一定温度范围内,通常随温度增高,糖含量、可溶性固形物增加,酸涩度下降,果实的品质变好。昼夜温差大,糖分含量高。

(二)光照

光是叶片进行光合作用、制造有机物质所不可缺少的条件,对柑橘的生长发育有着重要作用。柑橘是耐阴性较强的树种,也需要良好的光照。一般年日照时数 1200～2200 h 的地区均能正常生长,光照过强过弱都对柑橘生长发育不利。

光照不足,不利于柑橘枝梢生长和果实发育,往往会导致柑橘产量低和果实品质差。秋冬季光照不足,作为结果母枝的秋梢软弱不充实,不易形成花芽,果实成熟时难着色或着色差(图 3-1-21),含糖分低,风味差。光照过强,易引起柑橘的日灼病(图 3-1-22)。

图 3-1-21 光照不足导致的着色不均

图 3-1-22 光照过强导致的日灼病

(三)水分

水分是柑橘生长发育不可缺少的物质条件,柑橘的蒸腾作用、有机物质的制造和养分的运输等生理功能都需要大量的水分。一般年降水量 1000～2000 mm 的地区适宜柑橘的栽培。土壤含水量的大小影响根系生长和水分、矿质营养的吸收,一般要求土壤最大持水量为 60％～80％。但各个物候期对水分的具体要求有所不同:花芽分化期要求土壤适当干旱,以提高树体细胞液的浓度,但花芽的萌发、开花期至生理落果期,要求土壤湿润,以提高坐果率;秋梢生长发育期和果实迅速膨大期要求水分较多,以利于秋梢的充实、果实的增大和品质的提高。但如土壤水分过多,则对柑橘根系不利,引起烂根、落叶、落果。

(四)土壤

柑橘对土壤适应性很强,各种土壤均能种植柑橘,但要柑橘获得早结、丰产、优质和高效益,必须选择土层深厚肥沃、富含有机质、结构良好、排水性能好的土壤。柑橘要求微酸性土壤,pH 值 5.5～8.5,但以 pH 值 5.5～6.5 为最适宜。适宜的酸碱度有利于土壤中微生物的活动,增强土壤中矿质元素的可溶性以利于根系吸收。土壤 pH 值低于 5.5 或高于 8.5 须通过改良后,才能栽培柑橘。柑橘根系生长要求较高的含氧量,以土壤质地疏松、肥沃、结构良好、有机质含量 2％～3％、保肥能力强、排水良好的团粒结构的土壤最适宜。

◇ 知识拓展

柑橘的营养价值

柑橘果实营养丰富,色香味兼优,既可鲜食(图 3-1-23),又可加工成以果汁为主的各种加工制品。柑橘产量居百果之首,柑橘汁占果汁的 3/4,广受消费者的青睐。柑橘长寿、丰产稳产、经济效益高,是中国南方主要的树种,对果农脱贫致富、农村经济发展起着重大的作用。柑橘的营养成分十分丰富,每 100 g 柑橘可食用部分中,含核黄素 0.05 mg,尼克酸 0.3 mg,抗坏血酸(维生素 C)16 mg,蛋白质 0.9 g,脂肪 0.1 g,糖 12 g,粗纤维 0.2 g,无机盐 0.4 g,钙 26 mg,磷 15 mg,铁 0.2 mg,热量 221.9 J。柑橘中的胡萝卜素(维生素 A 原)含量仅次于杏,比其他水果都高。柑橘还含多种维生素,此外,还含镁、硫、钠、氯和硅等元素。柑橘维生素 C 含量高,被认为是人体最好的维生素 C 供给源。

图 3-1-23 鲜食柑橘

◇　**典型任务训练**

柑橘的生物学特性调查

1.训练目的

对柑橘当前所处的物候期以及柑橘的生长发育特性进行调查,提升对柑橘物候期的认识,熟悉柑橘各器官的生长发育特征,同时培养爱农情怀,促进大产业观的树立。

2.材料与用具

皮尺、记录本、笔、相机等。

3.实训内容

(1)到当地柑橘果园开展柑橘物候期调查,观察柑橘生长目前所处的物候期及其典型特征。

(2)到当地柑橘果园开展柑橘生长发育特性调查,观察当前柑橘根、叶、花、枝干及果实等器官的形态特征。

任务二　柑橘品种选择与育苗

◇　**学习目标**

1.了解柑橘的主要种类。

2.掌握柑橘优良品种的选择原则。

3.了解柑橘主要的优良品种。

4.掌握柑橘育苗技术。

◇　**自主学习任务引导**

1.扫描右侧二维码,观看微课视频。

2.查阅资料,了解我国目前栽培柑橘的主要优良品种。

3.查阅资料,了解柑橘苗木繁殖与培育的技术要点。

◇　**知识链接**

一、柑橘的主要种类

柑橘类果树属芸香科(Rutaceae)柑橘亚科(Aurantioi-deae),其果实具有典型的"柑果"特征。柑橘亚科分8个属,栽培上最常见的是柑橘属、金柑属和枳属(图3-1-24),其他5个属的经济价值不大。

这3个属的主要区别见表3-1-1。

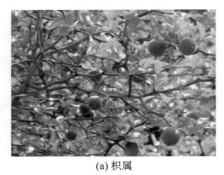

(a) 枳属　　　　　　　　　　(b) 金柑属　　　　　　　　　　(c) 柑橘属

图 3-1-24　柑橘栽培的 3 个属

表 3-1-1　柑橘类 3 个属的主要区别

属名	主要性状
枳属	落叶性,复叶,有小叶 3 片,子房多毛茸,果汁有脂
金柑属	常绿性,单身复叶,叶脉不明显,子房 3~7 室,每室胚珠 2 枚,果小,果汁无脂
柑橘属	常绿性,单身复叶,叶脉明显,子房 8~18 室,每室胚珠 4 枚以上,果大,果汁无脂

(一) 枳属

枳属(图 3-1-25)原产于我国长江流域,本属只有枳一个种,分布广,以山东、湖北、江苏、河南等省栽培最多。枳品系复杂,有小叶、大叶、小花和大花等。枳是柑橘类果树中最耐寒的种类,我国北亚热带和中亚热带地区广泛利用它作砧木,日本和美国也多以它为抗寒砧木。小叶系枳作砧木,具有明显矮化树冠的作用,能早结丰产,果实品质优,根系须根发达,耐瘠耐酸,抗脚腐病和线虫病,但不耐盐碱,对柑橘裂皮病非常敏感。

图 3-1-25　枳属

(二) 金柑属

金柑属(图 3-1-26)原产于我国,主要分布于东南沿海各省,其果实可供鲜食及制蜜饯,盆栽可作为观赏盆景。目前,我国金柑产区主要为广西阳朔、融安,浙江宁波、镇海,广东、江西、福建、湖南等省均有分散栽培。金柑属有圆金柑、罗浮、金弹、长寿金柑、长叶金柑和金豆 6 个种。

(三) 柑橘属

柑橘属种类丰富,包含大部分栽培的柑橘类,分布最为广泛,黄河以南的省份都有栽培或分布。按照我国的习惯,柑橘属根据其形态特征可分为如下 6 类。

1. 大翼橙类

乔木,叶中大,叶翼特别发达,与叶身同大或过之。花小,有花序,花丝分离。果中大,汁胞短钝,种子小而扁平。作砧木或育种材料。全世界已发现的大翼橙(图 3-1-27)有 6 个种,4 个变种,我国现有两个种和一个变种,即红河橙、大翼橙和大翼厚皮橙。

图 3-1-26 金柑属

图 3-1-27 大翼橙

2. 宜昌橙类

灌木状小乔木,叶翼很发达,其大小通常等于或略小于叶身。花较大,单生,花丝联合。果中大,皮厚,汁胞短,肉酸苦或极酸。宜昌橙(图 3-1-28)原产于我国,主要分布于长江中下游地区,是柑橘属较原始的群体,有宜昌橙、香橙、香圆等,可用作矮化和半矮化砧木,耐寒性强。

图 3-1-28 宜昌橙

3. 枸橼类

灌木或灌木状小乔木,叶翼小或几乎没有叶翼。花大,有花序,花瓣外侧常呈深浅不一的紫红色,雄蕊多,常为花瓣数的 5~9 倍,一年可开花多次。果中大,果顶多具乳头状突起或开裂成指状,皮多为黄色,汁酸,种子较小。枸橼大多生长在北热带和南亚热带气候区。我国有香橼、柠檬、黎檬、来檬 4 个种和佛手 1 个变种(图 3-1-29)。作为鲜果加工原料、砧木、观赏盆景、药材而广泛开发利用。

图 3-1-29　枸橼

4. 柚类

乔木,枝条粗壮,叶翼发达,叶片较厚较大。花大,总状花序或单花,花瓣外侧常呈深浅不一的黄绿色。果大,中果皮厚,囊瓣多,通常 10～18 瓣,囊壁厚,种子大,子叶呈白色。柚类有柚和葡萄柚 2 种。我国柚的品种资源丰富,广泛分布于南亚热带和中亚热带的沿海和内陆地区。主要栽培良种有沙田柚、玉环文旦、琯溪蜜柚、安江香柚和晚白柚等(图 3-1-30)。

图 3-1-30　柚

5. 橙类

乔木,叶翼明显,叶片中等大,叶柄较长。花中等大,总状花序或单花,花瓣呈白色。果中大,果顶有印环或无印环,有的有脐,但果顶不具乳突。中果皮较厚,囊瓣不易剥离,子叶呈乳白色。橙类有甜橙和酸橙两种。甜橙原产于我国东南部地区,目前主产区为广东、四川、重庆、广西、湖南、福建、江西、湖北等地区。甜橙可分为普通甜橙、脐橙、血橙和嫁接细胞嵌合体 4 个类型(图 3-1-31)。

图 3-1-31　甜橙

6. 宽皮柑橘类

小乔木或乔木,枝条细密,无刺或有短刺;叶翼不明显,叶较小、较薄,橘的叶片先端凹口较明显,柑则不明显;橘花较小,柑花较大,单生或丛生,无花序,花开时花瓣呈现辐射状;果中等大至小,果皮宽松可剥,囊瓣易剥离;橘子叶绿色至深绿色,柑子叶白色或淡绿色。宽皮柑橘(图 3-1-32)原产于我国,品种资源十分丰富,是我国栽培最广的柑橘树种。宽皮柑橘又分橘组和柑组。

图 3-1-32　宽皮柑橘

二、柑橘优良品种的选择

柑橘优良品种应具备"三性",即丰产性、优质性和安全性。丰产性即:适应性广,抗逆性强,易栽、易管理、易丰产;优质性即:果实的品质要优,既有好(美)的外观,又有优(上等)的品质,果实受消费者青睐;安全性即果实食用安全。

选择柑橘优质高效栽培的良种,应坚持以下原则。

(一)坚持良种的"三性"原则

坚持良种的"三性",以达到优质丰产、安全和高效的目的。

(二)坚持良种的时间性和地域性原则

良种还应具有时间性和地域性。时间性是指任何优良品种不可能永久是优良品种。由于科学技术的进步,优良品种会不断推出。如 20 世纪 50—60 年代的实生甜橙,60—70 年代的尾张温州蜜柑,70—80 年代的红橘,曾一度在国内外市场俏销价好,后来被脐橙、椪柑等品种取而代之。地域性是指:良种适应性再广,也受地域的限制,即任何良种只适宜于一定的范围种植,甲地适栽的良种,不一定在乙地适宜种植。

(三)坚持"喜新不厌旧"原则

随着科学技术的进步,新品种(品系)不断推出,使柑橘品种更新、结构调优有了物质基础。种植者对新品种应积极引种、试种。但任何品种有优点(势),也会有不足,而且有时间性。选择良种应坚持"喜新不厌旧"原则。

(四)坚持"柑橘用途不同、要求有异"原则

柑橘果品根据用途可分为鲜食和加工两大类。用途不同,选择要求也会有异。

1. 鲜食柑橘

鲜食柑橘(图 3-1-33)要求具有优良的品质,果实无污染、安全(无公害),且耐贮运。

图 3-1-33　鲜食柑橘

(1)优良的品质。柑橘果实的品质包括外观(形)和内质。果实的外观主要是果实的大小、形状,果皮的色泽、厚薄,油胞粗细(果面光滑)等。果实的内质主要包括果实的风味、香气和营养成分,果实肉质,有无果核等。

(2)果实无污染、安全(无公害)。果实没有对人体有害的残留、毒性物质。

(3)果实耐贮(藏)、运(输)。柑橘果实作为商品,至少应具备从产地运至销地的条件,并且果实应耐贮。

2. 加工用的柑橘

用作加工原料的柑橘果实要求色泽鲜艳,风味浓郁(糖高、酸适中、维生素 C 含量高),可食率(果汁率)高,少核或无核,加工适应性好。易栽培,易达到早结果、丰产稳产、优质的目的。

柑橘加工制品不同(图 3-1-34),对加工原料的要求也不同。

(a) 糖水橘瓣罐头

(b) 柑橘果汁

(c) 柑橘香精油

(d) 柑橘果胶

图 3-1-34　常见柑橘加工制品

(1)加工糖水橘瓣罐头的果实要求。个体中等大或稍小,皮薄易剥,囊瓣易分,囊衣易脱,囊瓣整齐,呈半圆形,组织紧密,果肉色泽鲜艳,嫩而不软。

（2）加工果汁的果实要求。果实出汁率高,可溶性固形物高,果汁色泽鲜艳,具芳香,风味浓郁,糖高、糖酸比高,无苦涩等异味。

（3）提取香精油的果实要求。出油率高,油的质量高,特别具有芳香。巴柑檬、柠檬等常用于提取香精油。

（4）提取果胶的果实要求。皮渣中的原果胶和果胶含量高,柠檬、枸橼和柚类的果实皮渣可用于提取果胶。

三、柑橘优良品种的介绍

柑橘属芸香科柑橘类植物,一般指柑橘属中的宽皮柑橘、甜橙、柚子,以及金柑属等柑橘类果树,也可狭义地单指宽皮柑橘类果树。宽皮柑橘类果树又可进一步细分为普通柑、温州蜜柑、红橘和黄橘四类。其具体的优良品种如图 3-1-35 所示。

(a) 砂糖橘　　　　　　　　　(b) 本地早　　　　　　　　　(c) 温州蜜柑

(d) 椪柑　　　　　　　　　(e) 蕉柑

图 3-1-35　宽皮柑橘类优良品种

（一）宽皮柑橘类

1. 砂糖橘

砂糖橘,又名十月橘。原产于广宁、四会一带,是当地柑橘主栽品种之一。该橘味甜如砂糖,因其甘甜犹如在沙滩喝到甘露一样,故俗称"沙滩橘"。砂糖橘尤以四会市黄田镇出产的为正宗,唯其鲜美而极甜,无渣,口感细腻,清甜。

2. 本地早

本地早原产于浙江黄岩,又名天台山蜜橘。浙江黄岩、临海栽培较多,湖南、广东、四川、福建等省也有少量栽培。该品种树势强健,树冠高大,呈圆头形或半圆头形,分枝多而密,枝细软;果实呈扁圆形,单果重约 80 g,色泽橙黄,果皮厚 0.2 cm;果实可食率 77.1%,果汁率 55% 以上,可溶性固形物 12.5%;每 100 mL 糖含量 9.38 g,酸含量 0.72 g,维生素 C 含量 29.3 mg。果实质地柔软,囊衣薄,化渣,品质上乘。抗寒、抗湿,丰产,稳产,成年树每亩产量超过 2500 kg。果实不耐贮藏。本地早可鲜食,也可加工成糖水橘瓣罐头。

3. 温州蜜柑

温州蜜柑原产于我国浙江,在我国分布极广。该品种树势中等,树冠较矮,呈扁圆形,枝条长而粗,枝叶较稀疏、下垂;叶片呈长椭圆形,肥厚;果实呈扁圆形,大小不一,重 75～170 g。果皮为橙黄色,油胞大多而凸出。囊瓣呈半圆形,7~12瓣,果肉柔软多汁,甜酸适度,品质上等,无核或偶有少核。10—12月成熟,耐贮运,适于生食或加工。根据成熟期可分为早熟、中熟、晚熟三类,以早熟品系为最好。

4.椪柑

主要产地为广东潮汕地区、福建南部、广西及台湾等地。该品种树势强健,树冠高大,直立性强,广圆头形。叶小,广披外形,叶缘有波纹,翼叶小,呈线状。果实呈扁圆或圆锥形。重110~150 g,果顶凹陷宽广,有放射沟,蒂部广平或隆起,上具沟棱。果皮宽厚,呈橙黄色,油胞小而密,凸出,果皮易剥离。果心大而空,囊瓣呈长肾形,9~12瓣。果肉汁多味甜,脆嫩爽口,有香气,品质极好,较耐贮运。该品种结果早,品质优,高产稳产,耐旱、抗病,但对肥水要求较高,北缘橘区要特别注意防寒。

5.蕉柑

主要产地有广东、福建、广西、台湾等地区。该品种树势中等,树冠呈圆头形,枝条细而密生。叶片狭小,呈长椭圆形,两端尖,叶脉不明显,翼叶小。果实呈高扁形或圆球形,重100~130 g,果皮呈橙黄至橙红色,厚而粗糙,易剥离;果心小而充实,果肉柔软多汁,味甜,品质上等,耐贮运。该品种进入结果期早,丰产,但抗逆性较差,需肥水较多,采摘后如管理不当容易衰退。

(二)甜橙类

甜橙类优良品种如图3-1-36所示。

1.锦橙

锦橙原产于重庆江津,栽培比较广泛,国内各橘区均有栽培。该品种树势强健,树冠呈圆头形,枝梢开展,具短刺;叶片呈长卵形,先端尖长;果实呈长椭圆形,似鹅蛋,重150~200 g,果顶平或微凹,蒂部微凹,果皮呈橙红色。薄而光滑,果心半充实,囊瓣呈半圆形或长肾形,8~13瓣。果肉呈橙黄色,柔软多汁,甜酸适度,风味浓,有香气,品质极上,果可贮至翌年5月。该品种适于在冬春温暖湿润的地区栽培,在偏北的橘区常表现为色泽不鲜艳,果皮增厚,风味变差。

2.脐橙

20世纪初,脐橙通过数次引种栽培传入中国。全球有100多个国家和地区生产脐橙,包括美国、巴西等。中国脐橙的主要产区是重庆、江西、湖北、湖南和四川等地。脐橙为乔木,枝少刺或近于无刺,叶片呈卵形或卵状椭圆形,花呈白色,果实呈圆球形、扁圆形或椭圆形,橙黄至橙红色,果重180~250 g。果顶部有一些发育不完全的心皮群形成的脐,果心实或半充实,果肉呈淡黄、橙红或紫红色。果肉脆嫩化渣,味甜浓香,无核,品质优良。脐橙经济寿命长,果实最适鲜食,营养丰富,鲜果也可榨汁,随榨随饮。脐橙花量大,其花可熏制芸香茶,果皮、叶片和嫩枝可提取香精油。

3.新会橙

新会橙主要产于广东新会地区。该品种树势中等,树冠呈半圆形,枝梢较细。果实稍小,呈近圆形,果顶印环明显,果皮呈橙黄色,薄而光滑,果心充实,果肉柔软多汁,味极甜,有清香,品质上等,种子少,果实较耐贮藏。该品种对积温要求较高,在偏北地区栽培品质下降。

4.柳橙

柳橙主要产于广东新会,福建、广西也有引种栽培。该品种树势强健,树冠呈半圆形,较开张,枝密细长;叶呈长椭圆形,边缘多呈波状,叶色浓绿;果实呈圆球形,果皮呈橙黄色,果顶有的有印环,故又名印子柑。果面自蒂部起有10余条放射沟纹,果心充实,囊瓣呈长梳形,有10~12瓣。果肉呈橙黄色,脆嫩汁少,风味浓甜,品质上等,种子6~10粒,耐贮藏。该品种品质优良、丰产、耐贮藏,适应性强。

5.雪柑

雪柑主要产于广东潮汕、福建、浙江和台湾等地。该品种树势强健,树冠呈圆头形,枝梢细长。叶呈椭圆形,翼叶不明显。果实呈圆形或长圆形,重120~140 g,果皮稍厚,光滑,呈橙黄色,油胞大、密而凸出;果心紧实,囊瓣呈肾形,有10~13瓣。果肉淡黄,柔软多汁,风味浓,有微香,品质上等,果实耐贮藏。该品种产量高,品质优良,适应性强,山地、平地均可栽植。

6.伏令夏橙

伏令夏橙是世界上栽培最多的甜橙品种。我国四川、重庆较多,其他地区也有引种栽培。该品种树势

(a) 锦橙　　　　　　　　　(b) 脐橙　　　　　　　　　(c) 新会橙

(d) 柳橙　　　　　　　　　(e) 雪柑　　　　　　　　　(f) 伏令夏橙

(g) 先锋橙　　　　　　　(h) 红玉血橙　　　　　　(i) 哈姆林甜橙

(j) 香水橙

图 3-1-36　甜橙类优良品种

强健,树冠呈圆头形,枝梢强壮;叶呈广椭圆形,翼叶明显;果实呈长圆球形,重 150 g 左右,果皮呈橙黄色,果面稍粗糙,油胞大而凸起,果心较充实,囊瓣呈肾形,9～12 瓣,果肉柔软多汁,风味酸甜适口,品质中上;种子6～7 粒。成熟期为翌年 3—5 月。该品种品质较好,产量高,果实夏季成熟,对调节市场和外贸有重要意义。

7. 哈姆林甜橙

哈姆林甜橙原产于美国佛罗里达州。1965 年从摩洛哥引入我国,后分别在四川、广东、福建、浙江等地试栽。该品种树势强健,树冠呈半圆形,树枝粗壮,有短刺。果实呈圆球形或椭圆形,顶部圆,有不明显印环,蒂部圆,下凹。果皮呈橙黄或橙红色,皮薄而光滑,果肉柔嫩,汁多味甜,有香味,品质上等,种子约 5 粒,10 月下旬至 11 月中旬成熟。该品种具有早期丰产性,产量高,品质优良,但不耐贮藏,是果汁加工的良种。

8. 先锋橙

先锋橙又名鹅蛋柑,原产于重庆江津,从实生甜橙树中选出,在我国几大主要柑橘产区都有引种栽培。该品种树势强健,树冠呈圆头形,树姿较开张,枝条比锦橙硬,小刺稍多;果实呈短椭圆形,单果重 170 g 左右,果面橙红色稍浅,果顶稍宽,果蒂平或微凸,少数略凹,油胞凸出,大小相间,果实酸甜味浓,有香气,种子13粒左右,品质优良,耐贮藏,丰产。

9. 红玉血橙

红玉血橙原产于地中海地区。我国四川、广东、广西和湖南等地均有栽培。该品种树势强健,树冠呈圆头形或半圆头形,树姿半开张。枝条细而硬,针刺极小而少;果实近圆球形或略扁,单果重135 g左右,果皮呈鲜橙红色或紫红色,间或出现深红色相嵌纵向宽条纹,果皮较厚,略粗,脆,剥离较难,果心较小而充实,囊瓣呈肾形,10～14瓣,整齐。汁胞披针形成长纺锤形,呈丝状或块状血红色,脆嫩。酸甜味较浓,汁多。有香气,品质上等,种子约13粒,果实于翌年2月成熟,丰产。果实耐贮藏,贮后风味更佳。

10. 香水橙

香水橙主要产于广东新会与广州郊区、农村。该品种树势强健,较开张,枝较密,有针刺,叶片呈椭圆形,翼叶较大;果实呈广椭圆形,重135 g左右,果顶平,蒂部微凹,果皮稍厚,呈深橙黄色,表面较粗糙,深心较大,半充实,囊瓣呈肾形,9～10瓣,果肉柔软多汁。甜酸适度,略具芳香,品质上等,种子10粒左右,11月下旬至12月上旬成熟,迟采不易落果,风味更佳,果实耐贮藏,丰产。

(三)柚类

1. 沙田柚

沙田柚原产于广西容县(图3-1-37)。广西各地区都有栽培,广东、湖南、四川、浙江、江西、重庆等地也先后引种栽培。该品种树型高大,果实呈梨形或葫芦形,果顶有金钱印,果皮油胞细小,呈金黄色,果肉晶莹透明、脆嫩化渣、清甜爽口、香味浓。经测定,可食部分达47.7%以上,可溶性固形物高达13.7%,含糖量12.4%,含酸量0.36%,100 g果汁含维生素C 1.7 mg,含氨基酸739.4 mg。果肉白色,汁多味甜微酸,种子多,10—11月成熟。

图3-1-37　沙田柚

2. 琯溪蜜柚

琯溪蜜柚原产于福建平和县(图3-1-38)。主产地为福建南部和广东,四川、广西、湖南、重庆等地也有引种栽培,发展很快,是栽培柚类的名品。该品种树势强,枝叶茂密。果大,1.5～2 kg,呈长卵形或梨形;果面呈淡黄色、光滑,皮较薄;果心大而空,囊瓣14～16瓣;果肉质地柔软,汁多化渣,酸甜适中,种子少或无,品质上等。果汁含可溶性固形物11%、糖9%～9.8%、酸0.8%～1.0%,可食率60%～70%。9月下旬至10月上旬成熟。丰产,幼树3～4年挂果,4年生树株可产68个果。易裂果裂瓣。

(四)杂柑类

1. 春见

春见,又称兴津44号,是日本培育的品种(图3-1-39)。该品种果实极大,平均果重220 g以上。果实呈高扁圆形或倒阔卵形,果皮呈深橙色,果面光滑,富光泽,油胞细密。果皮薄,但绝不裂果,包着较紧,但剥皮较易。果肉呈深橙色,肉质脆嫩多汁,囊壁薄,风味浓郁。果实无核,与有核品种混栽时,少核(2～3粒)。可食率76.9%,出汁率43.8%,可溶性固形物14%～16%,最高可达18%,比绝大多数柑橘品种高3～6个百分点,属典型的高糖低酸品种,是优良品种之一。果实耐贮性好,采后用保鲜袋单果包装在常温下贮藏,贮

图 3-1-38　琯溪蜜柚

图 3-1-39　春见

期可达 150 d 以上。

春见高产、稳产,抗逆性强、适应性广,果实硕大、品质特优,加之耐贮运、不裂果、外观美等优良性状,是当前优良柑橘品种之一。

2. 天草

天草,日本培育的品种(图 3-1-40)。该品种树势中庸,树冠扩大较慢,幼树较直立,结果后开张,枝梢中等偏密,呈丛状,叶中等大,比温州蜜柑略小,有花粉,单性结果强,一般无核,与有核品种混栽,则种子较多,可达 10 粒以上。单果重 200~300 g,大小整齐。果形呈扁球形,果形指数 1.20 左右,果皮呈淡橙色,着色早,12 月中旬完全着色,皮较薄,剥皮稍难。果面光滑,油胞细,果皮有甜橙的香味,果肉呈橙色,肉质柔软多汁,囊壁薄。成熟期果汁糖度 12 度,品质优,风味好。

图 3-1-40　天草

3. 不知火

不知火,日本品种(图 3-1-41)。该品种用枳作砧,树势较弱,以温州蜜柑作中间砧高接,树势中庸。幼树树姿直立,进入结果期后开张。枝梢密生,细而短,叶略小,与椪柑相似。树体较耐寒,抗病力中等。花几乎全为单花,但也有总状花,有少量花粉,无核果率高,单性结实强。单果重 250 g,在宽皮柑橘中属大果形,果实呈倒卵或扁球形,果形指数 1.00~1.20,果实大小整齐,多有突起短颈。果皮黄橙色,易剥。10 月上旬开始着色,12 月上旬完全着色。果汁糖度 13~14 度,味极甜,成熟期 2~3 月,风味极好,品质优。

图 3-1-41 不知火

4. 濑户佳

濑户佳为日本品种（图 3-1-42）。该品种对溃疡、疮痂有一定抗性。单果重 220～250 g，果实呈扁圆形；果面特光滑，果皮呈橙色到浓橙色，十分美丽；果皮极薄，剥皮较容易。可食率高，不发生浮皮，果实紧密而手感好；香气近似恩科橘和默科特橘橙；肉质柔软多汁，囊壁薄，风味良好。果实 11 月下旬着色，翌年 1 月上旬成熟，糖度为 12%～13%，酸度 1.0%，风味浓；单果种子数 0～3 粒，近无核。果实外观美丽，品质优良，味佳，无核，晚熟，树冠紧凑，栽培性能良好。

图 3-1-42 濑户佳

5. 南香

南香为日本培育的品种（图 3-1-43）。该品种对疮痂和溃疡有一定抗性。果形比温州蜜柑高腰，呈扁球形，平均单果重 130 g，果形指数 1.10～1.15。外观极美，果皮呈浓红色。油胞略大，果实顶部突起有小脐，果皮薄，剥皮易，不浮皮。果肉呈浓橙色，囊壁薄，能与果肉一并食下。糖度高，特甜，11 月下旬甜度达 13～14 度，充分成熟后高达 17 度。10 月上中旬开始着色，12 月上旬果实成熟。该品种是目前最优良的杂柑品种之一，且成熟期适中，红皮，可在我国柑橘栽培区域的北缘生长，具有广阔的发展前景。

图 3-1-43 南香

6. 诺瓦

诺瓦为美国培育的品种（图 3-1-44）。该品种树势旺盛，具明显的宽皮柑橘特征，但多刺，果实中等大，果重150 g,果实呈诱人的深红橙色,果实外观对消费者具有强大的吸引力。剥皮稍难,果硬,皮薄且包着紧。果肉内在品质好,果肉呈深橙色,多汁,鲜嫩,风味甜,糖酸比值较高。单独栽培无核,丰产性好。果实挂树贮藏性能好,不浮皮,11月下旬成熟。该品种是我国当前红皮柑橘中优良品种之一。

图 3-1-44　诺瓦

四、柑橘育苗技术

培育高质量的柑橘苗是实现柑橘高效栽培的基础。为此,必须高度重视柑橘苗的繁殖与培育,坚持培育无病毒良种壮苗,为柑橘高效栽培奠定良好的基础。

（一）砧木苗的培育

1. 砧木的选择

用种子播种培育的柑橘实生苗不宜直接用于建园,主要用作砧木。砧木选择的原则如下。

(1)要适应当地的气候和土壤条件。北缘地区应选择抗寒性强的柑橘砧木,如枳、宜昌橙、枳橙等;沿海地区应选择耐盐和抗风的砧木,如酸夏橙、酸橙、枸头橙、朱栾、甜橙、粗柠檬等;丘陵地、山地要选择耐旱的砧木,如枸头橙、宜昌橙、福橘、香橙、枳橙等;低洼平原要选择耐涝的砧木,如枳、酸橙、四季橘等。

(2)与接穗的亲和力好,对接穗的生长和结果有良好的影响。常用的砧穗组合为枳接温州蜜柑、甜橙类和金柑类,枳橙接温州蜜柑、本地早、椪柑和甜橙,枸头橙接本地早、早橘和甜橙,香橙接甜橙、温州蜜柑,酸柚接柚、甜橙接甜橙、温州蜜柑,宜昌橙接宽皮柑橘类,酸橘接蕉柑、椪柑。

(3)对病虫害的抵抗能力强,尤其是对溃疡病、脚腐病、衰退病、裂皮病、根线虫等主要病虫害有较强的抵抗力。

(4)苗圃性能好,来源容易,无检疫性病虫害。砧木采种容易,收种量多,繁殖容易,出苗率、成苗率、芽接率、优质苗比例都较高。

(5)多胚性强(即一粒种子能长出几株苗)。单胚性品种、无籽或少籽的品种一般不宜作砧木。

(6)具有满足某种特殊需要的特性(如矮化等),我国常用的有枳、枳橙、枸头橙、香橙、红橘等(图 3-1-45)。

(a) 香橙　　　　　　　　　(b) 枳橙　　　　　　　　　(c) 红橘

图 3-1-45　柑橘苗繁育常用砧木

2. 砧木种子的采集、贮藏和运输

(1) 采集：砧木种子必须采自生长健壮、品质好、丰产稳产、发育良好的植株，要求种子粒大，饱满，形状端正，色泽新鲜，无病虫害。

(2) 贮藏：种子贮藏最常用的方法有果藏和砂藏两种。

果藏是将果实放入果箱，堆放在阴凉处，将种子留在果实内，待要播种时取出，洗净后即播种。砂藏是把种子与洁净河沙分层堆放或混合堆放。

(3) 运输：种子在运输过程中要注意掌握湿度。将阴干至种皮发白且经过检疫的种子，拌以适量炭末、袭糠灰或河沙，装入透气的麻袋或钻有小孔的木箱内运输。也可采用湿种运输，即从果实中取出种子，经充分搓洗后，放入不透水的木箱或桶中带水运输，到达目的地后再取出阴干。

3. 播种

(1) 播种时期：播种分冬播和春播两种。冬季无冻害的地区，可随采随播，适宜的播种期在冬至，最迟不超过大寒；冬季有冻害的地区，一般在2月中旬至3月中旬春播。采用地膜覆盖、塑料大棚、小拱棚或温室育苗可提前播种。

(2) 种子准备：播种前的种子应进行消毒，可用 $35\sim36$ ℃的温水泡 1 h，然后用 1% 硫酸铜或 0.1% 高锰酸钾溶液或 300 倍福尔马林稀释液浸泡 10 min，用清水冲洗干净后播种。为了确定种子质量和计划播种量，宜在播种前进行发芽试验，测定种子发芽率。

(3) 整地作畦：苗圃选定后，应进行土地平整，土壤深翻熟化。结合深翻，施足基肥，耙平后开沟作畦。同时为了消除土壤病虫害，应用杀菌(虫)剂密封熏蒸处理。

(4) 播种方法：柑橘播种有撒播和条播两种方式，一般多采用撒播。撒播省工、省时、省地，条播节约用种，便于除草和施肥管理。

(5) 播种量：播种量依种子颗粒大小、质量及播种方法而异。撒播一般每亩地用种 $40\sim60$ kg，条播一般每亩地用种 $12\sim20$ kg。常用的几种砧木种子播种量如表 3-1-2 所示。

表 3-1-2 柑橘砧木播种量

砧木种类	每千克种子数/粒	每亩播种量/kg	
		撒播	条播
枳	$4400\sim6000$	$50\sim60$	$15\sim20$
红橘	$9500\sim10500$	$40\sim50$	$13\sim17$
枸头橙	$5000\sim5500$	$34\sim45$	$12\sim15$
酸柚	$4000\sim5000$	$50\sim60$	$15\sim20$
酸橘	$7000\sim8000$	$30\sim40$	$10\sim13$
朱栾	$3200\sim3600$	$75\sim80$	$23\sim26$

4. 播后管理

播后视天气情况注意浇水。天旱时 $3\sim5$ d 浇水 1 次，但要防止过湿，以免种子霉烂。当苗床内有 2/3 的种子发芽时，可揭开覆盖物。采用地膜或小拱棚育苗，在晴天勿使温度过高，温度超过 32 ℃时，应掀开薄膜通风，傍晚重新盖好。注意做好间苗、除草和施肥等工作。苗出齐后，要分 $2\sim3$ 次间苗，疏去过密、过弱、畸形及带病虫的幼苗；拔除畦面的杂草，保持播种圃基本无杂草；幼苗长出 $3\sim4$ 片真叶时即可施肥，施肥时要先淡后浓、薄肥勤施，每隔 10 d 施肥 1 次，以有机肥为主。苗期还要注意防治立枯病、疫病、凤蝶幼虫、潜叶蛾、蚜虫、红蜘蛛、地老虎、蝼蛄等病虫害。

5. 砧木苗移植

当砧木苗长出 $3\sim4$ 片真叶时便可移植。当年可在夏季 5—6 月份或秋季 9—10 月份掘取小苗移栽，隔年移植在春季 2—3 月份进行。一般采用宽窄行移栽，宽行 $60\sim70$ cm，窄行 $15\sim22$ cm，株距 $10\sim15$ cm；作畦横行移栽株行距为 $10\sim20$ cm，每亩 $10000\sim12000$ 株。移栽后要及时防旱浇水，经常注意雨后松土除草和防治病虫害,勤施肥,一般每月 2 次,直至嫁接前 1 个月停止。缺株要及时补栽,注意抹除砧木苗主干 10 cm 以下的萌蘖,苗高 30 cm 时及时摘心,以促进加粗生长,尽快达到嫁接粗度的标准。

（二）嫁接苗的培育

嫁接育苗是把一株植物的枝或芽接到另一株植物的适当部位,使它们愈合、成活,形成新的植株的育苗方法。接上去的枝或芽叫做接穗或接芽,被接的植株叫做砧木。嫁接苗结果早,能保持接穗品种的优良性状,具有提高苗木抗寒、抗旱、抗涝、抗病虫的能力。用矮化砧还可以使柑橘矮化。

1. 嫁接成活的原理

嫁接能否成活,取决于砧木与接穗的亲和力,即它们的亲缘关系越近,其亲和力越强,成活的可能性越大。另外,光照、温度、湿度等环境条件,嫁接时间,砧木的质量,嫁接方法等,也直接影响嫁接的成活。

选择砧木时应考虑以下因素:与接穗的亲和力要强;对接穗的生长和结果有良好的影响;对栽培地区的气候、土壤环境条件适应性强,取材方便,易于大量繁殖;具有满足特殊需要的性状,如矮化等。一般情况下,柑橘嫁接应用得最多、最普遍的砧木是枳壳(图 3-1-46)。

图 3-1-46　枳壳

2. 接穗的选择、采集、包装和贮藏

采穗母树应是品种纯正的优良品种,适于当地自然条件,抗逆性强,树势中庸,生长健壮,处于结果盛期,无检疫病虫害。

接穗的采集方法如下。

(1)枝接接穗:枝接接穗在春季嫁接前采集,最迟不能晚于发芽前 2～3 周(图 3-1-47)。采时选择树冠外围生长的 1 年生、节间长度适中、芽体饱满、已充分木质化的枝条,一般多采用去年的秋梢或春梢。采后截去两端保留中段。

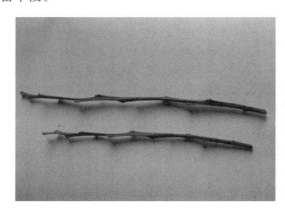

图 3-1-47　枝接接穗

(2)芽接接穗:芽接接穗在生长季节随接随采(图 3-1-48)。要采集发育良好、芽饱满充实的当年生新梢,多采用当年的秋梢或春梢。采后立即剪去叶片保留一段叶柄。

图 3-1-48　芽接接穗

(3)接穗的包装：采下的接穗要分品种捆扎、编号，挂上标签，标签上注明品种、树号。然后装入塑料袋或纸箱中，迅速运到嫁接场所或贮藏点。

(4)接穗的贮藏：芽接的接穗不需贮藏。枝接接穗如果不立即用于嫁接，可将接穗埋入湿沙中贮藏起来，也可以用湿布包裹住接穗，放在低温阴凉处贮藏。贮藏的基本要求是保持湿度，控制温度，减少光照，抑制萌发，使接穗在嫁接时仍然健壮有活力。

3. 嫁接常用工具

嫁接常用的工具有枝剪、嫁接刀及塑料薄膜(图 3-1-49)。

(a)枝剪　　　　　　　　　(b)嫁接刀　　　　　　　　(c)塑料薄膜

图 3-1-49　嫁接常用工具

4. 嫁接方法

嫁接方法主要有枝接(用一个或几个芽的一段枝条作接穗)和芽接(用一个芽片作接穗)两种方法。

(1)枝接一般在春季砧木萌动而接穗未萌动时进行，在"惊蛰"和"谷雨"之间。常用的枝接方法有切接、劈接等。

①切接：适用于根茎 1~2 cm 粗的砧木。具体操作方法如下(图 3-1-50)。

a. 削接穗：接穗长 2~4 cm(1~2 个芽)，削成一长一短两个削面。长削面在芽侧面下方 0.5 cm 左右向下削 2~3 cm，削去皮层，露出部分木质部，削去枝粗的 1/3 以上；短削面在长削面的对面，斜 45°削断枝条，长 0.5 cm 左右。削面要平直光滑。

b. 砧木处理：在离地面 10 cm 处剪断砧木，选砧木光滑、纹理顺直的地方向下削一劈口，劈口要和接穗同粗或稍宽，深度为 2~3 cm，比接穗的长削面略短一点。

c.接合:把接穗削面向里插入砧木切口,使接穗与砧木形成层对齐,如粗度不等,可对齐一边的形成层。最后绑缚、保护。

②劈接:适用于较粗的砧木,并广泛用于果树高接换头。具体操作方法如下(图3-1-51)。

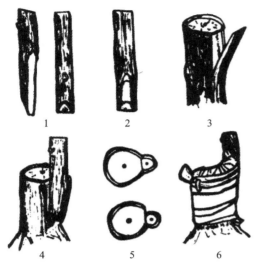

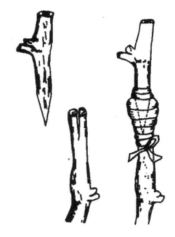

1—削接穗;2—三刀法短平削面;3—切砧;
4—插接穗;5—对准形成层;6—包扎

图 3-1-50 切接

图 3-1-51 劈接

a.砧木处理:将砧木在嫁接部位剪断或锯断,使留下的树桩表面光滑,纹理通直,同时将锯口用刀削平削光滑。然后把劈刀放在砧木中心,用锤轻轻敲击刀背,把砧木劈开。

b.削接穗:接穗削成楔形,削口长2~4 cm,接穗的外侧要厚一些。若砧木过粗,为防止夹伤皮层也可内侧稍厚。接穗的削面要求平直光滑,最好一刀削成。

c.接合:用刀或木楔将砧木劈口撬开将接穗插入砧木劈口,使接穗的厚侧面在外,接穗与砧木的形成层对齐,由于砧木皮层厚于接穗,接穗外表面要稍靠里点。接穗的削口不要全插进去,要外露0.5 cm左右。

较粗的砧木可以在劈口两侧插两个接穗。接好后将刀或木楔轻轻退出,使砧木将接穗夹紧。然后用塑料条缠紧,再将劈缝和截口全部包严实。

(2)芽接适于夏、秋两季进行,即在生长季节进行。常用的芽接方法是嵌合芽接。具体操作方法如下(图3-1-52)。

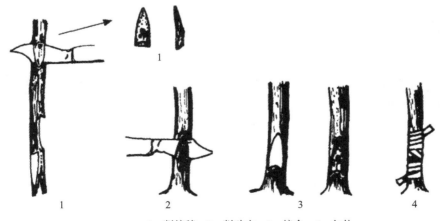

1—削接穗;2—削砧木;3—接合;4—包扎

图 3-1-52 嵌合芽接

①削接穗：用刀在接穗芽下方 1～1.2 cm 处以 45°角向下切入木质部，在芽上方 1 cm 处向下斜削一刀，至第一切口，即可取下一盾形芽片。

②砧木处理：其削法与接穗相同，与削取芽片的大小相近，或使之稍长于接穗盾片。

③嵌合：将芽片嵌入砧木切口，使形成层对齐，然后绑紧。

5.嫁接的注意事项

总的要求是做到"快、准、光、净、紧"。

(1)快：指操作动作要快，刀具要锋利。

(2)准：指砧木与接穗的形成层要对准。

(3)光：指接穗的削面要光洁平整。

(4)净：指刀具、削面、切口、芽片等要保持干净。

(5)紧：指绑扎要紧。

6.嫁接后的管理

(1)检查成活。嫁接后 7 d 即可检查成活。如接穗保持绿色，叶柄一碰即落，则已成活。

(2)剪砧。夏末和秋季芽接者，要在第二年春天发芽前剪砧。春季芽接者，分两次剪砧。

(3)解膜。夏末和秋季芽接者，一般在第二年春天发芽前结合剪砧进行解膜；春季枝接者为防止接穗抽生的新梢劈裂，可推迟至冬季解膜。

(4)除萌。剪砧后，砧木上会陆续出现许多萌蘖，要及时除去，以免消耗养分和水分。除萌应多次反复地进行。

(5)立支柱。对接穗当年抽出新梢并生长很快的种类，为防风折，可紧贴砧木立一小棍加以固定。

7.其他管理

主要是灌水施肥、松土除草、防治病虫等常规措施，基本与实生苗管理方法相同。

(三)高接换种技术

高接换种就是在原品种的骨干枝上改接其他优良品种(图 3-1-53)。它有利于推广优良品种，淘汰劣质品种，调整品种结构，适应广大消费者对柑橘果品优质化、时鲜化和多样化的要求，提高产量和质量，改善目前我国柑橘生产上品种良莠不齐和早、中、晚熟比例不当的状况。

图 3-1-53　高接换种法

1.接穗品种的选择

经高接换种后的树一般由基砧、中间砧和接穗组成。嫁接时要考虑砧穗的亲和力。砧穗的亲和力是影响高接换种成败的关键。一般来说，同一种类高接不同品种，亲和力强，如中、晚熟温州蜜柑(如尾张)高接早熟温州蜜柑(如宫本等)，普通甜橙高接其他良种甜橙等。不同种类间高接换种，则应注意基砧、中间砧和接穗之间的相互影响，如：基砧是红橘，中间砧是甜橙、椪柑，应高接生长势弱或树冠开张的品种。但柚类和柠檬不能作宽皮柑橘的中间砧。

2. 嫁接部位

高接时应确定嫁接的高度、芽数或部位。一般幼树可在一级主枝上 10～20 cm 处,接 3～5 个芽。10 年生以下的结果树,可在离地面 1 m 处每株接 8～14 个芽。10 年生以上的树嫁接高度应控制在 1.2～1.5 m,接芽在 15 个以上,砧木的直径宜在 4 cm 以下。嫁接口的方向应根据枝条的分枝角度来确定。如枝条生长直立,分枝角度小,则宜接在左右侧或外侧;反之,则宜接在内侧。

3. 嫁接方法

春季可用切接法、腹接法,秋季用腹接法。春季高接时,在同一枝条上,顶部用切接,腰部用腹接,可接多个接穗。接穗用粗壮枝条削成通头单芽或芽苞片均可。

4. 高接后的主要管理措施

(1)伤口保护:高接部位伤口要消毒防腐,可在伤口面上涂树脂净。大伤口要涂接蜡或包上薄膜,以防干燥和雨水淋湿或病菌侵入。

(2)检查成活及解膜:高接后要及时检查成活率,未成活的要及时补接。春季切接的,在接芽刚萌发时,将妨碍生长的薄膜带挑破。秋季芽接的,一般在第二年立春后萌芽前,在接口上部剪去老品种的枝条并做好标记,以免品种、品系混杂。

(3)剪砧/剪口保护:用切接法嫁接及腹接法进行第二次剪砧后,应用薄膜包扎砧木切面,也可用接蜡或石蜡液涂抹接口,以免砧木切口裂开或滋生病虫害。腹接法应采用两次剪砧。

(4)枝梢管理:接芽长至 20～30 cm 时,要摘心以促其充实,并在长梢上选留健壮和位置适当的新梢摘心,促使多发分枝。砧桩上的萌蘖每隔 1 周要除 1 次,以免影响嫁接芽发育。

(5)除去辅养枝:高接时保留一定的辅养枝是为了留枝养根,待新品种有一定枝叶制造养分时,辅养枝应逐渐剪掉,争取在 1～2 年内剪除。

(6)肥水管理和病虫害防治:高接当年应薄肥勤施,注意预防日灼,防止缺乏微量元素,并做好防治蚜虫、潜叶蛾、卷叶蛾等病虫的工作。

◇ **知识拓展**

我国柑橘主栽品种的变化

自改革开放以来,随着我国经济得到快速发展及农业发展政策和农村产业结构的不断调整,我国柑橘产业发展也发生了巨大变化。

一是主栽品种适时调整。20 世纪 80 年代以前,主栽品种以温州蜜柑、椪柑、南丰蜜橘、本地早及普通甜橙为主。1980 年到 20 世纪末,脐橙、琯溪蜜柚、夏橙开始大规模种植。2000—2010 年,以砂糖橘为代表的广东晚熟品种异军突起;极早熟温州蜜柑大面积推广。2010 年以后,晚熟脐橙、沃柑、爱媛 28、不知火、春见等品种迅速发展,并涌现了甜橘柚、春香、金秋砂糖橘等系列品种。

二是主栽品种栽培面积发生变化。①温州蜜柑类。栽培面积下降,由 80 万公顷降至 46.7 万公顷左右,且主栽区向北缘产区即两湖集中。②脐橙类。面积稳中有升,目前有 33.3 万公顷。③椪柑类。栽培面积下滑,由高峰时的 26.7 万公顷降到 10 万公顷左右。其最适区域是南方柑橘产区,由于易染黄龙病,现在北缘产区成为主产区。④红心蜜柚、白肉蜜柚。由高峰时的 16.7 万公顷降到 10 万公顷左右,面积缩减明显。⑤南丰蜜橘。由高峰时期的 10 万公顷下降到 5.3 万公顷左右。产区主要集中在南丰县及周边。⑥砂糖橘类。目前栽培面积估计超过 26.7 万公顷,集中于两广地区,特别是广西产区。⑦沃柑。近几年发展较快,主要分布在广西与云南,约 13.3 万公顷。⑧红美人、春见、不知火、大雅柑、晴姬、鸡尾葡萄柚等杂柑。目前种植面积约 10 万公顷,还处于上升阶段。⑨冰糖橙类。目前栽培面积有 6.7 万公顷左右,主要分布于云南、湖南。⑩马家柚、皇帝柑等特色品种。主要在起源地发展,种植面积在 3.3 万公顷以内。⑪红橘类。在 20 世纪 80 年代栽培面积就明显缩减,现在仅零星栽培。

近年来,柑橘优质优价、物以稀为贵正成为市场销售端的常规现象,多样化及适地适栽品种选择成为产区发展趋势。

◇ **典型任务训练**

柑橘优良品种的选择

1.训练目的

根据当地的自然环境条件,按照柑橘优良品种选择原则,选出1～2种适宜栽培的柑橘品种,通过此训练增强对柑橘优良品种特性的了解,培养产业、效益意识。

2.任务内容

(1)了解当地自然环境条件,根据所学内容,选出1～2种适宜当地栽培的柑橘优良品种。

(2)描述选择的柑橘优良品种的特性。

任务三　柑橘栽培管理技术

◇ **学习目标**

> 1.了解柑橘建园定植的标准及要求。
> 2.掌握柑橘栽培土、肥、水管理技术。
> 3.掌握柑橘整形修剪技术。
> 4.掌握柑橘花果管理技术。
> 5.掌握柑橘主要病虫害防治技术。

◇ **自主学习任务引导**

> 1.扫描右侧二维码,观看微课视频。
> 2.查阅资料,了解柑橘园土壤改良的方法。
> 3.查阅资料,了解柑橘生长的营养元素。
> 4.查阅资料,描述柑橘整形修剪的作用及主要方法。

◇ **知识链接**

一、建园定植

现代柑橘园(图3-1-54)规划设计应根据柑橘的生长习性以及对生态和气候条件的要求,充分利用现有的社会经济条件和当地的气候、土壤等自然资源条件,进行园地选择,因地制宜地科学规划,高质量建园,使柑橘生长的自然环境最优化,生产管理操作便利,以提高工效,降低成本,获得优质、高产和最大的经济效益。

(一)园地选择

根据适地适栽和优质安全的原则,柑橘园应选择生态条件良好,有灌溉水源,远离污染源,且交通方便,

图 3-1-54　现代柑橘园

具有可持续生产能力的农业区域。一般选择坡度在 25 度以内,南向或东南向缓坡丘陵地建柑橘园为好。

园地选择的要求如下。

(1)适宜的气候:柑橘性喜温暖湿润气候,柑橘的生长结果和果实品质受温度、光照和水分影响较大,其中温度是最主要的因子。一般来说,年平均气温高于 15 ℃,1 月平均气温高于 5 ℃,绝对最低气温－5 ℃以上,不低于 10 ℃年积温在 4500~8000 ℃的地区均可种植柑橘。

(2)适宜的土壤:园地土层深度 0.6 m 以上,土质疏松通透性好,有机质含量 1‰以上,土壤呈微酸性(pH 值 5.0~6.5)。

(3)充足的水源保证:按照柑橘的生长结果需求,一般每亩柑橘园年需水量为 100 m³ 左右,柑橘园附近应有充足的水源保证。山地果园应修建蓄水池,一般按每亩修建 20 m³ 的蓄水池为标准。平地果园也应修建蓄水池,以解决抗寒、喷药、施肥用水,一般为每 5 亩配长 3 m、宽 2 m、深 1.7 m 的水池一个。

(4)便利的交通条件:较大规模的柑橘基地离公路的距离以不超过 1000 m 为宜。果园应按照面积大小,设置干道、支道和步行道,干道宽 5~6 m,与交通主干道相连接贯穿全园;支道 3~4 m,连接干道,通向各园区;步行道宽 2 m,与干道、支道和生产园相连。

(二)建园

建园的流程如下。

(1)柑橘苗木栽植前要进行整地和土壤改良。

(2)修筑水平梯田:山地果园和坡度在 10 度以上的丘陵坡地果园均应修筑水平梯田(图 3-1-55),防止水土流失。梯田由梯壁、梯面、梯埂及内侧排水沟组成。通常从上到下逐级修梯,按照"大弯就势,小弯取直""凸出下移,凹入上移"的原则调整,填挖土时内挖外填、半挖半填。

(3)壕沟改土:也称抽槽改土。壕沟改土范围大,不易积水,有利于柑橘丰产稳产。通常挖宽 1~1.5 m、深 0.8~1 m 的改土沟,将挖起来的生土和易风化的岩石碎裂后再回填。回填时分层压埋农家肥料、秸秆等改土材料,回填后土壤高出地面 0.2~0.4 m。

(4)挖穴改土:挖穴改土的工程量较小,但只适宜在不易积水的土地上采用。挖穴的直径 1~1.5 m,深 0.8~1 m。回填方法与壕沟改土相同。

(5)作畦改土:土壤长期潮湿,柑橘根系容易腐烂,导致生长不良和死树。在低畦地、平地水田等容易积水的地方,应该采用作畦改土(图 3-1-56)。作畦改土是直接在地块上开排水沟作畦,开沟的泥土堆放在畦面上,加入部分农家肥培肥土壤,在畦面上种植柑橘。

(三)苗木定植

1.定植时间

(1)裸根柑橘苗栽植时间。

柑橘树每次新梢生长停止后一般都有一次发根高峰,此时栽树根系可以及时生长,恢复吸收能力。

①春季定植:春季栽植宜在 2~3 月、春梢萌动前后进行。春季栽植时气温回升,雨季来临,一般栽植的

图 3-1-55　修筑水平梯田

图 3-1-56　作畦改土

成活率较高,但由于尚未扎根就恢复枝叶生长,势必造成树势衰弱,生长状况不如秋植苗。

②秋季定植:秋梢停长后气温降低而土温仍较高,枝叶不再生长,而根系还在继续生长,因此,此时定植可以减小枝叶生长对水分的大量需求,树体耗水量较小,而栽树后根系又可继续生长,及时恢复供水能力,是比较理想的栽植时间。但如果在冬季有低温冻害和干旱威胁的地方,则不宜秋季定植。

(2)容器苗移植时间。

由于容器苗栽植时根系所受的损伤和影响较小,栽植后能继续保持正常的吸收水分的功能,因此,一般情况下四季均可栽植,且成活率很高,但仍以新梢停长后为最适定植时间。

2.苗木栽植方法

(1)种植密度。

种植密度即栽植的株距和行距,主要取决于园地条件、土壤肥力、苗木砧木类型等。通常种植的株行距为 3～4 m,即每亩栽 42～63 株。

(2)定植的准备。

①挖定植穴:不论是否已经壕沟改土,栽苗前都要挖定植穴(图 3-1-57)。未进行壕沟改土的果园,应以定植点为中心向四周挖出长、宽、高各为 1 m 的大穴,任其风化数月后进行压绿回填。原已进行壕沟改土并已起垄的定植地,可直接在定植点开挖栽植穴。

②施底肥与回填:应在 20～40 cm 这一层次的回填土中混入腐熟的人畜肥、绿肥等有机肥约 50 kg,过磷酸钙 1.5 kg,再在其上填入表土。回填后将定植点做成直径约 1 m、高出地面 20 cm 的土墩,再在土墩中央的定植点挖定植穴,供栽树苗用。

(3)栽植方法。

①裸根苗:苗木移栽后体内水分的供求平衡是保证移栽成活的关键。将裸根苗先作适当的修剪处理,短剪全部新梢,再对剩余叶片进行适当剪除,以减少水分的蒸发。对根系也应进行适当修剪,短截过长根系,将伤根的伤口剪平,剪去烂根,对主根也要作短截处理。树苗经修剪处理后放入定植穴中央,扶正苗木呈垂直姿势,向根系周围填入一半细碎的表土,再将树苗轻微上下抖动,使土壤进入根系间的空隙,与根系更好地密合,然后培土至根颈部,并用脚从四周向植株方向斜向踏紧土壤。浇足浇透定根水,待水全部浸入根际土壤后覆盖薄层细土,然后尽快进行树盘覆盖。

②容器苗:容器苗的定植较为容易。挖好定植穴后,从容器中拔出容器苗放入定植穴,培满土后踏紧。随后再按上述方法做树盘,对地上部的修剪宜轻,只对新梢作适度短截即可。

(4)栽后管理。

柑橘裸根苗栽后 15 d 左右才能成活,此时土壤干燥,每 2～3 d 应浇一次水,成活后勤施稀薄液肥,以促进根系和新梢生长。

在有风害的地区,苗栽后在其旁插杆,用薄膜带打成圆形活结,缚住苗木。苗木进入正常生长时摘心,促苗分枝,砧木的萌芽要及时抹除。

栽后第一年施肥主要以速效肥为主,每 1～2 月施一次速效氮肥或人畜粪尿。在病虫防治方面主要注意

图 3-1-57 定植穴

潜叶蛾、金龟子等害虫的防治。高温干旱季节来临前进行覆盖保墒，防止干旱。

二、土、肥、水管理

柑橘优质丰产，不仅与土壤条件密切相关，而且与肥水管理水平直接相关。

（一）土壤管理

土壤是柑橘正常生长发育和优质丰产的基础。柑橘园土壤应满足有机质应达1%以上、土壤质地疏松、土层深厚等条件，不符合条件的土壤应进行改良，以有效地提高土壤有机质含量，改善土壤结构和理化性质，为柑橘根系正常的生长发育创造良好的环境条件。

1.土壤改良

土壤改良必须达到以下标准：土层深度达0.8 m，柚类和橙类的根系较深，其土层应达到1 m；土质疏松，通气性能好，高产柑橘园土壤的三相比应该达到固相为40%～55%，液相为20%～40%，气相为15%～37%；土壤肥沃，有机质含量在2%以上，且含有大量的氮、磷、钾、钙、镁等营养元素；土壤酸碱度适宜（pH值5.5～6.5）。

土壤改良的主要方法有合理间作、深翻改土、树盘培土、种植绿肥、树盘覆盖等（图3-1-58）。

（1）合理间作。

合理间作既可充分利用园地和光能，增加早期经济效益，以短养长，以园养园，又可改良土壤结构，增加土壤有机质，还可以形成生物群体，改善微域生态环境条件，抑制杂草生长，减少水土流失。

间作物一般应满足以下条件：需肥水较少，且能与柑橘需肥水临界期错开；植株低矮，生育期短，根系分布浅，不影响柑橘的通风透光；与柑橘无共同病虫害或中间寄主；能提高土壤肥力，改良土壤结构。据各地经验，最好选用豆类及春播中熟作物。常用的柑橘间作物有大豆、芸豆、绿豆、豌豆等豆科作物，西瓜、甜瓜等瓜类作物，还可选用草莓、马铃薯、苜蓿等。

（2）深翻改土。

①深翻扩穴：在幼树期间，根据根系伸展情况，从定植穴向外，逐年深翻宽40～50 cm、深60～80 cm的

(a) 合理间作　　　　　　　(b) 深翻改土　　　　　　　(c) 树盘培土

(d) 种植绿肥　　　　　　　(e) 树盘覆盖

图 3-1-58　土壤改良的主要方法

环状沟,直至株行间全部翻通为止。

②条沟深翻:定植时采用挖定植沟的园地,每年可沿栽植沟外缘,形成宽 30~40 cm、深 60~80 cm 的条状沟,直到全园翻通为止。

③隔行深翻:在行、株间进行。隔一行翻一行,逐年轮翻。这样每次只伤一面的侧根,对柑橘生长结果影响较小。

④全园深翻:最好在建园定植前施行。

(3)树盘培土。

在树盘上进行培土,通常结合防冻措施在冬闲季节进行。培土时应注意选择与园地土壤性质相反的土壤。如园地为黏性土可培沙性土,园地为沙性土则应培黏性土。

(4)种植绿肥。

在行间种植各种绿肥,如紫云英(红花苕子)、肥田萝卜、黄豆、豌豆、黑麦草等,待绿肥长成后翻入土中。这种方法能有效地防止水土流失,增加土壤有机质,改善土壤结构。

(5)树盘覆盖。

在树盘内覆盖麦秸、稻草、野草等,能保持土壤湿度,减小土壤温度变化幅度。这些覆盖物腐烂后还能增加土壤有机质,改善土壤结构。

2. 土壤耕作

幼年柑橘园的土壤耕作可分为树盘管理和行间管理。幼年树的树盘可采取清耕法、覆盖法或清耕覆盖法,行间种植绿肥或间作作物,也可进行中耕和深耕。成年柑橘园的土壤耕作可采取清耕法、覆盖法、清耕覆盖法、生草法和免耕法,其中生草法是近年已逐渐推广的一种较好的方法。

(1)清耕法。

清耕法是果园株行间休闲,并经常进行中耕除草,使土壤保持疏松和无杂草状态的一种传统的土壤管理制度,目前生产上仍广泛应用。清耕法一般要求在秋季深耕,春夏季多次中耕除草,耕后休闲。

(2)覆盖法。

根据覆盖物分为覆草法和覆膜法(图 3-1-59)。

覆草法可以减缓土温剧变,增加土壤有机质,改善土壤结构,抑制杂草生长,减少管理成本,利于水土保持。覆膜法具有增温保温、反光增光、提墒保墒,维持果树的正常生长发育,改善果实品质的重要作用。

(3)清耕覆盖法。

生长季节在行间进行生草、种植绿肥,干旱季节来临前将种植的作物割倒翻入土中,树盘内保持清耕或

| (a)覆草 | (b)覆膜 |

图 3-1-59 覆盖法

覆盖。这种方法充分地利用了资源,有效地防止了水土流失,避免了种植作物与柑橘争夺肥水,同时增加了土壤有机质,是一种比较好的方法。

(4)生草法(图 3-1-60)。

一般有人工种草和自然生草两种方法。生草法是柑橘园地面上种植禾本科、豆科等草种的土壤管理制度。一般分为全园生草法和带状生草法两种类型。生草能有效地防止地表土、肥、水的流失,改善土壤的结构和理化性能,生草能显著增加土壤有机质,提高土壤肥力,提高果树对矿质营养的利用程度,有利于改善果园的生态条件,促进柑橘表层根的发育。但生草后易导致柑橘根系上浮,加大防治病虫难度。

图 3-1-60 生草法

(5)免耕法。

免耕法即施用除草剂除草,不动土层。免耕法具有保持土壤自然结构、节省劳力、降低成本等优点,但会使土壤有机质含量逐年下降,土壤肥力降低,同时连续使用除草剂会对土壤结构产生不良影响。

(二)肥料管理

1. 柑橘必需的营养元素

柑橘生长发育所需的营养元素共 16 种,包括 9 种大量元素(碳、氢、氧、氮、磷、钾、钙、镁、硫),7 种微量元素(铁、锰、锌、硼、铜、钼、氯)。其中碳、氢、氧 3 种元素主要来源于空气和水,其他 13 种元素主要来源于土壤。

据研究统计,每吨柑橘果实需吸收氮 $1.18 \sim 1.85$ kg,磷 $0.36 \sim 0.39$ kg,钾 $1.79 \sim 2.61$ kg,钙 $0.36 \sim 1.04$ kg,镁 $0.17 \sim 0.19$ kg。氮、磷、钾的比例为 3:1:5,说明柑橘对氮和钾的消耗量大,需要及时补充。柑橘对微量元素需要量很少,但因微量元素在土壤中易流失或受理化性状的影响,不能有效地被柑橘吸收利用,故柑橘往往会表现出缺素症状(图 3-1-61)。

(a) 柑橘缺氮　　　　　　　　(b) 柑橘缺磷

(c) 柑橘缺钾　　　　　　　　(d) 柑橘缺钙

(e) 柑橘缺镁

图 3-1-61　柑橘大量元素失调症

柑橘营养失调症及其矫治方法介绍如下。

(1)大量元素失调症及其矫治。

①氮:柑橘缺氮表现为生长衰弱,新叶较小,叶淡绿色至黄色脱落。氮过量则枝叶徒长,叶色浓绿,果皮粗厚,易浮皮,果实品质差(图 3-1-61(a))。

缺氮时可对土壤追施氮肥如尿素、硫酸铵等,也可用 0.3%～0.5%的尿素进行根外追肥。

②磷:缺磷时,老叶呈暗绿色,严重时呈古铜色,叶小变窄,边缘有焦枯斑块,枝梢细弱,果实皮厚,汁少味酸,品质差(图 3-1-61(b))。磷过量,会诱发缺锌、铁、铜等症状,也可能出现皱皮果。

缺磷时,用 0.5%～1%的过磷酸钙浸出液喷雾,每隔 1 周喷 1 次,连续喷 2～3 次。或者用有机肥混施过磷酸钙或钙镁磷肥,株施 0.5～1 kg。

③钾:柑橘缺钾可导致老叶先端或边缘开始褪绿,逐渐向下扩展,叶片卷缩、折皱,易落叶,新梢细弱,果小、果皮薄、光滑、易裂果(图3-1-61(c))。钾过量,可能引起缺钙、镁、锌等症状,果皮粗厚,果实含酸量高,果汁少,品质差。

缺钾时,土壤应施用硫酸钾,株施0.5~1.0 kg,也可用1%~3%草木灰浸出液进行根外追肥。

④钙:缺钙时,春梢叶片先端黄化,逐渐向下扩展,叶部分变淡黄色,提早落叶,根系发育不良,坐果率低(图3-1-61(d))。钙过量则引起土壤呈碱性,导致铁、锌、锰、硼等元素缺乏。

缺钙时,每亩施石灰50~100 kg,也可喷施0.3%~0.5%的硝酸钙。钙过多,可施用硫酸铵等生理酸性肥料,也可施用石膏或硫磺,调节土壤酸碱度。

⑤镁:缺镁时,成熟叶褪绿,从基部中脉与两侧叶缘的中间部分开始,形成倒V形的淡黄色失绿区,逐渐蔓延,扩及全叶,并开始落叶(图3-1-61(e))。镁过量,叶片黄化并出现灼伤。

缺镁时,每亩施10~20 kg氧化镁,或施用钙镁磷肥、硫酸镁等,根外追肥可喷施1%硝酸镁,每月1次,共2~3次。镁过量时,若土壤呈酸性,每亩可施白云石粉50~75 kg;若土壤pH值>6,则在叶面喷施0.3%磷酸氢钙或0.3%~0.5%硝酸钙溶液。

(2)微量元素失调症及其矫治(图3-1-62)。

①硼:缺硼时,新叶出现半透明水渍状斑点,叶小畸形,老叶叶脉增粗,叶柄出现裂痕,断裂,幼果发僵,果皮白皮层有胶泡,并逐渐变成浅棕色,果小且硬,果皮粗厚,果实呈瘤状畸形(图3-1-62(a))。硼过量时,叶尖、叶缘灼伤,叶背出现褐色树脂斑点或斑块。

缺硼时,叶面喷施0.1%~0.2%硼砂或硼酸液,每隔10 d 1次,共2~3次;每公顷施4.5~18 kg硼砂。土壤硼过量时,可大量灌水,将土中硼淋洗掉;酸性土壤可施石灰,调节土壤pH值至6.5左右。

②锌:缺锌时,新叶小而尖,呈丛生状,主脉为绿色,脉间出现黄色斑点,并伴有缺铁失绿黄化症(图3-1-62(b))。

缺锌时,可于春梢抽生前或各次梢未成熟时,叶面喷施0.1%~0.3%硫酸锌,并加等量的熟石灰,每隔10~15 d喷1次,连喷2~3次。土壤锌过量时,可施石灰、过磷酸钙。

③锰:缺锰时,新叶叶脉呈绿色,网纹状,叶肉呈黄绿色,叶肉与叶脉分界不明显,新梢及叶片大小接近正常(图3-1-62(c))。锰过量时,老叶出现褐色坏死斑点,叶片发黄,同时出现大量落叶。叶片出现缺锰时,叶面喷施0.1%~0.3%硫酸锰液并加半量的熟石灰。

如果缺锰发生在pH值高的土壤,应增施有机肥,加施硫黄,以降低pH值。对强酸性沙质土壤的锰含量过剩,可施有机肥和石灰。

④铁:缺铁时,新叶发黄,叶脉呈绿色网纹状,叶肉呈淡黄绿色,严重时呈淡黄色,叶片皱缩,提早落叶,果皮呈淡黄色,果实较软,产量低(图3-1-62(d))。铁过量时,叶片出现坏死斑点,异常落叶、落果。

矫治缺铁的根本措施是增施有机肥,或与硫黄混合施入土中,以降低土壤pH值。叶面喷施0.1%~0.2%柠檬酸铁或0.1%~0.2%硫酸亚铁加等量熟石灰,株施10~20 g铁的配合物(酸性土用Fe-EDTA,碱性土用Fe-EDDHA)。还可以选用适宜砧木如枸头橙、资阳香橙等进行靠接换砧。

⑤钼:缺钼时,成熟叶面出现淡黄色斑点,并逐渐扩展成片,叶背流胶穿孔,叶片向内卷曲,叶缘枯死,果实出现褐斑(图3-1-62(f))。钼过量时,叶片出现灰白色、不规则的斑点,凋萎脱落。

缺钼时,每亩施20~35 g钼酸铁,混合过磷酸钙施入;在展叶后,喷施0.01%~0.05%钼酸铵液;酸性土缺钼时,还应施入石灰和有机肥。钼过量时,可施硫酸钾或硫酸铵,或者每亩施15~20 kg硫黄粉。

⑥铜:缺铜时,新叶较大,不规则,呈暗绿色,枝梢长而柔软,常呈流线形,旺梢基部、果实中轴、果皮表面有褐色树脂沉积,幼果发生不正常裂果(图3-1-62(e))。铜过量时,小枝枯死,大量落叶。

缺铜时,可喷施波尔多液或0.1%~0.2%硫酸铜。土壤中铜过量时,应增施有机肥和石灰,也可在土壤或叶面上施用铁肥。

(a) 柑橘缺硼　　　　　　　　　　　　　　　(b) 柑橘缺锌

(c) 柑橘缺锰　　　　　　　　　　　　　　　(d) 柑橘缺铁

(e) 柑橘缺铜　　　　　　　　　　　　　　　(f) 柑橘缺钼

图 3-1-62　柑橘微量元素失调症

2. 施肥

（1）施肥时期。

施肥时期依树龄、树势、生长结果情况和肥料性质而定。

幼年树施肥的目的主要是加速营养生长,扩大树冠和根系,尽早形成树冠骨架,以提早结果,因此施肥应着重满足春梢、夏梢、秋梢生长对养分的要求。一般每次抽梢前 7~10 d 施一次肥,以促进抽梢和新梢生长。春梢是抽生各次枝梢的基础,应重视春梢萌芽前的追肥,以促发壮实的春梢,为二三次梢的抽生打下基础。

成年树每年一般可进行以下 4 次施肥。

①萌芽肥:此次施肥可促进春梢抽生,有利于有叶结果枝的形成,维持老叶机能,延迟和减少老叶脱落,同时提供开花结果所需的部分养分,为当年抽梢结果和翌年准备健壮的结果母枝打下良好的基础。萌芽肥一般于 2—3 月份,即在柑橘萌芽前 10~15 d 施入,以速效性氮肥为主。施肥量约占全年总施肥量的 1/5。

②稳果肥:柑橘抽生春梢、开花坐果至第一次生理落果时消耗了大量养分,此时若不及时补充肥料,会加剧第二次生理落果。因此在 5 月中、下旬需追施一次速效性保果肥,以氮肥为主,配合施用磷肥,施肥量应占全年总施肥量的 1/5 或略少。

③壮果肥：一般在7月上旬秋梢萌发前施用。施肥以粪肥或腐熟饼肥为主，配合施磷、钾肥，结合抗旱抽水施肥，施肥量约占全年总施肥量的1/3。

④采果肥：即基肥，此次施肥能恢复树势，增强越冬能力，促进花芽分化，利于树体贮藏营养，有利于翌年的萌芽、抽梢、开花。对于早熟品种可在采果后施入，晚熟品种在采果前7～10 d施入。

（2）施肥量。

柑橘施肥量的确定比较复杂，它是由柑橘的吸肥能力、结果量、生长量，土壤肥力，肥料的种类和性质，气候条件等多种因素决定的，可结合柑橘园的具体情况加以适当调整而实施。

（3）配方施肥。

配方施肥是根据果树需肥规律、土壤供肥性能、用量、比例以及相应的施肥技术。配方施肥具有定量化施肥的特点和节肥、增收的综合效果，是我国目前推广的一种先进施肥技术。

配方是根据土壤和果树状况，既要保护地力，又要考虑果树的需要而对症开方，施肥是肥料配方在生产中的具体执行。根据配方，确定肥料品种和用量，合理安排追肥和基肥比例，施用追肥的次数、时间、用量和方法，以发挥肥料的最大增产作用。

一般在生产上，结合当地实际情况，根据柑橘的需肥规律，配方施肥可分3次进行。

第一次为发芽肥，在春季萌发前1～2周或春梢转绿时施用。

第二次为保果、壮果肥。保果肥在第一次生理落果后5月下旬左右施用。壮果肥在停止落果后，7月底至8月上旬施用。

第三次为冬施采果肥。采果前后施用，早熟品种在采后施用，晚熟品种在采前施用，以恢复树势，提高抗旱力，防止落叶，促进花芽分化，充实结果母枝，避免大小年结果不一。

（4）施肥方法。

为了取得良好的施肥效果，必须采用正确的施肥方法。肥料应施在根系分布最多的地方。一般基肥和有机肥应深施，深度可达35 cm以上；追肥和化肥可浅施，深度为10～15 cm；磷肥易被土壤固定，应与有机肥配合施在根系附近。施肥深度还应考虑其他因素，如须根分布比较深的甜橙、红橘等，肥料要深施；枳的根系较浅，可适当浅施。山地柑橘园土壤深厚，应该深施，这样既能改良土壤，又能引深根系，有利于抗旱、抗寒；而土层浅、地下水位高的柑橘园可适当浅施。

施肥方式主要有环状沟施、条状沟施、放射状沟施、穴状施肥等（图3-1-63）。

(a) 环状沟施　　　　　　　　　　　　　　　　　　(b) 条状沟施

(c) 放射状沟施　　　　　　　　　　　　　　　　　　(d) 穴状施肥

图 3-1-63　柑橘主要施肥方式

（三）水分管理

1. 柑橘需水特点

根据柑橘的需水特点，全年可分为下列 4 个时期。

（1）萌芽期至坐果期。此期正值柑橘的新梢生长和开花坐果，需要较多的水分供应。

（2）果实膨大期。此期正值柑橘果实迅速膨大，秋梢萌发生长，需水量大，适逢南方高温干旱季节（7—9 月份），因此必须及时灌溉，以满足果实生长发育，减少裂果发生，促进秋梢萌发生长。

（3）果实成熟期。此期土壤可略干燥，有利于提高果实品质，也有利于秋梢及时停止生长和促进花芽分化。

（4）采果后至翌年萌芽前。此期柑橘已近于停止生长，加之气温、土温低，蒸发量少，树体需水量也小。

2. 灌溉时间

一般通过测定土壤含水量来确定具体的灌水日期。当土壤含水量低于最大持水量的 60% 时即需灌溉。

3. 灌溉方法

目前我国柑橘园灌溉大多采用地面灌溉，例如畦灌、沟灌、穴灌等。这类灌溉方法简便实用，但造成了水的大量浪费。我国是贫水国家，走农业节水之路是必然的趋势，因此必须大力推广节水灌溉方法。节水灌溉方法主要有喷灌、滴灌，但成本相对较高。

（1）喷灌。目前先进的喷灌技术主要是微喷灌。它是在每行树下安装塑料管道，管道与主输水管道及水泵相连，在树间每隔一定距离安置一个喷头。微喷灌不仅可调节土壤湿度，增加空气湿度，改善柑橘田间小气候，还可以施肥。

（2）滴灌。滴灌是将水通过安装在柑橘园内的低压管道系统运送到滴头，然后一滴滴地浸润到柑橘根系分布的土层，均匀地维持土壤湿度（图 3-1-64）。滴灌比喷灌更节水，也可以施肥，且不破坏土壤结构，但对水质的要求特别高，否则容易堵塞滴头。

图 3-1-64　滴灌

三、整形修剪

柑橘是多年生的常绿果树，在我国亚热带产区，一年能抽生 4 次梢，中亚热带产区一年能抽生 3 次梢，如任其自然生长，则势必造成树冠郁闭，枝梢杂乱，通风透光不良，病虫滋生，树势早衰，产量锐减，品质下降。因此，对柑橘果树进行科学的修剪，形成优质丰产的树冠结构，可达到早结果、丰产、稳产和优质的目的。

（一）整形修剪的作用

1. 培养早结果、丰产、稳产的树形

根据枝梢的生长特性和状况，通过整形，合理配备树冠骨架和枝组，使树冠紧凑、丰满，通风透光良好，既层次分明，又可早结果、丰产、稳产。

2.改善树冠通风透光,提高光合效率

整形修剪可及早防止枝梢杂乱生长,防止树冠郁闭。整形使树体骨架配备合理,树梢分布均匀;修剪可剪除过密枝、交叉枝,使树冠内部、下部的光照条件改善,有利于光合作用效率的提高和树体立体结果。

3.调节养分分配,促进优质丰产

根据柑橘生长结果的需要,采用多种修剪措施来调节树体营养生长与结果的关系;使幼树提早结果;成年树优质丰产,延长盛果期;衰老树更新复壮。

柑橘植株如营养生长过旺,会抑制生殖生长,甚至不开花结果;反之,结果过早、过多,会抑制营养生长,使树体未老先衰,可能出现隔年结果的情况。修剪可调节营养生长和生殖生长,促进优质丰产。

4.减少病虫害,更新复壮

通过修剪,可剪除病虫危害的枝、叶,减少病、虫源,同时还可增强树势而对病虫害提高抵抗力。

柑橘果树随树龄增大,结果部位会不断向外移,枝组、结果枝大量结果后出现严重衰老,通过修剪可及时更新衰老枝组,达到更新复壮的目的。

(二)整形修剪的基本原则

柑橘植株的整形修剪,必须依据品种特性、树龄等,因树制宜,灵活处理。通过适宜的整形修剪达到早结果、丰产、稳产的目的。

(1)整形要求。

①低干矮冠。低干矮冠的树体整形期短,构成树体所需的营养物质较少,同时缩短了根系和叶片间的距离,便于营养输送。

②大枝少小枝多,主枝角度开张。大枝少,树冠形成快,节省树体养分,骨架均匀,受光量好。小枝多,叶片多,合成营养物质多,结果母枝多,产量高。主枝开张能缓和营养生长,有利于提早开花结果。

③树冠层次分明,表面凹凸呈波浪形,使树冠内部光照充足,树冠叶绿层厚,有效体积大,内外、上下都能结果。

④轻剪保叶。幼树体积小,叶片小,应充分利用叶片制造的养分,扩大树冠。故幼树整形宜轻剪,尽量多保留叶片。

(2)修剪要求。旺树、幼树轻剪,老树、弱树重剪,枳砧的柑橘树通常宜轻剪,红橘砧的柑橘一般宜重剪。修剪的轻重以剪除的枝叶量而定,剪除的枝叶多称重剪,剪除的枝叶少称轻剪。此外,修剪还与花量、管理水平等有关。修剪减少了枝叶,对整个树体有抑制作用,但对局部的枝梢则具有加强和刺激生长的作用。

(三)整形修剪的方法

柑橘的整形修剪方法有短剪、疏剪、回缩、抹芽放梢、摘心、缓放、环割和撑枝、拉枝、吊枝、缚枝等。

1.短剪

短剪,又称短截或短切,即剪去一年生枝的一部分,保留原枝一部分的修剪方法(图 3-1-65)。短剪的目的是刺激剪口下的芽萌发,以抽生出健壮的新梢,使树体生长健壮,结果正常。

2.疏剪

疏剪,又称删疏,指从枝条基部剪除的修剪方法(图 3-1-66)。疏剪可刺激留下的枝梢加粗、加长生长,改善通风透光,增强光合作用,有利于花芽分化,提高坐果率和增进果实品质。疏剪一般剪去干枯枝、病虫枝、过密枝、交叉枝、衰弱枝和不能利用的徒长枝等,对密生的丛生枝则去弱留强。

3.回缩

回缩,即从分枝处剪除多年生枝(图 3-1-67)。回缩常用于大枝顶端衰退或树冠外密内空的成年树或衰老树,以更新树冠大枝,通过回缩,达到改善树冠内部光照,促进树势的目的。

4.抹芽放梢

抹芽,在夏、秋梢长至 1~2 cm 时进行,将不需要的芽抹除称抹芽(图 3-1-68)。抹芽的作用是节省养分,改善光照条件,提高坐果率,或有利于枝梢整齐抽生而便于防治病虫害。

放梢即经多次抹芽后不再抹芽,让众多的芽同时抽发。柑橘的芽是复芽,零星早抽的芽抹除后会刺激

图 3-1-65　短剪

图 3-1-66　疏剪

图 3-1-67　回缩

副芽和附近其他芽萌发,抽生较多的新梢,要反复抹除多次,直到要求放梢的时间停止。

5. 摘心

当新梢长到一定长度,未木质化以前,摘除新梢先端部分,保留需要的长度叫摘心(图 3-1-69)。摘心的目的因时期不同而异,如 7 月上旬对柑橘幼树的夏梢主枝延长枝和旺长枝、徒长枝摘心,是为了促进分枝抽发,增加分枝级数,加速树冠的形成。10 月初对长梢摘心是为了促进枝梢的生长充实,有利开花芽分化。摘心也是一种短剪,有利于枝梢加粗生长和营养积累,使枝梢生长充实。

6. 缓放

对柑橘一年生枝不加以任何修剪,任其生长,直至最后开花结果称缓放。柑橘是以一年生枝作为主要

图 3-1-68　抹芽、放梢

图 3-1-69　摘心

的结果母枝,且花芽都在枝梢先端,因此,春季对不作特殊用途的枝条一般不短剪,让其开花结果。

7. 环割

环割是将枝干的韧皮部用锋利的小刀割断,深达木质部,但不伤及木质部(图 3-1-70)。其作用是阻碍韧皮部的输导作用,阻止养分向下运输,以增加环割以上部位碳水化合物的积累。环割宜在直立强旺枝、小枝、侧枝基部表皮光滑处进行,用环割刀或刀环割 1~2 圈,圈与圈之间的距离为 2~3 cm,以割断皮层,深达木质部,但不伤害木质部为准。环割不宜在衰弱树、稳产树、3 年生以下生长不旺的小树或病树上进行。

图 3-1-70　环割

8. 撑枝、拉枝、吊枝、缚枝

撑枝、拉枝、吊枝和缚枝等都是整形修剪的辅助性措施,常在固定树体、改变枝梢生长方向和加大分枝角度时采用(图 3-1-71)。撑、拉、吊枝具有加大分枝角度,减缓生长势,改善光照条件,促进花芽分化的作用。缚枝的主要目的是培养枝干,具有恢复顶端优势、促进坐果的作用。

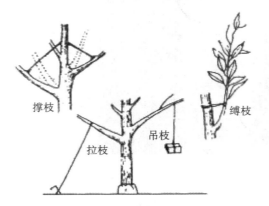

图 3-1-71　撑技、拉枝、吊枝和缚枝

9. 曲枝、圈枝

曲枝又称弯枝。曲枝和圈枝都是改变枝梢生长方向,抑制顶端优势和缓和枝梢生长势的方法。将直立或开张角度小的枝梢引向水平或下垂的方向生长称曲枝(图 3-1-72)。将长枝圈成圈称圈枝。曲枝和圈枝的时间因目的不同而异,用于促进花芽分化则在 9—10 月份进行;如以保花保果为目的,则在春季萌芽前、开花末期进行。

图 3-1-72　曲枝

10. 扭梢、揉梢

扭梢是将旺梢向下扭曲或将旺梢基部旋转(图 3-1-73)。扭梢是扭伤木质部和皮层,有时也改变枝的方向。揉梢用于对旺梢从基部至顶部,只伤形成层,不伤木质部(图 3-1-74)。

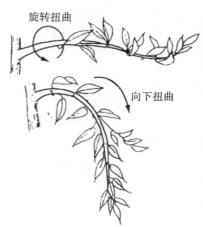

图 3-1-73　扭梢

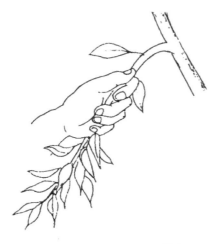

图 3-1-74　揉梢

扭梢和揉梢都是扭伤枝梢,其作用是阻碍养分运输,缓和生长,积累养分,提高萌芽率,促进花芽形成,提高坐果率。扭梢、揉梢全年均可进行,但以春季、夏季、秋季柑橘的生长季节进行为宜。寒冬或干旱、高温季节不宜扭梢、揉梢。

(四)整形修剪的时期

无冻害地区可以在采收后结合果园清园进行修剪;有冻害危险的地区,宜在春季解冻至春梢萌芽前进行。

通常,柑橘分冬春修剪、夏季修剪和花期修剪,以冬春修剪为主。

(1)冬春修剪,是采果后直到春梢萌发前进行的修剪。此时的柑橘植株,正处于休眠状态,生理活动减弱,修剪后养分损失较少。冬春修剪起到调节树体养分分配、恢复树势,协调营养生长与结果的比例,使翌年抽生的春梢健壮,花器发育充实。

(2)夏季修剪对幼龄柑橘树而言,主要目的是整形;对于成年结果树,主要目的是控制枝梢生长势,促进果实生长发育。夏季修剪一般以抹芽、摘心和短剪为主,以减少养分消耗和提高坐果率。

(3)花期修剪,由于有的品种如脐橙枝梢花量大,为了弥补其养分不足,减少养分的消耗,起到"以剪化肥"的作用,可在晚春进行辅助修剪,在花期前剪完。开花后,可疏去部分无叶花枝,减少花量和养分消耗,达到保果之目的。

(五)整形

1.柑橘的主要树形

柑橘的主要树形如图 3-1-75 所示。

(a) 自然圆头形　　　(b) 自然开心形　　　(c) 矮干多主枝形　　　(d) 塔形

图 3-1-75　柑橘的主要树形

（1）自然圆头形：是较适应柑橘自然生长习性，易于培育的一种树形。逐年在中心主枝上选育3～5个主枝，经抹芽放梢和轻剪，配置副主枝、侧枝后即成。自然圆头形适用于长势较强的甜橙、柚、柠檬等品种。

（2）自然开心形：整形初期在中心主枝上选留3个主枝后，剪去上部的中心主枝，配备好副主枝、侧枝和小枝群，即成主枝开张的自然开心形。自然开心形树形适于生长较弱、性喜光照的温州蜜柑等品种。

（3）矮干多主枝形：适用于丛生性强、枝梢较直立的品种，通常椪柑、蕉柑等品种采用此树形。在苗期定下后选留5～6个主枝，其主干高度、主枝间距离均较短，每主枝培养适量的副主枝和侧枝，使之成为矮干多主枝形。

（4）塔形：多适用于生长势强或由种子培育的实生苗（树）等品种。其中心主干明显，分3～4层排列6～7个主枝；树体骨架坚固，负荷加强，呈宝塔形；适于稀植栽培，通风透光好，后期单株产量较高。

2. 整形方法

（1）苗圃剪顶定干。

嫁接苗抽生的春梢和夏梢老熟后，在距地面25～40 cm的春梢或夏梢中部芽饱满处短剪定干。矮干有利于早结果，饱满芽能抽生较多的新梢，便于选择第1主枝。定干高度矮，有利于树体营养物质的转运，树冠骨架和叶绿层形成快，早投产、早丰产，适宜计划密植。但干太矮，树冠下部湿度大，易感染脚腐病、流胶病，同时也不利于土壤管理。

（2）主枝的配备。

主枝数量不宜太多，自然圆头形配备3～5个；自然开心形选配3个主枝；矮干多主枝形、塔形可多配，通常为5～7个。主枝要分布均匀，保持一定的间距和方位角，以增加树冠内膛和下部的光照。

（3）配置副主枝和侧枝。

主枝新发新梢后，选留适宜部位的枝梢，培育副主枝。副主枝的方位应左右错开排布，第1副主枝距中心主枝约30 cm，以后每枝间距20～25 cm，每主枝逐年配置4～5个副主枝。副主枝两侧再配置侧枝。侧枝两侧配置小枝。在配置主枝、副主枝和侧枝时，要使主枝的生长势强于副主枝，副主枝强于侧枝，一级强于一级，有主有从，从属分明。并使其着生位置恰当，树冠生长均匀，小枝多，绿叶层丰满。

（六）修剪

1. 幼树修剪

幼树以抽梢扩冠为主，结合培育秋梢母枝，使其提早结果。幼树生长旺盛，应结合整形轻剪。

（1）疏剪无用枝梢。

剪去病虫枝和徒长枝，适当疏侧少量密弱枝，以合理利用树体养分，减少病虫传播。

（2）夏、秋长梢摘心。

幼树结果前，可利用夏秋梢培育骨干枝，加速扩大树冠。对生长过长的夏、秋梢，可留8～10片叶及早摘心，促使增粗生长，尽快分枝（图3-1-76）。但投产前一年的秋梢，不能摘心，以免减少翌年花量。

图 3-1-76　长梢摘心

（3）短剪延长枝。

结合整形，对主枝、副主枝、侧枝的延长枝短剪1/3～1/2，使剪口1～2芽抽生健壮枝梢，延伸大枝、侧枝生长。其他枝梢少短剪。

（4）抹芽放梢。

幼树定植后，可在夏季进行抹芽放梢，放1～2次梢，促使其多抽1～2批整齐的夏、秋梢，加快树冠生长。尤其在投产前一年，能增加作为优结果母枝的秋梢数量，促使开花结果。

（5）疏除花蕾。

树冠弱小，过早开花会抑制树体生长，使树体未老先衰。故对计划投产前抽生的花蕾应早摘除，节约养分。

2.丰产稳产树修剪

结果初期的柑橘树，冠仍在缓慢扩大，同时要促使尽快丰产，仍应继续轻剪。丰产后，随着产量的增加，营养生长与生殖生长趋于相对平衡，达到丰产稳产。此时，夏季要采用抹芽、摘心措施；冬季要采用疏剪与短剪相结合等措施，逐年增大修剪量，尽可能保持梢果生长平衡，防止出现大小年结果。

（1）疏剪郁蔽大枝。

初结果期，树冠上部抽生直立大枝较多，相互竞争，长势也强，应注意控制。树势强的疏剪强枝。长势相似的，疏剪直立枝，以缓和树势，防止树冠出现上强下弱现象。丰产后，树冠外围大枝较密，可适当疏剪部分2～3年生大枝，以改善内膛光照。树冠内部和下部纤弱枝多，应疏去部分弱枝，短剪部分壮枝。

（2）培育结果母枝。

春、夏梢抽生较长的，留8～10片叶尽早摘心，促抽秋梢。夏梢萌发时，采用抹芽放梢技术，反复抹芽至7月中、下旬停止，放抽大量短壮秋梢，调整过密和位置不当的嫩梢。秋梢是翌年良好的结果母枝。

（3）结果枝群的修剪。

采果后，对一些分枝较多的结果枝群，应适当疏剪弱枝，并缩剪先端衰退部分；枝群较强壮的，只缩剪先端和下垂衰弱的分枝。衰弱无结果价值的枝组，可缩剪至有健壮分枝处。所有剪口枝的延长枝均应短剪，使其不开花，只抽营养枝，从而更新复壮枝群（图3-1-77）。

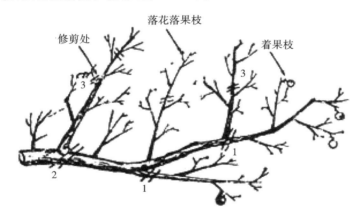

1—结果枝群较壮时，剪去衰退部分； 2—结果枝群较弱时，缩剪全部衰退部分；
3—剪口枝短剪延长枝

图 3-1-77 结果枝群修剪

（4）辅养枝和下垂枝的修剪。

树冠扩大后，树冠内部、下部留的辅养枝光照不足，结果后枝条衰退，可逐年剪除。结果枝群中的下垂枝，结果后下垂部分长势易衰弱，可逐年剪去先端下垂部分，抬高枝群位置，使其继续结果，直至整个大枝衰退无利用价值后，从基部剪除（图3-1-78）。

3.大年、小年树修剪

柑橘进入盛果期后，结果较多时，果实内合成的赤霉能抑制附近的花芽分化，使翌年结果较少，形成小

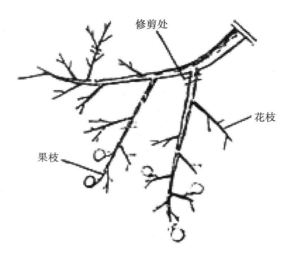

图 3-178　下垂枝修剪

年。小年结果少,抽生夏秋梢增多,又使下一年开花结果多而形成大年。为防止和矫治大小年,促使丰产稳产,大年时的修剪要求为:适当减少花量,增加抽生营养枝。小年时的修剪要求为:尽可能保留能开花的枝梢,保花保果,提高产量。

（1）大年树的修剪。

这类树可从小年采果后至开花前进行修剪。一是删疏、短切结果母枝。二是重剪密弱枝、交叉枝、荫蔽枝和短剪内膛弱枝,使树冠通风透光,促使内膛抽发健壮枝,增加小年的内膛结果。三是预计花量过多的大年树,冬季喷布赤霉素,减小花量。或在现蕾后,看花复剪,疏除或短切密弱花枝,减少花量、果实,促发秋梢母枝,以提高小年产量。四是 7 月稳果后,按叶果比进行疏果。

（2）小年树修剪。

小年树在萌动至现蕾时进行修剪。一是尽量保留结果母枝。二是开花结果后进行夏季疏剪,疏除未开花、着果的弱枝群,使树冠通风透光,枝梢健壮,果实增大,产量增加。三是采果后进行冬季重疏、短切交叉枝和衰退枝群。

4. 成年树改造修剪

成年树改造修剪包括:长势强旺、适龄而不开花结果的旺长树,密植园后期树冠郁蔽的低产树,病虫为害后的纤弱树和树冠衰退尚有结果价值的老树等。这些树,在找出低产原因后,针对低产成因进行改造后,配合修剪,能促使树冠正常生长,抽发结果母枝,尽快恢复产量。

（1）旺长树的修剪。

其改造措施应从高接更换良种、改善肥水供应并配合修剪,促使营养生长转向生殖生长。一是逐年疏删部分强旺侧枝。二是抑制主根旺长。春季枝梢萌发期,将主根下部 20 cm 的土壤掏出,以木凿沿主根一圈刻伤韧皮部,削弱根系生长,也削弱树冠枝梢旺长。三是保花保果。采用轻疏结果母枝、拉枝、大枝环割、断根、控水干旱等措施,促进花芽分化。

（2）郁蔽园修剪。

这类柑橘园,只要树体健康,及早改造,仍能丰产。常采取及时间伐,结合修剪,效果较好。一是疏顶部密枝。疏除树冠中、上部过密遮荫的大枝,或缩剪中央主枝顶部枝群。二是冬剪时短切部分一年生枝。三是逐年缩剪间伐树。

（3）纤弱树的修剪。

纤弱树是由于病虫害、土层浅薄、根际积水或施肥不足等原因,枝梢抽生细弱,叶片稀少,开花多而不果,树势逐渐转弱。措施是针对成因进行改造,并在增施肥水的基础上,于春梢萌动后,轻度疏删修剪,疏除病虫枝、干枯枝和纤弱枝,保留有叶枝梢;对强枝摘心,培育分枝。

（4）衰老树的更新修剪。

对主干大枝完好的衰老树,可根据衰弱的程度,进行不同程度的更新修剪,促发隐芽枝,恢复树势,提高产量(图 3-1-79)。一是重度更新。对树势严重衰弱的老树,可在 3～4 级骨干枝上缩剪,锯除全部枝叶,剪口要削平,涂接蜡保护。树干用石灰水刷白,防止日灼。新梢萌发后,抹芽 1～2 次,疏去过密和着生部位不当的枝条,每枝留 2～3 条新梢,长梢摘心。二是中度更新。树势较衰退的老树,结合整形,在 4～5 级分枝上缩剪,剪除全部侧枝和小枝群。三是局部更新。部分枝群衰退、尚能结果的老树,可在 3 年内每年缩剪 1/3 侧枝和小枝群,促发新的侧枝抽生强壮,更新树冠。

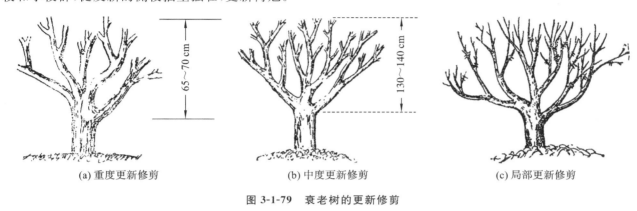

(a) 重度更新修剪　　　　　　　　(b) 中度更新修剪　　　　　　　　(c) 局部更新修剪

图 3-1-79　衰老树的更新修剪

四、花果管理

(一)促花

1. 调控树势

柑橘树的生长状况对花芽分化有决定性影响,健壮的树体是丰产优质的关键。生产上要深翻改土、适度稀植、改善柑橘园通风透光条件,进行科学合理的肥水管理、病虫害综合防治工作,保持适量的果实负载量,使柑橘根系发达,树体强健,贮藏充足养分,保持营养生长和生殖生长的平衡,克服大小年。

2. 控水促花

柑橘开花的基础是花芽分化,柑橘花芽分化期一般是从 9—11 月份开始。低温和干旱是诱导柑橘花芽分化的主要条件。由于温度难以调控,水分则相对较易控制,故常采用控水的方法来促进柑橘的花芽分化。对生长势太旺或其他原因不易成花的柑橘树,采用控水促花的措施,一般能达到较好的效果。具体方法是:在 9 月下旬至 12 月份,将树盘周围的上层土壤扒开,挖土露根,使上层水平根外露,且视降雨和气温情况露根 1～2 个月后覆土。对于冬季温度较低的柑橘产区,不扒开树盘上层土、不灌水使柑橘园保持适度干旱(中午叶片微卷及部分老叶脱落)。

3. 合理施肥

施肥是影响花芽分化的重要因子,进入结果期柑橘树未开花或花不多的柑橘园,多半与施肥不当有关。柑橘花芽分化需要消耗较多的氮、磷、钾等营养元素,特别是磷,其在花中的含量明显高于其他器官。施用磷肥可以促进柑橘花芽分化,提高花芽分化的数量和质量。土壤增施磷肥或在花芽分化期喷施富磷的叶面肥,对促进花芽分化有较好的效果。但是,氮肥施用偏多通常不利于柑橘的花芽分化,当树体内氮含量大量增加时,花芽分化被抑制,花的数量和质量降低。钾肥对花芽分化没有明显影响,只有在钾元素严重缺乏时才使花量减少。因此,生产上可通过调整磷肥和氮肥的施用量来调控花量。

4. 环割或环剥

环割或环剥均能阻止光合产物向根系流动,提高枝叶中的糖分积累,进而促进花芽分化、增加花量,尤其是对生长过旺的树体有效。

（1）环割或环剥的时间。

一般在柑橘花芽生理分化前至花芽生理分化开始后约 1 个月进行。长江流域柑橘产区多在 9 月上旬至

10月下旬进行。

（2）环割方法。

用锋利的刀具在植株的主枝、侧枝或枝组上环割1~3圈,圈距2 cm左右,深度以达木质部为宜,尽量不伤及木质部。也可采用半圈错位环割法,即在枝干上某一部位环割半圈后在距割口4~6 cm、枝干的另一侧再割半圈,最多可在枝干的两侧各割2~3个半圈。为求稳妥,一般每株保留1~2个主枝或若干个枝群不做环割。

（3）环剥方法。

在枝干上环切两刀,将中间皮层剥离,露出木质部。环剥有包膜环剥和普通环剥两种形式。包膜环剥是指将皮层剥离,不伤及露出的木质部表面,剥后将剥口用薄膜包扎保湿。普通环剥是指剥皮后不作任何处理。

5.拉枝、扭枝

拉枝或扭枝能有效抑制枝梢的生长势,促进枝叶中有机养分的积累,调节内源激素,从而促进花芽分化。拉枝或扭枝的适宜时期为8—10月份,此时气温较高,有利于枝条中养分的积累。

6.应用生长调节剂

柑橘花芽分化与树体内源激素的调控密切相关。一般来说,在花芽生理分化期,使用高浓度的赤霉素对花芽分化具有明显的抑制作用,低浓度的赤霉素有利于花芽分化;而脱落酸的作用与赤霉素刚好相反,使用高浓度的脱落酸有利于花芽分化,低浓度的脱落酸抑制花芽分化。

（二）控花

花量过大会消耗树体大量养分,使果实变小、品质下降,第二年形成小年,不易达到稳产的目的。生产上主要通过修剪措施进行控花。修剪可以直接剪除一部分枝叶,减少花枝数量,同时可以促进营养枝的萌发。一般是在冬季修剪时选择一部分容易成花的早秋梢、健壮春梢和充实的夏梢进行短截,促使其萌发营养枝,减少花量;也可以在早春萌芽后,能分辨花芽时再修剪。用药剂控花也有一定的效果,在花芽生理分化期喷洒20×10^{-6}~100×10^{-6}浓度的赤霉素1~3次,每次间隔20~30 d,对控制柑橘成花有显著效果,使其开花数量大幅度减少。

（三）保花保果

落花落果（图3-1-80）是我国柑橘产业中的重要问题,也是造成产量低的重要原因之一。柑橘花量很大,但坐果率极低,尤其是一些无核品种,如脐橙的坐果率仅为0.3%~0.5%。因此,采取保花保果措施提高坐果率,是获得丰产的关键环节。

(a) 落花　　　　　　　　　　　　　　(b) 落果

图 3-1-80　柑橘落花落果

1.落花落果的主要原因

造成落花的重要原因有:贮藏养分不足,花器官的败育,花芽质量差;花期不良的气候条件如异常高温、长期阴雨等。由于上述原因,造成花朵不能完成正常的授粉受精而脱落。

导致落果的原因有:前期主要由于授粉受精不良,子房产生的激素不足,不能调运足够的营养物质促进子房继续膨大而引起落果；六月落果主要由于树体同化养分不足，器官间养分竞争加剧，果实发育得不到应有的营养保证而脱落；采前落果主要与树种、品种的遗传特性有关。此外，土壤干湿失调、病虫危害等因素也可引起果实脱落。

2. 保花保果的技术措施

各地果园引起落花落果的原因较为复杂，因此，必须具体分析实际情况，抓住主要原因，制定相应措施，才能有效地提高坐果率，其途径主要包括以下几方面。

（1）加强综合管理，提高树体营养水平。

良好的肥水管理条件、合理的树体结构和及时防治病虫害，是保证树体正常生长发育、增加果树贮藏养分积累、改善花器官发育状况及提高坐果率的基础措施。

（2）喷施植物生长调节剂和矿质元素。

生长调节剂可以通过改变果树体内内源激素的水平和不同激素间的平衡关系，以提高坐果率。在生理落果和采收前是生长素最缺乏的时期，这时在果面和果柄上喷或涂生长调节剂，可防止果柄产生离层，减少落果。

（3）环割和抹芽摘心。

通过摘心、环剥和疏花等措施，引导树体内营养分配转向开花坐果，使有限的养分优先输送到子房或幼果中去，以促进坐果。在柑橘上，当春梢抽生 2～3 cm 长时，根据花量的多少，进行抹芽摘心，可以抹去 1/3～1/2。对抽生呈丛状的嫩梢，按抹上留下、抹前留后、抹密留稀的原则抹除。在 6 月上中旬第二次生理落果期，将抽生的夏梢全部抹除，5～7 d 一次。环割是用小刀在主枝基部上部环割 1～2 圈。

此外，及时防治病虫害，预防花期霜冻和花后冷害，避免旱、涝等，也是保花保果的必要措施。

（4）多种保果方法的综合应用。

综合利用多种保花保果的技术措施，可以达到很好的效果。在柑橘上，一般采用如下几种方法。

①保果激素＋微量元素＋病虫防治。

②保果激素＋补施氮、磷、钾肥＋病虫防治。

③微量元素＋抹梢或摘心＋病虫防治。

④抹梢或摘心＋环割或环剥＋病虫防治。

⑤保果激素＋抹梢或摘心＋病虫防治。

⑥微量元素＋补施氮、磷、钾肥＋环割或环剥＋病虫防治。

⑦保果激素＋微量元素＋环割或环剥＋病虫防治。

⑧保果激素＋微量元素＋补施氮、磷、钾肥＋病虫防治。

⑨微量元素＋抹梢或摘心＋保果激素＋病虫防治。

⑩抹梢或摘心＋环割或环剥＋保果激素＋病虫防治。

⑪抹梢或摘心＋环割或环剥＋微量元素＋病虫防治。

（四）疏花疏果

疏花疏果已经成为现代果树栽培必不可少的技术措施，是果园高效栽培的决定因素之一。疏花疏果的主要目的是调节果树的负载量，确保果实的外观和内在品质，并且维持树体营养生长和生殖生长的平衡。目前生产上使用的绝大部分品种，花芽容易形成，花芽量大，结果量多。若不及时采取措施，在一些果实品种上往往会导致大小年结果。

结果量过多的后果是：①抑制果实的正常生长发育，果实变小，品质变差；②枝条更新困难，容易造成树体缺少健壮的结果枝，甚至树体内膛光秃；③造成某些树势开张的品种主枝下垂，树体早衰。

1. 作用及意义

正确运用疏花疏果技术，控制坐果数量，使树体合理负担，是调节大小年和提高果实品质的重要措施。其主要作用如下。

（1）可使果树连年稳产。

花芽分化和果实发育往往是同时进行的，当营养条件充足或花果负载量适当时，既可保证果实肥大，也可促进花芽分化；而营养不足或花果过多时，则营养的供应与消耗之间发生矛盾，过多的果实抑制了花芽分化，易削弱树势，出现大小年结果现象。因此，进行合理疏花疏果，是调节生长与结果的关系、达到连年稳产、提高果品质量的必要措施。

（2）提高坐果率。

疏花疏果尽管疏去了一部分果实，但它的作用在于节省了养分的无效消耗，减少了由于养分竞争而出现的幼果自疏现象，并且可以减少无效花，增加有效花比例，从而可提高坐果率。

（3）提高果实品质。

由于减少了结果数量，使留下的果实肥大，整齐度增加。此外，疏果时可以疏掉病虫果、畸形果和小果，提高了优质果率。

（4）使树体健壮。

开花坐果过多，消耗了树体贮藏营养，使叶果比变小，树体营养的制造状况和积累水平下降，影响次年生长；疏去多余花果，提高树体营养水平，有利于枝、叶和根系生长，促使树势健壮。

2. 抑制花芽分化的措施

疏花疏果，实际上必须从抑制果实的花芽形成开始。小年时，为克服花芽分化过量，防止翌年出现大年现象，应该采取如下技术措施。

（1）重剪。

凡是促进营养生长、保持树体旺盛生长势的措施，一般都能减少花芽分化量。这些措施包括冬季重短截，多回缩。夏季修剪在花芽分化之前进行，应该多进行疏枝和短截，在花芽分化期，使土壤水分增多，特别是轻剪长放的树改成重剪之后，抑制花芽分化的效果更为明显。

（2）多施氮肥。

夏季花芽生理分化期应增加氮肥施用量，因为在生长前期供氮充足的情况下，抑制花芽分化的效果十分明显。

3. 疏花疏果的方法

疏花疏果必须严格依照负载量指标确定留果量，以早疏为宜。

（1）人工疏花疏果。

人工疏除花果可从花前复剪开始，以调节花芽量。开花后即可进行疏花和疏幼果，直到6月落果以前结束，若发现留果仍然偏多，则于6月落果后再定果一次，疏果应于幼果第一次脱落后及早进行。

（2）化学疏花疏果。

用化学药剂疏除花果可大大提高劳动效率。

药剂种类有如西维因-萘乙酸、萘乙酰胺、石硫合剂等。

影响疏除效果的因素有以下几种。①时期。从节约树体养分出发，疏除越早，效果越好，尤其对促进花芽分化，防止隔年结果更为有利。②药量。用药量受使用浓度和绝对剂量的影响。通常喷药量大，疏除效果明显。③品种。自花结实能力较强的品种，不宜用化学疏除。④气候。在空气湿度较高的地方不宜用二硝基化合物，在气候干燥的地区，效果较好。⑤树势。树势弱的不宜采用化学疏花疏果。⑥展着剂。加用展着剂，可增加药效，降低使用浓度，从而降低成本。

五、病虫害防治

（一）病害防治技术

1. 柑橘溃疡病

柑橘溃疡病（图 3-1-81）是柑橘的重要病害之一，为国内外植物检疫对象。其在我国柑橘产区均有分布，为害柑橘叶片、枝梢和果实，以苗木、幼树受害特别严重，常造成落叶、枯梢、落果。

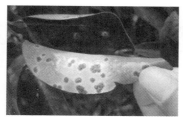

图 3-1-81　柑橘溃疡病

（1）症状。

叶片受害，初期先出现针头大小、黄色油渍状圆形病斑，后病斑逐渐扩大，中央略凹陷，呈灰白色、木栓化、海绵状，周围略隆起，呈暗褐色，最外圈为黄绿晕圈。病斑穿透叶片的正反面。病斑的大小依品种而异，直径在 3～5 mm 的几个病斑连接会形成不规则形大病斑。后期病斑中心凹陷，呈火山口状开裂。

枝梢受害以夏梢最严重。枝梢、果实的病斑与叶片上的相似，但火山口状开裂现象更为显著，木栓化程度更为严重，一般有褐色的釉光边缘，但无黄绿晕圈。果实只限于果皮受害。

（2）发生规律。

柑橘溃疡病是一种由细菌侵染引起的病害。病菌主要来自带菌的苗木、接穗和田间病株，其次来自果实。当春季气温达 20 ℃ 以上，在湿度大的情况下，细菌会从病斑溢出，借风、雨、昆虫和枝叶、接穗传播到感病部位，经气孔、水孔、皮孔或伤口侵入寄主组织。一般经 4～6 d，最长 10 d 的潜育期后出现病斑，再次产生细菌，多次再侵染。

橙类最易感病，其嫩叶、嫩梢及未成熟果均易发病；其次是柚、宽皮柑橘类；金柑、金橘抗病。成年树抗病能力较强，幼树的嫩梢发病较重。

气温在 25～30 ℃ 情况下，雨量与病害的发生呈正相关。这是因为高温多雨环境有利于病菌的繁殖和传播，常引起严重发病。温度适宜且无雨水，则病害不发生或很少发生。

（3）防治方法。

①加强检疫。严禁从病区引进苗木、接穗、砧木、种子与果实等。查出带有溃疡病的苗木应立即烧毁。

②培育无病苗木。接穗从无病区选取，砧木种子用药液（5％的高锰酸钾溶液等）浸后用清水洗净、晾干后再播种。所有出圃苗木必须严格检查。

③加强栽培管理。合理施肥，促使春、秋梢抽发整齐、壮实，控制夏梢生长。冬季搞好清园，将枯枝、落叶集中烧毁。早春结合修剪，剪除病虫枝、徒长枝、弱枝，以减少侵染来源。同时做好潜叶蛾等害虫的防治工作。新园定植时，感病与抗病品种应分片种植，严禁混栽。

④药剂防治。苗木、幼树以保梢为主，于晚春梢、夏梢、秋梢萌芽后 20 d、30 d 各喷药 1 次。结果树以保果为主，保梢为辅，保果应于落花后 10 d、30 d、50 d 各喷药 1 次。

2. 柑橘黄龙病

黄龙病又称黄梢病（图 3-1-82），广东、广西、福建、云南、四川、湖南、江西、浙江和贵州等地都有发生，是一种毁灭性的检疫性病害，一旦发病就得挖除病树，目前尚无彻底治疗的方法。在柑橘木虱发生多的地区，此病传染快，常造成毁园现象。

图 3-1-82　柑橘黄龙病

（1）症状。

柑橘黄龙病每年均可发生，以夏、秋梢发病为多，春梢次之。初发病时，个别新梢叶片黄化、花叶或斑驳，这是新发病树的主要特征，以后逐渐扩展，一般经1～2年后，全株都表现出病症。此时病树抽发的新梢短，叶小而厚、质脆，在枝上着生较直立，有的叶脉肿突，并局部木栓化、开裂。

病叶有斑驳型、缺素型和均匀黄化型3种类型。最常见的是斑驳型，病树在叶片转绿后，从叶片基部、叶脉附近或叶缘开始，由于病原物积累数量的不同而形成大小不规则的黄斑，最后全叶均匀黄化；缺素型的病树叶脉附近为绿色而叶肉黄化，类似缺锌、缺镁的症状；均匀黄化型的病树在嫩叶转绿过程中停止转绿，全叶均匀黄化。

病树开花特早而多，花小畸形，易早落；畸形花瓣多短小肥厚，颜色较黄。果小、畸形（果脐常歪偏）；果皮光滑、着色不均匀，果皮硬，与果肉紧贴不易剥离；果蒂部呈红色，果脐部绿色，绿色部分长久不转色；汁少味酸，不能食用。

病树极少生新根，老树根先腐烂。病树根部腐烂情况与上部病梢一致。

（2）发生规律。

新种植区及无病区病原主要来自引进的有病苗木、接穗等繁殖材料；病区病原主要来自果园的病树及木虱。病原可借柑橘木虱辗转传染。

柑橘木虱的发生情况、病树和带病苗木的数量是病区和新果园黄龙病流行程度的决定因素。果树的发病率和苗木带病率低，病害的蔓延速度慢，反之则快。柑橘木虱发生数量多，病害流行严重，反之则轻。幼龄树抗病力比老龄树弱，病害的发展和传染速度也较快。

（3）防治方法。

①严格实施植物检疫，严禁病区苗木向新区和无病区调运。

②建立无病苗圃，培育无病苗木。

③挖除病树，消除病原。发现病株，立即挖除，集中烧毁。

④防治媒介昆虫柑橘木虱。在控肥控梢、集中放梢的前提下，新梢抽发1～2 cm时，全面喷药1～2次，以减少柑橘木虱繁殖和传播病害。

⑤种植防护林、减少日照和保持橘园的湿度，这对媒介昆虫的迁飞有一定阻碍作用。

3. 柑橘裂皮病

柑橘裂皮病又称剥皮病（图3-1-83），四川、广西、湖南、浙江等地均有发生。尤其是以枳和枳橙作砧木的柑橘树发病严重。病重树叶落枝枯，甚至全株凋枯。

图3-1-83　柑橘裂皮病

（1）症状。

病树砧木部分外皮纵向开裂，树冠矮化，新梢少而弱，叶片较正常树的小，有的叶脉附近呈绿色而叶肉黄化，类似缺锌症状。病树开花多，但落花落果现象严重。有的病树只表现裂皮症状而树冠并不显著矮化，或只表现矮化而没有明显的裂皮症状。

（2）发生规律。

病株和隐症带毒植株是病害的初次侵染来源。通过苗木接穗、受病原污染的工具（枝剪、嫁接刀等）通过人手与健康韧皮部组织接触而传播。菟丝子也能传播本病。寄主感病性是决定病害发生的主要因素。

（3）防治方法。

①选用无病毒苗木。通过脱毒技术培育的无病毒苗木不带各种病毒，抗性也强，产量高、品质好，比常规育苗的苗木更有优势。

②工具消毒。刀剪等工具可携带病毒，传毒力可保持 12 个月。在病枝上使用过的工具，用 10%～20% 的漂白粉溶液或 25% 的甲醛加 2% 的氢氧化钠混合液进行消毒，并注意避免人手接触传播。

③从严检疫，防止病苗和接穗传入无病区。

④对症状明显、无经济价值的病树，要及时砍除。至于发病轻的橘树，可通过桥接更换抗病砧木，促使树势恢复。

4. 柑橘疮痂病

柑橘疮痂病又名"癞头疤""疥疙疤"（图 3-1-84），是柑橘的主要病害之一。此病为害嫩叶、新梢、花和幼果，常使嫩叶和幼果畸形，引起落叶、落果、嫩梢生长不良、果实产量和商品价值下降。

图 3-1-84　柑橘疮痂病

（1）症状。

叶片受害后，先产生油渍状黄褐色圆形小斑，后逐渐扩大变为蜡黄色，分散或连成一片。叶背病斑隆起木栓化，叶面凹陷，表面粗糙，有灰褐色瘤状或圆锥状的疮痂病斑，病斑不开裂，无黄晕，形状不规则。病斑多时会使叶片扭曲、畸形。新梢受害症状与叶片相似，但病斑突起不如叶片明显，枝梢短小、扭曲。花瓣受害后很快凋落。幼果在谢花后不久即发病，引起早期落果；受害较迟的，则果小畸形，皮厚、味酸。

（2）发生规律。

这是一种由真菌侵染引起的病害。病菌潜伏于病组织内越冬。第二年气温在 15 ℃以上、春雨期间，病菌从原病斑上产生分生孢子，通过风、雨和昆虫传播，直接侵入新梢、嫩叶或幼果，经 10 d 的潜育期后出现病斑，以后多次产生分生孢子进行再侵染，辗转为害夏梢和秋梢。远距离的传播主要靠繁殖材料的调运。其发病的轻重与气候、寄主的抗病力及栽培管理有关。

气候温暖、高湿有利于此病的发生。适合发病的温度为 16～23 ℃，超过 24 ℃就停止发病。病菌只侵染幼嫩组织，叶片宽达 1.5 cm、果实生长至核桃大小时，就具有抗病力，组织完全老熟后，则不感病。

一般橘类最易感病，柑类次之，甜橙类较抗病。苗木及幼树发病重，壮年树次之，树龄 15 年以上者则发病很轻。

（3）防治方法。

①加强栽培管理。结合春季修剪，剪除病枝、病叶，清除园内落叶，集中烧毁，并喷洒石硫合剂。加强肥水管理，增施磷、钾肥。春雨期间注意挖深沟排除积水，提高树体抗病力。

②药剂防治。苗木、幼树以保梢为主，成年树以保果为主，初结果树既要保梢又要保果。保梢于芽长 1～2 mm 时喷第一次药，过 10～15 d 再喷第二次。保果于谢花 2/3 时喷第一次药，过 10～15 d 再喷一次。

5. 柑橘脚腐病

脚腐病又称裙腐病（图 3-1-85），是一种为害柑橘树较重的病害，主要为害苗木根茎部位和根群，有时主干基部也发病，导致树势衰弱而枯死。

图 3-1-85　柑橘脚腐病

（1）症状。

主要为害土面上下 10 cm 左右的根茎部，病斑不规则，呈水渍状，颜色为黄褐色至黑褐色；皮层腐烂，有酒糟味。潮湿时病部常渗出黄褐色胶液，干燥时凝结成块。病害可扩展到形成层至木质部。病斑常沿主干向上扩展，远至 20 cm；向下蔓延到根系，引起主、侧根和须根的腐烂。根茎部病斑若向周围扩展会造成环割，导致全株枯死。受害树有时部分主根先发病，表现为相对应的主枝先显症状，病弱枝上的叶变小、发黄，易脱落，形成秃枝。病树往往反常多开花，但不易坐果，且果小、味酸、易落。

（2）发生规律。

病原为一种疫霉菌。病菌以菌丝体在柑橘树基部及根部越冬，或以菌丝体、卵孢子在土壤中越冬。生长季节，病菌产生游动孢子囊和游动孢子，通过雨水或灌溉水传播，从寄主伤口侵入。

甜橙、柠檬或以甜橙作砧木的品种发病较重，高温多雨、排水不良和树皮受伤等情况均有利于发病，老龄树比幼龄树发病多，树势太弱、定植过密、遭天牛等蛀杆类害虫为害和间作物过于靠近树干也易引起发病。

（3）防治方法。

①选用枳壳等抗病砧木，并适当提高嫁接口的位置。植株受害后也可用抗病砧木 2～3 株，靠接主干基部，借以增换根系，恢复树势。

②加强栽培管理。增施有机肥，合理间作，注意排水和防治天牛、吉丁虫等蛀杆类害虫，避免化肥干施，以免伤根和树皮。

③病树处理。刮除根颈部等处的病斑，涂 1∶100 的波尔多液或 2% 的硫酸铜液，填以河沙或新土。刮下的病皮须烧毁。也可在病疤处划条后，外涂 0.01%～0.05% 的多效霉素。

本病较好的防治药剂及用法为：内吸性杀菌剂瑞毒霉（100～200 mg/L）灌根，或用 25% 的甲霜灵（60 g/L）涂病树的树干基部，或用 25% 的甲霜灵（100 mg/L）加 40% 的多菌灵（10 g/L）灌根。

（二）虫害防治技术

1. 柑橘红蜘蛛

柑橘红蜘蛛又称柑橘全爪螨、瘤皮红蜘蛛（图 3-1-86），是目前柑橘产区发生最普遍、为害最严重的害螨，主要为害叶片、果，也为害枝条、花，成螨、若螨、幼螨均可为害。受害植株叶片呈许多灰白色斑点，失去光泽，严重时造成落叶和落果，尤以幼龄树和苗木被害严重。受害果初期果面出现褪绿的小斑点，后期果面呈赤褐色，严重影响果实的经济价值。

图 3-1-86　柑橘红蜘蛛

(1)形态特征。

雌成螨体长 0.3～0.4 mm,淡红色,足 3 对。若螨体长 0.2～0.3 mm,鲜红色,足 4 对。

(2)发生规律。

1 年发生 12～17 代,多数以卵、部分以成螨及幼螨在叶背主脉的两侧和枝条裂缝内越冬。3 月份气温回升时开始为害,4—5 月份转移到新梢为害。1 年存在两个数量高峰期,春、秋两季发生严重,干旱时发生更为猖獗。

温暖干旱条件有利于红蜘蛛的发生。红蜘蛛繁殖的适宜温度为 16～25 ℃,在 20～25 ℃时繁殖更快;平均气温超过 25 ℃时,繁殖速度迅速下降。湿度大对红蜘蛛繁殖有抑制作用,同时有利于红蜘蛛的天敌多毛菌的繁殖、侵染。暴雨对植株上的红蜘蛛有冲刷作用。

(3)防治方法。

①保护利用天敌。捕食螨和食螨瓢虫对红蜘蛛的控制作用显著,橘园可以种植藿香蓟和适当留草,创造有利于柑橘红蜘蛛天敌栖息和繁衍的场所,减少杀虫剂的使用次数。

②加强测报,适期喷药。采用 5 点棋盘式取样法观察若干株柑橘树,每株按东、南、西、北、中 5 个方位,每个方位观察 2～5 张叶片或果实,计算红蜘蛛虫量。防治指标:开花前平均每叶有螨 1 只,花后平均每叶 2～3 只,盛发期每叶或每果 3～5 只,且天敌数量少,不足以控制红蜘蛛,应喷药防治。

③药剂防治。可选用 73% 的克螨特 2000～3000 倍稀释液、5% 的尼索朗 1000～2000 倍稀释液、50% 的托尔克 1500～2000 倍稀释液等适宜的药剂进行防治。

2. 柑橘锈壁虱

柑橘锈壁虱又名锈螨(图 3-1-87),是我国柑橘四大害螨之一,被害果被称为紫柑、油皮子、火烧柑等。成螨、若螨、幼螨均可为害叶片和果实。被害果实黑褐色,品质变劣,被害叶片的背面呈黑褐色网状纹,严重时能引起大量落叶。

图 3-1-87 柑橘锈壁虱

(1)形态特征。

雌成螨体长约 0.12 mm,前端大、后端尖削,呈胡萝卜形,淡黄至橙黄色,腹部背面有环纹 28 条,腹面有环纹 56 条。卵呈圆球形,灰白色,半透明。若螨似成螨,但个体较小,颜色较淡,为灰白色至淡黄色。

(2)发生规律。

1 年发生 18～24 代,以成螨在柑橘腋芽、叶背和卷叶内越冬。越冬成螨于 3—4 月份开始取食活动,4 月份转移至春梢新叶上,5 月中旬后虫口数量迅速增加,7 月下旬数量达到高峰。上果为害时间为 5 月上旬,7 月份为害加重,9 月上中旬果实上虫口数量达到高峰,故 7—9 月份是锈壁虱发生的高峰期,之后随气温下降虫口数量减少。

(3)防治方法。

①虫情测报和施药指标。从 5 月份起在上年锈壁虱为害的果园中选 3～5 株树,每 7 d 调查 1 次,每次调查 10～20 张叶片的背面主脉两侧和顶部,10～20 个果实的果顶和果蒂各 1 个视野,当平均每视野有 2～3 只螨时,及时施药。

②保护利用天敌。锈壁虱的天敌有神蕊长须螨、长毛长须螨和汤普森多毛菌等。应少喷广谱性杀螨

剂,不喷或少喷波尔多液等杀菌剂,切实保护好锈壁虱天敌,加以充分利用。

③加强柑橘园的肥水管理,增强树势,提高植株抗虫能力。

④药剂防治。在锈壁虱为害初期,根据虫情测报,首先对中心虫株进行挑治,可选用 73% 的克螨特 3000～5000 倍稀释液、20% 的螨克 3000～5000 倍稀释液等药剂进行防治。

3. 柑橘潜叶蛾

柑橘潜叶蛾是柑橘嫩梢期的主要害虫(图 3-1-88),为害普遍且严重。幼虫主要潜入嫩叶表皮下蛀食叶肉,形成弯弯曲曲的隧道。被害叶片严重卷缩,新梢生长受到影响。幼虫为害造成的伤口可诱发溃疡病、炭疽病。

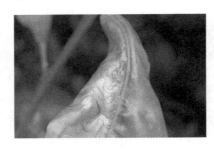

图 3-1-88　柑橘潜叶蛾

(1)形态特征。

成虫为银白色小蛾,体长 2 mm,前翅披针形,基部有两条黑色纵条纹,中部有"Y"形黑色斜纹,翅尖有大黑斑及小白斑各 1 个,后翅针叶状,前后翅都有长缘毛。卵呈椭圆形,底平,白色透明。幼虫体扁平,老熟幼虫体长 4 mm,腹部末端有 1 对细长的尾状物。蛹长 2.8 mm,梭形,黄褐色。

(2)发生规律。

1 年发生 10～15 代,以末代蛹和少数老熟幼虫在受害叶内越冬。多数地区成虫在 4 月下旬出现,5 月为害田间,7—9 月夏、秋梢抽发期为害最严重。高温多雨气候潜叶蛾发生多,幼树和苗木受害重。潜叶蛾自然种群的消长有明显的季节变化,一年中有 3 个数量高峰期:4 月中旬至 5 月中旬,8 月中旬至 9 月中旬,10 月上旬至 11 月上旬,其余时间种群密度都较低。

(3)防治方法。

①农业措施。夏、秋梢抽发时,加强并控制肥水施用,通过抹芽放梢措施,减少害虫食料,以降低虫口数量。冬季结合修剪,清除受害枝梢及越冬幼虫和蛹,以减少越冬虫口数量。

②保护利用天敌。柑橘潜叶蛾的天敌有白星姬小蜂、草蛉、蚂蚁和苏云金杆菌等。

③药剂防治。可选用适宜的药剂(如 2.5% 的溴氰菊酯、10% 的氯氰菊酯等)在田间新芽萌发 50% 或嫩叶受害率达 5% 或嫩芽抽发 2～3 mm 长时开始喷药,每 7～10 d 喷施 1 次,连喷 2～3 次。

4. 柑橘蚜虫

我国常见柑橘蚜虫有 7 种(图 3-1-89),棉蚜、绣线菊蚜、橘蚜和橘二叉蚜是橘园的主要为害种类,豆蚜、桃蚜和樟修尾蚜则零星和局部发生。蚜虫以成虫、若虫群集在嫩芽、嫩梢上吸食汁液,被害嫩叶卷缩畸形。蚜虫分泌物会诱发煤烟病,使枝叶发黑,进而严重影响植株光合作用及树势。此外,蚜虫还是柑橘衰退病的传播者。

(1)发生规律。

1 年可发生 20 多代,以春季发生最多,秋季次之。蚜虫生长的适宜日均温度为 20～25 ℃,相对湿度为 60%～80%。春季雨水偏少,温度偏高,则蚜虫数量高峰形成早,为害重;春季阴雨连绵或多雨高温,则蚜虫死亡率高,为害轻。

(2)防治方法。

①保护利用天敌。蚜虫的天敌主要有瓢虫、食蚜蝇、寄生蜂、寄生菌等。橘园适当留草,可改善橘园小

图 3-1-89　柑橘蚜虫

气候环境,使天敌有足够的食料和适宜环境得以繁衍。

②农业措施。冬春结合修剪,剪除在枝梢上越冬的成虫和卵;施行抹芽放梢,使新梢抽生整齐,以中断蚜虫的食物供给,降低虫口基数。

③药剂防治。可选用40%的乐果乳油1000～3000倍稀释液、50%的抗蚜威乳油2000～4000倍稀释液等药剂进行喷洒。

◇ **知识拓展**

优质柑橘栽培管理技术要点

为了推进柑橘产业向健康优质方向发展,应把好柑橘质量关。种植管理要有一套规范化、科学化的管理模式,以确保柑橘产业的蓬勃发展。提高柑橘种植技术与管理应做好以下三点。

(1)改善柑橘种植环境。柑橘的种植首先必须满足环境的要求,气温、湿度都具备的条件下才可以考虑种植柑橘。但是还有一个必要条件就是土壤要求,柑橘的根部既需要水分也需要透气,所以土壤透气性要好,使柑橘植株能够正常呼吸,尤其是雨季来临,渗水透气性不好的土壤,不仅不利于柑橘的生长,甚至还会造成柑橘根系腐烂坏死。

(2)结合信息技术管理柑橘栽培。柑橘的生长过程中,无论是植株培育还是挂果阶段,始终需要精心照顾,及时施肥,遇到病虫害也要及时医治,及时灌溉与排水,因此,投入的人力、精力都较多。如果利用科学的信息技术进行监控管理,既能节省人力及精力消耗,又能及时的观察柑橘植株的实时情况,以及生长发育状况,也能及时做出正确的应对手段,提高工作效率,保证柑橘的整个生长过程健康发展。

(3)加强柑橘病害防治力度。柑橘的生长喜欢温暖潮湿的环境,然而这样的环境也正是适合病虫害的滋生繁衍。所以在柑橘的种植过程中,要格外关注病虫害的预防,对柑橘种植的员工进行相应的技术培训,以及利用现代化监控设备及时观察,如果发现有病虫害的问题,要及时进行正确的治疗。

◇ **典型任务训练**

柑橘果园栽培管理现状调查

1.训练目的

根据对当地柑橘果园栽培管理现状调查,了解当地柑橘栽培管理情况,将所学内容与实际项结合,增强对柑橘栽培管理技术的认识和理解。

2.任务内容

(1)在当地选择一柑橘果园进行栽培管理现状调查,了解果园的基本情况及其栽培管理情况。

(2)指出该果园栽培管理中存在的问题,并提出解决办法。

任务四　柑橘收获与贮运

1. 了解柑橘适宜采收时期并掌握采收技术。
2. 掌握柑橘的采后处理技术。
3. 掌握柑橘的贮藏与保鲜技术。
4. 掌握柑橘果实运输环节的要求及管理措施。

◇　自主学习任务引导

1. 扫描右侧二维码，观看微课视频。
2. 查阅资料，了解柑橘采收、贮藏和运输的注意事项。

◇　知识链接

一、采收

（一）果实成熟特征及指标

不同种类与品种的柑橘，果实成熟时间不同，柑橘果实成熟有以下几个方面特征。

1. 果实由绿转黄

未成熟的柑橘果实，由于果皮中含有大量的叶绿素，因此果皮表现为绿色。随着果实的成熟，果皮中的叶绿素逐渐减少，类胡萝卜素和叶黄素不断增加，果实从绿色逐渐转为黄色。

2. 果实由酸变甜

柑橘果实在成熟过程中，果汁的含酸量逐渐下降，含糖量不断增多，果实由酸变甜，品质逐渐提高。

3. 果汁量增加

柑橘果实在成熟过程中，因果汁中的可溶性固形物含量不断增加，使细胞吸收水分的能力提高，果汁量随着果实的成熟而增加。

4. 果实变软，富有香气

随着果实的成熟，果皮组织中不溶于水的原果胶逐步分解成溶于水的果胶和果胶酸，细胞失去胶粘力，使果实软化。而且，果实内部会产生各种挥发性的芳香物，形成果香味。

柑橘果实成熟受气候的影响很大，尤其是气温。同一品种在不同地区栽培，因各地气候的差异，果实成熟时间早迟不一。同一地区的果实，因每年气候的变化差异，成熟时间也不一致。因此，果实适宜的采收时间需按照采收指标确定。试验证明，果皮色泽和果汁的固酸比值（即固形物与酸之比）是判断果实成熟度的两个重要指标。可溶性固形物含量，可用手持测糖仪测定。

（二）适时采收

按照果实不同用途所要求的成熟度，进行适时采收，可获得最大的经济收益。过早采收，由于果实未充分长大,使产量减少,且果实品质也差。采收过晚,果实不耐贮藏,容易腐烂。因此,果实采收一定要适时,不同柑橘果实的采收要求如下。

1. 鲜销果

需要充分成熟,才能表现出该品种固有的色、香、味。

2. 贮藏果

长期贮藏或远途运输的果实,需适当早采。同一个品种的果园,有 2/3 以上的果实已经转色,而且果汁的固酸比值接近 8∶1 时,即可采收。

3. 加工果

采收成熟度因加工种类不同有所区别。加工果汁的果实,采收成熟度与鲜销果相同;加工罐头或蜜饯的果实,采收成熟度与贮藏果相同;柠檬果实只要已充分长大,青果就可采收。

(三)采收技术

果实在贮运中的腐烂与采收质量直接相关,采收质量好,果实腐烂少。国内柑橘果实均为人工采果,为保证采果质量,可采用以下采收技术。

(1)采前应准备好采收工具,如果剪、果篮、果筐和果梯等。果剪剪口应锋利合缝,果篮、果筐的内壁需垫厚薄膜或谷草,以减少果实擦伤。需要贮藏的果实,采前应准备好果实的贮藏场所和要用的药物,如 2,4-二氯苯氧乙酸、多菌灵、托布津等。

(2)采果应选晴天,如早上有雾,应待雾散果面露水干后开始采收。

(3)采果人员的指甲应剪平或戴手套,以免指甲刺伤果皮,引起果实腐烂。采收和贮藏果实时采果人员不应喝酒,确保果实的贮藏性不受影响。

(4)采果时不要硬拉果实,如将果蒂拉松,容易造成果实蒂腐烂。离人远的果实要用复剪(即剪二次),第一剪在离果梗 1 cm 处剪下,然后,齐果蒂剪第二剪。

(5)采果时必须将果蒂剪平,轻轻放入果篮或果筐,不允许将果直接从树上剪落至地。

(6)采果顺序一般是从下到上、从外向内采,但对结果很多、枝条严重下垂的丰产树,应先采上部果,后采下部果,下垂枝条采果后,恢复原位时,不会碰伤果实。

二、采后处理

(一)果实分级

果实分级应根据果实内销、外销的规格要求,果实大小及质量好坏,分成若干等级。果实分级是果实包装、运输或销售前不可缺少的环节。果实分级不仅可以剔去烂果、伤果、畸形果、病虫危害果以及等外果,还可以使果实大小一致,便于装箱、计重。

分级包括分组和选果两个步骤。分组和选果可以同时进行,也可先分组、后选果或先选果、后分组。

1. 分组

根据果实的横径大小,将果分成几组,每组相差 5 mm。目前普遍使用分组板分组(图 3-1-90),有条件的地区也可使用分组机分组(图 3-1-91)。将果实在分组板上比漏(从小到大),恰好漏下的孔径即为该组果的大小。

2. 选果

选果是将果实按果实质量分为外销果、内销果、急销果和腐果。

(1)外销果。按照我国柑橘出口标准或中外贸易合同要求,从果实中挑选符合外销要求的果实。外销果不但果实大小需符合标准,而且要求果形端正,色泽良好,新鲜健壮,果面清洁,无损伤,无病害。

(2)内销果。凡不符合外销要求的果实,都可作为内销果,但也要根据国家规定将果实分成甲、乙、丙 3 个等级。

随着柑橘生产技术的发展,国内也逐步采用机器分级的先进技术。果实经分级处理后商品性大大提高,每千克售价比不处理的果实可高出 0.15～0.2 元,而成本每千克不到 0.04 元。

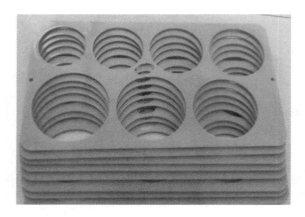

图 3-1-90　分组板

图 3-1-91　分组机

（二）果实防护处理

为了减少柑橘鲜果在贮藏和长途运输途中的腐烂损失及失水干耗,在入库贮藏和长途运输前,必须对果实进行防护处理。处理方法有化学防护、物理防护和生物防护 3 类。根据具体使用方法一般又可分为药剂洗(浸)果、塑料薄膜包果、保鲜纸包果、中草药防腐、涂料处理(图 3-1-92)等。

(a) 药剂洗果

(b) 塑料薄膜包果

(c) 保鲜纸包果

(d) 中草药防腐

(e) 涂料处理

图 3-1-92　果实防护处理的方法

1. 药剂洗果

采收后的柑橘果实果面上附着许多污物和病菌,既影响美观,又易将病菌带入贮藏或运输环境。因此,采收后的果实在 3 d 内应采用药剂洗(浸)果,清除污物和杀灭病菌,为贮藏保鲜打下良好的基础。

药剂洗果一般用化学防腐剂和生长调节剂混合液进行洗(浸)果。洗(浸)果时间掌握在 30 s 左右,洗果时药液要不断搅拌,以防沉淀。

2. 塑料薄膜包果

塑料薄膜包果贮藏又称为自发气调贮藏。当前薄膜包果在国际上应用的进展很快,可替代涂蜡贮藏法。薄膜包果可使果实新鲜饱满,失重可由裸果贮藏的 10%～15% 下降至 2.5% 左右。可使用的薄膜如下。

(1)低压聚乙烯半透明薄膜(厚度 0.005～0.01 mm)和高压聚乙烯透明薄膜(厚度 0.01 mm)。

这两种薄膜使用前裁成 24 cm×20 cm 的大小,果实用防腐保鲜药物浸涂阴干后单果包膜,交头捆结后倒置装箱。现在有专门生产的薄膜保鲜袋,使用方便,单果装入折口即可。

(2)联苯保鲜膜。

圆筒状,周长 24 cm,叠径宽 12 cm,膜厚 0.04 cm。这种保鲜膜在工厂生产时已加入防腐剂联苯。果实先用 0.02% 的 2,4-二氯苯氧乙酸蘸蒂部,再装入圆筒状保鲜袋中,两头折下即可。

(3)高透明自粘膜。

厚度 0.0125 mm,包果后,薄膜紧密黏附于果表,不易散开。由于透明度高,所以鲜艳的果色能充分展示,比较美观。

(4)RPE复合防腐保鲜膜。

由药物、纸、塑料复合制成。药物 RQA 是从樟属植物中提取的一种挥发油,这种三合一复合膜对防止水果失重、腐烂有较好的效果。

3. 保鲜纸包果

湖南省造纸研究所生产的 3 种专用纸 KB-6、KB-1 和 KN-1 对柑橘防腐保鲜有较好的作用。这种保鲜纸在质薄、柔软、有韧性的纸中加入防腐保鲜药物而制成。

4. 中草药防腐

用中草药剂 KCM 对温州蜜柑、南丰蜜橘和大红甜橙进行浸果处理,保鲜 60~100 d,其防腐效果优于常用药剂。KCM 中草药剂是用山苍子油和紫皮大蒜制成,即 0.5 kg 大蒜碾碎并用纱布包好,置入 50 kg 水中浸泡一昼夜,再挤汁过滤,然后将山苍子油徐徐加入大蒜液中充分搅匀,随配随用。

中草药保鲜剂 CM 对柑橘保鲜效果也较好。对温州蜜柑、甜橙的保鲜,CM 中草药保鲜剂可按 1∶4 或 1∶5 兑水浸果,采用聚乙烯塑料袋包装(每袋 25 kg)。贮藏后果实外观饱满,色泽鲜艳有光泽,品质好,无异味。

KCM 和 CM 保鲜剂是目前中草药防止柑橘腐烂的较理想的新型药剂。

5. 涂料处理

涂料处理即在果实表面涂上一层蜡或脂的薄膜。经过涂料处理的果实可保持新鲜饱满的外观和较高的硬度,极大地提高果品的竞争力。涂料处理时,必须注意涂料的厚薄和均匀度。经涂料处理的果实不宜长时间贮藏,否则会加剧贮藏期果实的腐烂。通常对短期贮运的果实或在贮藏后期上市前的果实可进行涂料处理。

果实涂料处理可采用浸涂法、刷涂法和喷涂法。浸涂法是把涂料配成适当浓度的溶液,将果实浸入半分钟左右,取出晾干即可。刷涂法是用细软毛刷蘸上涂料后,将果实在刷子之间辗转擦刷,使果实涂上一层薄膜。喷涂法一般用打蜡机完成。

(三)果实包装

外销或内销的柑橘果实都需进行包装。包装后的果实,运输方便,途中不易损伤和散落,且果实水分蒸发减少,自然失重降低。

1. 包装材料

柑橘果实包装分外包装和内包装。外包装材料要求牢固坚韧,有一定的强度,能承受一定压力,不易变形,而且成本较低,取材容易。目前较普遍使用的外包装有竹筐、藤篓、木箱和纸箱。内包装材料要求光滑柔软,不吸水,无异味,有一定的韧性和透气性,现在使用最多的是包果纸和聚乙烯薄膜。

2. 包果

外销果需用包果纸包果,1 纸包 1 果,交头裹紧。甜橙和宽皮橘的包果纸交头在蒂部或脐部,柠檬的包果纸交头在腰部。内销果一般不用内包装,但近年有些产区开始采用聚乙烯薄膜小袋包果,很好效果。

3. 装箱

外销果一般用纸箱,装箱时包果纸交头向下,按规定的个数排列,底层果蒂朝上,上层果蒂朝下,一般放 3 层。一箱只能装同一品种、同一组别的果实。

不论外销或内销果实,包装后必须注明品种名称、组别(等级)、净重、包装日期和产地等。

国际柑橘市场,对柑橘果实的商品性和包装非常重视,一般鲜销的果实都要打蜡、分级、果实上贴商标(或用商标纸包果),再用大小适中、有吸引力的包装箱(或尼龙网袋)装箱,使果实既美观又便于携带。

三、贮藏

(一)果实在贮藏中的生理变化

果实从树上采摘下以后,仍是一个活的个体,因此,在贮藏中会继续进行呼吸作用和蒸腾作用,消耗果实积累的营养物质和水分,造成果实逐渐变轻,糖、酸含量下降,风味变淡,组织衰老,耐贮性和抗病性减弱。

1. 呼吸作用

呼吸作用是果实采摘后生命活动的主要表现,是细胞在一系列酶的作用下,把体内复杂的有机物逐步氧化为简单的物质,并释放能量的过程。

呼吸作用有两种形式:①果实在空气流通、氧气充足的环境,进行正常的有氧呼吸。②果实在通风不良、氧气不足的贮藏环境,进行不利于保鲜的无氧呼吸。因此,在果实贮藏时,要注意通风换气,使果实呼吸正常。

呼吸强度是衡量呼吸作用强弱的指标,即 1 kg 果实在 1 h 内所放出的二氧化碳毫克数,单位为 mg/(kg·h)。不同种类的果实,呼吸强度差异较大,一般橘类最大,柑类次之,橙类较小,柠檬最小。果实呼吸强度越小,耐贮性越好。果实受到损伤或被病、虫危害后,呼吸强度明显增大,伤果耐贮性下降。所以,采果时要小心,不要损伤果实。贮藏果需经过挑选,将新伤果、虫害果剔除。

2. 蒸腾作用

果实在贮藏中会损失内部水分,尤其是果皮中的水分,由皮孔不断散失到空气中,这一现象就是果实的蒸腾作用。蒸腾作用对果实贮藏不利,它会引起果实失水,造成果皮皱缩,严重时产生干疤,影响外观。

自然失重是指果实在贮藏中因水分蒸发而减少的重量。果实自然失重大小是衡量贮藏效果的一个指标,常用失重率表示。

$$失重率＝失去的重量/原有的重量×100\%$$

果实蒸腾作用的大小受贮藏环境的温度、湿度及空气流速的影响。一般果实的蒸腾作用随气温的升高而增大,因此,贮温越高,果实失重越大。湿度与蒸腾作用成反比,湿度大,果面水分蒸发慢,果实失重小。因此,降低贮藏环境的温度或提高相对湿度,都能抑制果实水分的蒸发,有利于柑橘果实的贮藏保鲜。

(二)影响果实贮藏保鲜的因素

影响果实贮藏保鲜的因素有下面几个方面。

1. 种类、品种

果实的耐贮性是品种特性,不同品种的果实,耐贮性差异很大,其中,柠檬最耐贮,甜橙次之,宽皮柑橘的耐贮性较差,尤其是红橘,只能贮至春节。柚类较耐贮,但不同品种的柚耐贮性也有差异,一般晚白柚、沙田柚最耐贮,其次是垫江柚、梁平柚,琯溪蜜柚较不耐贮藏。同一品种中,晚熟品种比早熟品种耐贮。

2. 果实成熟度和采收质量

果实的耐贮性和抗病性与果实成熟度有关,适当早采的果实比充分成熟的果实耐贮,果实腐烂也较少,但采收也不能太早。

采收质量对果实的耐贮性影响极大,因为果实在贮藏中所发生的各种腐烂,多数是因病菌侵害引起的。果实采收时产生的各种新伤,如刺伤、碰伤、压伤,都给病菌入侵提供了条件。为此,果实是一定要小心采摘,轻拿轻放,避免果实受伤,而且果实在入库前,要经过挑选,将新伤果、无蒂果、病虫危害果选出。

(三)贮藏环境

1. 温度

贮藏温度直接影响果实的呼吸和病菌的生长。在一定的温度范围内,果实的呼吸强度随贮藏温度的升高而增强。所以,在柑橘贮藏中,保持稳定而较低的贮温非常重要。一般柑橘长期贮藏的温度,甜橙 3～5 ℃,温州蜜柑 5～7 ℃,椪柑 7～9 ℃,红橘 10～12 ℃,柠檬 12～15 ℃。如果贮藏时间较短,贮藏温度可适当降低。

2. 湿度

贮藏环境的湿度高低,直接影响果实的水分蒸发。湿度低,果面水分蒸发快,果皮易失水皱缩,产生干疤。湿度高,果实新鲜饱满。所以,柑橘果实贮藏需要较高的湿度,甜橙类要求湿度 90%～95%,宽皮柑橘要求湿度 85%～90%。

3. 空气成分

氧气是果实进行正常生命活动不可缺少的条件,然而适当降低空气中的氧含量或者增加二氧化碳的含量,都可抑制果实的呼吸强度,有利果实贮藏保鲜。柑橘果实常温贮藏气体条件,氧含量为 17%～19%,二氧化碳为 2%～4%。

(四)贮藏保鲜的形式和方法

柑橘贮藏一般可分为常温贮藏、低温贮藏、气调贮藏和挂树贮藏等。常温贮藏有洞窖贮藏、普通库房贮藏、通风库贮藏等形式。这里只介绍常用的普通库房贮藏、通风库贮藏和挂树贮藏。

1. 普通库房贮藏

普通库房贮藏是将干燥、清洁、通风、阴凉、没有阳光直射的仓库、工房、民房等进行改装,作为柑橘贮藏场所的一种贮藏方式。

果实入库前 7～10 d,库房应用硫黄粉熏蒸或 5% 的福尔马林溶液喷布消毒。消毒时,应将所用的果箱和用具放入库内一起消毒,并关闭库房 24～48 h,然后打开库房通气 2～3 d 即可使用。

普通库房贮藏期间的管理主要是降温和增湿,应经常在夜间进行通风降温。湿度较高时应增设排风扇,相对湿度较低时,可在库内通道地面上铺放湿麻袋或草帘,并定时喷水,以提高库内湿度。果实入库 7～10 d 后,应翻箱检查 1 次。以后每隔 1 个月翻箱检查 1 次,剔除腐烂的果实。

2. 通风库贮藏

通风库贮藏是利用良好的隔热建筑和库内外的温差,以通风换气的方式,使库内保持适宜低温的一种贮藏方法。

果实入库前,库房也要用硫黄粉熏蒸或 5% 的福尔马林溶液喷布消毒。

果实入库后,应根据库内外温度的差异,灵活掌握通风时间和通风量,以调节库内的温度、湿度和排除不良的气体。

3. 挂树贮藏

由于柑橘果实不易产生离层,有些产区在果实将要成熟时选择树势健壮、无病虫害的植株,喷施 20～50 mg/L 的 2,4-二氯苯氧乙酸和 20 mg/L 的赤霉素作稳果剂,到翌年 2 月才采收,从而达到贮藏保鲜的目的。这种方法可延长采果期 60～80 d,方法简单,经济效益高,但必须加强树体管理,否则会影响树势和第二年的产量。冬季气温在 0 ℃以下的产区不宜采取挂树贮藏。

四、运输

果实运输是柑橘采收后到入库贮藏或应市销售过程中必须经过的生产环节,运输质量直接影响无公害柑橘果实的耐贮性、安全性和经济效益。严禁运输过程中对果实产生再污染。

(一)运输的要求

柑橘果实的运输,应做到快装、快运、快卸。严禁日晒雨淋,装卸、搬运时要轻拿轻放,严禁乱丢乱掷。

运输工具的装运舱应清洁、干燥、无异味。长途运输宜采用冷藏运输工具。

运输最适温度:甜橙类 3～5 ℃,宽皮柑橘类 5～8 ℃,柚类 8～10 ℃。

（二）运输方式

运输方式分短途运输(图 3-1-93)和长途运输(图 3-1-94)。短途运输是指柑橘果园到包装场(厂)、库房、收购站或就地销售的运输。短途运输要求浅装轻运,轻拿轻放,避免擦、挤、压、碰而损伤果实。长途运输是指柑橘果品通过汽车、火车、轮船等运往销售市场或出口。长途运输最好用冷藏运输工具。目前运货火车有机械保温车、普通保温车和棚车 3 种,其中以机械保温车为优。

图 3-1-93　短途运输

图 3-1-94　长途运输

（三）运输途中的管理

运输途中应根据各类柑橘对运输环境条件(温度、湿度等)的要求进行管理,以减少运输中柑橘果品的损失。当温度超过适宜温度时,可打开保温车的通风箱盖,或半开车门,以通风降温;当车厢外气温降到 0 ℃以下时,则堵塞通风口,有条件的还可加温。

◇ **知识拓展**

天然保鲜剂在柑橘保鲜上的应用

柑橘果实营养丰富,口感优良,深受广大消费者喜欢。我国柑橘以鲜果销售为主,由于其成熟期相对集中,且采后极易发生侵染性病害,造成严重的经济损失。目前,我国的柑橘采后贮藏多以化学杀菌剂保鲜为主,但大量使用化学杀菌剂会导致农药残留超标,造成环境污染,同时也严重威胁着人类的健康。近年来,随着生活水平不断提高,公众在食品安全和环保方面的意识越来越强,使用天然保鲜剂的绿色环保保鲜技术成为柑橘保鲜技术的主要发展方向。天然保鲜剂分为动物提取物保鲜剂、植物提取物保鲜剂和果蜡三大类。

1. 动物提取物保鲜剂

动物提取物保鲜剂包括壳聚糖和蜂胶等。壳聚糖能在果实表面形成一层薄膜,具有调节果蔬生理活性的作用,能抑制乙烯生长,延缓果实衰老,减缓呼吸作用及养分消耗,同时,还具有抗病及绿色环保等特性,能抑制病原菌的侵染,提高果实品质,延长果实寿命。蜂胶是一种胶状混合物,具有抗炎、抗菌、抗病毒等功效,且绿色环保,在水蜜桃、圣女果、葡萄、蘑菇、柑橘等多种果蔬保鲜中均有应用,是一种天然保鲜剂。

2. 植物提取物保鲜剂

不同植物提取物具有不同的抑菌效果,研究表明,植物精油(桂皮、丁香、牛至等精油)、中草药(大黄水、连翘、独活、川芎、五加皮、广霍香水及高良姜等提取物)、其他植物提取物(大蒜)等天然提取物对柑橘致病菌均有抑菌效果。中草药提取物保鲜剂种类较多,具有良好的防腐抑菌作用,对果蔬保鲜具有积极的作用。植物精油保鲜剂是植物次生代谢物质,具有挥发性,有较好的抗氧化活性和抗菌作用。

3. 果蜡

果蜡保鲜的原理是在果实表面形成一层薄膜,可以阻挡部分病菌的侵入,减少果实水分的流失,以达到延长保鲜期的目的。果蜡配合低温贮藏,能减少果肉异味的产生,使果实保持较好的品质。

◇ **典型任务训练**

柑橘的采收与采后处理

1.训练目的

根据柑橘采收与采后处理实践,熟悉柑橘的采收标准,进一步掌握柑橘的采后处理技术。

2.任务内容

(1)到当地柑橘果园采收柑橘,按照采收标准正确采收柑橘。

(2)对采收的柑橘进行正确的采后处理。

(3)根据实践情况,写出柑橘采收及采后处理的技术要点。

项目二　辣椒生产技术

　　辣椒是世界上仅次于土豆、番茄的第三大蔬菜作物,在全球的温带、热带、亚热带地区均有种植。辣椒在我国各地普遍栽培,为夏、秋季重要蔬菜之一。我国是世界上最大的辣椒种植国和消费国,也是世界辣椒第一出口大国。辣椒不仅可以鲜食、加工成食品和调味品,还可以作为医药、化工原料,其用途十分广泛。

任务一　认识辣椒

◇ **学习目标**

> 1.了解辣椒的起源与分布。
> 2.了解辣椒的生物学特性。

◇ **自主学习任务引导**

> 1.扫描右侧二维码,观看微课视频。
> 2.调查了解辣椒传入我国的历史。
> 3.查阅资料,了解辣椒的生育周期。

◇ **学习内容**

一、辣椒的起源与分布

辣椒(学名:*Capsi Cum annuum* L.),别名番椒、海椒、辣子、辣角、秦椒、辣茄等,是茄科辣椒属,一年或有限多年生草本植物,高 40~80 cm。果实通常呈圆锥形或长圆形,未成熟时呈绿色,成熟后变成鲜红色、绿色或紫色,以红色最为常见。辣椒青果可炒食、泡制,老熟的红果可盐腌、制酱,干燥后可制成辣椒干、辣椒粉。我国的辣椒干、辣椒粉远销亚洲、美洲等地。

(一)辣椒的起源

辣椒原产于中南美洲热带地区的墨西哥、秘鲁、玻利维亚和亚马孙河流域等地,是一种古老的栽培作物,有 5000 多年历史。在墨西哥、秘鲁等地的遗址中发现了辣椒种子。15 世纪末,哥伦布把辣椒带回欧洲,并由此传播到世界其他地方。17 世纪,辣椒传入东南亚各国。

辣椒于明代传入我国,由两路传入:①经东南亚沿海传到我国的广东、广西、云南、浙江、江西、山东、辽宁等沿海地区,然后慢慢地传入贵州、四川等地;②由丝绸之路传入(图 3-2-1)。丝绸之路是我国古代和世界交流的重要途径之一,在明朝商队贩运货物的过程中,商人将种子带入新疆、甘肃、陕西等地栽培,故辣椒亦有"秦椒"之称。后逐渐传入中原地区,进而广为栽培,成为我国蔬菜种类之一。

辣椒最初在江浙、两广一带主要作为观赏性植物,而最早食用辣椒的地区是我国贵州地区。在明朝时期,贵州地区的盐极其缺乏,辣椒这种调味品起到了替代盐的作用。在明朝末年,姚可成在《食物本草》记载辣椒这一物种,但当时只是将其引为药物,《草花谱》《农政全书》则称辣椒为番椒,说明辣椒是外来物种。

(二)辣椒的分布

1. 国内辣椒的分布

辣椒在我国的栽培历史悠久,分布范围广泛,全国有 20 多个省、市、自治区都有辣椒栽培。因其加工产

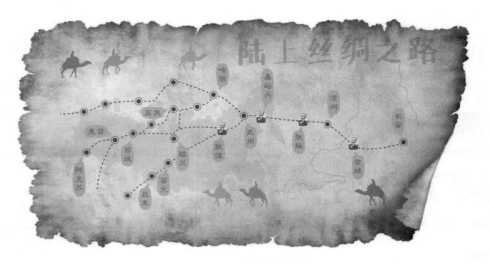

图 3-2-1　陆上丝绸之路

品多,产业链长,附加值高,是重要的工业原料作物。辣椒常年种植面积 1000 多万亩。

辣椒在我国的栽培分布与不同地区的生态环境和食用习惯有密切的关系。辣味较重的辣椒品种主要分布在我国的西南、西北及湖南、江西等地;半辣或甜辣品种的种植区主要分布在东北、华北、华南等地区。由于辣椒耐贮运,广东、海南等地近年来大力发展辣椒栽培,于秋冬运销北方。我国干辣椒的主要产区为山东、河南、河北、贵州、湖南、四川、云南、甘肃、内蒙古和新疆等地区。

不同栽培区域具有不同的自然条件,因此辣椒的栽培茬次和栽培模式不同。如在我国北方各地春秋两季都可进行露地栽培,高寒地区因无霜期短,夏季凉爽,一般为夏播秋收。

2. 世界各地辣椒的分布

世界上有三分之二的地区种植和食用辣椒,食辣人群比重已超过 20%,全球干辣椒及其衍生品多达 1000 余种,用途十分广泛。辣椒在世界农业经济中占据重要地位,2020 年,辣椒种植面积为 3104.99 万亩,同比 2019 年(2944.63 万亩)增长了 160.36 万亩,增幅约 5.45%;辣椒产量为 3613.70 万吨,同比 2019 年(3602.64 万吨)增长了 11.6 万吨,增幅约 0.31%,辣椒单位面积产量小幅下降。

辣椒主产国家有中国、印度尼西亚、墨西哥、土耳其、西班牙、埃及等(图 3-2-2)。多年来,中国、墨西哥和印度尼西亚一直是辣椒主要生产国,在国际辣椒产业中占据主导地位。2020 年,中国辣椒种植面积为 1220.88 万亩,年产量 1960.07 万吨,均位居全球第一。印度尼西亚年产量 549.64 万吨,位居第二;墨西哥年产量 275.7 万吨,位居第三,其后依次为土耳其、西班牙、埃及等国。

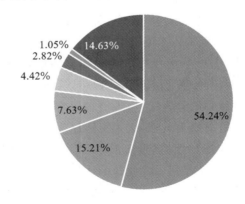

1.05%　14.63%
2.82%
4.42%
7.63%
15.21%
54.24%

■中国 ■印度尼西亚 ■墨西哥 ■土耳其 ■埃及 ■西班牙 ■其他

图 3-2-2　2020 年全球辣椒产量分布情况

二、辣椒的生物学特性

（一）辣椒的生育时期

辣椒的生育时期是其从种子萌发开始到重新获得种子的整个过程（图 3-2-3）。一般可将其分为 4 个时期：发芽期、幼苗期、开花坐果期、结果期。

图 3-2-3　辣椒的生育时期

1. 发芽期

从种子萌动到第一片真叶出现（破心）为辣椒的发芽期（图 3-2-4），需经历 10～15 d。辣椒经催芽播种后一般 5～8 d 出土，出土后 15 d 左右出现第一片真叶。生产上应选择籽粒饱满的种子以利于培育壮苗。

图 3-2-4　辣椒的发芽期

2. 幼苗期

从第一片真叶显露到第一个花蕾现蕾为辣椒的幼苗期（图 3-2-5），需经历 60～70 d。辣椒的幼苗期可分为两个阶段：植株长出 2～3 片真叶以前为基本营养生长阶段；植株长至 4 片真叶，茎粗为 0.15～0.2 cm 时开始花芽分化，之后营养生长与生殖生长并行。生产上为避免分苗伤根影响花芽分化，宜在 3 叶或 3 叶 1 心前进行分苗。花芽分化的温度宜为 24 ℃。

3. 开花坐果期

从门花出现花蕾到坐果为辣椒的开花坐果期（图 3-2-6），一般为 10～15 d。此时期应注意加强肥水管理，供水不宜过多，否则植株营养生长过旺，消耗养分多，花蕾得不到足够的营养易落花落果。此外，此时期温度过高或过低、光照不足或过于干燥均会影响辣椒授粉受精，并引发落花落果。

4. 结果期

从门椒坐果到收获结束为辣椒的结果期（图 3-2-7），其持续时间长短因栽培地区和栽培方式不同而不同，为 50～120 d。此时期秧、果同时生长，营养生长和生殖生长的高峰周期性出现，坐果也呈周期性变化。当植株结果增加时，新开花的质量下降，短柱花增多，坐果率下降。果实摘除后，减少了植株上果实数或缩短了果实生长时间，养分消耗减少，花的质量相应提高，辣椒的开花数和坐果率又恢复正常。

图 3-2-5　辣椒的幼苗期

图 3-2-6　辣椒的开花坐果期

图 3-2-7　辣椒的结果期

（二）辣椒生长发育特性

1. 根系

辣椒为浅直根系植物，根系发育较弱，木栓化程度高，根量少。其主根入土浅，生长速度慢，直到长有 2～3 片真叶时才发生较多的二次侧根。茎基部不易发生不定根，根受伤后再生能力较差；育苗时主根被切断后，可从残留的主根上和根颈部发生侧根。其主要根群多分布于水平 40～50 cm、深度为 10～15 cm 的土层内，总体表现为既不耐旱也不耐涝。

辣椒的根(图 3-2-8)的最前端有 1~2 cm 长的根毛区,其上密生根毛。根毛的寿命虽然只有几天,但因其密度大、吸水能力强且有力,是根系中吸收最活跃的部分。如果育苗和栽培条件差,根系极易受损。老根木栓化严重,只能通过皮孔吸水,皮孔吸水量较少。辣椒的根的吸水主要依靠幼嫩的根和根毛,所以栽培中须保证辣椒不断地发生新根和长出根毛。

图 3-2-8　辣椒的根

2. 茎

辣椒的茎直立,主茎较矮,株冠较小,株型较紧凑。当主茎长出一定叶数后,茎的先端形成花蕾。花蕾以下的节萌发出侧枝,其中临近花芽的 2 或 3 个侧枝生长最为旺盛,呈二杈或三杈(图 3-2-9)向上继续生长,果实即着生于分杈处。辣椒分枝可分为无限分枝型和有限分枝型两类。

图 3-2-9　辣椒的茎的三杈分枝

(1)无限分枝型。

当主茎长至 7~15 片叶时,顶端出现花蕾并开始发生分枝,以后每隔 1 片叶分枝 1 次,分枝的叶节可达到 25 节。果实生长到上层后,由于果实生长争夺养分的影响,分枝规律发生变化,即分枝中必然有 1 个枝条生长比较强壮,而另 1 个枝条生长相对较弱,但分枝还要延续下去。目前绝大多数生产品种属于无限分枝类型,表现为植株高大、生长苗壮。

(2)有限分枝型。

主茎抽生一定数叶片后,顶端发生花簇封顶,形成果实。花下的腋芽抽生分枝,分枝的叶腋还可能再发生副侧枝,侧枝和副侧枝都被花簇封顶,但多不再结果,之后植株不再发生分枝。部分观赏品种与干椒品种属于有限分枝类型,表现为植株矮小、生长较弱、产量较低,此类型在生产上现已很少应用。

3.叶

辣椒种子播种出苗后,最早出现的两片扁长的叶称为子叶,以后长出的叶称为真叶(图 3-2-10)。子叶初展开时呈浅黄色,以后逐渐转为绿色。辣椒的真叶为单叶、互生,叶面光滑,微有光泽,叶片绿色,不同品种的叶色深浅有所差别。叶片呈圆形、披针形或椭圆形,全缘。一般大果型品种叶片较大,微圆;小果型品种叶片较小,微长。

图 3-2-10　辣椒的叶

4.花

辣椒花是雌雄同花的两性花(图 3-2-11),由花萼、花冠、雄蕊、雌蕊等部分组成,多为白色或绿白色,自花授粉。雄蕊有 5～6 个花药,围生于雌蕊外侧。辣椒第一分权出现的花称门花,结的果实称门椒;第二层花称对花,结的果实称对椒;第三、四层花分别称四门斗、八面风,再向上的花较多,称为满天星。

图 3-2-11　辣椒的花

5. 果实

辣椒果实为浆果,是由子房发育而成的真果,可食用部分为果皮。果实形状以灯笼、长灯笼、扁柿、羊角、牛角、圆锥、线形居多,一般有2～4个心室,重量从几克到400 g不等。圆形或灯笼形辣椒果实多为3～4室,细长形(羊角形)辣椒果实多为两室。未熟果实一般为绿色,但深浅有所不同,个别品种青果为紫色、白色、黄白色等。成熟的果实多为红色(图3-2-12),少数品种成熟果实为黄色、橘红色、褐黄色等。

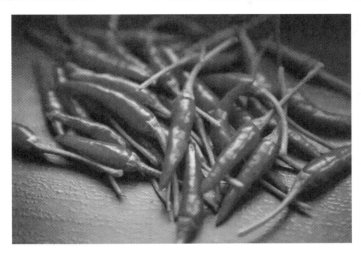

图3-2-12 辣椒的果实

6. 种子

辣椒的种子(图3-2-13)呈扁平状,微皱,形似肾脏,呈浅黄色或乳白色,新鲜的种子具有光泽。小粒种子千粒重为5.2～5.8 g,大粒种子千粒重可达6～7.5 g。种子寿命一般为5～7年,安全使用年限为2～3年。

图3-2-13 辣椒的种子

◇ **知识拓展**

辣椒的营养价值

辣椒营养丰富,含有丰富的辣椒素、辣椒红素、胡萝卜素、碳水化合物、矿物质等,既可鲜食、调味,也可入药,具有重要的经济价值和食疗保健作用。据测定,辣椒的维生素C含量高居各类蔬菜之首,每100 g青辣椒含维生素C 100 mg以上,每100 g红熟辣椒含维生素C可高达342 mg,干辣椒则富含维生素A。每100 g辣椒(红尖辣椒)含蛋白质1300 mg,脂肪400 mg,碳水化合物5700 mg,核黄素0.06 mg,胡萝卜素

1.39 mg,硫胺素 0.03 mg,维生素 A 0.192 mg,维生素 C 342 mg,维生素 E 0.88 mg。辣椒含有钾、钠、钙、镁、硒、铁、锌等矿物质元素。辣椒含有的大量辣椒素具有芬芳的辛辣味,有增进食欲之功效。长期食用辣椒不仅能促进消化、增强食欲,还可增强体力等。此外,辣椒对促进脂肪代谢、牙龈出血、贫血、血管脆弱等也有辅助治疗作用,具有一定的保健功能。

◇ 典型任务训练

辣椒的生物学特性调查

1.训练目的

对辣椒当前所处的物候期以及辣椒的生长发育特性进行调查,提升对辣椒物候期的认识,熟悉辣椒各器官的生长发育特性,同时培养爱农情怀,促进大产业观的树立。

2.材料与用具

皮尺、记录本、笔、相机等。

3.实训内容

(1)到当地辣椒种植地开展辣椒物候期调查,观察辣椒生长目前所处的物候期及其典型特征。

(2)到当地辣椒种植地开展辣椒生长发育特性调查,观察当前辣椒根、茎、叶、花、果实等器官的形态特征。

任务二　辣椒的品种选择与育苗

◇ 学习目标

1.了解辣椒的分类。

2.了解辣椒品种选择的影响因素。

3.了解辣椒的穴盘育苗方法。

◇ 自主学习任务引导

1.扫描右侧二维码,观看微课视频。

2.了解我国辣椒的主要类别。

3.查阅资料,了解辣椒的品种选择及主要育苗方法。

◇ 学习内容

一、辣椒的分类

辣椒属自花授粉植物,天然杂交率高,长期的种植过程中形成了庞大的种群。辣椒从生产方式上分为干辣椒和鲜辣椒,从用途上分为蔬菜辣椒、调味辣椒、色素辣椒和生物碱辣椒。根据辣椒果型及辣味的强烈程度,则可将辣椒分为以下五类。

1.长椒类

多为中早熟,植株、叶片大小中等,分枝性强,果多下垂,长角形,先端尖锐,常稍弯曲,辣味强,可以干制、腌渍或者做辣椒酱。按果形之长短可分为三个品种群:①长羊角椒(图3-2-14),果实细长,坐果数较多,味辣。②短羊角椒,果实短角形,肉较厚,味辣。③线辣椒,果实线形,较长大,辣味很强。

图 3-2-14　长羊角椒

2.甜柿椒类

植株大小中等、粗壮,叶片肥厚,长卵圆形或椭圆形,果实肥大,果肉肥厚。按果实之形状可分为三个品种群:①大柿子椒,中晚熟,个别品种较早熟,果实扁圆形,味甜,稍有辣味;②大甜椒(图3-2-15),中晚熟,抗病丰产,果实圆筒形或钝圆锥形,味甜,辣味极少;③小圆椒,果形较小,果皮深绿而有光泽,微辣。

图 3-2-15　甜椒

3.樱桃椒类

植株大小中等或较矮小,分枝性强;叶片较小,圆形或椭圆形,先端较尖;果实朝上或斜生,呈樱桃形,果色有红、黄、紫,味极辣。可以制干椒或者观赏(图3-2-16)。

4.圆锥椒类

植株大小与樱桃椒相似,果实为圆锥形或圆筒形,多向上生长,也有下垂的,果肉较厚,辣味中等(图3-2-17)。

5.簇生椒类

枝条密生,叶狭长,分枝性强;晚熟,耐热,抗病毒;果实簇生而向上直立,细长红色,果色深红,果肉薄,辣味甚强,油分含量高。多做干椒栽培(图3-2-18)。

二、辣椒的优良品种选择

(一)品种选择

1.引种

辣椒品种的适应性是生产栽培的前提,对于一些新引进的品种,需要小面积种植2～3年,观察其生长状

图 3-2-16 樱桃椒

图 3-2-17 圆锥椒

图 3-2-18 簇生椒

态、抗病性、产量等特性，然后才能大面积推广。

2. 市场需求

栽培目的取决于市场条件，一般栽种市场需求量大、价格高的品种。辣椒市场需求又分为鲜食辣椒、干椒、剁椒、餐饮用朝天椒等食用类辣椒，以及提取辣椒素、辣椒精、辣椒红色素、辣椒生物碱的工业用辣椒。

工业用辣椒生产主要在我国西南、西北、华北、华中地区；辣椒酱和制干辣椒主要在西南地区；西北地区主要以制干为主，兼顾制酱和剁椒，华北、华中地区主要是制干为主、部分制酱。

目前铁板椒、金塔、红龙系列、美国红、北京红等品种辣椒既是色素提取品种，又是制粉品种。美国红较适合做辣椒酱、加工辣椒片。北京红、益都红、二荆条、六寸红、千金红适合做辣椒酱、剁椒、制干加工。

3. 品种特性

辣椒的品种分为无限分枝型辣椒和有限分枝型辣椒，这个特性也是选择辣椒品种的一个考量因素。一般有限分枝型的簇生辣椒成熟时间一致有利于大型机械化生产，节省人工。

（二）壮苗培育

壮苗是指植株生长健壮，无病虫害，生命力强，能适应移栽后环境条件的优质苗（图3-2-19）。实践证明，与徒长苗或老化苗相比，壮苗定植后，缓苗快，成活率高，为辣椒丰产提供基础。辣椒壮苗的标准如下。①茎粗壮，节间短，苗高适中；②叶片完整健壮；③根系发育良好；④龄长短适中；⑤无病虫害。

图 3-2-19　优质苗

1. 育苗时间

适宜的播种时期是培育壮苗的关键，也是适时定植取得高产的保证。应根据当地气候条件选择播种期，一般根据定植期来选择播种期。

2. 育苗方法

棚室蔬菜的育苗技术主要包括常规育苗技术和穴盘基质育苗技术。近年来随着设施蔬菜栽培技术的发展进步，穴盘基质育苗已取代了常规育苗成为主流，该技术有效提升了种苗的生产效率，保障了种苗质量和供苗时间，并可节约1/2以上种量，种苗定植后易成活，缓苗快，从而使种苗标准化、集约化、工厂化生产成为可能。辣椒的常规育苗技术步骤包含苗床建造、营养土的配制、营养钵或营养土块制作、种子处理、播种、苗床管理等。以下主要介绍穴盘基质育苗技术。

穴盘基质育苗技术是工厂化育苗的核心技术,具有基质材料来源广泛、易防病、节肥、成苗率高等优点,目前已在设施蔬菜产区得到广泛应用。

(1)穴盘选择。

选用规格化穴盘,制盘材料有聚苯乙烯或聚氨酯泡沫塑料模塑和黑色聚氯乙烯吸塑 2 种。穴盘规格为长 54.4 cm,宽 27.9 cm,高 3.5~5.5 cm。孔穴数有 50 孔、72 孔、98 孔、128 孔、200 孔、288 孔等规格。根据穴盘自身重量可分为 130 g 轻型穴盘、170 g 普通穴盘和 200 g 以上重型穴盘 3 种。不同蔬菜类型选择不同穴盘,辣椒育苗一般选择 72 孔普通穴盘即可(图 3-2-20)。

图 3-2-20 72 孔穴盘

(2)基质配方选择。

农户自育苗因需苗量不大,可直接购买成品基质,成品基质养分全面,育苗过程中一般无须补肥。工厂化育苗基质需求量大,为节省成本,一般自行配制混合基质。基质成分主要包括有机基质和无机基质两类,市场成品育苗基质如图 3-2-21 所示。常见有机基质材料有草炭(泥炭)、锯末、木屑、炭化稻壳、秸秆发酵物等,生产上以草炭较为常用,效果最好。无机基质主要有珍珠岩、蛭石、棉岩、炉渣等,其中珍珠岩和蛭石应用较多。

图 3-2-21 市场成品育苗基质

常用混合基质配方如下:①草炭:珍珠岩:秸秆发酵物=1:1:1 或 1:2:1;②草炭:蛭石:珍珠岩=6:(1~2):(2~3);③草炭:炭化稻壳:蛭石=6:3:1;④草炭:蛭石:炉渣=3:3:4。选好基质材料后,按照配比进行混合。混合过程中每立方米混合基质掺入 1 kg 三元复合肥或磷酸二铵、硝酸铵和硫酸钾各 0.5 kg,可有效预防辣椒苗期脱肥。同时每立方米混合基质拌入 50%的多菌灵可湿性粉剂 200 g 进行消毒。

(3)装盘。

基质装盘以搅拌湿润基质为佳,此法幼苗出土整齐一致,不易"戴帽"。搅拌湿润基质方法如下:先将基质盛于敞口容器中,加水搅拌至湿润(抓一把基质轻握不滴水为宜)。然后将湿基质装盘,抹平(图 3-2-22)。

图 3-2-22　装盘

(4)播种。

播种前先用手指或压穴器戳播种窝,每穴播种 1 粒,播深为种子长度的 1~1.5 倍(约 1 cm),播后在播种窝上覆盖干基质,然后用手掌轻压抹平(图 3-2-23)。冬春茬 5~6 d、夏秋茬 2~3 d 即可出苗。

图 3-2-23　播种

(5)苗期管理技术要点。

①冬春茬育苗:冬春茬穴盘基质育苗的关键因素是温度和光照,因此应在穴盘上方加盖小拱棚进行二次覆盖。同时,可采用每平方米功率为 110 W 的防水远红外电热膜铺于地下 2 cm 左右,然后将穴盘置于其上,通过温控仪调控小拱棚内白天温度为 25~30 ℃,夜间温度为 15~18 ℃,效果良好。并应注意浇水的水温把控在 20~25 ℃,不可用冷自来水直接浇灌,以免冷水激苗,浇水宜在早晚进行。

②高温季节育苗:高温季节水分蒸散量大,光照强烈,因此育苗管理上应坚持小水勤浇的原则,保持上层基质湿润。同时,每穴盘浇完水后应回浇穴盘边缘苗,以防边缘苗缺水形成小弱苗。出苗后控制浇水,防苗徒长。后期幼苗需水量大增,喷壶洒水似毛毛雨不能满足需要,可在穴盘四周做简易畦埂,以水漫灌穴盘底部为宜。中午阳光过于强烈时,可在棚膜上方外覆遮阳网降温,有条件的可安装风机和湿帘辅助降温。

麦套小辣椒育苗技术

1.育苗时间

麦套小辣椒育苗时间为 2 月 6—10 日。

2.种子处理

播种前将小辣椒种子在太阳光下暴晒 2～3 d,接着用清水浸种 4～5 h,再用 300 倍的福尔马林水溶液浸种 15 min 进行消毒,彻底洗净种子表面的药液后,再用 30～40 ℃的温水将暴晒后的小辣椒种子浸 12～24 h 后,放入 30 ℃左右的温水中浸泡 12 h 左右,种子吸足水分后即可进行催芽。最后,把浸过水的种子放置在温度 20～30 ℃、相对湿度在 95％左右的环境中进行催芽。

3.苗床准备

(1)苗床选址。

苗床以东西向为好,宜选在背风向阳处。

(2)苗床建造。

苗床宜宽 1.0～1.3 m,长 15～17 m。小辣椒苗的密度以 3.3 cm² 栽种 1 棵比较适宜,小辣椒每亩种植 1.2 万～1.4 万株,每亩育苗面积为 19.5 m² 左右。苗床营养土一般用"洁净"的田园土和经过充分腐熟发酵的有机肥,按土∶肥＝6∶4 的比例进行配制,以种过葱蒜类作物的园土较好。

4.播种量

每亩备种子 150 g。播种前一定要将苗床浇透水,明水达到 5 cm 深,等水下渗后,先向苗床撒施一薄层细潮土,再进行播种,盖土后再在床面覆一层地膜。

5.苗床管理

(1)温度管理。

小辣椒的早春育苗,前期主要工作是保温防寒,后期工作则是注意适时防风。

(2)水肥管理。

一般小辣椒苗发育的前期苗床不用补水。早期气温低时,可以在中午用喷壶向苗床内喷一些温水。后期气温和地温升高后,可以喷凉水,用水量以浸润床土 1.5～2 cm 深为宜,每次补水不可过大,当苗床有裂缝时可以用细潮土撒缝隙防止跑墒。

(3)光照。

每天日出气温升高时,及时揭掉苗床上的草苫,下午在床温没明显降低时尽量晚盖草苫,延长光照时间。在阴天多雨时,苗床温不低于 16 ℃时,也要揭开草苫,或采取一半揭一半继续盖的方法,使幼苗更多地接受太阳散射光中的红黄光。

(4)通风管理。

晴天的 10:00 后揭苫,确保不需人为降低床温。苗床放风一般在晴天的 13:00—15:00 进行,先在东西向苗床的南侧撑起 2～3 个放风口,随着气温的回升逐渐加大放风口,延长放风时间。

(5)间苗。

辣椒苗长出 3～4 旗叶时,适当间苗,确保小辣椒苗所需营养面积,使苗匀苗壮。在小辣椒苗的生长中后期,平均每 5 d 生长出 1 真叶时,再间苗 2～3 次,最后定苗。撒播育苗苗距 3～5 cm,营养钵育苗每坨 2 株。

(6)小辣椒苗期病害的防治。

小辣椒育苗栽培苗期的主要病害有猝倒病、立枯病、炭疽病,主要害虫有地老虎、金针虫、蛴螬、蚜虫等。防治病害可用 50％多菌灵、百菌清,播种前喷施苗床、出苗后喷施幼苗防病;防治金针虫可用 1605 粉剂,也可以用 2500 倍液的敌杀死或 6000 倍液的速灭杀丁防治。

(7)蹲苗。

蹲苗又叫炼苗,即在小辣椒苗栽植前适当控制苗床湿度,加强通风,适当降低苗床温度,使小辣椒苗很快适应大田环境。蹲苗在定植前7～10 d进行。在起苗移植前,要先在苗床内浇透水,以少伤根、带土移栽最好,从而提高小辣椒苗的移植成活率。

◇　典型任务训练

当地主栽辣椒品种市场调查

1.训练目的

了解当地区(县)辣椒主栽品种及主销品种市场情况,同时培养调查研究能力、交流沟通能力和归纳整理能力。

2.材料与用具

调查问卷、记录本、铅笔、相机等。

3.实训内容

到当地种子站、种子批发市场、农贸市场、种子零售门店等,通过问卷调查或访谈方式,了解当地区(县)辣椒主栽品种及主销品种市场情况。

任务三　辣椒栽培管理技术

◇　学习目标

> 1.了解辣椒对环境的要求。
> 2.了解辣椒露地栽培技术。
> 3.了解辣椒的主要病虫害及防治技术。

◇　自主学习任务引导

> 1.扫描右侧二维码,观看微课视频。
> 2.了解辣椒产地的环境。
> 3.查阅资料,了解辣椒露地栽培的技术要求。
> 4.了解辣椒的主要病虫害。

◇　学习内容

一、辣椒对环境的要求

(一)温度

辣椒属于喜温作物,生长发育阶段不同,对温度的要求不同。种子发芽的适宜温度为25～30 ℃,温度超过35 ℃或低于10 ℃时发芽不良或不能发芽。生长发育的适宜温度为20～30 ℃,当温度低于15 ℃时,生长发育受阻;持续低于 12 ℃时可能受寒害,低于 5 ℃则植株易遭寒害而死亡。昼夜温差宜为 6～10 ℃,以白天 26～27 ℃、夜间 16～20 ℃为佳。苗期保持白天温度为 30 ℃,可加速出苗和幼苗生长;夜间宜保持在 15～20 ℃之间,以防苗期徒长。当环境温度低于 15 ℃时,花芽分化受到抑制;20 ℃时开始花芽分化,该过程需要 10～15 d。辣椒授粉结实以 20～25 ℃的温度较适宜。果实发育和转色要求温度在 25 ℃以上。

(二)水分

辣椒的需水量不大,但由于根系不发达、吸水力弱,因而既不耐旱,也不耐涝。辣椒的不同品种及不同生长发育阶段对水分的需求不尽相同,一般小果型品种比大果型品种耐旱。种子吸水充足后才能正常发芽,所以一般催芽前种子需浸种 6～8 h,过长或过短都不利于种子萌发。幼苗需水较少,如果苗期土壤过湿,通气性差,则会造成植株根系发育不良,生长纤弱,抗逆性差,易感病。定植后辣椒的生长量加大,需水量增多,要适当浇水以满足植株生长发育的需要,但仍然要控制水分,以利于地下根系生长,同时抑制植株徒长。初花期植株需水量增加,须增大供水量,满足开花、分枝的需要。此期土壤干旱、水分不足,极易引起落花。果实膨大期植株生长量大,应给予充足的水分,若供水不足,则果实膨大速度缓慢,果表皱缩、弯曲,色泽暗淡,易形成畸形果,降低种子的千粒重而影响产量和种子质量。但水分过多也易导致落花、落果、烂果(图 3-2-24)、死苗(棵)。

图 3-2-24　辣椒烂果

空气湿度对辣椒生长发育也有影响,空气湿度为 60%～80% 时植株生长良好,坐果率高。湿度过高则授粉不良,易引发落花和病害。另外,土壤水分多,空气湿度高,气温较低时易发生沤根,叶片、花蕾、果实黄化脱落;若遭水淹没数小时或田间积水,可导致植株成片死亡。

(三)光照

辣椒要求中等强度光照,较耐弱光,其光饱和点为 30000～40000 lx,光补偿点为 1500 lx。幼苗生长期,良好的光照是培育壮苗的必要条件。成株期光照充足是促进辣椒枝繁叶茂、茎秆粗壮、叶面积大、叶片厚、开花结果多、果实发育良好、产量高的重要条件。辣椒不耐强光,夏季光照过强不利于辣椒生长,尤其在高温、干旱、强光条件下易发生病毒病和日灼病。因此,辣椒生产应适当密植,在保护地内栽培效果更好。夏季露地栽培时应适度遮阴(遮光 30%)或与高秆作物间作有利于获得高产。

(四)土壤

辣椒栽培以肥沃、富含有机质、保水保肥力强、排水良好、土层深厚的沙壤土为宜,适宜 pH 值为 6.2～7.2。因根系发育差,辣椒在盐碱地栽培时易感染病毒。一般沙性土壤栽培辣椒容易发苗,前期幼苗生长较快,坐果好,但后期植株易脱肥早衰,果实小,产量低。黏性土壤则不利于根系发育,前期发苗较慢,但后期保水保肥性好,植株生长旺盛不易早衰。

（五）养分

辣椒生育期间需要充足的氮、磷、钾等大量元素及钙、镁、铁等多种微量元素。在整个生育阶段，辣椒对氮的需求量最多，占 60％；钾次之，占 25％；磷占 15％。幼苗期需肥量不大，但要求养分供应全面，一般以施入充分腐熟的有机肥为主，同时配施磷、钾肥以促进幼苗花芽分化。初花期植株开始发育，应追施适量氮、磷肥，肥量不宜过大，以免植株徒长、开花延迟或落花落果。结果收获期植株对氮、磷、钾肥需求量大，应加强肥水管理，适当增加钾肥供应可促进辣椒茎秆健壮和果实膨大。辣椒的辣味受氮、磷、钾元素含量比例的影响，多施氮肥，磷、钾肥较少时，辣味低；氮肥较少，磷、钾肥多时辣味浓。

辣椒为连续坐果、多次采收的蔬菜，产量高、需肥量大，故采收期内一般每次采收前 2 d 左右应追肥 1 次。越夏栽培则应氮、磷、钾平衡施肥，有利于植株发育，提高其抗病性和抗逆性。

二、辣椒露地的栽培技术

辣椒喜温，不耐霜冻，露地栽培一般多于冬、春季播种育苗，终霜后定植，晚夏拉秧，在夏季温度不太高的地区也可越夏栽培直至深秋拉秧。

（一）整地、施肥

1. 整地

辣椒栽培应选择地势较高、土层深厚、排灌良好、土质疏松肥沃的沙质壤土。切忌与茄科作物连作，应选择 2～3 年未种过茄科蔬菜的地块，最好实行水旱轮作。种植辣椒的地块宜冬季深耕，耕后任其日晒，以改良土壤结构，消灭病虫源，减轻病虫危害。

2. 施肥

定植前结合整地作畦（图 3-2-25），施入基肥。基肥以农家肥为主，可用厩肥、人粪尿、畜禽粪便等堆沤肥。每亩可施用农家肥 5000 kg、尿素 30～50 kg、过磷酸钙 50 kg、硫酸钾 15 kg 或 45％复合肥 30～40 kg，整地前撒施 60％，定植时集中沟施 40％。

图 3-2-25　整地作畦

辣椒可采用高畦栽培、垄作栽培和平畦栽培。高畦栽培也称宽窄行栽培，畦总宽约 1.0 m，畦面宽 60～70 cm，沟宽 30 cm，畦高 15～20 cm。垄作栽培，垄距 80 cm，垄高不超过 15 cm，垄面宽 50 cm，沟宽 30 cm，呈中间高、两边低的脊背形。整地作畦要在土壤比较干爽时进行，切忌湿土整地，以免土壤板结成块。酸性土壤可结合整地每亩施用石灰 100 kg。辣椒不耐涝，南方多雨地区一般采用高畦栽培，开好沟后，在畦中间开浅沟，施入基肥，然后再定植；北方则多采用垄作栽培。

（二）定植

辣椒高畦栽培（宽窄行栽培），一般每畦定植 2 行，行距 40～50 cm、株距 30～45 cm。同时，应根据当地种植习惯，采用一穴单株或双株种植（图 3-2-26）。平畦栽培可按行距 40 cm、株距 35 cm 定植。不同品种的种植密度有所不同，一般每亩种植 4000～6000 株，早、中熟品种因其株型紧凑，株幅小，定植密度可适当加大,晚熟品种,株幅大,定植密度应适当减小。一般干辣椒类型比长椒型种植密度大,长椒型比甜椒型种植密度大。土壤10 cm、地温稳定在15 ℃左右时即可定植。辣椒露地栽培应在确保不受冻害的前提下适当抢早定植。定植宜在晴天、无风的下午进行,切忌雨天定植。

图 3-2-26　辣椒定植

移植过程中起苗要尽量少伤根,多带土,轻拿轻放(图3-2-27)。栽植深度同幼苗原入土深度一致。用营养杯育苗移植时可将其倒转,杯底朝上,轻轻拍打杯底,苗坨会自然脱落。也可用U形铁丝将苗挖出。用育苗盘育苗移植时可用手捏紧幼苗茎基部,即可带出苗坨。定植时大小苗分开定植,以利于管理。用小锄头挖开或用手挖开定植穴,将苗坨放于穴中,用土封严。定植后立即浇定植水,水量要充足,使土壤充分湿润。夏、秋季定植后一个星期内,中午最好用遮阳网或稻草等其他覆盖物遮挡部分阳光,防止晒伤秧苗,并可减少病毒病的发生,以利于尽快缓苗。

图 3-2-27　辣椒苗移植

(三)田间管理

1. 查苗、补苗

辣椒定植缓苗后,应及时查苗,发现缺苗的,应及时在晴天下午进行补苗。

2. 肥水管理

(1)水分管理。

辣椒定植后应根据苗情和土壤墒情合理控制水分,保持土壤湿润。生产实践中,可根据天气情况灵活掌握浇水次数和浇水量。天气晴朗、温度高、蒸发量大时增加浇水次数和浇水量。低温季节、连阴天天气，如果土壤湿润，可少浇水或不浇水，以保证地温不下降，直到表土见干时再浇水。辣椒根系生长要求通透性好。因此，在多雨季节要做好田间排水、防涝工作。

辣椒一般需浇 5 次水：①浇定植水；②定植 7～10 d 后浇缓苗水；③蹲苗结束后及时浇水，增加空气湿度提高坐果率；④第一层果长至 2～3 cm 时浇膨果水；⑤剪枝后浇水。其他时期的水分控制可根据实际墒情和苗情确定。

（2）土壤追肥。

辣椒生育期很长，为了保证其生育期内有充足的养分供应，除了施足基肥外，还要根据辣椒的生长情况进行合理追肥。一般早熟品种开花结果早，营养生长较弱不利于高产，应加强早期追肥、增施氮肥，促使植株苗期适度旺长，有利于提高产量。晚熟品种营养生长旺盛、生殖生长迟缓，应控制早期追肥，减少氮肥施用量，增施磷、钾肥，防止徒长，促早开花结果。

追肥应氮、磷、钾肥配合施用，分期进行。追肥的原则：轻施苗肥，稳施花蕾肥，重施花果肥，早施返秧肥。施肥可结合淋水进行。一般在施完肥后立即喷淋水，不但可以冲洗干净叶片，以免烧叶，还可淋湿土壤，有利于根系吸收养分。

（3）根外追肥。

辣椒植株生长前期根系较弱，后期植株趋向衰老、根系吸收能力下降，土壤中缺乏微量元素时可及时进行根外追肥。

3. 中耕、培土和整枝

（1）中耕、蹲苗。

一般在辣椒定植后 10 d 进行第一次中耕。中耕前 2～3 d 应停止浇水，并开始蹲苗。中耕应在土壤比较干燥时进行，靠近根系处宜浅，尽量少伤根，距离植株远处可稍深（图 3-2-28）。

图 3-2-28 中耕

蹲苗能通过合理控制土壤水分，促进根系向纵深发展，使植株形成强大的根系，有利于辣椒开花结果。蹲苗时间的长短可根据辣椒品种和当地的气候条件而定，一般为 7～10 d。早熟品种蹲苗要轻，蹲苗时间要短；晚熟品种蹲苗可稍重一些，时间可长一些。空气相对湿度较高时，蹲苗时间可长一些；反之，蹲苗时间宜短。一般在门椒长至 2～3 cm 时结束蹲苗。蹲苗结束后要及时追施促花肥水，促进开花坐果。

（2）培土。

在辣椒保护地或露地栽培时，如果植株长势较旺，植株高大，部分品种易发生倒伏，需及时进行培土。一般在植株封行前进行最后一次中耕，并进行培土，以加厚根际土层，降低根系周围的地温，防止植株倒伏，并可提高行间通风透光性，降低湿度，减少病虫害的发生。结合培土可追施肥水 1 次，视地力每亩随水冲施复合肥 15～20 kg。

（3）整枝和引枝。

第一个果坐果后及时摘除分杈以下的侧枝，并打掉植株下部（门椒以下）的枯、黄、老叶，以利于通风透光和果实发育。常规辣椒栽培无须整枝打杈，但侧枝结果率低不利于增产。当前辣椒栽培多采用四干或双干整枝。同时对主枝上的侧枝在第一节时摘心，有助于增加主枝坐果率。

实行整枝栽培时植株的直立性差，需对主枝进行扶持或牵引。比较常用的方法是架设单篱壁架，每2个单篱壁架用木棍或细绳连接起来；也可采用吊蔓方法，做法是先在栽培行的上方拉南北向3道铁丝，用尼龙线（撕裂膜）吊引枝条，牵引宜斜向呈45°（图3-2-29）。

图 3-2-29　辣椒引枝

（4）植株更新与周年栽培。

辣椒的枝干在短截以后，其下部叶腋里的隐芽还可萌发并进一步结果。利用辣椒这一特性，华北、华东等地区露地春茬、保护地冬春茬或早春茬辣椒可在8月上旬前后进行截干，更新后的植株在秋季还可以继续结果，保护地栽培则可转入秋延迟或秋冬茬生产。

（5）辣椒剪枝。

露地栽培辣椒进入高温季节后，植株的4个大枝分生出8个侧枝，枝繁叶茂影响通风透光，不仅导致果小，而且易掉果、烂果，还会诱发各种病害。如果及时剪掉8个侧枝，可使肥力集中于4个大枝，使辣椒多结果、结大果。剪枝一般在7月下旬至8月中上旬进行。此时第一茬辣椒果实已采摘完，植株在昼夜温差不大的情况下处于歇秧阶段，剪枝增产效果最好。

三、辣椒的病虫害防治

（一）辣椒侵染性病害及防治

1. 炭疽病

（1）危害症状。

全生育期均可发病。主要为害果实、叶片和茎秆。发病初期叶片上出现水浸状褪绿斑，逐渐变成褐色病斑，中央呈灰白色，长有轮纹状黑色小点，边缘呈褐色，病叶易脱落。生长后期为害果实，成熟果受害较重。初期呈水渍状病斑，后扩大成长圆形或不规则形病斑，病部凹陷，有稍隆起的同心轮纹，病斑边缘呈红褐色，中央呈灰色或灰褐色，同心轮纹上着生黑色小点。湿度大时，病斑产生粉红色黏稠物，干燥时病斑常干缩开裂。茎及果梗受害，病斑呈褐色凹陷，呈不规则形，表皮易破裂（图3-2-30）。

（2）防治措施。

①棚室辣椒提倡高垄覆膜、膜下暗灌或滴灌的栽培模式，以避免田间积水。应及时清除病果或病残体，收获后进行环境灭菌。

②发病初期可采用以下药剂防治：80%代森锰锌可湿性粉剂800倍液、25%溴菌腈可湿性粉剂800倍液、25%嘧菌酯悬浮剂1000~1500倍液、50%异菌脲悬浮剂1500倍液、40%多硫悬浮剂400倍液等，兑水喷雾，每7~10 d防治1次。

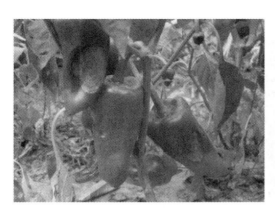

图 3-2-30　炭疽病症状

2. 疫病

（1）危害症状。

辣椒疫病属于毁灭性病害,苗期和成株期均可发病,可为害根、茎、叶和果实(图 3-2-31)。苗期染病,幼苗茎基部呈现暗绿色水渍状或褐色软腐,后枯萎死亡,湿度大时病部产生少量白色霉状物。叶片染病,多从叶缘开始侵染,病斑呈圆形或近圆形,初期呈水渍状,边缘呈浅绿色,中间呈暗褐色,迅速扩展后病叶腐烂、枯死。茎部染病,病斑初为水浸状,后环绕表皮扩展成褐色或黑褐色条斑,病部以上枝叶迅速枯萎。果实染病多始于蒂部,初生暗绿色水浸状病斑,病斑迅速扩大变褐色软腐,有时出现同心褐色轮纹,湿度大时病部表面长出白色霉层。发病重时辣椒整株枯死,并以病株为中心,向四周蔓延。

图 3-2-31　疫病

（2）防治措施。

①重病地块实行 3 年以上轮作,收获后及时清除田间病残体。

②每亩可选用硫酸铜 3～5 kg、70％噁霉灵可湿性粉剂 1～2 kg 或 72％霜脲·锰锌可湿性粉剂拌适量药土处理土壤。发病初期可用 57％烯酰吗啉·丙森锌水分散粒剂 2000～3000 倍液、72％霜脲·锰锌可湿性粉剂 600～800 倍液、76％霜·代·乙磷铝可湿性粉剂 800～1000 倍液等进行防治。

3. 灰霉病

（1）危害症状。

幼苗及成株期都可染病,可危害幼苗、叶片、茎、花、果实等。发病时幼苗子叶变黄,病部渐呈灰白色水渍状,而后扩展至幼茎,病部缢缩,并产生灰色霉状物,易折断,致使幼苗枯死。叶片染病多从叶片边缘侵染,病部呈暗绿色至黄褐色坏死腐烂,并长出灰色霉状物,叶片腐烂或干枯。茎染病时出现水浸状不规则状斑或条斑,逐渐变为灰褐色或褐色,湿度大时病部生有灰色霉状物,病斑绕茎一周,其上端枝叶萎蔫枯死。

花或果实染病,病部呈水浸状,呈褐色,有时病部密生灰色霉层(图3-2-32)。

图3-2-32 灰霉病症状

(2)防治措施。

①棚室应适时通风换气,降低湿度。及时进行整枝、打杈、打老叶等植株调整,摘(清)除病果、病叶或病残体。氮磷钾平衡施肥促植株健壮。

②棚室辣椒拉秧后或定植前,每亩采用30%百菌清烟剂0.5 kg、20%腐霉利烟剂1 kg或20%噻菌灵烟剂1 kg熏闷棚12～24 h灭菌。或采用40%嘧霉胺悬浮剂600倍液、50%敌菌灵可湿性粉剂400倍液、45%噻菌灵可湿性粉剂800倍液等进行地表和环境灭菌。

4.猝倒病

(1)危害症状。

主要为害幼苗。辣椒播种以后,由于病菌的侵染,常造成胚轴和子叶变褐腐烂,致使种子不能萌发。幼苗出土后,真叶尚未展开前,幼茎基部受病菌侵染,呈水渍状、浅黄褐色,无明显边缘,后病部缢缩,病苗倒折坏死(图3-2-33)。

图3-2-33 猝倒病症状

(2)防治措施。

①加强苗期温度、湿度管理,及时放风降湿,防止出现10 ℃以下低温高湿环境。

②每平方米床土用50%福美双可湿性粉剂、25%甲霜灵可湿性粉剂、40%五氯硝基苯粉剂或50%多菌灵可湿性粉剂8～10 g拌入10～15 kg细土中配成药土,播种前撒施于苗床营养土中。出苗前应保持床土湿润,以防药害。

③发现病株应及时拔除。发病初期用72.2%霜霉威盐酸盐水剂800～1000倍液、15%噁霉灵水剂1000倍液、84.51%霜霉威·乙磷酸盐水剂800～1000倍液、687.5 g/L氟哌菌胺·霜霉威悬浮剂800～1200倍

液等,兑水喷淋苗床,视病情每 7～10 d 防治 1 次。

5. 疮痂病

疮痂病又称细菌性斑点病,可为害叶片、茎蔓、果实及果柄等。

(1)危害症状。

幼苗发病,子叶产生银白色小斑点,渐呈水渍状,后发展成为暗色凹陷斑。叶片染病,初现许多圆形或不整齐水浸状斑点,呈黑绿色至黄褐色,有时出现轮纹,病部隆起,呈疮痂状,病斑大小 0.5～15 mm,多个病斑可融合成较大斑点,引发落叶。茎蔓染病,病斑呈不规则条斑或斑块,后木栓化或纵裂为疮痂状。果实染病,出现圆形或长圆形病斑,稍隆起,呈墨绿色,逐渐木栓化(图 3-2-34)。

图 3-2-34　疮痂病症状

(2)防治措施。

①选用抗病品种,实行 2～3 年轮作。雨后及时排水,加强中耕除草,棚室栽培注意通风降湿。

②先把种子用清水浸泡 10～12 h 后,再用 0.1% 硫酸铜溶液浸 5 min,捞出后拌少量草木灰或消石灰,使土壤呈中性再行播种,也可用 52 ℃ 温水浸种 30 min 后移入冷水中冷却再催芽。

③发病初期和雨后可采用以下药剂防治:20% 噻菌铜悬浮剂 1000～1500 倍液、3% 中生菌素可湿性粉剂 600～800 倍液、47% 春雷·氧氯化铜可湿性粉剂 700 倍液、50% 氯溴异氰尿酸可溶性粉剂 1500～2000 倍液等,兑水喷雾,每 7～10 d 喷 1 次,连续防治 2～3 次。

6. 辣椒病毒病

(1)危害症状。

常见有花叶、黄化、坏死、畸形 4 种症状,由种子带毒或由昆虫(蚜虫等)传毒,有褐斑,但不腐烂,也无异味(图 3-2-35)。

图 3-3-35　花叶病毒病症状

（2）防治措施。

①选择抗病品种。施足基肥，勤浇水。露地栽培可与高粱、玉米等高秆作物间作或田间铺设银灰色地膜，可减轻病毒病发生。田间发现病株及时拔除。

②用10％磷酸三钠溶液浸种20～30 min或0.1％高锰酸钾溶液浸种30 min后洗净催芽。在分苗、定植前或花期分别于叶面喷施0.1％～0.2％硫酸锌溶液。

③药剂防治。

蚜虫、白粉虱是病毒传播的主要媒介，可用240 g/L螺虫乙酯悬浮剂4000～5000倍液、10％吡虫啉可湿性粉剂1000倍液等进行喷雾防治。使用病毒钝化剂、增抗剂。钝化剂：把豆浆、奶粉等高蛋白物质稀释成100倍液，每10 d喷施1次，连喷3次，可减少病毒病的发生。增抗剂：可用83增抗剂稀释成100倍液，在定植前15 d和定植前2 d各喷施1次，定植半月后再喷施1次，可减轻病毒侵染，具有抗病增产效果。

（二）辣椒生理性病害及防治

1.脐腐病

（1）危害症状。

脐腐病又称辣椒蒂腐病、顶腐病。发病初期，果实顶端出现暗绿色水渍状斑点。以后病斑迅速扩大，继而组织皱缩、凹陷。由于弱寄生菌的侵染，病部变成黑色，但仍很坚实。如果遇辣椒软腐病菌侵入，也可引起果实变软、腐烂（图3-2-36）。

图3-2-36　脐腐病症状

（2）防治措施。

①科学施肥。避免一次性过量施用铵态氮肥或钾肥，酸化土壤及时用石灰中和。

②均衡供水。土壤湿度不宜剧烈变化，结果期均匀灌水防止高温危害，严禁在中午高温干旱时浇水。露地栽培辣椒遇多雨年份平时应适当勤浇水，以防雨后水分骤增，雨后应及时排水避免田间积水。

③进入结果期后，每7 d喷1次1％过磷酸钙溶液、0.1％～0.3％氯化钙或硝酸钙溶液或绿芬威3号钙肥，连续喷2～3次，可避免发生脐腐病。

2.辣椒日灼病

（1）危害症状。

幼果和成熟果均可受害，果实受强烈阳光直射后向阳果面出现灰白色或微黄色圆形小斑，略微皱褶，病部果肉逐渐失水变薄，近革质，呈半透明状，组织坏死致发硬绷紧，易破裂（图3-2-37）。后期病部为病菌或腐生菌类感染，长出黑色、灰色、粉红色或杂色霉层，病果易腐烂。

（2）防治措施。

①合理密植和间作。

②合理灌水。结果盛期以后，应小水勤灌，宜上午浇水，避免下午浇水。特别是黏性土壤，应防止浇水

图 3-2-37　日灼病症状

过多而造成的缺氧性干旱。

③根外施肥。坐果后叶面喷施 0.1% 硝酸钙,每 10 d 左右喷施 1 次,连用 2～3 次。

④棚室辣椒越夏栽培时可覆盖遮阳网,减弱强光。

3. 辣椒"三落"问题

(1)危害症状。

辣椒出现落花、落叶、落果现象(图 3-2-38)。

图 3-2-38　辣椒落花

(2)防治措施。

①环境调控。早春注意提高地温和气温,保持气温 15 ℃、地温 18 ℃以上;夏季注意降温,气温不要超过 30 ℃。

②合理浇水。

③合理施肥。增施磷、钾肥,生育前期注意控水控肥,促进根系生长,后期加强肥水管理,促果实膨大。

4. 辣椒畸形果

(1)危害症状。

畸形果即变形果,如扭曲果、皱缩果、僵果等(图 3-2-39)。

(2)防治措施。

①保持适宜温度条件,保障正常授粉受精。

②保障肥水正常供应,促根发育。

③结果期叶面喷施叶面肥,及时补充营养,确保植株健壮生长。

图 3-2-39　辣椒畸形果

（三）辣椒主要虫害及防治

1. 蚜虫

（1）危害症状。

成虫及若虫栖息在叶背面和嫩梢、嫩茎上吸食汁液。辣椒幼苗嫩叶及生长点受害后，叶片卷缩。危害严重时整张叶片卷成一团，生长停滞（图 3-2-40）。

图 3-2-40　受蚜虫侵害的叶片

（2）防治措施。

①棚室通风口处加装防虫网，及时拔除杂草、残株等。

②在温室辣椒上方张挂粘虫黄板，或采用银灰色地膜覆盖驱避蚜虫。也可在棚室内放养丽蚜小蜂等天敌治蚜。

③适时进行药剂防治：棚室可采用 10％敌敌畏烟熏剂、15％吡·敌畏烟熏剂、10％灭蚜烟熏剂、10％氰戊菊酯烟熏剂等，每亩用量 0.3～0.5 kg。

2. 白粉虱

（1）危害症状。

粉虱成虫或若虫群集以锉吸式口器在辣椒叶背面吸食汁液，致使叶片褪绿变黄、萎蔫。其分泌的大量蜜露可污染叶片和果实，诱发煤污病，造成辣椒减产或商品利用价值下降（图 3-2-41）。

图 3-2-41　白粉虱

（2）防治措施。

①棚室通风口处加装防虫网，及时拔除杂草、残株等。在温室辣椒上方张挂粘虫黄板。亦可在棚室内放养丽蚜小蜂等天敌防治。

②虫害发生初期可用烟熏法防治。采用 10％吡虫啉可湿性粉剂 1500～2000 倍液、25％噻嗪酮可湿性粉剂 1000～2000 倍液、240 g/L 螺虫乙酯悬浮剂 4000～5000 倍液等，兑水喷雾，视虫情每 7 d 左右防治 1 次，连续防治 2～3 次。

3. 烟青虫

（1）危害症状。

以幼虫蛀食寄主的蕾、花、果实为主，造成落蕾、落花、落果或虫果腐烂，易诱发软腐病。如果不及时防治，蛀果率达 30％，高者可达 80％。也可为害嫩叶和嫩茎，将其食成孔洞（图 3-2-42）。

图 3-2-42　烟青虫

（2）防治措施。

①辣椒种植地块，四周以种植玉米、高粱等高秆非茄科作物为宜，尽量避免种植烤烟等作物。及时清理落花、落果，并摘除蛀果，带出田外进行深埋，以防幼虫危害其他果实。收获结束后深耕土壤，破坏土中蛹室。

②使用频振式杀虫灯或采用糖酒醋液诱杀。

③虫卵孵化高峰期，可喷施 BT 乳剂、核型多角体病毒（NPV）2 次。还可释放赤眼蜂或草蛉防控卵和幼虫。

④每百株卵量达 20～30 粒时可采用 1％甲氨基阿维菌素甲酸盐微乳剂 3000～4000 倍液、2.5％氯氟氰菊酯乳油 1500～3000 倍液、4.5％高效氯氰菊酯乳油 1500～3000 倍液、20％虫酰肼悬浮剂 1500～3000 倍液、2.5％溴氰菊酯乳油 1500～3000 倍液等,兑水喷雾,视虫情连续防治 2～3 次。

◇ **知识拓展**

病虫害综合防治技术

辣椒病虫害的有效防治是优质丰产栽培的关键。辣椒生产者正确地采取"以防为主、综合防治"的方法,积极有效地防治各种病虫害。综合防治过程中要积极采取各种科学的农业栽培措施及生物和物理的防治方法,避免和减少病虫害的发生,合理使用化学农药,降低成本并减少农药污染。

1. 农业防治

农业防治是结合栽培过程中的各项措施来避免、消灭或减轻病虫害的方法。是最经济、最有效的防治措施。科学的栽培技术可给辣椒创造最适宜的生长发育条件,使辣椒植株生长健壮,提高植株的抗病、抗虫性。同时创造不利于病虫害生长发育的环境条件,控制病虫害不发生、少发生。农业防治贯穿于辣椒栽培的全过程,各个环节要严格控制,使病虫害的影响降到最低。

(1)采种、引种和种子处理。采种应从无病的地块和无病的辣椒植株上采种,以避免种子带病菌。引进种子时要尽可能地从无病区引种,以减少种子带病菌的可能性。播种前应对种子进行消毒处理,可采用温汤浸种或药剂处理杀死种子所带的病菌。

(2)耕地和轮作。换茬时,前茬作物收获后应及时进行深耕晒垡或冻土,以利于消灭土壤中的病虫害降低病原和虫口基数。同一地块不要连续种植辣椒或其他茄果类蔬菜,最好实行与非茄果类蔬菜 3 年左右的轮作。

(3)搞好田间卫生。辣椒的许多病虫均可在病残体、根、杂草等上越冬或越夏,所以换茬时必须彻底清园,清出的残茬应深埋或烧毁。栽培过程中有的病虫害从某株开始发生,应及时拔除病株或摘除病叶,以减少病原菌再侵染。

(4)改善田间小气候。保护地栽培可采取措施降低湿度、控制温度,使温湿度条件利于辣椒生长而不利于病虫害的发生和蔓延。可通过地膜覆盖膜下滴灌、膜下浇暗水、加强通风等方式达到控制温度和湿度的目的。

(5)科学施肥。多种营养元素的肥料要平衡施用,有机肥和化肥要配合施用,避免偏施氮肥。合理地施肥有利于提高作物对病虫害的抗性。

2. 生物防治

充分利用有益的微生物和昆虫来防治辣椒病虫害,可减少污染,有益于生产者和消费者的健康。辣椒生产中可配合进行生物防治,如使用菌肥(既可增产又可防病)、硫酸链霉素、新植霉素等防治疮痂病,丽蚜小蜂防治白粉虱等。

3. 物理防治

物理防治成本低、简单易行,是一种很有效的方法。如利用黄色粘虫板诱杀蚜虫和白粉虱,银灰色地膜避蚜等。在辣椒保护地栽培过程中,可通过高温闷棚及高温消毒土壤的方法来杀死病原菌、虫卵等。种子的温汤浸种也是行之有效的物理防治方法。

4. 化学防治

化学防治病虫害效果好、速度快,是目前常用的方法之一,特别是在病虫害大量发生和蔓延时必须采用化学防治手段。

如利用药剂浸种、拌种和闷杀种子上所带的病菌和虫卵,并对床土和育苗用具消毒。幼苗定植前 2～3 d,在育苗床内对幼苗喷洒杀虫剂和杀菌剂,定植前对土壤和设施进行消毒。充分掌握病情和虫情,根据天气变化,在发病初期喷药防治等措施均效果较好。

◇ **典型任务训练**

辣椒生育时期生长情况观察

1.训练目的

了解辣椒各生长发育时期的生长发育特点及外观特征,同时培养热爱生活、热爱生命、热爱劳动的品质和吃苦耐劳、持之以恒的精神。

2.材料与用具

放大镜、镊子、解剖刀、米尺、记录本、铅笔、相机等。

3.实训内容

(1)在发芽期,到当地农场或农业产业园辣椒地里,随机找3~5株辣椒苗,观察辣椒子叶的颜色、形状等。

(2)在幼苗期,从第一片真叶显露到第一个花蕾现蕾时,到当地农场或农业产业园辣椒地里,每组取3~5株辣椒苗,观察真叶的形成情况,以及幼苗期末的株高、总叶片等,然后用解剖刀纵向解剖辣椒苗,观察幼叶的形成情况。

(3)在开花坐果期,从门花出现花蕾到坐果时,到当地农场或农业产业园辣椒地里,随机取3~5株辣椒植株,用放大镜观察辣椒花及坐果情况。

(4)在结果期,到当地农场或农业产业园辣椒地里,观察辣椒果实的生长情况、颜色、数量等。

任务四　辣椒收获与贮运

◇ **学习目标**

> 1.了解辣椒的主要收获方式。
> 2.了解辣椒袋藏法的主要步骤。
> 3.了解辣椒干制方法。

◇ **自主学习任务引导**

> 1.扫描右侧二维码,观看微课视频。
> 2.查阅资料,了解辣椒的主要收获方式。
> 3.学习辣椒的主要贮藏方法。

◇ **学习内容**

一、辣椒的收获

(一)采收方式

辣椒采收有两种方式:一是整株收获,二是田间分批收获。一般有限分枝型品种选择整株摘收,无限分枝型品种选择分批摘收(图3-2-43)。

图 3-2-43　辣椒采收

1. 整株收获

（1）整株收获的时间。

当整株椒果全部成熟、椒果籽粒饱满时，即可整株收获。在山东西南部、河南中东部地区，地膜春椒收获期为 9 月中下旬，露地春椒收获期为 9 月下旬到 10 月上旬，麦套椒收获期为 10 月上中旬。种植较晚的辣椒，收获期可以略微推迟，但是在霜冻来临之前必须收获。

（2）整株收获的方法。

一般收获有两种方法：一种是拔秧收获；一种是割秧收获。拔秧收获是把椒苗连根拔起，割秧收获是用镰刀把椒苗割下，或使用收割机收割（图 3-2-44）。割秧时尽可能留低茬。收获前 7～10 d 可以喷施 40% 乙烯利 600～1000 倍液，可以促进辣椒成熟。

图 3-2-44　收割机收割

（3）整株晾晒。

整株收获的辣椒，晾晒分整株晾晒和成品晾晒两个阶段。整株晾晒是割秧完成后成颗晾晒，可以根部朝下几株互相支撑立起晾晒，也可以根部朝内，头部朝外堆叠码放晾晒。整株晾晒是把椒果含水量由收获时的 50%～70% 降低到 18%～20%，在晾晒过程中要防止发霉变质、褪色或破碎。

在正常气候条件下，20～30 d 即可达到产品收获的含水量要求。当晾晒的椒果 85% 以上达到"手摇籽响"时，即应及时进行摘椒。

2. 田间分批摘收

无限分枝型品种，椒果成熟时间不一致，有可能出现"下部椒果已红，上部还在开花"的情况，这类椒可以分批进行收获(图 3-2-45)。分批摘收可以减少养分消耗,增加产量,提前上市,增加收益。

图 3-2-45　分批收获

分批采收一般在 7 月开始,根据辣椒长势可以判断采收的时间,通常可以采收五茬,分为"门椒""对椒""四斗门""八面风""满天星"。

(二)注意事项

根据辣椒生长特性,辣椒在采收时应注意以下事项。

1. 分期采收

辣椒坐果很有规律,从门椒开始,到满天星,是一排一排坐果的,同一排所坐的果实,成熟期大体一致,因而在辣椒生产中应注意分期分批地进行采收。

2. 要根据用途进行采收

辣椒的用途不同,采收期也不同。一般鲜售的辣椒应在果实充分生长、辣味浓郁时采收,而贮藏干制的辣椒一般应在果实呈黑红色时采收,这时采收果实朦厚,有利产量和品质的提高,同时适当的早采对后期结果的抑制作用会明显减轻,有利后续产量的提高。在一天中采收期也是有区别的,作贮藏的果实应在中午或午后高温期采收,而鲜售的果实则应在晨露干后立即进行采收,以保持果实的新鲜度。

3. 采摘方法要正确

采摘时要尽可能地保持椒果完整,应以"掰"果为主,将果柄从植株上"掰"离,不要采用"掐"或"揪"的方法,避免造成伤口和碰烂,防止病菌侵染,导致烂果而造成损失。

二、辣椒的贮运

(一)辣椒的贮藏

辣椒原产于南美热带地区,对低温敏感,不耐低温,一般贮藏温度为 8～12 ℃,低于 6 ℃时间稍长就容易引起冷害。冷害的症状表现为水浸状软烂或呈现脱色圆形水烂斑点,进而被病菌浸染而腐烂。辣椒果实的成熟度及采收季节均对其耐贮性有重要的影响。

辣椒最常用的贮藏方法为袋藏法,其关键步骤如下。

1. 库房消毒

用甲醛、过氧乙酸、漂白粉等熏蒸、喷洒,以彻底消毒(图 3-2-46)。

2. 采收

须就近采收,选择病害少、长势旺盛的地块,要求辣椒果实饱满、质地坚实、果实完整、皮色黑亮,剔除劣果、病果。贮运采用装筐或装箱,尽量避免运输中的碰撞、挤压。

3. 浸药

在杀菌保鲜剂中浸泡 2～3 min,以除去表面病菌和为辣椒提供保护层。晾干后,入库预冷。

图 3-2-46 库房消毒

4. 预冷

要彻底、迅速。

5. 装袋

将预冷完成后的辣椒装入辣椒保鲜袋内,每 5～10 kg 一袋,扎口(图 3-2-47)。保鲜袋应选用透湿透气的 PVC 袋,防止"出汗"和气体中毒(二氧化碳),二氧化碳浓度达到 5% 时应解口放风,放风时间为 1 h 左右。

图 3-2-47 装袋

6. 冷藏

温度控制在 8 ℃左右,温差±0.5 ℃。

7. 防霉

贮藏期间要注意防霉,发现霉变现象,及时用保鲜烟雾剂熏杀。若措施得当、条件完备,辣椒可保鲜 2.5～3 个月。

另外,也可以采用室内沙贮藏、草木灰贮藏、自然降氧法等方法对辣椒进行贮藏。

(二)辣椒的干制

辣椒的干制就是利用自然条件或人工措施将鲜椒变成干椒,使椒果水分含量降低到 14% 左右,以便长途运输和长期贮存。辣椒鲜果若不能及时干制会导致染菌霉烂和变色,影响外观,降低商品品质。

1. 干制的方法

辣椒可晒干、阴干或者烘干。干制方法不同,对辣椒的外观品质和营养品质都有影响。晒干易产生"花皮"(图 3-2-48),导致椒皮颜色变淡。阴干保色效果好,不易产生"花皮"。人工烘干能显著提高商品品质和内在营养品质。烘干的保色效果跟烘干技术有很大关系,烘干时温度、时间适宜则效果较好;温度过高、时间过短易产生黑皮,温度过低、时间过长易产生花皮。

图 3-2-48 辣椒花皮

一般情况下烘干的成品率最高,阴干的次之,晒干的最低。辣椒素的含量:晒干的最高,阴干的次之,烘干的最低。烘干相比其他方式具有增重的效果,可增加商品价值。

2. 晾晒干制技术

晾晒一般可以在庭院、晒场或开阔、平坦、干燥、通风向阳的地方晾晒(图 3-2-49)。在地面上铺好垫料。垫料可以是干净的箔、席、帘、塑料棚布等。铺好垫料后把准备晾晒的椒果薄薄的摊放在垫料上,摊放椒果厚度不超过 10 cm。椒果摊开的越薄,干燥速度越快。摊放后可用木锨把椒果堆放成垄状,以加大与空气接触面积,加快晾晒速度。晾晒时不同等级、规格的椒果,干燥速度不一致,要分开晾晒,距离不要太近,以免混杂。晾晒时要经常翻动,一般每隔 1~2 h 翻动一次,每天翻动 5~8 次。晾晒的前几天要勤翻动,快晾晒好时翻动次数可以相应减少。无风天气要勤翻动,有风天气翻动次数可以少一些。

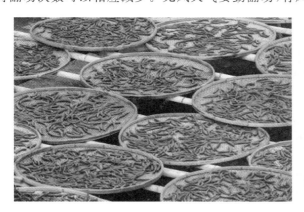

图 3-2-49 辣椒晾晒

无柄椒果的水分含量降到 13% 以下时就基本满足运输、贮存、出口的要求了。粗略的鉴定方法是:经过一阶段时间晾晒,把椒果对折一下,然后打开,在对折线上有一条明显的白印,但是对折处没有断裂,这时椒果的水分含量在 14%,精选后再晾晒 1~2 d 就可以装包贮藏了。如果对折线断裂说明水分含量降到 12%,应该立即停止晾晒,否则晒得过干的椒果容易破碎。

3. 辣椒的分级

根据辣椒干的国家标准,参考国外对干椒的等级规格要求,一般将无柄干椒分为红椒一级品、红椒二级品、二红椒、青椒一级品、等外品 5 个等级。

(1)红椒一级品:去掉不完整、异品种或自然变异产生的过大、过小、过粗、过细、长度不符合要求的;挑出颜色不够鲜红、呈浅红色的；挑出沾染泥沙等异物的；挑出带有果柄的；挑出湿椒，剩下的就是红椒一级品。

（2）红椒二级品：与一级品主要差别是色泽上的差异，二级品颜色淡于一级品。

（3）二红椒：指红色不够深的椒果，有的基本是黄色，这类椒果成熟度不足，价格较低。

（4）青椒一级品：指没有成熟的椒果，多是副侧枝或生长较晚的椒果。

（5）等外品：水分含量未达到14%以下的称为等外品。

（三）辣椒的运输

辣椒运输（图3-2-50）前应进行预冷，运输过程中要保持适当的温度和湿度。注意防冻、防雨淋、防晒、通风散热，不能与有毒、有害物质混运。

图3-2-50 辣椒运输

影响辣椒运输的主要因素如下。

（1）新活性。与其他商品不同的是，新鲜辣椒在采摘之后仍然是有生命的有机体，随着光合作用的基本停止，呼吸作用就成为辣椒采后新陈代谢的主导生理过程。此外，蒸腾、发汗也是辣椒的主要特性。辣椒含水量大都在90%左右，在贮存和运输过程中极易因为蒸腾作用造成辣椒商品的重量减轻，降低辣椒的鲜嫩品质。这种情况对辣椒而说更为严重，辣椒的外表皮较薄，其表面的蜡质层也较薄，所以，辣椒容易蒸腾失水、破损及被微生物侵染腐败、变质。辣椒在常温下难以贮存，不易保持原有的新鲜度和品质，放置后极易丧失营养和食用价值。为降低辣椒采后的营养物质消耗，维持其品质，在采摘之后需要采取低温、气调等冷链运输和贮存措施以抑制辣椒的呼吸作用和蒸腾、发汗现象，降低蒸腾量。

（2）易损性。辣椒质地鲜嫩，含水量高，在采收、装卸、运输过程中，由于振动、摩擦、碰撞等机械作用，常常使其不同程度地受到伤害，造成损失。辣椒受损后在创伤部分周围，呼吸作用很快增强，氧化还原过程活跃，形成"伤呼吸"。"伤呼吸"消耗能量，水分散失增多。同时，辣椒受伤后，腐败微生物极易从受伤部位侵入，加速腐败过程。在辣椒采摘之后除了对包装、运输和装卸过程加强管理之外，还应尽量减少搬运、装卸的次数并缩短运输距离。

（3）及时性。消费者对蔬菜的第一要求就是新鲜。新鲜的辣椒具有较高的商品价值，辣椒从原产地采摘后应该及时地运送到消费者手中，这对物流提出了更高的要求。

◇ 知识拓展

不同干燥方式对辣椒产品品质的影响

近年来，国内辣椒播种面积稳中有升，其中鲜食与干制型辣椒种植比例为6：4左右。干制是辣椒的一种重要加工手段。而不同的干燥方法对辣椒产品的品质也存在不同程度的影响。

自然晾晒烤干（图3-2-51）是人们生活中常用的方法，其工艺简单、限制条件及生产成本均较少，然而干制后的辣椒感官表现较差。鼓风干燥是加工企业常用的方法，能大规模生产加工辣椒干制品。真空干燥法是在具有一定真空度的密闭容器内加热，使物料内部的水分通过压力差或浓度差扩散到表面，而后被真空泵抽走的干燥方法。真空干燥技术也广泛应用于食品加工、药品干燥中,其优点是能最大化保持加工物中的营养成分完整性,提高经济价值。

图 3-2-51 自然晾晒烤干

实验证明,辣椒干制品在干燥的过程中,易受到不同程度的轻微损伤,而如何减少损伤和保持营养成分的关键在于提升制干工艺水平。与此同时,不同干燥方式在烤干率、外观、气味、色泽等方面存在一定的差异。从收缩率来看,真空干燥的辣椒干制品收缩率较高。真空干燥能使样品本身维持较为鲜艳的性状,最为美观,符合审美需求。自然晾晒的外观、辣味、色泽方面对比鲜椒有较大程度的差异,不能满足深加工的需求。从辣椒干制品营养成分含量来看,真空干燥法的营养损失最少,能最大限度保持新鲜辣椒的品质。真空干燥法具有干燥速度快、温度低、品质好、易控制等优点。

综合来看,不同的干燥方式对辣椒干制品品质影响较大,以真空干燥方式效果最好,真实干燥的辣椒鲜艳亮丽、椒条顺直不塌陷、品质较高,而自然晾晒的椒条品质最差、颜色暗淡、商品性较差。

◇ **典型任务训练**

辣椒收获及贮藏方式调查

1. 训练目的

对辣椒的收获及贮藏方式进行实地调查,提升对辣椒收获及贮藏技术的认识,同时培养爱农情怀,促进大产业观的树立。

2. 材料与用具

记录本、笔、相机等。

3. 实训内容

到当地的辣椒产区进行走访调查,了解辣椒的主要收获方式、贮藏方法及存在的问题。

项目三　榨菜优质原料生产技术

　　榨菜是一种草本植物,是芥菜中的一类,常见榨菜为半干态非发酵性咸菜,质地脆嫩、味道鲜美、营养丰富,具有一种特殊风味,是我国有名的特产之一,与法国酸黄瓜、德国甜酸甘蓝并称世界三大名腌菜,也是中国对外出口的三大名菜(榨菜、薇菜、竹笋)之一,其传统制作技艺被列入第二批国家级非物质文化遗产名录。

任务一　认 识 榨 菜

一、榨菜的起源

榨菜(*Brassica juncea* var. *tumida* Tsen & Lee),是被子植物门,双子叶植物纲的一科,多为草本植物,属于芥菜类,是芥菜的变种,芥菜常用于腌制咸酸菜,茎瘤芥俗称"青菜头"(图 3-3-1),其肉质茎髓是榨菜原料作物,属于十字花科、芸薹属。

图 3-3-1　茎瘤芥(青菜头)

(一)榨菜的历史

榨菜起源于重庆涪陵。据原涪陵州志《涪州志》记载,榨菜起源于涪陵城西邱寿安家。邱寿安,清光绪年间涪州城西洗墨溪下邱家院人,家中兼营多种腌菜业务。涪州一带所产的青菜头肉白且厚,质地脆嫩,煮炒均可,常用于鲜食或制作泡菜,是当地广为种植的冬季蔬菜。

清光绪二十四年(1898 年),下邱家院一带风调雨顺,青菜头大丰收,家家户户"菜满为患"。邱寿安家中雇有工人邓炳成负责干腌菜的采办和运输,邓炳成踏实能干,对腌菜工艺十分熟悉。他见青菜头吃不完又卖不掉,觉得太可惜,于是别出心裁,参照腌制"大头菜"的方法,尝试将青菜头制成腌菜,以便长期保存,他的腌制方法不同于传统的泡菜做法,而是将青菜头风干脱水后加盐腌制,为此还研发了专门的木制工具,用这种工具榨压腌制过的青菜头,以除去部分卤水(盐水),最后拌上香料,装入陶坛密封存放(图3-3-2)。

图 3-3-2 装坛的榨菜

邱寿安品尝这种新腌菜后觉得口味上佳,便送了一坛给在湖北宜昌开"荣生昌"酱园店的弟弟邱汉章。邱汉章在一次宴会上将哥哥邱寿安送予的榨菜开封,当场让客人品尝,客人们倍觉可口,认为"其风味嫩、脆、鲜、香,为其他任何咸菜所不及"。邱家兄弟是富有商业经验的商人,马上判定这个新产品今后会有广大的销售市场,必有大利可图。1899年,邱寿安专设作坊加工青菜头,扩大生产,拜邓炳成为"掌脉师",改进了风凉脱水和用木榨除盐水的加工方法,并按加工工艺过程将这种新产品命名为"榨菜"(意为"经盐腌榨制过的咸菜")。1900年,邱家制作榨菜八十坛,以"涪陵榨菜"广告于市,运往宜昌,单坛榨菜重25 kg,售价大洋33元,不到半月便销售一空。"榨菜"一词从此诞生,历经百余年传承与发展,横跨中国近现代史,终成"涪陵榨菜"之美名(图3-3-3)。

图 3-3-3 涪陵榨菜

涪陵榨菜发展至今,比较著名的品牌商标有"乌江""辣妹子""餐餐想""浩阳""紫竹""川马""天然小字辈"等。涪陵榨菜远销全国,并出口到日本、新加坡、韩国、俄罗斯、南非等20多个国家和地区。

(二)榨菜的原产地

重庆涪陵是榨菜的发源地,也是基地化、集约化、规模化、工业化、现代化的榨菜产区(图3-3-4)。涪陵榨菜选用涪陵特有的青菜头,是经独特的加工工艺制成的鲜嫩香脆的风味产品。涪陵地区介于东经106°56′～107°43′,北纬29°21′～30°01′之间。当地地形以低山浅丘为主,属于亚热带季风气候,四季分明,气候温和,年降水量约为1072 mm。独特的自然环境特别适宜青菜头种植,涪陵区青菜头种植涉及30余个乡(镇、街道)、16万农户、60万菜农,形成了区域化布局、集中成片的产业带,涪丰14、永安小叶、涪杂1号良种普及率达95%以上,是全国榨菜原料最大优质产区,种植面积是中国规模最大、最集中的优势区,稳定在70万亩左右,菜头产量达150多万吨,种植区海拔250～800 m,土壤以黄沙土为主,有"中国绿色生态青菜头之乡"的美誉(图3-3-5)。

图 3-3-4　涪陵青菜头长势好

图 3-3-5　榨菜之乡——涪陵

(三)榨菜的原材料

涪陵榨菜的主要原材料是青菜头,在涪陵满山遍野到处可见到一种奇特的绿色或紫红色叶的蔬菜植物,当地人称之为"包包菜""疙瘩菜"或"青菜头"(图3-3-6)。青菜头茎部有膨大凸起的乳状组织,有的像圆球,有的像羊角,平滑光亮特别可爱。我国著名的园艺家毛宗良、农学家曾勉和李曙轩教授曾按国际惯例给"青菜头"作过拉丁文命名。毛宗良的命名是:*Brassica juncea* var. *tsatsai* Mao,其意为"芸薹属种菜变种——青菜头"。曾勉和李曙轩的命名是:*Brassica juncea* var. *tnmida* Tsen & Lee。直到20世纪80年代中期,经农业科学工作者的科研分析,在系统地对芥菜进行科学分类的基础上,正式确定"青菜头"的植物学名称为"茎瘤芥"(Var. tnmida Tsen et Lee)。茎瘤芥在植物分类上定位为:双子叶植物纲,十字花科,芸薹属,芥菜种叶芥亚种,大叶芥变种的变种,它最初由野生芥菜经漫长的历史时期进化而来。

图 3-3-6　榨菜原材料——青菜头

二、榨菜的分布

中国是世界上唯一生产榨菜的国家。全国有15个省市栽培茎瘤芥,主要分布在长江流域的浙江、四川、湖南、湖北、安徽、江苏、江西等地,以四川、浙江两地种植、加工规模最大(图3-3-7)。

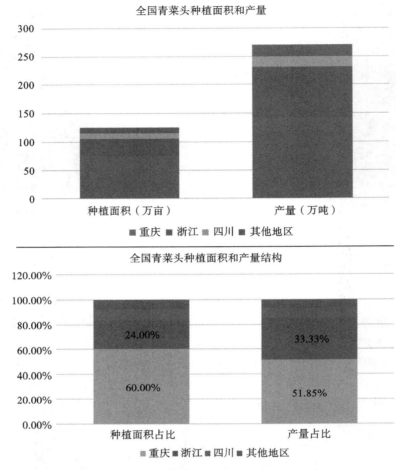

图 3-3-7　全国青菜头种植面积、产量和产量结构图

三、涪陵榨菜的发展历程

1915年,涪陵"大地"牌榨菜获巴拿马万国商品博览会金奖。

1931年,涪陵的榨菜加工厂(户)已达100余家。

1940年,涪陵榨菜产量首次突破20万担,其销售市场以上海、武汉为中心辐射全国。

1949年后,随着市场发展的需要和人们对榨菜的喜爱,涪陵榨菜得到了较快发展,其生产规模、销售市场日益扩大,影响与日俱增。

1953年,涪陵榨菜被国家纳入二类物资管理,成为定量供应各省、市、自治区以及军需、出口的主要商品。

1959年和1978年,在涪陵举办全国青菜头种植、榨菜加工培训班,并从涪陵抽派技术人员到全国各地指导生产,大力发展榨菜产业。

1970年,在法国举行的世界酱香菜评比会上,中国涪陵榨菜与德国酸甜甘蓝、欧洲酸黄瓜并称"世界三大名腌菜"。

1978—1997年,中国实行改革开放政策,极大地推动了涪陵榨菜产业的大变革和大发展。随着榨菜加工产销体制变革,乡、村个体加工企业迅速崛起,榨菜由统产统销向市场需要转变,涪陵榨菜也由单一的陶坛包装向多样化精致小包装转变。

1981年,"乌江"牌榨菜被评为全国酱腌菜第一名,获国家银质奖。

1988年,小包装改革获全国星火计划成果展览交易会金奖。

1991年,"乌江"牌榨菜获意大利波伦亚的国际食品博览会金奖。

1995年3月,涪陵被国家命名为"中国榨菜之乡"。

1997年,涪陵归重庆市管辖,涪陵榨菜产业抓住三峡移民迁建、中国加入世界贸易组织、西部大开发三大良机,快速健康发展。

2000年4月,"涪陵榨菜"被核准注册为地理标志商标。

2003年,涪陵被国家授予"全国果蔬十强区(市、县)"和"全国农产品深加工十强区(市、县)"。

2008年6月,"榨菜传统制作技艺""涪陵榨菜传统制作技艺"被国务院列为"国家级非物质文化遗产"保护名录。

2009年,"涪陵榨菜"商标被评为"2009中国最具市场竞争力地理商标""农产品商标60强";被亚太地区地理标志国际研讨会评为"推动农村经济发展的成功典范";被首届中国农产品区域公用品牌建设论坛组委会评为"2009中国农产品区域公用品牌价值百强"第2名,商标价值达111.84亿元。

2013年,"涪陵榨菜"被中国农产品区域公用品牌价值评估课题组评估认定其品牌价值为125.32亿元。

2014年,"涪陵榨菜"被中国农产品区域公用品牌价值评估课题组评估认定其品牌价值为132.93亿元。

2017年,"涪陵榨菜"荣获"2017年中国百强农产品区域公用品牌"称号。

2018年,涪陵榨菜加工基本实现自动化,产品质量大大提高,销售市场拓展,由国内市场向国际市场转变。

◇ **知识拓展**

榨菜的营养价值

20世纪80年代初,食品科研部门测定了榨菜的营养成分:每100g榨菜含蛋白质4.1g、脂肪0.2g、糖9g、粗纤维2.2g、无机盐10.5g、胡萝卜素0.04mg、核黄素0.09g、烟酰胺0.7g、硫胺素0.04mg、抗坏血酸0.02mg、水分74g,以及热量54kcal。榨菜的功效主要包括四个方面。一是醒脑提神。榨菜中的抗坏血酸含量较多,可以参与人体氧化还原,给大脑提供足够的氧含量,使大脑处于活跃的状态中,缓解疲惫感,很适合上班族食用;二是解毒消肿。榨菜具备一定的解毒功效,当我们出现外伤时,可以适量食用榨菜,促使伤口快速愈合,避免伤口感染,阻止细菌生成,从而达到消肿目的;三是开胃消食。榨菜味道鲜美,可刺激食欲,改善食欲不振的情况(图3-3-8);四是明目利膈、宽肠通便。榨菜中含有丰富的粗纤维,可加速肠胃蠕动,有效避免便秘,其所含的胡萝卜素,可以预防夜盲症,促进我们视力健康。

图3-3-8 开胃消食的榨菜

◇ **典型任务训练**

涪陵榨菜的发展历程调查

1.训练目的

对涪陵榨菜的发展历程进行深入调查,提升对"涪陵榨菜"品牌的认识,了解涪陵榨菜产业如何做大做强,如何带动农户、加工户、加工企业等增收增效,同时培养爱农情怀,促进大产业观的树立。

2.材料与用具

记录本、笔、录音器、相机等。

3.实训内容

到重庆市涪陵区开展"涪陵榨菜"品牌发展历程调查,思考涪陵榨菜作为优势特色产业,是如何从小产业发展成闻名中外的大产业。

任务二　榨菜优质原料的品种选择与育苗移栽

◇ 学习目标

1.了解榨菜的良种选择与壮苗培育技术。
2.了解榨菜的定植栽培技术。

◇ 自主学习任务引导

1.扫描右侧二维码,观看微课视频。
2.查阅资料,列举榨菜的优良品种。
3.描述培育榨菜壮苗的标准。

◇ 知识链接

一、榨菜的良种选择与壮苗培育技术

(一)品种选择

优良品种是青菜头丰产高效栽培的基础。榨菜加工原料品种主要选用抗病性强、产量高、品质优、商品性好的良种。推荐选用涪杂系列品种,如"涪杂 2 号"(图 3-3-9)、"永安小叶"(图 3-3-10)、"涪杂 6 号"等为主。

(二)培育壮苗

幼苗要达到株型紧凑、矮健、叶片厚实、无病虫的壮苗标准。

1.苗床选择

苗床应选用近三年来未种过十字花科蔬菜且土层深厚、土壤肥沃、质地疏松、富含有机质,地势向阳、背风、排灌方便的地块,同时尽可能远离其他十字花科蔬菜的地块作苗床地,以减少病毒病的感染概率(图 3-3-11)。

2.苗床消毒

在播种前30～40 d,结合深挖坑土进行土壤消毒,每亩用生石灰150 kg与床土混匀,或用50%多菌灵可湿性粉剂(图 3-3-12)与50%福美双可湿性粉剂(图 3-3-13)按 1∶1 比例混合喷雾,以防止苗期病虫害。

图 3-3-9 涪杂 2 号

图 3-3-10 永安小叶

图 3-3-11 榨菜苗床

图 3-3-12 多菌灵可湿性粉剂

图 3-3-13 福美双可湿性粉剂

3. 施足底肥

在播种前 10 d 左右进行。整地时,清除杂草、石块,每亩苗床施腐熟的无菌土杂肥 1000~1500 kg、较浓的腐熟人畜粪水 2500~3000 kg、过磷酸钙 15~20 kg(图 3-3-14)、草木灰 40~50 kg(图 3-3-15),或用榨菜专用肥 50 kg,与床土充分拌匀。

图 3-3-14　过磷酸钙

图 3-3-15　草木灰

4. 开沟作厢

作厢时,厢长随地形和需要而定,厢宽 1.2～1.5 m,厢与厢之间的间沟宽 18～24 cm,深 12～15 cm(图 3-3-16)。床土四周要开排水沟,避免苗床积水。要保证厢面细碎、疏松、平整,苗床肥沃、湿润。

图 3-3-16　已开好沟的苗床

5. 种子处理

采用温汤浸种法,把种子放在 55 ℃热水中浸泡 20～30 min,其间不停搅拌、自然冷却,晾干后即可在苗床撒播(图 3-3-17)。如采取穴盘基质育苗,把浸泡后种子捞出,甩干多余水分,用湿布包好,在 25～30 ℃的温度条件下催芽 2～3 d 即可出芽。催芽过程中,每天翻动,使种子受热均匀,并用清水冲洗,出芽率达 60%以上,即可播种。

6. 适时播种

海拔 500 m 以下地区主要为榨菜加工原料生产基地,应根据品种特性,确定适宜播种期。"涪杂 2 号"宜在 9 月 5—10 日播种;"永安小叶""涪杂 5 号"和"涪杂 6 号"宜在 9 月中上旬播种,10 月中下旬移栽,2 月中下旬采收(图 3-3-18);海拔 500～800 m 地区,其播期可适当提前 3～5 d,苗龄 30～35 d 后移栽。每亩定植 6500～7000 株。

特别注意的是,各榨菜品种均不宜过早播种,否则极易出现先期抽薹和蚜虫危害严重的情况,播种季节如遇连晴高温天气,应适当推迟播种期。

图 3-3-17　温汤浸种

图 3-3-18　生长中的榨菜苗

7. 稀播匀播

播种宜在阴天或晴天的傍晚进行。播前,用腐熟的人畜粪水施于厢面,让床土湿润后再播种。播种时要注意稀播和匀播,苗床密度过大将造成光照不足,植株徒长严重,植株不健壮,纤细苗、弱苗较多,田间成苗率低。每分苗床用种量 50~60 g,可满足 1 亩大田用苗,播种时将种子分厢称量,并与湿润草木灰或细沙拌匀后,多次均匀撒播在厢面上,播后用草木灰或草木灰混细泥沙覆盖(图 3-3-19)。

8. 及时匀苗

在菜苗出现第二片真叶时,即进行第一次匀苗,苗距保持 3 cm 左右;当幼苗出现第 3~4 片真叶时,即进行第二次匀苗,保持苗距 6~7.5 cm,去掉特大苗(混杂苗)、杂苗、劣苗、病苗、弱苗(图 3-3-20);第二次匀苗后,施第一次追肥,每亩用腐熟的稀薄人畜粪水 2000~2500 kg、尿素 4~5 kg;当幼苗出现第四片真叶时,施第二次追肥,每亩用腐熟的人畜粪水 2500~3000 kg、尿素 5~6 kg。苗床期如遇干旱时,应注意抗旱保苗,增加追肥次数,降低肥料浓度。

9. 精管苗床

为提高菜种发芽率和成苗率,育苗前期用遮阳网或作物稿秆覆盖苗床(图 3-3-21),以便保湿和防止暴雨冲刷,避免高温干旱"炕种";出苗后要根据天气揭盖覆盖物,特别是阴天和夜晚必须揭去覆盖物增加光照,保证苗期光照充足,防止徒长苗发生。苗期结合浇水加施清粪水保证幼苗健壮生长。从苗床开始要彻底防治蚜虫,减少病毒病感染。

图 3-3-19 榨菜撒播

图 3-3-20 及时匀苗

图 3-3-21 精管苗床

二、榨菜的定植栽培技术

（一）土壤选择

栽培地应尽可能选择土层深厚、保水保肥性能良好、富含有机质的土壤。冷沙地、保水保肥性能较差、土质过于黏重、水分含量过高的土壤不适于作为栽培地。

（二）移栽期

菜苗长到第 5～6 片真叶时，即出苗后 30～35 d，应及时移栽，力争在 10～15 d 内移栽完毕（图 3-3-22）。

图 3-3-22　菜农正在移栽榨菜

（三）种植密度

株行距 30 cm 左右，每亩 6000～7000 株，在此范围内，早播宜稀，晚播宜密；本田肥土宜稀，瘦土宜密（图 3-3-23）。

图 3-3-23　移栽后的榨菜

（四）移栽天气选择

应选择阴天或下小雨的天气，特别是在大雨后天晴时，因土壤水分充足，应抓紧时间进行移栽，尽量避免连晴高温天气条件下进行移栽，以确保较高的移栽成活率。

移栽前，用多菌灵进行一次喷雾，使幼苗带肥、带药移栽，以减少病害发生。移栽后 1～2 d，以清淡人畜粪水施"定根水"，促进幼苗成活。

涪陵青菜头的品质特点

涪陵青菜头最好的品种应属重庆市渝东南农业科学院于 2006 年、2013 年培育出的青菜头杂交种"涪杂 2 号"和"涪杂 8 号"均通过重庆市品种审定和国家非主要农作物品种登记。其品质符合《绿色食品 芥菜类蔬菜》(NY/T 1324—2015)的要求,达到了国家对同类产品相关规定。它们具有以下典型特征。一是外在感官特征。单个青菜头的质量应达 250 g 以上,青菜头呈近圆头形、扁圆球形或纺锤形,无长形和畸形,不带短缩茎、薹茎和叶柄,无病虫害、机械损伤和冻伤;表皮浅绿,肉质白而厚,质地嫩脆。二是内在品质指标。富含蛋白质、糖、维生素以及钙、磷、铁等微量元素。其中,水分≥93％,空心率≤5％。每 100 g 青菜头中,粗蛋白≥2.2 g,粗纤维≤0.6 g,粗脂肪≤0.5 g,钙≥40 mg,维生素 C≥20 mg,铁≥1.2 mg 等。

◇ 典型任务训练

培育榨菜壮苗和定植栽培实操

1. 训练目的

对榨菜壮苗培育和定植栽培进行实际操作,提升对榨菜壮苗标准和移栽标准的认识,熟悉培育榨菜壮苗和定植栽培的技术要点,同时培养爱农情怀,促进大产业观的树立。

2. 材料与用具

榨菜种子、实验地块、锄头、记录本、笔、相机等。

3. 实训内容

选好实验地块,按照技术要求整理榨菜苗床后,处理榨菜种子,适时播种和移栽,注意榨菜苗期管理。

任务三　榨菜优质原料的田间管理与收获

◇ 学习目标

1. 了解榨菜的土、肥、水管理技术。
2. 了解榨菜的病虫害防治技术。
3. 了解榨菜的收获与贮藏技术。

◇ 自主学习任务引导

1. 扫描右侧二维码,观看微课视频。
2. 查阅资料,描述榨菜肥水管理和榨菜病虫害防治应遵循的原则。
3. 了解重庆市涪陵区收获青菜头的适宜时间。

◇ 知识链接

一、榨菜的土、肥、水管理技术

（一）加强肥水管理

掌握"增施基肥、早施提苗肥、重施中期肥、看苗补施后期肥"的原则,通常除基肥外可施三次追肥。施肥过程中,注意要增施有机肥和磷钾肥,控制尿素用量,否则会增加菜头的空心率。

1. 基肥

每亩用腐熟堆肥 2500~4000 kg,过磷酸钙 15~20 kg,草木灰 100~150 kg,混合均匀后窝施,或用榨菜专用复合肥 50 kg 作基肥。

2. 追肥

第一次追肥在移栽后 15~20 d(幼苗成活至第一环叶形成前,菜头进入膨大前期)进行,每亩用清淡粪水 2500 kg,加尿素 5 kg;第二次追肥在移栽后 45~50 d(形成 2~3 环叶,菜头进入膨大盛期)进行,每亩用较浓粪水 3000 kg,尿素 10 kg;第三次追肥在移栽后 75~80 d(菜头进入膨大盛期)进行,每亩用人畜粪 2500 kg,尿素 5 kg。

（二）中耕除草

在第二次追肥后,菜株未封行前,进行浅中耕锄松表土、除去杂草。若土壤湿度过大、板结则应提前进行行间深中耕,实行亮行炕土,再配合施提苗肥,提高菜株长势(图 3-3-24)。以后是否中耕除草,应根据田间杂草情况、土壤板结状况和菜株长势因地制宜。

图 3-3-24　青菜头长势良好

二、榨菜的病虫害防治技术

坚持"预防为主、综合防治"的病虫防治原则。一是从苗期开始,做好土壤消毒、排水减湿,及早预防;二是加强肥水管理,确保植株健壮,增强抗病能力;三是严格按照无公害蔬菜要求,禁止使用高浓度、高残留农药。

（一）病害防治

1. 病毒病

(1)表现症状。

受害植株叶片上呈深绿浅绿凹凸不平斑块,或叶片皱缩卷成畸叶形,严重时叶片开裂,病株萎缩或半边萎缩(图 3-3-25)。该病由蚜虫传播和病株汁液传染。

(2)防治方法。

①防治蚜虫。主要是幼苗期要严防蚜虫传播病毒,气温高利于蚜虫的繁殖,适时播种,降低蚜虫传播病

毒病的风险;施用吡虫灵、敌蚜螨等。②拔出病株。一定要将受害植株拔出田块,并在窝穴处撒石灰,也可在发病田块连续反复地喷洒高锰酸钾溶液。③及时用药。当本田出现病株时,及时用 20％病毒 A 可湿性粉剂 600 倍液喷雾,每隔 7 d 一次,连喷 3～4 次。

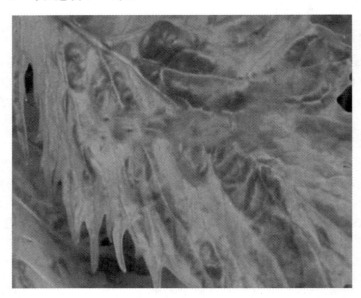

图 3-3-25　病毒病

2. 霜霉病

(1)表现症状。

病菌主要为害叶片,发病初期在叶片正面产生淡黄色或褪绿斑驳,病斑呈多角形或不规则形,若天气潮湿,叶背病斑上则生一层白色霜状霉(图 3-3-26)。气温稍高而忽暖忽冷和多雨潮湿的条件下易发病。

图 3-3-26　霜霉病

(2)防治方法。

发病初期,可用 80％的代森锰锌可湿性粉剂、70％的乙磷锰锌可湿性粉剂、50％的多菌灵或 75％的百菌清 500～800 倍液轮换喷雾,7～10 d 1 次,连续防治 2～3 次。

3. 软腐病

(1)表现症状。

在植株基部或近地面根部,初呈水渍状不规则病斑,向内扩展致内部软腐,且有黏液流出,有恶臭味(图 3-3-27)。该病菌主要从伤口侵入,虫害多、湿度大易于发病。

图 3-3-27 软腐病

(2)防治方法。

①控制虫害。一定要控制住蚜虫等虫害,减少创口。②田间排水。要加强田间排水降湿。③及时用药。细菌性软腐病用72%农用链霉素可湿性粉剂4000倍液、77%氢氧化铜可湿性粉剂400～600倍液或50%灭菌威水溶性粉剂1000倍液,在发病初期防治,每隔7 d 1次,连用2～3次。菌核性软腐病用多菌灵或波尔多液每隔7 d 1次,连用2～3次。

4.根肿病

(1)表现症状。

主根或侧根上形成形状不规则、大小不等的肿瘤,初期瘤面光滑,后期龟裂、粗糙,也易感染其他病菌而腐烂,主根生长慢(图3-3-28)。

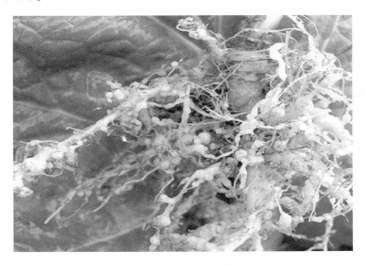

图 3-3-28 根肿病

(2)防治方法。

病株开始出现时,用15%的石灰乳浇根、40%的五氯硝基苯(土壤散)800～1000倍液(每亩用药3.5～4 kg)或50%多菌灵可湿性粉剂500倍液灌窝。

(二)虫害防治

1.蚜虫

蚜虫(图3-3-29)防治用40%乐果乳油600～800倍液、3%辟蚜雾3000倍液或10%吡虫啉可湿性粉剂1000倍液,每隔7～10 d施用1次。

图 3-3-29　蚜虫

2.黄曲条跳甲、小菜蛾、菜青虫等

防治黄曲条跳甲、小菜蛾、菜青虫等(图3-3-30)防治可选用70%的艾美东溶液,每亩1.9 g兑水60 kg喷雾,或选用BT乳油,每亩100 g兑水60 kg,或选用20%氰戊菊酯每亩40 mL兑水60 kg进行喷雾。

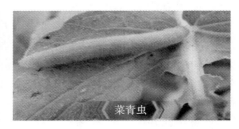

图 3-3-30　黄曲条跳甲、小菜蛾、菜青虫

3.蝼蛄、土蚕

蝼蛄、土蚕(图3-3-31)防治可选用辛硫磷、氯吡硫磷、敌百虫浇根,或用糖醋酒水按3∶4∶1∶2比例混合后,加少量敌百虫进行诱杀。

图 3-3-31　蝼蛄、土蚕

4.蜗牛、蛞蝓等软体动物

蜗牛、蛞蝓(图3-3-32)等软体动物可选用四聚乙醛、氯硝柳胺等专用药剂防治。

5.蟋蟀

蟋蟀(图3-3-33)的防治可选用0.5 kg敌百虫溶于15 kg水制成药液,再将药液拌入50 kg炒香的米糠、油饼、麦麸中制成毒饵,于傍晚前撒施诱杀,每亩地撒施2 kg左右(按干料计)。

三、榨菜的收获与贮藏

(一)适时收获

在2月中下旬,菜头刚开始"冒顶"时采收为宜(图3-3-34)。所谓"冒顶",即用手分开2～3片心叶能见淡绿色花蕾的时期。过早收获,瘤茎未充分成熟,产量不高,影响菜农收入;过晚收获,瘤茎含水量增加,皮筋增厚增粗,营养物质降低,加工成菜率下降,品质变劣。

图 3-3-32　蜗牛、蛞蝓

图 3-3-33　蟋蟀

图 3-3-34　收获后的榨菜

（二）贮藏前的准备

1. 冷库准备

（1）库体及设备安全检查。

提前 1 个月对库体的保温、密封性能进行检查维护，对电路、水路和制冷设备进行维修保养，对库间使用的周转箱、包装物、装卸设备进行检修（图 3-3-35）。

（2）消毒灭菌。

青菜头入库前，冷库要进行消毒灭菌，特别是前一年贮藏过其他果品蔬菜的冷库，一定要提前一周消毒灭菌，可选择下述方法：①消毒烟雾剂。为固体粉末状，具有使用方便，杀菌谱广，杀菌效力强，对金属器械

图 3-3-35　冷库

腐蚀性小等特点。通常按每 5～7 g/m³ 的使用量点燃,密闭熏蒸库房 4 h 以上。②二氧化氯消毒粉。将二氧化氯消毒粉配置成水溶液,常用浓度 30～250 mg/L,对细菌、真菌都有较强的杀灭和抑制作用。③过氧乙酸。过氧乙酸是一种无色、透明、具有强烈氧化作用的广谱液体杀菌剂,对真菌、细菌、病毒都有良好的杀灭作用,分解后无残留,但腐蚀性较强。使用方法是:将市售的过氧乙酸消毒剂甲液和乙液混合后,加水配制成 0.5%～0.7% 的溶液,按每立方米空间 500 mL 的用量,倒入玻璃或陶瓷器皿中,分多点放置在冷库中密闭熏蒸,或直接在库内喷洒。使用时注意保护操作人员的皮肤和眼睛等,也不能将药液喷洒在金属表面。④臭氧消毒。使用工艺是:按每 100 m³ 库容配置 5 g/h 的臭氧发生器,库房消毒所需要浓度为 7～10 μL/L,维持该浓度时间应在 8 h 以上。消毒结束后,应通风,无臭氧气味后,工作人员方可进入。

(3)提前降温。

产品入库前 2 d 冷库预先降温,达到青菜头安全贮藏的设定温度。

(4)人员培训。

对冷库管理人员进行技术培训,熟练掌握青菜头冷藏技术规程和制冷机械操作保养技术。

2. 选择贮藏品种

尽可能选择早熟、耐贮的青菜头品种,如涪杂 2 号、7 号和永安小叶等。

贮藏所用青菜头应新鲜、形状较好、无粉尘污染、无畸形、无日灼、无病虫害及其他损伤,具有该品种固有的色泽,质量符合《农产品安全质量无公害蔬菜安全要求》(GB 18406.1—2001)的规定。

3. 清洗

采收后的青菜头用自来水清洗干净。

4. 药剂处理

清洗后的青菜头用 CNN 复合保鲜液浸没预处理 10 min。

5. 晾干

处理后的青菜头放在通风的地方晾 1～2 d 备用或采取常温晾干后备用。

6. 预冷

(1)预冷入库时要严格遵守冷库管理制度,入库的包装应干净卫生,入库人员禁止酒后入库或带芳香物入库。选择的入库品种最好采用单品单库的入库方式,分级堆放预冷。

(2)采收的青菜头,连同包装筐一块运入冷库,在 0 ℃ 库间预冷,高温天气采收的青菜头在没有充足的预冷间时,可在荫棚下散去大量田间热后入库。

(3)包装筐入库后松散堆放,在 0～1 ℃ 库间预冷 2～3 d,待青菜头温度接近库存温度后包装、码垛。

7. 包装

青菜头包装宜用专用的 PVC 硅橡胶窗气调袋进行袋装,装量 15 kg/袋。预冷到设定的温度时,再扎口密封,然后进行箱装。

(三)贮藏与管理

1. 入库堆垛

箱装后的青菜头分级分批堆放整齐,留开风道,底部垫板高度 10～15 cm,果箱堆垛距侧墙 10～15 cm,距库顶 80 cm。箱堆垛要有足够的承载力,并且箱和箱上下能够镶套稳定。箱和箱紧靠成垛,垛宽不超过 2 m,垛距冷风机不小于 1.5 m,垛与垛之间距离大于 30 cm;库内装运通道 1.0～1.2 m。主风道宽 30～40 cm,副风道宽 5～10 cm。

2. 贮期管理

(1)贮藏温度。

—0.5～0.5 ℃,用经过校正的温度计多点放置观察温度(不少于 3 个点),取其平均值。

(2)贮藏湿度。

相对湿度 90％～95％,可采用毛发湿度计或感官测定,感官测定可参考观察在冷库内浸过水的麻袋,三天内不干,表示冷库内相对湿度基本保证在 90％以上,湿度不足时,立即采用冷库内洒水、机械喷雾、挂湿草帘等方法增加湿度。

(3)通风换气。

冷库每周通风换气一次,要选择在气温比较低的夜间进行至冷库内无异味为止,并保持库内环境良好。

(4)设备安全。

配备相应的发电机、蓄水池,保证供电供水系统正常,调整冷风机和送风桶,将冷气均匀吹散到库间,使库内温度相对一致。保证库间密闭温度稳定,以停机 2 h 库温上升不超过 0.5 ℃为宜,减少库间温变幅度,防止表面结露和青菜头发生冻害。

(5)品质检查。

每周抽样调查一次,发现有烂青菜头现象时应全面检查,并及时除去腐烂青菜头。

3. 出库

(1)将青菜头在缓冲间放置 10～12 h,缓慢升温,青菜头温度与外界温度之差小于 6 ℃时再出库。

(2)重新装箱、包装、贴标,产品的包装与标志符合国家相关规定。

(四)运输方式和条件

1. 运输工具

运输工具应清洁、卫生,符合对食品运输工具的要求。

2. 运输包装与装卸

(1)卡车运输。

运往北方时,夜间气温降至当日最低时装车,先在车板上铺一层篷布,一层棉被,一层塑料薄膜,再装车,车装满后,箱外部包被一层塑料薄膜,一层棉被,一层篷布,即将果箱用薄膜、棉被、篷布全部包裹,所用的棉被、篷布均要在使用前预冷,长途运输时长最好控制在三日之内。

(2)冷藏车运输。

运往南方时,温度、湿度尽可能与贮期库间条件相一致。

(3)运输要求。

运输速度要快,但尽量减少途中振荡,装卸轻拿轻放,防止机械伤害。到达目的地后如果不能立即出售,可在当地找冷库临时存放。

(五)货架期管理

(1)冬季气温在 0 ℃左右时,可直接在摊位销售。

(2)超市销售可放在 0～2 ℃的冷橱中。

◇ **知识拓展**

涪陵青菜头的生产发展情况

16—18世纪中叶,青菜头在涪陵长江沿岸有零星种植,是时主要作鲜食蔬菜和泡菜食用,直到1898年"涪陵榨菜"诞生之后,青菜头种植才逐渐形成集中成片规模种植。2008年,涪陵区委员会、涪陵区人民政府,确立了涪陵榨菜产业发展"加工鲜销两轮驱动"的产业发展思路,实行"两条腿"走路,即在做大做强精深加工涪陵榨菜的同时,大力发展青菜头鲜销拓市,并出台相关政策,鼓励菜农、专业合作社和种植大户生产早、晚市青菜头,政府各部门及乡(镇、街道),每年都到全国各地为青菜头鲜销拓市。2010年,涪陵青菜头注册为地理标志商标。

涪陵青菜头种植涉及23个乡(镇、街道)、16余万农户、60余万菜农,建立了涪陵青菜头鲜销、生产加工各具特色的无公害、标准化种植基地。2017年,涪陵青菜头种植面积达72.4万亩,产量159.6万吨,外运鲜销涪陵青菜头53.5万吨,实现涪陵青菜头种植净收入12.7亿元,人均种植净收入1966.7元。

◇ **典型任务训练**

青菜头田间管理及冷藏保鲜技术实地调查

1.训练目的

对青菜头田间管理和冷藏保鲜技术进行实地调查,提升对青菜头生长管理和保鲜技术的认识,同时培养爱农情怀,促进大产业观的树立。

2.材料与用具

记录本、笔、相机等。

3.实训内容

到涪陵区青菜头种植基地进行走访调查,了解青菜头在生长发育过程中的管理方法和冷藏保鲜效果及存在的问题。

参 考 文 献

[1] 单杨.现代柑橘工业[M].北京:化学工业出版社,2013.

[2] 侯振华.柑橘栽培新技术[M].沈阳:沈阳出版社,2010.

[3] 吴文,马培恰.柑橘生产实用技术[M].广州:广东科技出版社,2009.

[4] 蒋迎春,孙中海.柑橘标准化生产技术[M].武汉:武汉理工大学出版社,2010.

[5] 沈兆敏,邵蒲芬,张弩.柑橘无公害高效栽培[M].北京:金盾出版社,2010.

[6] 邓建平.柑橘优质生产技术[M].北京:中国农业大学出版社,2008.

[7] 沈兆敏.柑橘[M].武汉:湖北科学技术出版社,2003.

[8] 伊华林,刘慧宇.我国柑橘品种分布特点及适地适栽品种选择探讨[J].中国果树,2022(1):1-7.

[9] 成兰芬.优质柑橘栽培管理技术要点[J].新农业,2021(15):30.

[10] 郭丽英,陈小乐,吉前华,等.天然保鲜剂在柑橘保鲜上的应用研究进展[J].食品工程,2022.9(3):22-25.

[11] 杨宝林,史培华.作物生产技术[M].北京:中国农业出版社,2019.

[12] 秦越华.农作物生产技术[M].北京:中国农业出版社,2018.

[13] 李少昆,刘永红.玉米高产高效栽培模式[M].北京:金盾出版社,2011.

[14] 侯振华.玉米栽培新技术[M].沈阳:沈阳出版社,2010.

[15] 王朝伦,王震,康超.玉米生产实用技术[M].郑州:中原农民出版社,2014.

[16] 刘霞,穆春华,尹秀波.一本书明白:玉米安全高效与规模化生产技术[M].济南:山东科学技术出版社,2018.

[17] 李少昆.玉米抗逆减灾栽培[M].北京:金盾出版社,2010.

[18] 李新海.玉米[M].武汉:湖北科学技术出版社,2003.

[19] 傅寿仲.油菜的光合作用和产量形成[J].江苏农业科学,1980(06):37-45.

[20] 贺才明,谷云松.油菜规模生产经营[M].北京:中国农业科学技术出版社,2017.

[21] 鲁剑巍.油菜科学施肥技术[M].北京:金盾出版社,2010.

[22] 王龙俊,张洁夫,陈震.图说油菜[M].江苏凤凰科学技术出版社,2020.

[23] 姜道宏.油菜病虫害防治[M].武汉:湖北科学技术出版社,2016.

[24] 中国农业科学院油料作物研究所.油菜栽培技术[M].北京:农业出版社,1979.

[25] 吴汉平,徐建祥.观光休闲花色油菜高产高效栽培技术[J].现代农业科技,2018(12):27+32.

[26] 中国科学院中国植物志编辑委员会.中国植物志(第41卷)[M].北京:科学出版社,1995.

[27] 韩天富,周新安,关荣霞,等.大豆种业的昨天、今天和明天[J].中国畜牧业,2021(12):29-34.

[28] 黑龙江省农业委员会.大豆[M].北京:中国农业出版社,2006.

[29] 唐云涛,宋文学.大豆机械化生产技术[M].哈尔滨:黑龙江科学技术出版社,2008.

[30] 闫文义.大豆生产实用技术手册[M].哈尔滨:黑龙江科学技术出版社,2020.

[31] 康筱湖,韩天富,富玉清,等.大豆栽培与病虫草害防治(修订版)[M].北京:金盾出版社,2006.

[32] 四川省农业科学院.关于加强我省大豆病虫害绿色防控技术的建议[J].农业科技动态,2022.

[33] 徐冉.大豆栽培与贮藏加工新技术[M].北京:中国农业出版社,2005.

［34］ 施国伟,庄泽敏,向征,等.南方地区筒仓大豆安全储存存在的问题及其对策［J］.粮食储藏,2020,49（3）:6-11.

［35］ 申爱民.辣椒四季高效栽培［M］.北京:金盾出版社,2015.

［36］ 李贞霞,杨鹏鸣,刘振威.辣椒生产实用技术［M］.北京:金盾出版社,2013.

［37］ 苗锦山,沈火林.辣椒高效栽培［M］.北京:机械工业出版社,2017.

［38］ 李金堂.辣椒病虫害防治［M］.济南:山东科学技术出版社,2016.

［39］ 姚明华,李宁,王飞.辣椒绿色高效栽培技术［M］.武汉:湖北科学技术出版社,2018.

［40］ 张亚龙,陈瑞修.作物栽培技术［M］.北京:中国农业大学出版社,2015.

［41］ 汤一卒.作物栽培学［M］.南京:南京大学出版社,2000.

［42］ 崔杏春,李武高.马铃薯良种繁育与高效栽培技术［M］.北京:化学工业出版社,2016.

［43］ 谭宗九,丁明亚,李济宸.马铃薯高效栽培技术［M］.北京:金盾出版社,2019.

［44］ 张莉娜,陈建保,张祚恬.马铃薯贮藏保鲜技术［M］.湖北:武汉理工大学出版社,2019.

［45］ 徐春英,陈玉香,刘文合.马铃薯贮藏技术［J］.河北农业科技,2008(15):61.